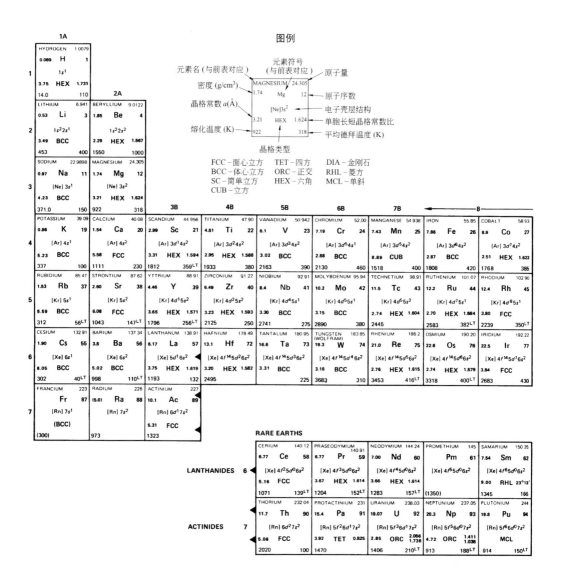

**图例**

元素名（与前表对应）　　　元素符号（与前表对应）　　　原子量

密度 (g/cm³)

晶格常数 a(Å)

熔化温度 (K)

| MAGNESIUM | 24.305 |
| 1.74 | Mg | 12 |
| [Ne]3s² | |
| 3.21 | HEX | 1.624 |
| 922 | | 318 |

原子序数

电子壳层结构

单胞长短晶格常数比

平均德拜温度 (K)

晶格类型

FCC－面心立方　　TET－四方　　DIA－金刚石
BCC－体心立方　　ORC－正交　　RHL－菱方
SC－简单立方　　　HEX－六角　　MCL－单斜
CUB－立方

| | | | | | 7A | HELIUM 4.0026 |
|---|---|---|---|---|---|---|
| | | | | | | 0.179 **He** 2 |
| | | | | | | $1s^2$ |
| | | | | | | 3.57 **HEX** 1.633 |
| | | | | | | ~1.0 (26 Atm) 26$^{LT}$ |

| 3A | 4A | 5A | 6A | 7A | NEON 20.18 |
|---|---|---|---|---|---|
| BORON 10.81 | CARBON 12.01 | NITROGEN 14.007 | OXYGEN 15.999 | FLUORINE 18.998 | NEON 20.18 |
| 2.34 **B** 5 | 2.26 **C** 6 | 1.03 **N** 7 | 1.43 **O** 8 | 1.97(α) **F** 9 | 1.56 **Ne** 10 |
| $1s^22s^22p^1$ | $1s^22s^22p^2$ | $1s^22s^22p^3$ | $1s^22s^22p^4$ | $1s^22s^22p^5$ | $1s^22s^22p^6$ |
| 8.73 **TET** 0.576 | 3.57 **DIA** | 4.039 **HEX** 1.651 | 6.83 **CUB** | **MCL** | 4.43 **FCC** |
| 2600 · 1250 | (4300) · 1860 | 63.3 · (β)79$^{LT}$ | 54.7 · (γ)46$^{LT}$ | 53.5 | 24.5 · 63 |
| ALUMINUM 26.982 | SILICON 28.086 | PHOSPHORUS 30.974 | SULFUR 32.064 | CHLORINE 35.453 | ARGON 39.948 |
| 2.70 **Al** 13 | 2.33 **Si** 14 | 1.82 (white) **P** 15 | 2.07 **S** 16 | 2.09 **Cl** 17 | 1.78 **Ar** 18 |
| [Ne] $3s^23p^1$ | [Ne] $3s^23p^2$ | [Ne] $3s^23p^3$ | [Ne] $3s^23p^4$ | [Ne] $3s^23p^5$ | [Ne] $3s^23p^6$ |
| 4.05 **FCC** | 5.43 **DIA** | 7.17 **CUB** | 10.47 **ORC** 2.339/1.229 | 6.24 **ORC** 1.324/0.718 | 5.26 **FCC** |
| 933 · 394 | 1683 · 625 | 317.3 | 386 | 172.2 | 83.9 · 85 |

| 1B | 2B | 3A | 4A | 5A | 6A | 7A | KRYPTON 83.80 |
|---|---|---|---|---|---|---|---|
| NICKEL 58.71 | COPPER 63.55 | ZINC 65.38 | GALLIUM 69.72 | GERMANIUM 72.59 | ARSENIC 74.922 | SELENIUM 78.96 | BROMINE 79.91 | KRYPTON 83.80 |

| NICKEL 58.71 | COPPER 63.55 | ZINC 65.38 | GALLIUM 69.72 | GERMANIUM 72.59 | ARSENIC 74.922 | SELENIUM 78.96 | BROMINE 79.91 | KRYPTON 83.80 |
|---|---|---|---|---|---|---|---|---|
| 8.9 **Ni** 28 | 8.96 **Cu** 29 | 7.14 **Zn** 30 | 5.91 **Ga** 31 | 5.32 **Ge** 32 | 5.72 **As** 33 | 4.79 **Se** 34 | 4.10 **Br** 35 | 3.07 **Kr** 36 |
| [Ar] $3d^84s^2$ | [Ar] $3d^{10}4s^1$ | [Ar] $3d^{10}4s^2$ | [Ar] $3d^{10}4s^23p^1$ | [Ar] $3d^{10}4s^24p^2$ | [Ar] $3d^{10}4s^24p^3$ | [Ar] $3d^{10}4s^24p^4$ | [Ar] $3d^{10}4s^24p^5$ | [Ar] $3d^{10}4s^24p^6$ |
| 3.52 **FCC** | 3.61 **FCC** | 2.66 **HEX** 1.856 | 4.51 **ORC** 1.695/1.001 | 5.66 **DIA** | 4.13 **RHL** 54˚10' | 4.36 **HEX** 1.136 | 6.67 **ORC** 1.307/0.872 | 5.72 **FCC** |
| 1726 · 375 | 1356 · 315 | 693 · 234 | 303 · 240 | 1211 · 360 | 1090 · 285 | 490 · 150$^{LT}$ | 266 · 116.5 | 73$^{LT}$ |
| PALLADIUM 106.40 | SILVER 107.87 | CADMIUM 112.40 | INDIUM 114.82 | TIN 118.69 | ANTIMONY 121.75 | TELLURIUM 127.60 | IODINE 126.90 | XENON 131.30 |
| 12.0 **Pd** 46 | 10.5 **Ag** 47 | 8.65 **Cd** 48 | 7.31 **In** 49 | 7.30 **Sn** 50 | 6.62 **Sb** 51 | 6.24 **Te** 52 | 4.94 **I** 53 | 3.77 **Xe** 54 |
| [Kr] $4d^{10}5s^0$ | [Kr] $4d^{10}5s^1$ | [Kr] $4d^{10}5s^2$ | [Kr] $4d^{10}5s^25p^1$ | [Kr] $4d^{10}5s^25p^2$ | [Kr] $4d^{10}5s^25p^3$ | [Kr] $4d^{10}5s^25p^4$ | [Kr] $4d^{10}5s^25p^5$ | [Kr] $4d^{10}5s^25p^6$ |
| 3.89 **FCC** | 4.09 **FCC** | 2.98 **HEX** 1.886 | 4.59 **TET** 1.076 | 5.82 **TET** 0.546 | 4.51 **RHL** 57˚6' | 4.45 **HEX** 1.330 | 7.27 **ORC** 1.347/0.659 | 6.20 **FCC** |
| 1825 · 275 | 1234 · 215 | 594 · 120 | 429.8 · 129 | 505 · 170 | 904 · 200 | 723 · 139$^{LT}$ | 387 · 161.3 | 55$^{LT}$ |
| PLATINUM 195.09 | GOLD 196.97 | MERCURY 200.59 | THALLIUM 204.37 | LEAD 207.19 | BISMUTH 208.98 | POLONIUM 210 | ASTATINE 210 | RADON 222 |
| 21.4 **Pt** 78 | 19.3 **Au** 79 | 13.6 **Hg** 80 | 11.85 **Tl** 81 | 11.4 **Pb** 82 | 9.8 **Bi** 83 | 9.4 **Po** 84 | **At** 85 | (4.4) **Rn** 86 |
| [Xe] $4f^{14}5d^{10}6s^2$ | [Xe] $4f^{14}5d^{10}6s^1$ | [Xe] $4f^{14}5d^{10}6s^2$ | [Xe] $4f^{14}5d^{10}6s^26p^1$ | [Xe] $4f^{14}5d^{10}6s^26p^2$ | [Xe] $4f^{14}5d^{10}6s^26p^3$ | [Xe] $4f^{14}5d^{10}6s^26p^4$ | [Xe] $4f^{14}5d^{10}6s^26p^5$ | [Xe] $4f^{14}5d^{10}6s^26p^6$ |
| 3.92 **FCC** | 4.08 **FCC** | 2.99 **RHL** 70˚45' | 3.46 **HEX** 1.599 | 4.95 **FCC** | 4.75 **RHL** 57˚14' | 3.35 **SC** | | (FCC) |
| 2045 · 230 | 1337 · 170 | 234.3 · 100 | 577 · 96 | 601 · 88 | 544.5 · 120 | 527 | (575) | (202) |

| EUROPIUM 151.96 | GADOLINIUM 157.25 | TERBIUM 158.92 | DYSPROSIUM 162.50 | HOLMIUM 164.93 | ERBIUM 167.26 | THULIUM 168.93 | YTTERBIUM 173.04 | LUTETIUM 174.97 |
|---|---|---|---|---|---|---|---|---|
| 7.90 **Eu** 63 | 8.23 **Gd** 64 | 8.54 **Tb** 65 | 8.78 **Dy** 66 | 9.05 **Ho** 67 | 9.37 **Er** 68 | 9.31 **Tm** 69 | 6.97 **Yb** 70 | 9.84 **Lu** 71 |
| [Xe] $4f^75d^06s^2$ | [Xe] $4f^75d^16s^2$ | [Xe] $4f^95d^06s^2$ | [Xe] $4f^{10}5d^06s^2$ | [Xe] $4f^{11}5d^06s^2$ | [Xe] $4f^{12}5d^06s^2$ | [Xe] $4f^{13}5d^06s^2$ | [Xe] $4f^{14}5d^06s^2$ | [Xe] $4f^{14}5d^16s^2$ |
| 4.61 **BCC** | 3.64 **HEX** 1.588 | 3.60 **HEX** 1.581 | 3.59 **HEX** 1.573 | 3.58 **HEX** 1.570 | 3.56 **HEX** 1.570 | 3.54 **HEX** 1.570 | 5.49 **FCC** | 3.51 **HEX** 1.585 |
| 1095 · 107$^{LT}$ | 1585 · 176$^{LT}$ | 1633 · 188$^{LT}$ | 1680 · 186$^{LT}$ | 1743 · 191$^{LT}$ | 1795 · 195$^{LT}$ | 1818 · 200$^{LT}$ | 1097 · 118$^{LT}$ | 1929 · 207$^{LT}$ |
| AMERICIUM 243 | CURIUM 247 | BERKELIUM 247 | CALIFORNIUM 251 | EINSTEINIUM 254 | FERMIUM 257 | MENDELEVIUM 256 | NOBELIUM 254 | LAWRENCIUM 257 |
| 11.8 **Am** 95 | **Cm** 96 | **Bk** 97 | **Cf** 98 | **Es** 99 | **Fm** 100 | **Md** 101 | **No** 102 | **Lw** 103 |
| [Rn] $5f^76d^07s^2$ | [Rn] $5f^76d^17s^2$ | [Rn] $5f^76d^27s^2$ | [Rn] $5f^96d^17s^2$ | | | | | |
| 1267 | 1600 | | | | | | | |

材料科学与工程系列

普通高等教育"十一五"国家级规划教材

# Solid State Physics
## (Second Edition)

# 固体物理
## 第 2 版

韦 丹 著

清华大学出版社

北 京

## 内 容 简 介

本书是新一版的固体物理学教材,作者力图从原创的科学家的思想出发,介绍固体物理学中主要的概念、实验和理论,其中包括了固体物理学史、化学键与晶体组成、固体结构、晶体振动和固体热性质、固体电子理论、固体的电性质(输运过程)、固体的磁性、固体的介电性质和光学性质等内容。本书适合涉及电子、器件与材料专业的本科生或研究生学习。

**图书在版编目(CIP)数据**

固体物理/韦丹著.—2 版.—北京:清华大学出版社,2007.10(2022.12重印)
(材料科学与工程系列)
ISBN 978-7-302-15996-4

Ⅰ.固… Ⅱ.韦… Ⅲ.固体物理学 Ⅳ.O48

中国版本图书馆 CIP 数据核字(2007)第 132743 号

责任编辑:宋成斌 洪 英
责任校对:赵丽敏
责任印制:宋 林

出版发行:清华大学出版社
   网  址:http://www.tup.com.cn,http://www.wqbook.com
   地  址:北京清华大学学研大厦 A 座  邮  编:100084
   社 总 机:010-83470000   邮  购:010-62786544
   投稿与读者服务:010-62776969,c-service@tup.tsinghua.edu.cn
   质 量 反 馈:010-62772015,zhiliang@tup.tsinghua.edu.cn
印 装 者:三河市铭诚印务有限公司
经  销:全国新华书店
开  本:175mm×245mm 印 张:18.25 插页:2 字  数:364 千字
版  次:2007 年 10 月第 2 版     印  次:2022 年 12 月第 11 次印刷
定  价:55.00 元

产品编号:021780-06

# 序

20 世纪 40 年代，Seitz 出版了《现代固体理论》(*The Modern Theory of Solids*)一书，开始在大学里设立固体物理这门课程。20 世纪 50 年代初，黄昆教授在北京大学，程开甲教授在南京大学率先在我国的大学物理专业本科开设固体物理课程。近五十年过去了，现在我国不仅是物理类专业，而且电子学、材料科学类等许多专业都开设了这门课程。最根本的原因，是这门课程涉及的内容，在当代科学技术中太重要了，如果没有这些学科领域的发展，近七十年来人类社会经历的空前重大的科技进步是完全不可能的。现在，不仅是物理学工作者，许多部门的科技工作者都把固体物理这门课程涉及的内容作为必备的基础知识。

近几十年，固体物理这门学科也有很大的发展。从学科的对象来说，已经从主要是围绕具有晶体构造的固体扩展到包括无序体系、非晶态、液晶态、液态、高分子⋯⋯，以至多种物相构成的更复杂的系统。所以，从 20 世纪 70 年代开始，在学术刊物上逐渐用"凝聚态物理"这个名词代替"固体物理"来概括物理学中这个领域。但是，毫无疑问，原来用固体物理概括的这部分内容仍是凝聚态物理的主体。对大多数科技人员来说，固体物理这部分内容作为应具备的基础知识来要求是更为恰当的。从学科发展来说，固体物理也包含了一些当前十分热门、正在不断出现新的进展的领域。

韦丹教授本人曾经在微磁学、计算磁学上做过深入的研究工作，对固体物理的工业应用有所体会，这几年又一直在清华大学工作，这本书是她在材料、电子系任教时使用的教材基础上写作的。内容上注意反映最新的学科发展和当前应用科学的需要，同时也比较充分地考虑了打好基础，以便学生具有将来进一步学习和发展的要求；叙述上尽可能简明扼要，突出物理概念和物理图像，不过多停留在数学推导。的确，这是一本较好的固体物理教材。对要学习固体物理这门课程的大学生和研究生，对在工作中感到要了解固体物理知识的各类专业的科技工作者，这本书会是很有用的。

甘子钊

北京大学物理学院

2002 年 11 月

# 前　言

在本书第 1 版出版后近 3 年,应清华大学出版社之邀,本书将出第 2 版。根据读者的反馈,以及我自己在教学中的经验教训,书中有不少细节的地方叙述过简,初学者很不容易把握,因此还有待加强和改善。

恰巧通过清华出版社的推荐,美国的 Thomson Learning 出版社有意出版本书的英文版。本书第 2 版的中文版于是就与英文版一起进行写作和修改,这样可以起到互相校正的作用。

本书第 2 版与第 1 版比较,大的框架没有变。但是,叙述细节以及图片有大量的增加。例如,我在重写第 2 章的时候,发现哈特里-福克方程与化学键的物理解释关系密切,因此必须结合哈特里-福克理论才能正确分析各种化学键结合能的量子力学来源。又比如说,在第 5 章中,我发现在量子化学和计算材料学中常用的能带计算方法,必须建立在密度泛函理论的基础上;因此在讨论真实能带之前,初步介绍密度泛函理论及相关的计算法就是必要的。再比如说,我发现第 1 版的书中原来提及的很多理论和实验是获得过诺贝尔奖的,只不过我原来没有查阅资料,忽略过去了,在第 2 版中,希望能更好地体现这些思想的精彩之处。

本书的写作目的是阐述固体物理诸多分支中共有的哲学基础。固体物理及其拓展的凝聚态物理,在所有的物理学知识中占有相当的比例。物理学在从宏观到微观的所有尺度上都获得了巨大的成功。固体物理学与其他物理学分支一样,都是奠基于伟大学者提出的激动人心的思想,只不过固体物理学着重研究 $10^{-10} \sim 10^{-2}$ m 这个重要尺度区间内的固体的结构及电、磁、声、光、热等基本性质。显然,这个区间恰好是现代高科技工业、特别是电子工业的尺度区间。因此,固体物理学不仅是微观和宏观世界之间的桥梁,也是自然科学和现代工程学科之间的重要桥梁之一。

感谢清华大学出版社和 Thomson Learning 出版社的编辑,没有他们的鼓励,珠玉在前,我真的没有勇气来完成一本英文教材,并对中文原版做大幅度的修改。本书第 2 版相关的教学参考和习题解答也将由清华大学出版社出版,希望对新接触固体物理课的读者有所帮助。

最后我还要感谢在固体物理方面教育和影响过我的老师们,包括北京大学物理学院的秦国刚院士,他教过我本科的固体物理课程;还有美国加州大学(University of California at San Diego,UCSD)物理系我的导师 Daniel P. Arovas

教授、Robert C. Dynes 教授、Lu J. Sham 教授、Jorge Hirsch 教授、Harry Suhl 教授;还有本系的朱静院士和柳百新院士在研究的着眼点方面对我的影响。他们的教育和知识对我的影响是无法估价的。

韦　丹

清华大学材料科学与工程系

2007 年 6 月

# 第 1 版前言

从 1997 年开始,作者在清华大学材料系、电子系教授固体物理课。1997 年春夏,花了半年时间写了最初的手稿,那只是类似讲课提纲的文本。此后几乎每年都讲固体物理课,每年增加些内容,同时对讲义做修改。现在有了电子文本以后,修改还是比较方便的——除了有一次丢失了最重要的固体电子理论一章的电子文件,只能把所有公式重新敲了一次。

写这本《固体物理》的初衷,是我在美国读凝聚态物理理论的博士时候,发现以前在国内学习的固体物理知识有时候用不上。在那里,凝聚态方面的教授经常挂在嘴边的一些名词,比如说"中子衍射"为何物,我根本就没有概念。究其然,是因为原来国内物理学的本科高年级课程着重理论的讲述,而没有把某个物理理论与相关实验手段、实验验证结合起来讲。

所以,在写讲稿之初,我就注意把固体物理的传统理论,和历史上对固体物理学的发展有重要作用的物理思想和相关实验结合起来讲。这些实验和理论结合,对凝聚态物理、电子学、材料学、衍射学的学科发展,甚至对整个信息电子类器件工业的发展,都有重要的作用。

在结合理论和实验讲述的过程中,我受到工作所在的清华大学材料系的学术影响,从原来注重晶格结构、晶体电性质的固体物理学讲授方法,转向更全面的对固体的理解:包括对电、磁、声、光、热等各项固体基本性质的第一性原理解释,也包括对有序固体和无序固体结构的全面理解。这里我要感谢我的同事袁俊教授和章晓中教授,与他们的讨论使我获益良多。

从 2001 年秋天起,承蒙清华大学出版社的宋成斌先生约稿,我开始把我的固体物理讲稿写成正式的书。前后一共写了 8 个月左右。在此成稿的过程中,我注意仔细考察了固体物理整个的体系中每一个重要的理论概念或者是实验的学术源流。这样,写到后来,发现固体物理学的建立,与原子物理、量子论、量子力学、量子统计、固体电子学的建立都有密切不可分割的关系,这也正是 20 世纪物理学大发展的一个缩影。由此我想到,原来把各门物理学课程严格分割,不讲述相互之间关系的教学体系,是有问题的。学生无法体会到整个物理学的理论、实验以及对自然界规律的理解、工业应用都是处在相关的体系中,而这正是对物理学能有比较全面的理解和把握的关键。

最后,我想感谢我的丈夫刘川。没有他的影响,我想我今日对物理学的兴趣不会达到这样的程度,也许做一个信息电子工业的工程师就很满足了。这本书是为对凝聚态物理、材料学、半导体学等感兴趣的学生写的,也是为他写的。

韦 丹

清华大学材料科学与工程系

2002 年 9 月 23 日

# 目　录

# 第1章 绪 论

固体物理的基础是晶体的原子结构和电子结构。人类在自然哲学和科学中对宇宙结构和物质结构的探索可以说是源远流长,而古希腊的原子论(atomism)正是在物质结构探索方面闪耀的第一道光。西方人一般认为,是公元前 600 年古希腊的一个城邦米利都(Miletus)的泰勒斯(Thales)第一个提出了"万物是由什么构成的?"这个哲学问题。米利都是小亚细亚最重要的希腊城邦之一。小亚细亚(Asia Minor)是欧洲人对地中海东北海岸的古称,现在属于土耳其。希腊本土在公元前 1000 年左右被当时还是野蛮人的多立克人征服,很多有知识的希腊人逃到了小亚细亚,因此小亚细亚是希腊文明的重要中心之一。著名的希腊文化的源头《荷马史诗》就是在小亚细亚写成的。

## 1.1 古希腊的原子论

"万物是由什么构成的?"这个问题的提出,标志着人类自然哲学思考的开始。从此以后,为了回答这个问题,各个时代、各个民族的无数有智慧的人思考并给出了自己的答案。希腊人在接受了迦太基人发明的字母文字以后,语言可以分解为二十多个字母,这影响了他们的思考方式,他们总是希望探索到能"拼写"出自然界的基本元素。当时泰勒斯(见图 1.1)对"万物是由什么构成的?"这个问题的答案是很简单的。泰勒斯居住在地中海之滨,每天都可以看到云气从海面上升起,于是他回答说:"万物都是由水聚散而成的。水蒸腾就是空气,空气凝结为水和各种固体,所以万物的本质是水。"

在泰勒斯之后,古希腊诸城邦(见图 1.2)的哲学家对这个问题给出过各种各

图 1.1 哲学家泰勒斯(Thales of Miletus,624BC—547BC)

样的答案。比如,米利都的阿那克西曼德(Anaximander of Miletus,610BC—546BC)说:"万物是由无限的原始物质构成的";米利都的阿那克西美尼(Anaximenes of Miletus,610BC—546BC)说:"万物的本质是空气"。公元前 510 年,古希腊文化进入黄金全盛期。居住在小亚细亚以弗所的赫拉克里特(Heraclitus of Ephesus,540BC—480BC)曾提出过对立统一的概念以及"人不能两次跨入同一条河流"的哲言。他认为:"万物的本源是火。火与其他物类的混合物,一般都以我们可以感知气味的其他物类来命名。但是火本身是不变的要素"。哲学家、诗人、材料专家、毕达哥拉斯学派的捐款人埃姆毕多克拉斯(Empedocles of Akragas,492BC—432BC)住在西西里岛上的希腊城市阿克拉格斯。他总结了前人对物质结构的哲学观念以后,提出了古希腊最流行的四元素说:"万物由水、气、火、土组成"(罗素,1992)。

图 1.2 古希腊:米利都(Miletus)、以弗所(Ephesus)、萨摩斯(Samos)和雅典(Athens)

在古代中国,商周之交的古书《洪范》中第一次提出五行说,认为"宇宙是由金、木、水、火、土五种元素构成的"。不过,中国哲学对宇宙的看法远不止此,还常用阴阳八卦学说来解释自然界的万千变化。中国文字不是拼音文字,文字元素有很多,因此像五行说这样以几个简单元素解释世界的思想方法不占主导地位。

公元前 450 年,居住在意大利的希腊殖民城市埃利亚的哲学家巴门尼德(Parmenides of Elea)提出了著名的巴门尼德球以解释宇宙:"宇宙中只有一个永恒不变的存在,像一个充实的球,空白不能存在,因为'有'不能是'无'"。这个著名的巴门尼德球不是通过日常观察或者实验得到的,而是通过逻辑论证得到的。差不多在同一时期,希腊本土雅典的阿那克萨哥拉(Anaxagoras of Athens)提出:"物质是无限可分的"。巴门尼德和阿那克萨哥拉的观点看上去是互相矛盾的,但是原子论就是由这两种观点的对立统一产生的。

古希腊最重要的学派之一是毕达哥拉斯学派,其创始人毕达哥拉斯(Pythagoras,580BC—500BC)生于小亚细亚的希腊城市萨摩斯(Samos),他年轻的时候遇到过米利都的泰勒斯,后来到处云游,最后在意大利东海岸的希腊城市克罗敦(Croton)定居。毕达哥拉斯学派的学生崇拜阿波罗和缪斯,热爱音乐,相信数学可以解释世界,也讨论天文和物理问题。毕达哥拉斯学派首先提出了"真空"这个重要的物理概念。基于对数学的热爱,他们试图用几何学统一四元素说:"四元素都是由形状为规则立方体的基本粒子构成的"。

米利都的留基波(Leucippus of Miletus,480BC—420BC)是第一个正式提出原子论的哲学家。他认为:"一个整体是由无数粒子组成的,每个粒子都是巴门尼德球,刚硬、立体而不可分割,所以称为原子(ατομ)。原子在空间移动,聚散成物。原子的性质同一,形状与规模不同"。另一个清楚地表述原子论的是住在西班牙南部海滨希腊城市阿布德拉的哲学家、留基波的学生德谟克里特(Democritus of Abdera,460BC—370BC),他说:"物质由原子组成。虚空而真实的空间是原子运动的场所。人类的知识来源于原子对感官的影响。原子是同一的,原子的特殊组合是变换的"。上述论断直至今天还是惊人地有远见。

公元前387年,柏拉图(Plato,428BC—347BC)在雅典西北的小树林里建立了一个学院(Academy)。在柏拉图的雅典学院(见图1.3)里,广泛给学生教授包括原子论在内的古希腊各种知识,也因此原子论才能留传下来,在2000多年后重新为科学界提供灵感。柏拉图本人也试图猜测原子到底是什么。他深受毕达哥拉斯学派的影响,也酷爱几何学,因此他将火、土、气、水四元素的原子对应为正四面体、正六面体、正八面体、正二十面体的基本粒子。此说虽然不对,但是为后来元素周期表的建立开辟了一条数字量化原子的道路。

古希腊原子论的成就是伟大的,也是现代科学的哲学基础之一。费曼(Richard P. Feymann)曾经在他的书中说过:"假如所有的科学知识都在某个灾难中毁灭,只有一句话能留给后人,什么样的话能在最少的言辞中包含最多的信息呢?这句话是:'物质是由原子构成的'。"

图 1.3 雅典的柏拉图学院考古遗址

## 1.2 固体物理的发展史

在古希腊的原子论发表约两千年后,近现代物理开始有了长足的进展。亚里士多德(Aristotle, 384BC—322BC)的《物理学》一书在中世纪的修道院中被保存了下来。亚里士多德并没有贡献多少原创的、正确的物理学概念,但是他的书中对时间、空间和运动的讨论方式确实给后世的物理学发展提供了一个好的框架。在17 世纪中后期,伟大的牛顿(Isaac Newton)在哥白尼、伽利略、开普勒和惠更斯的工作基础上建立了力学、天文学、微积分和部分光学的基础。

19 世纪中后期,在卡文迪许(Henry Cavendish)、库仑(G. A. Coulomb)、奥斯特(Hans Christion Oersted)、安培(Andre Marie Ampere),特别是法拉第(Michael Faraday)发现的电磁实验规律基础上,麦克斯韦(James Clerk Maxwell)建立了伟大的电动力学理论,这个理论经过 30 年的争论,在赫兹的电磁波实验以后才普遍被接受。自牛顿时代以后,光到底是波还是粒子,欧洲科学界争论了两百年,麦克斯韦的电磁理论似乎使得光的波动说获得了最后的巩固的胜利。麦克斯韦方程组加上洛伦兹(Hendrik Antoon Lorentz)的电子论近乎完美地解释了宏观的复杂电磁现象,统一了电学、磁学和光学。19 世纪后期,玻耳兹曼(Ludwig Boltzmann)提出了微观几率和熵的关系,解释了麦克斯韦速度分布率,奠定了统计物理的基础。至 1900 年,欧洲学者普遍认识到牛顿力学、麦克斯韦电磁理论和玻耳兹曼的统计理论是相互独立的自然规律。这 3 种理论可以很好地解释当时绝大多数的物理现象,标志着经典物理(classical physics)趋于成熟。

在经典物理学发展的后期,古希腊的原子论首先被化学家复苏,可以说物理学和化学同样地参与了现代原子概念的创造。1803 年,道尔顿(John Dalton)在曼彻斯特大学讲述了他的原子论,其要点有二:同种原子的重量相同,由此可以定义原子量;不同原子必然以简单整数比互相化合,由此可以定义化学分子式。1811 年,阿伏伽德罗(Amedeo Avogadro)提出了原子-分子论。他认为在一定温度、压力下,单位体积的理想气体内包含同样多的分子数。在物理学中,近代原子论首先在热力学中获得成功。19 世纪 50—60 年代,克劳修斯(Rudolf Clausius)、麦克斯韦和玻耳兹曼结合牛顿力学和原子论发展了气体分子运动论。1865 年,洛施密特(Joseph Loschmidt)根据气体分子的平均自由程和液体的体积估算了分子直径的准确数量级($10^{-8}$ cm)和 1 摩尔分子数的准确数量级($10^{23}$)。这个洛施密特数(Loschmidt number)后来经由很多实验和理论论证,演变为现代的阿伏伽德罗常数(Avogadro number)。原子论也影响了电的理论。1834 年左右,法拉第提出了电解当量定律。基于此物理学家就赋予每个离子 1 个基本电荷,或者是基本电荷的整数倍。洛伦兹和拉摩(Joseph Larmor)在电子论中提出,物质中的载流子具有

1 个基本电量。1897 年,维恩(Wilhelm Wien)和汤姆孙(Joseph John Thomson)等人通过质谱仪测量荷质比终于发现了负电载流子——电子(见图 1.4)。

图 1.4　汤姆孙发现电子

与原子论的复苏相比,20 世纪初量子物理的发展则是更重要的突破。1900 年,德国人普朗克(Max Planck)为了解释他自己提出的热辐射能谱公式,提出电磁波的能量必须以 $h\nu$ 为量子。1905 年,爱因斯坦(Albert Einstein)将普朗克的电磁波能量子的概念提升为光子(photon)的概念,用光的波粒二象性(wave-particle duality)解释了光电效应现象,从而终结了关于光的本质长达 240 年的争论。1913 年,丹麦人玻尔(Niels Henrik David Bohr)根据卢瑟福(Ernest Rutherford)提出的有核原子模型以及原子光谱规则,给出了原子内部电子的量子理论。1924 年,法国人德布罗意(Louis Victor de Broglie)把波粒二象性推广为所有微观基本粒子都具备的特性,这对基础物理学是非常重要的概念。1926 年,量子力学和量子统计由薛定谔、海森伯、泡利、费密和狄拉克建立起来。波粒二象性可以认为是体现了经典物理的粒子和量子物理的物质波这两个概念的融合互补。在固体中,声子、能带电子、库珀对和磁振子都是具有波粒二象性的准粒子。

固体物理(solid state physics)是比较晚近发展的物理学分支,它的开端没有定论,1912 年发现的晶体的 X 射线衍射也许可以选为一个恰当的开端。历史上晶体学长期与物理学的主流关系不大,原因是物理学家很难看到完整形貌的晶体(见图 1.5)。矿物学家有很好的晶体,但是对物理学不一定感兴趣。对称与晶体结构的概念,最早是由开普勒(Johannes Kepler)在 1611 年写的一本小册子《六角形的雪》中提出的,他仅仅通过雪花的六角对称形状就天才地推论出固体结构的对称概念,甚至想象到雪是由很多球体紧密地堆积而成。1669 年,丹麦人斯坦生(Niels Stenson)发现,不同石英晶体的表面之间的夹角总是相同的。在此之后晶体(德语的 kristall)这个词才渐渐地被用来指有固定的天然形式的固体。到了 19 世纪,几

图 1.5　石英晶体与晶面

何晶体学开始发展起来,经过矿物学家 Christian Samuel Weiss、Franz Ernst Neumann 等人的研究积累,密勒(William Hallows Miller)根据 Haüy 有理数交截定律定义了晶面指数。1830 年,矿物学家赫塞耳(Johann Friedrich Christian Hessel)也是根据有理数交截定律证明存在 32 个晶类。1850 年,物理学家布拉菲(Auguste Bravais)根据点群证明了在三维

空间中只存在 14 种不同的布拉菲点阵。1890 年左右,俄国数学家费奥多罗夫(E. C. Feodorov)和德国的熊夫利(Arthur Moritz Schoenflies)分别使用不同的方法独立地证明了 230 种空间群的存在,完善了晶体结构分析的数学工具。

20 世纪初,物理学家对晶体中原子排列的观点不一,有赞同空间点阵(见图 1.6)学说的,也有认为原子是混乱排列的。慕尼黑大学的物理学家西伯尔(Ludwig August Seeber)在 1824 年提出的晶体原子论——晶体空间点阵是由化学原子组成——的思想在德国一直流传了下来;1912 年,根据劳厄(Max von Laue)的预言,索末菲(Arnold Sommerfeld)研究组的 W. Friedrich 和 P. Knipping 在实验中发现了

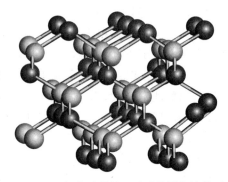

图 1.6　空间点阵结构:原子的周期性排列

晶体美丽的衍射图样,一举证实了 X 射线的波动性和晶体的点阵结构。1913 年,布拉格父子根据小布拉格(William Lawrence Bragg)提出的公式和老布拉格(William Henry Bragg)的 X 射线波谱仪的实验结果,准确测定了晶格常数和 X 射线的波长。在 1927 年和 1928 年,美国的戴维孙(Clinton Joseph Davisson)和英国的 G. P. 汤姆孙(George Paget Thomson)研究小组分别使用反射电子束和薄膜透射电子束发现了晶体的电子衍射花样,很漂亮地用实验验证了德布罗意关于微观粒子波粒二象性的假设。第二次世界大战以后,中子衍射作为第三种衍射方法被提了出来,这对于固体内部准粒子的能谱测定有特别重要的意义。

固体物理学有很多分支,包括固体的电、磁、声、光、热等性质的物理本质研究。早期的固体电性质研究可以追溯到 1826 年关于金属电阻的欧姆定律。1926 年,量子力学和量子统计的建立打开了通向现代固体电子理论(solid electronic theory)的大门。1928 年,索末菲根据费密统计给出了金属中的自由电子费密气体的图像。同样也是在 1928 年,年轻的布洛赫(Felix Bloch)提出了晶体中电子的能带理论。1963 年由科恩(Walter Kohn)建立的密度泛函理论(density functional theory)则是能带计算、量子化学和计算材料学的基础。固体电子理论是现代物理学中重要的研究分支,半导体、超导体、密度泛函理论等研究多次获得诺贝尔奖。固体物理和半导体物理也为以晶体管为基础、以集成电路技术为框架的固体电子器件学(solid electronic devices)的发展开辟了道路。

从固体磁性研究来说,19 世纪 40 年代英国人法拉第(Michael Faraday)首先对物质的磁性做了分类。1895 年,法国人居里(Pierre Curie)研究了磁性物质的相变问题。1907 年,法国人外斯(Pierre-Ernest Weiss)则提出了唯象的分子场理论来解释铁磁性。从固体的热性质研究来说,爱因斯坦在 1907 年提出的固体中原子

振动的量子模型,即声子模型首先对固体比热做了定性的解释。1911 年,德拜 (Peter Debye)根据普朗克和他自己的辐射理论修正了爱因斯坦模型,比较好地解释了低温下的固体比热容。从固体的声学性质研究来说,1913 年玻恩(Max Born) 和冯·卡门(Theodore von Karman)提出了晶格动力学的理论,他们计算的能谱后来为中子衍射实验所证实。光与固体的电、磁性质的交叉效应一直是固体物理中重要的研究课题,这些交叉效应是核磁共振、激光、半导体光电器件等技术发展的根据。固体物理学近来扩展为凝聚态物理学和材料科学,内容越来越丰富,是包括物理、化学、材料、电子等物质科学的重要基础。

# 1.3  自然界中的固体及固体物理学

自然界中的物质结构是很复杂的。不同的自然科学学科对物质都有自己独特的分类方法,如图 1.7 所示,或者说,一个学科侧重于一种原子论的表象。在生物学中,世界可以分为生命物体和非生命物体。在生命物体中,碳、氢、氧、氮、磷等几种原子以复杂的方式组织起来,构成新陈代谢和生殖的基本要素:基因和蛋白质。在化学中,物质可以分为无机矿物和有机物,有机物包含生物体,也包括石油和煤

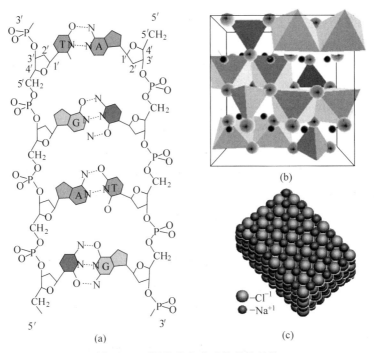

图 1.7  不同学科中典型的晶体结构

(a) 生物学——DNA 结构;(b) 化学——黄玉的晶体结构;(c) 物理学——氯化钠结构

炭等生物体的遗存。在物理学中,物质可以分为 4 种状态:固态、液态、气态和等离子态。

固体(solid)和液体(liquid)这两个词古已有之;气体(gas)这个词是由 17 世纪初的先驱化学家冯·赫尔蒙特(Johann Baptista van Helmont)提出来的;等离子体(plasma)来源于古希腊的 $\pi\lambda\alpha\sigma\mu\alpha$(jelly)一词,在 1927 年首先由诺贝尔化学奖得主朗缪尔(Irving Langmuir)用于描述离子气体。物理学家更感兴趣的是 4 种物态的本质以及物理性质,他们喜欢结构简单的固体,以便研究其性能。

由于早年的化学和物理学研究都是在日常的状态下进行。固态、液态、气态这 3 种状态开始都是在常温常压下定义的。当温度和压力改变的时候,固态、液态、气态是可以互相转换的。任何自然界的物质或人工制造的材料,在一定的条件下都可以成为固体。因此,固体物理的研究对象和适用范围是十分广泛的。

1912 年以后逐渐发展的晶体衍射学揭示了固体内部的微观结构。每个固体都有其特殊的原子排布方式,在宏观、介观、微观的各个尺度上往往有多层次的微结构。生长得很好的大晶体是少见的,由取向混乱的细小晶粒构成的多晶结构则是更为常见的。在晶体或晶粒中,原子排列的完美程度令人吃惊。历史上,金属和宝石是晶体的观念很早就有了;但是,木材、肌肉、神经纤维以及纺织材料等有机体都具有微晶结构,则是在衍射学发展以后才有的知识。因此,晶体状态正是固体物质的正常状态;只有少数的固体,例如玻璃,才具有微观尺度上原子混乱排列的非晶态。

作为物理学的一个分支,固体物理学侧重于用微观结构和微观世界的基本规律、特别是量子物理的理论来解释宏观的物质性质,其框架结构见图 1.8。第一本固体物理书是 1940 年塞茨(Frederick Seitz)写的。塞茨是 1963 年诺贝尔物理学奖获得者维格纳(Eugene Wigner)的第一个博士生。在塞茨的这本名为 *The Modern Theory of Solids* 的书中,讨论了金属、离子晶体、共价晶体、半导体和分子晶体的重要物理性质,也十分重视各种元素晶体和材料的特殊物理性质。基特尔(Charles Kittel)的著作 *An Introduction to Solid State Physics* 在 1958 年出了

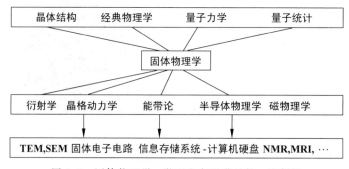

图 1.8  固体物理学:微观和宏观世界的一座桥梁

第 1 版,至今已经有了 7 个版本。基特尔的书比较全面地涉及了固体物理的各个方面,是这个领域的经典著作之一。也是在 1958 年,黄昆先生在北京大学物理系开始讲授固体物理学课程,他的课程影响了中国几代年轻学生。阿什克罗夫特(Neil W. Ashcroft)和摩尔敏(N. David Mermin)的书 *Solid State Physics* 创造了一种新的固体物理学教科书的结构,而且全书特别重视固体电子理论。他们的书在 1980 年以后在美国的研究生物理教学中普遍使用。

本书写作的初衷本来是针对应用物理,特别是材料学和电子学专业学生的。在写作过程中,为了把固体物理学的来龙去脉叙述清楚,作者发现必须涉及到大量的物理学基本规律,这正是由固体物理本身的特性决定的,它来源于广泛的学科领域,是经典物理、量子物理与晶体学结合产生的奇葩。

本书第 2 章将以玻尔原子模型以及哈特里-福克(Hartree-Fock)方法为基础,讨论 5 种化学键的物理本质,特别是相应固体结合能的物理来源。第 3 章将以点阵对称性为基础,讨论晶体结构的数学理论;以 X 射线、电子和中子衍射实验的来源为基础讨论晶体结构的测量方法;并以衍射理论为基础分析非晶体、准晶体和液晶的结构。本书第 4~8 章将讨论固体的电、磁、声、光、热物理性质的本质。所有讨论将在晶体中进行,因为只有在晶体中才有可能用第一性原理解释物理性质。在第 4 章中,将以爱因斯坦的声子模型和原子的晶格振动理论为基础,解释固体的热、声性质。第 5 章主要讲述固体电子理论,包括经典自由电子模型、自由电子费密气体和能带理论。第 6 章将在固体电子理论的基础上,分别讨论金属、半导体和超导体的电输运特性。在第 7 章中,将在原子磁矩的量子力学基础上讨论顺磁、抗磁、铁磁、反铁磁等固体磁性的本质。在第 8 章中,将通过介电常数在电磁波谱上的色散特性以及量子跃迁的效应,统一地讨论固体的介电性质和光学性质。固体的光学性质在第 4、5、6、7 章也有所涉及。

固体物理学是联结微观原子和宏观世界的一个桥梁,因此固体物理不仅在物理、化学、电子、计算机、材料、工程物理等学科的研究中很重要,而且也是现代信息工业的理论基础之一。固体物理学的一些分支逐渐生长为独立的研究领域,例如半导体物理学、磁物理学和衍射学。固体物理学对相关的交叉学科影响深远,例如物理化学、结构化学和生物物理就要用到很多相关的知识。衍射学和核磁共振等实验方法更是物理、化学、生物、材料和医学互相借鉴的例子。磁性物理在计算机硬盘等信息存储系统的研究中起着很关键的作用。半导体物理则促进了固体电子学、集成电路的发展,这是 20 世纪科学提高人类生活水平的最好例证之一。

本书会讨论这些激动人心的固体物理学的思想、理论和实验。本书适合于非凝聚态理论专业的物理、材料、电子专业高年级本科生、相关专业的研究生以及其他对固体物理知识感兴趣的工程领域的读者阅读参考。

# 本章小结

本章对固体物理学的发展史做了回顾。固体物理学是庞大繁复的物理学体系中比较晚近发展的分支;因此在很长的历史时期内的物理思想都会对固体物理学产生影响。

1. 原子论:从古希腊的原子论到近现代由化学家和物理学家提出的原子论。
2. 晶体学和衍射学:从开普勒对点阵结构的初步猜想到 X 射线衍射和基于量子物理的波粒二象性原理产生的电子衍射学的发展。
3. 固体物理学其他分支的发展:固体的电、磁、声、光、热性质的基本理解。
4. 固体物理学与其他科学和工程学科的关系:固体物理学在 20 世纪的化学、生物等自然科学和电子、材料、医学等工程领域的发展中扮演着重要角色。

# 本章参考文献

1. 顾准. 希腊城邦制度:读希腊史笔记. 北京:社会科学出版社,1982
2. 胡瑗. 洪范口义. 上海:商务印书馆,1936
3. 黄昆,韩汝奇. 固体物理学. 北京:高等教育出版社,1988
4. 罗素. 西方的智慧:西方哲学在它的社会和政治背景中的历史考察.马家驹,贺霖译. 北京:世界知识出版社,1992
5. 徐光宪. 物质结构简明教程. 北京:高等教育出版社,1966
6. 中国大百科全书:物理学. 北京:中国大百科全书出版社,1987
7. Laue M V. 物理学史. 范岱年,戴念祖译. 北京:商务印书馆,1978
8. Ashcroft N W, Mermin N D. Solid State Physics. New York:Holt, Rinehart and Winston,1976
9. Feynman R P, Leighton R B, Sands M. The feynman lectures on physics. New York:Addison-Wesley,1963
10. Kittel C. Introduction to solid State Physics. New York:Wiley,1986
11. Seitz F. The modern theory of solids. New York, London:McGraw-Hill Book Co, Inc,1940

# 第 2 章　化学键和晶体形成

**本 章 提 要**

- 原子物理发展历史(2.1)
- 五类化学键的物理本质(2.2)

法国化学家拉瓦锡(Antoine Laurent Lavoisier)在 1789 年出版的著作《初等化学基础》中列出了第一个元素周期表(periodic table)。拉瓦锡的周期表还不成熟,其中有真的呈气、固、液相的元素,也有"卡路里"等化学反应中的"元素"。1816年,一位伦敦的医生普洛特(William Prout)提出了他个人关于化学第一性原理的信念:任何原子的质量都是氢原子质量的整数倍,而这正是元素周期表的排列基础。1869 年,俄国的门捷列夫(Dimiri Ivanovich Mendeleev)和德国的迈耶(Julius Lothar Meyer)分别出版了现代的元素周期表。元素周期表是 20 世纪物理学和化学发展的重要基础。

在元素周期表的指导下,化学家花了很大的精力去测量和计算各个元素晶体的结合能。结合能(binding energy)定义为固体的内能与相应的自由原子集合内能的差,表 2.1 中列了各类元素晶体在接近绝对零度、一个大气压下的结合能。结合能是正的,说明晶体的内能总是比自由原子集合的内能低;结合能越大,晶体越稳定。钨晶体的结合能最大,而固体氦的结合能最小,因此没有在表中列出。

本章将在原子物理和量子力学的基础上讨论化学键(chemical bond)的本质。化学键的概念,特别是由两个原子共有的电子对组成的共价键的概念,是美国物理化学家路易斯(Gilbert Newton Lewis)在 1917 年提出的,此后在简单的结构模型中,往往用相邻原子之间的短棍来表示化学键。实际上,从本章后面的讨论可以看到,化学键不一定只是近邻原子之间的直接吸引力,而往往是多原子效应。若 $r$ 是近邻原子之间的距离,$W$ 是(正的)结合能;一般将 $U(r) = -W(r)$ 定义为(负的)晶体结合能(cohesive energy)或内能,有时以 $E_b = U(r) - U(\infty)$ 代表晶体的总能量;对应于晶体中化学键的原子间吸引力可定义为 $F(r) = -dU/dr = dW/dr$,其本质来源是电磁相互作用和量子效应。

表2.1　元素晶体在一个大气压和接近0K条件下的结合能

| Li 158 1.63 37.7 | Be 320 3.32 76.5 | | | | | | | | | | | | | B 556. 5.77 133. | C 711. 7.37 170. | N 474. 4.92 113.4 | O 251. 2.60 60.03 | F 81.0 0.84 19.37 | Ne 1.92 0.020 0.46 |
|---|---|---|---|---|---|---|---|---|---|---|---|---|---|---|---|---|---|---|---|
| Na 107. 1.113 25.67 | Mg 145. 1.51 34.7 | | kJ/mol → eV/atom → kcal/mol → | | | | | | | | | | | Al 327. 3.39 78.1 | Si 446. 4.63 106.7 | P 331. 3.43 79.16 | S 275. 2.85 65.75 | Cl 135. 1.40 32.2 | Ar 7.74 0.080 1.85 |
| K 90.1 0.934 21.54 | Ca 178. 1.84 42.5 | Sc 376 3.90 89.9 | Ti 468. 4.85 111.8 | V 512. 5.31 122.4 | Cr 395. 4.10 94.5 | Mn 282. 2.92 67.4 | Fe 413. 4.28 98.7 | Co 424. 4.39 101.3 | Ni 428. 4.44 102.4 | Cu 336. 3.49 80.4 | Zn 130. 1.35 31.07 | Ga 271. 2.81 64.8 | Ge 372. 3.85 88.8 | As 285.3 2.96 68.2 | Se 217. 2.25 51.8 | Br 118. 1.22 28.18 | Kr 11.2 0.116 2.68 |
| Rb 82.2 0.852 19.64 | Sr 166. 1.72 39.7 | Y 422. 4.37 100.8 | Zr 603. 6.25 144.2 | Nb 730 7.57 174.5 | Mo 658. 6.82 173.3 | Tc 661 6.85 158 | Ru 650. 6.74 155.4 | Rh 554. 5.75 132.5 | Pd 376. 3.89 89.8 | Ag 284. 2.95 68.0 | Cd 112. 1.16 26.73 | In 243. 2.52 58.1 | Sn 303. 3.14 72.4 | Sb 265. 2.75 63.4 | Te 215. 2.23 51.4 | I 107. 1.11 25.62 | Xe 15.9 0.16 3.80 |
| Cs 77.6 0.804 18.54 | Ba 183. 1.90 43.7 | La 431. 4.47 103.1 | Hf 621. 6.44 148.4 | Ta 782. 8.10 186.9 | W 859. 8.90 205.2 | Re 775. 8.03 185.2 | Os 788. 8.17 188.4 | Ir 670. 6.94 160.1 | Pt 564. 5.84 134.7 | Au 368. 3.81 87.96 | Hg 65. 0.67 15.5 | Tl 182. 1.88 43.4 | Pb 196. 2.03 46.78 | Bi 210. 2.18 50.2 | Po 144. 1.50 34.5 | At | Rn 19.5 0.202 4.66 |
| Fr | Ra 160. 1.66 38.2 | Ac 410. 4.25 98. | | | | | | | | | | | | | | | |

| Ce 417. 4.32 99.7 | Pr 357. 3.70 85.3 | Nd 328. 3.40 78.5 | Pm | Sm 206. 2.14 49.3 | Eu 179. 1.86 42.8 | Gd 400. 4.14 95.5 | Tb 391. 4.05 93.4 | Dy 294. 3.04 70.2 | Ho 302. 3.14 72.3 | Er 317. 3.29 75.8 | Tm 233. 2.42 55.8 | Yb 154. 1.60 37.1 | Lu 428. 4.43 102.2 |
|---|---|---|---|---|---|---|---|---|---|---|---|---|---|
| Th 598. 6.20 142.9 | Pa | U 536. 5.55 128. | Np | Pu 347. 3.60 83.0 | Am 264. 2.73 63. | Cm 372. 3.86 89. | Bk | Cf | Es | Fm | Md | No | Lr |

# 2.1　原子的量子模型

　　丹麦人玻尔(Niels Henrik David Bohr)是继普朗克和爱因斯坦以后量子物理的第三位先行者。1911年,玻尔在哥本哈根大学获得博士学位,他的导师是C. Christiansen教授,博士课题是金属中的电子理论。1911年秋,玻尔访问了剑桥大学,在卡文迪许实验室的主任汤姆孙(Joseph John Thomson)的研究组工作。1912年3—7月,玻尔转到曼彻斯特大学卢瑟福(Ernest Rutherford)的实验室中工作,研究原子核、电子与各种辐射线之间的相互作用,他深受卢瑟福的有核原子模型的影响,并与卢瑟福结下了终身的友谊。

　　1912年秋天,玻尔回到哥本哈根大学任助理教授,玻尔在与同事偶然的谈话中,得知光谱学家已经从杂乱无章的大量纯气体的光谱(spectrum of gases)中理出了一定的规律性的时候,大感惊奇。图2.1中的氢原子光谱是在19世纪后期陆续发现的。1885年,瑞士巴塞尔女子学校的巴耳末(Johann Jakob Balmar)教授总结了可见光区的氢原子光谱,并给出了一套准确的波长公式:$\lambda = Bn^2/(n^2-2^2)$ (其中$n=3,4,5,\cdots$),这些谱线后来被称为巴耳末线系(Balmar series)。1890年,临近哥本哈根的伦德(Lund)大学的里德伯(Johannes Robert Rydberg)教授将巴耳末的波长公式作了改写,简化为:$\lambda^{-1} = R_{\mathrm{H}}(2^{-2}-n^{-2})$,其中的里德伯常数为

$R_H = 4/B = 1.096775854 \times 10^7$ m$^{-1}$。玻尔深受里德伯光谱公式的启发。

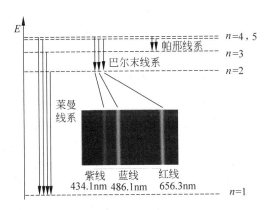

图 2.1　氢原子光谱和玻尔的原子模型

1913 年,玻尔在 *Philosophical Magazine* 上发表了他的著名论文 *On the Constitution of Atoms and Molecules*。在卢瑟福的有核原子模型中,汤姆孙认为电子在原子核外做同心圆周运动,做圆周运动的电子加速度不为零,根据经典电动力学,电子会不断辐射电磁波,从而使电子的能量不守恒,这样原子是不稳定的。为解决这个矛盾,玻尔认识到,像普朗克(Max Planck)那样试图从经典物理推演出量子特性是不可能的。玻尔提出了两个重要的概念:定态(static state)和跃迁(transition)。在第 $|n\rangle$ 个定态上的电子,不会辐射电磁波,从而具有确定的能级 $E_n$。一条谱线就对应于从初始的 $|n\rangle$ 态到最终的 $|m\rangle$ 态之间的跃迁,相应的光能量量子为 $h\nu = E_n - E_m$。这样,定态的能级可以直接从里德伯公式中推导出来:

$$\frac{1}{\lambda} = \frac{E_1}{hc}\left(\frac{1}{2^2} - \frac{1}{n^2}\right), \quad E_n = -\frac{\text{Ry}}{n^2} = -\frac{R_H hc}{n^2} = -\frac{e^2}{2a_B}\frac{1}{n^2} \tag{2.1}$$

其中,Ry=13.6 eV 是氢原子中电子基态的束缚能,一般被称为原子能量的里德伯单位(Rydberg unit),$a_B = \hbar^2/me^2 = 0.54$ Å 就是著名的玻尔原子半径(Bohr radius)。玻尔将里德伯单位和玻尔半径与普朗克常数正确地联系了起来:Ry = $R_H hc = 2\pi^2 me^4/h^2$。玻尔认为量子数为 $n$ 的轨道半径恰好为 $a_n = n^2 a_B$,因此式(2.1)中的定态能量自动与经典物理中圆周运动的总能量 $-e^2/2a_n$ 具有完美的对应。不过,定态轨道当然又与经典轨道又有着本质的区别。玻尔的原子模型(Bohr model)是经典物理向量子物理演化的关键一步,它对光谱解释的成功反过来论证了卢瑟福有核原子模型的正确性。

量子理论的下一个突破发生在 1924 年,法国的德布罗意(Louis Victor de Broglie)在他短短几页的博士论文中提出,微观基本粒子普遍具有波粒二象性(wave-particle duality)。1926 年,当时在瑞士苏黎世大学(University of Zurich)工作的薛定谔(Erwin Schroedinger),经他的同事德拜(Peter Debye)提醒,要找到

固体物理(第 2 版)

一个方程来描述原子中电子的德布罗意波(de Broglie wave);他找到了这个方程,从而也建立了量子波动力学。薛定谔找到了玻尔模型中氢原子定态对应的波函数:$\psi_{nlm}(\boldsymbol{r}) = R_n(r)Y_{lm}(\theta, \phi)$,这一系列波函数是算符哈密顿量 $H$(对应量子数 $n$)、角动量 $\boldsymbol{L}^2$(对应量子数 $l$)和角动量分量 $L_z$(对应量子数 $m$)的共同本征态。同样在 1926 年,玻恩(Max Born)给出了波函数的统计诠释:在坐标 $\boldsymbol{r}$ 附近的电子几率密度为 $\rho(\boldsymbol{r}) = |\psi(\boldsymbol{r})|^2$;因此玻尔半径 $a_B$ 不是电子轨道的半径,而是氢原子基态的几率密度 $\rho(r) = e^{-1}\rho(0)$ 时的半径 $r$。玻尔、薛定谔和玻恩因为对原子的量子模型的贡献分别在 1922 年、1933 年和 1952 年获得了诺贝尔物理学奖。

氢原子中只有一个电子,因此氢原子的波函数可以准确地解出。其他原子中都有多个电子,电子-电子的库仑排斥十分强烈,因此多体效应(many-body effect)可能出现,不能直接使用玻尔模型来确定原子中各个电子的量子态。

牛顿曾经说过,假如太阳系中所有行星之间的引力相互作用都要考虑,那么精确解出地球的运动轨道几乎是不可能的。在原子物理中也有类似的情形,在多电子原子中,薛定谔方程也不可能有解析解;此时必须使用变分原理(variational principle)来求解量子态。当系统的多电子的试验波函数为 $\Psi$ 时,能量变分必须取最小值:

$$E[\Psi] = \frac{\int d\tau \, \Psi^* H \Psi}{\int d\tau \, \Psi^* \Psi} \geqslant E_0, \quad H = \sum_\alpha \left( \frac{\boldsymbol{p}_\alpha^2}{2m} - \frac{Ze^2}{r_\alpha} + \frac{1}{2}\sum_{\beta \neq \alpha} \frac{e^2}{r_{\alpha\beta}} \right) \quad (2.2)$$

其中,$d\tau$ 是系统中所有电子的体积分微元。电子是费密子,电子的量子态排列必须满足泡利不相容原理(Pauli's exclusion principle)。因此,最好的多电子试验波函数的形式是由斯莱特(John Clarke Slater)提出的单电子态的反对称行列式:

$$\Psi = \frac{1}{\sqrt{Z!}} \begin{vmatrix} \psi_1(\zeta_1) & \psi_1(\zeta_2) & \cdots & \psi_1(\zeta_Z) \\ \psi_2(\zeta_1) & \psi_2(\zeta_2) & \cdots & \psi_2(\zeta_Z) \\ \vdots & \vdots & & \vdots \\ \psi_Z(\zeta_1) & \psi_Z(\zeta_2) & \cdots & \psi_Z(\zeta_Z) \end{vmatrix} \quad (2.3)$$

其中,$Z$ 是系统中电子的总数。$\psi_\alpha(\zeta_\beta)$ 是一个单电子试验波函数。初始的 $|\alpha\rangle$ 量子态可以取玻尔原子轨道 $|nlm\sigma\rangle$($\sigma$ 是自旋量子数)。$\zeta_\beta$ 代表第 $\beta$ 个电子的坐标 $x$, $y, z, s$($s$ 是自旋坐标 $\pm 1/2$),原子中的 $Z$ 个全同电子分别排入 $Z$ 个量子轨道中。

基态的单电子哈特里-福克哈密顿量(Hartree-Fock Hamiltonian)可以根据式(2.2)中的变分方程极小值条件 $\delta E|\Psi|/\delta\psi_\alpha = 0$($\alpha = 1, 2, \cdots, Z$)导出,其中多电子波函数 $\Psi$ 选为方程(2.3)中的斯莱特行列式:

$$\mathscr{F}_\alpha(\boldsymbol{r}, \boldsymbol{p}) = \frac{\boldsymbol{p}^2}{2m} - \frac{Ze^2}{r} + \frac{1}{|\psi_\alpha^*(\boldsymbol{r})|} \sum_{\beta \neq \alpha} \iint d^3\boldsymbol{r}' \left[ \psi_\alpha^*(\boldsymbol{r}) \psi_\beta^*(\boldsymbol{r}') \frac{e^2}{|\boldsymbol{r} - \boldsymbol{r}'|} \psi_\alpha(\boldsymbol{r}) \psi_\beta(\boldsymbol{r}') \right.$$

$$- \delta_{\sigma_\alpha \sigma_\beta} \psi_\alpha^*(\boldsymbol{r}) \psi_\beta^*(\boldsymbol{r}') \frac{e^2}{|\boldsymbol{r} - \boldsymbol{r}'|} \psi_\beta(\boldsymbol{r}) \psi_\alpha(\boldsymbol{r}') \Big] \qquad (\delta_{\sigma_\alpha \sigma_\beta} = 0, 1) \qquad (2.4)$$

方程(2.4)中的 4 项分别是动能、电子受到的核的库仑吸引势能、电子受到的其他电子的库仑排斥势能，以及纯量子的交换相互作用能(exchange interaction)。

在一个原子中，比较准确的单电子量子态 $|\psi_\alpha\rangle$ 及其本征能级 $\varepsilon_\alpha$ 可以通过数值求解一组自洽的哈特里-福克方程(Hartree-Fock equations)来获得：

$$\mathscr{F}_\alpha(\boldsymbol{r}, \boldsymbol{p}) \psi_\alpha(\boldsymbol{r}) = \varepsilon_\alpha \psi_\alpha(\boldsymbol{r}) \quad (\alpha = 1, 2, \cdots, Z) \qquad (2.5)$$

哈特里-福克方程是在 1930 年由哈特里(Douglas Rayner Hartree)、福克(Vladimir Fock)和斯莱特(John Clarke Slater)共同提出和完善的。这是一个相当准确的第一性原理(ab initio)原子-分子物理计算方法。在化学分子和软性凝聚体中，哈特里-福克方程可以用来解决很多问题，例如高分子的接枝和蛋白质分子的弯折等问题可以通过选择恰当的试验波函数来进行研究。在固体中，要直接用哈特里-福克方程解出所有电子的本征态几乎是不可能的，因为固体中的原子数和电子数都是巨大的。但是，在本章的后续章节中，还是会使用哈特里-福克的单电子哈密顿量来解释固体中化学键的本质。

斯莱特在博士毕业后曾经到丹麦跟玻尔学习过量子力学。哈特里是个理论物理学家，1921 年他在剑桥读书时听到过玻尔的演讲对他影响很大，而且他是最早使用电子计算机解决物理问题的人。因此哈特里-福克方法从本质上说是多电子原子波函数的计算物理方法。它从量子物理学中开花，却在量子化学中结果，反过来又对凝聚态物理理论和计算材料学产生了很深的影响。在第 5 章中会看到，能带的精确计算就要使用密度泛函理论(density functional theory)，而此理论的奠定者之一、1998 年度诺贝尔化学奖得主科恩(Walter Kohn)指出，密度泛函理论就是哈特里-福克方法的一种精确表达方式。

## 2.2　离子键和离子晶体

本节以氯化钠(sodium chloride)离子晶体为例来说明离子键(ionicbond)的物理本质。最稳定的原子或离子状态是闭壳电子结构。钠原子向氯原子转移一个电子以后，$Na^+$ 和 $Cl^-$ 离子同时变成闭壳电子结构，然后 $Na^+$ 和 $Cl^-$ 离子最终构筑成图 2.2 中的氯化钠离子晶体(ionic crystal)结构。离子键的结合能 $W$ 主要来自互相平衡的两项：

(1) 库仑相互作用(对结合能"＋"的贡献)：晶体中 $N$ 个钠离子和 $N$ 个氯离子之间的库仑相互作用，包括 $Na^+$-$Na^+$ 排斥、$Cl^-$-$Cl^-$ 排

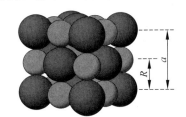

图 2.2　氯化钠晶体结构示意图：钠离子较小而氯离子较大

固体物理（第 2 版）

斥和 $Na^+$-$Cl^-$ 吸引，以库仑吸引为主。

（2）交换势（对结合能"－"的贡献）：当相邻 $Na^+$ 离子和 $Cl^-$ 离子接近的时候，$2p$-$3p$ 轨道交叠导致的哈特里-福克交换相互作用势 $-\langle\alpha\beta|e^2/r|\beta\alpha\rangle$，此项总是正的，而且随离子间距缩短迅速增加，对库仑吸引起到平衡作用。

钠离子和氯离子之间的库仑相互作用是构成离子键的"原子间引力"的主要来源，这种晶体中的静电相互作用能一般被称为马德隆能（Madelung energy）。由 $2N$ 个离子构成的氯化钠晶体的马德隆能可以表达为

$$E_{\text{Madelung}} = \frac{1}{2}\sum_{i=1}^{2N}\sum_{j=1}^{2N}\frac{q_i q_j}{|\,\boldsymbol{r}_i - \boldsymbol{r}_j\,|} = N\left(-\frac{\alpha q^2}{R}\right),$$

$$\alpha = -\sum_{n_1 n_2 n_3}\frac{(-1)^{n_1+n_2+n_3}}{(n_1^2+n_2^2+n_3^2)^{1/2}} \tag{2.6}$$

其中，$q=e$ 是离子电荷，$R$ 是近邻离子间距，$\alpha$ 是马德隆常数（Madelung constant），上式中对 3 个整数 $n_1, n_2, n_3$ 的求和应该去掉三者同时为零的原点。应该强调的是，马德隆常数在不同的离子晶体结构中是不一样的。1910 年，马德隆是用级数解析的方法计算出 NaCl 的常数 $\alpha$ 的，现在则可以用数值法进行计算。在图 2.2 和图 2.3 中分别显示的具有典型的 NaCl，CsCl 和 ZnS 结构的离子晶体中，马德隆常数 $\alpha$ 分别等于 1.74757，1.76268 和 1.63806。

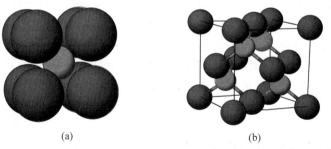

图 2.3　晶体结构示意图

（a）氯化铯（CsCl）；（b）闪锌矿（ZnS）

假如离子晶体的结合能只包含马德隆能，那么氯化钠晶体会因为 $R^{-1}$ 形式的库仑吸引力而发生崩塌。离子晶体的稳定性说明近邻离子之间还有一种短程的排斥力存在。这种短程排斥力只能用量子力学来解释。$Na^+$ 和 $Cl^-$ 都具有闭壳电子结构，当相邻离子互相接近时，两个离子的外层电子云会发生交叠。根据泡利不相容原理，一个离子的闭壳电子结构会将相邻离子的外层电子排斥到能量更高的量子轨道上去。随着离子间距 $R$ 的缩短而增高的结合能（cohesive energy）意味着离子之间存在排斥力：$F = -\mathrm{d}U/\mathrm{d}R > 0$。这种源于量子效应的排斥力也常常被称为硬球排斥（hard sphere repulsion）。

硬球排斥可以用交换相互作用（exchange interaction）来解释。1936 年，兰斯

霍夫(R. Landshoff)用哈特里-福克理论计算了氯化钠晶体的结合能,其中对结合能的主要贡献来自马德隆能和交换相互作用能。根据量子力学,离子中的电子位置在空间是按几率分布的,而且相邻离子的电子云有交叠。不过,由电子几率密度计算出的氯化钠晶体的总静电能与式(2.6)中用经典电磁学计算的马德隆能差别很小。交换相互作用势 $-\langle\alpha\beta|e^2/|r-r'||\beta\alpha\rangle$,主要是由相邻离子的量子轨道 $|\alpha\rangle$ 和 $\beta\rangle$ 之间的交换作用贡献的。当相邻离子间距 $R=a/2=2.82$ Å 时,兰斯霍夫计算出的马德隆能是 $-204.1$ kcal/mol,交换相互作用能是 25.2 kcal/mol。NaCl 总结合能的理论结果 178.9 kcal/mol 与实验 182.6 kcal/mol 结果略有差别,差别主要来源于离子之间普遍存在的范德瓦耳斯力(van der Waals force),这是一种弱吸引力,将在本章的最后一节进行讨论。

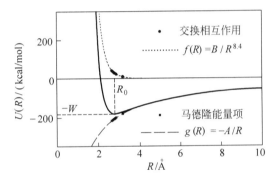

图 2.4 氯化钠晶体中的马德隆能(划线)、交换相互作用(点线)
和结合能(实线)。六角和正方形点表示兰斯霍夫在
1936 年的计算结果(Seitz, 1940)

图 2.4 中兰斯霍夫计算出的氯化钠晶体的结合能(cohesive energy)可以用一个公式很好地拟合。公式中包含 3 项:马德隆能 $g(R)$、交换相互作用能 $f(R)$ 和范德瓦耳斯项:

$$U(R) = -205.4 \times \frac{2.804 \text{ Å}}{R} + 26.4 \times \left(\frac{2.804 \text{ Å}}{R}\right)^{8.4}$$
$$- 3.0 \left(\frac{2.804 \text{ Å}}{R}\right)^{6} \text{ (kcal/mol)} \tag{2.7}$$

普遍地来说,由 $N$ 对离子构成的离子晶体结合能可以用 1924 年发表的玻恩-迈耶势(Born-Mayer potential)很好地描述,包括马德隆能和交换相互作用能两项:

$$U(R) = N\left(-\frac{\alpha q_+ q_-}{R} + \frac{b}{R^n}\right) \quad \text{或} \quad U(R) = N\left(-\frac{a}{R} + z\lambda e^{-R/\rho}\right) \tag{2.8}$$

其中,$\alpha$ 是马德隆常数,$q_+$ 和 $q_-$ 分别是正、负离子的电荷,$n$ 是排斥势的幂次参数;另一套参数 $z\lambda$ 具有能量的量纲,排斥范围 $\rho$ 具有长度的量纲。表 2.2 中列出了具有氯化钠结构的离子晶体的 $n,z\lambda$ 和 $\rho$ 的拟合数据。氯化钠晶体的幂次参数 $n=8$,

固体物理(第 2 版)

比公式(2.7)中交换作用项的幂次 8.4 要小一些,原因是玻恩-迈耶势中范德瓦耳斯项已经被吸收到了交换作用能项中,因此离子-离子排斥势的幂次变小了一些。

表 2.2　氯化钠结构的离子晶体的结合能和势参数(中国大百科全书;Setiz,1940)

| 晶体 | $n$ | $R_0$/Å | $K/$ $(10^{11}\,dyn/cm^2)$ | $z\lambda$ $/(10^{-8}\,erg)$ | $\rho$/Å | 结合能 W/(kcal/mol) | |
|---|---|---|---|---|---|---|---|
| | | | | | | 实验值 | 计算值 |
| LiF | 6.0 | 2.014 | 6.71 | 0.296 | 0.291 | 242.3[246.8] | 242.2 |
| LiCl | 7.0 | 2.570 | 2.98 | 0.490 | 0.330 | 198.9[201.8] | 192.9 |
| LiBr | 7.5 | 2.751 | 2.38 | 0.591 | 0.340 | 189.8 | 181.0 |
| LiI | 8.5 | 3.000 | (1.71) | 0.599 | 0.366 | 177.7 | 166.1 |
| NaF | 7.0 | 2.317 | 4.65 | 0.641 | 0.290 | 214.4[217.9] | 215.2 |
| NaCl | 8.0 | 2.820 | 2.40 | 1.05 | 0.321 | 182.6[185.3] | 178.6 |
| NaBr | 8.5 | 2.989 | 1.99 | 1.33 | 0.328 | 173.6[174.3] | 169.2 |
| NaI | 9.5 | 3.237 | 1.51 | 1.58 | 0.345 | 163.2[162.3] | 156.6 |
| KF | 8.0 | 2.674 | 3.05 | 1.31 | 0.298 | 189.8[194.5] | 189.1 |
| KCl | 9.0 | 3.147 | 1.74 | 2.05 | 0.326 | 165.5[169.5] | 161.6 |
| KBr | 9.5 | 3.298 | 1.48 | 2.30 | 0.336 | 158.5[159.3] | 154.5 |
| KI | 10.5 | 3.533 | 1.17 | 2.85 | 0.348 | 149.9[151.1] | 144.5 |
| RbF | 8.5 | 2.815 | 2.62 | 1.78 | 0.301 | 181.4 | 180.4 |
| RbCl | 9.5 | 3.291 | 1.56 | 3.19 | 0.323 | 159.3 | 155.4 |
| RbBr | 10.0 | 3.445 | 1.30 | 3.03 | 0.338 | 152.6 | 148.3 |
| RbI | 11.0 | 3.671 | 1.06 | 3.99 | 0.348 | 144.9 | 139.6 |

注:所有实验数据都是在室温和一个大气压下的测量值;[]中的数据是在 0 K 和零压下的测量值(偏差没有修正)。1 kcal=4.187 kJ,1 dyn=$10^{-5}$ N,1 erg=$10^{-7}$ J。

在氯化钠结构的晶体中,晶格常数 $a$ 是平衡时近邻离子距离 $R_0$ 的两倍,如图 2.2 所示。结合能(cohesive energy)在平衡态时必然达到极小值:

$$\left.\frac{dU}{dR}\right|_{R_0} = N\left(\frac{\alpha q_+ q_-}{R_0^2} - \frac{nb}{R_0^{n+1}}\right) = 0, \quad b = \frac{R_0^n}{n}\frac{\alpha q_+ q_-}{R_0} \tag{2.9}$$

$$U(R_0) = -W = -N\frac{\alpha q_+ q_-}{R}\left(1 - \frac{1}{n}\right) \tag{2.10}$$

氯化钠晶体的相邻离子平衡间距 $R_0 = 2.82$ Å 和结合能 $W = 181.8$ kcal/mol 在图 2.4 中都标注了。

势函数 $U(R)$ 对预测固体的力学性质是非常有用的。表 2.2 中列出的体弹性模量(bulk modulus)$K_V$ 就可以用结合能在平衡点附近的曲率来计算:

$$K_V = V\left.\frac{\partial^2 U}{\partial V^2}\right|_{V_0} = \left.\frac{R^2}{9V}\frac{d^2 U}{dR^2}\right|_{R_0} = \frac{N}{V}\frac{\alpha q_+ q_-}{R_0}\frac{n-1}{9} = \frac{n}{9}\frac{W}{V} \tag{2.11}$$

因此,固体的硬度是与结合能的大小直接相关的。体弹性模量的单位 1 dyn/cm²

等于国际单位制的 $0.1\,\mathrm{Pa}=0.1\,\mathrm{N/m^2}$。根据方程(2.11)计算出的 NaCl 体弹性模量的大小为

$$K_v = \frac{n}{9}\frac{W}{V} = \frac{8}{9}\frac{178.9 \times 4.18 \times 10^3}{6.022 \times 10^{23} \times 44.85 \times 10^{-30}} = 2.46 \times 10^{10}\,\mathrm{Pa}$$

(2.12)

与表 2.2 中列出的 NaCl 体弹性模量实验测量值基本符合。

固体的热膨胀(thermal expansion)是个统计现象。当温度升高时,不是每个近邻离子间距 $R_{ij}$ 都上升。实际上 $R_{ij}$ 会在平衡间距 $R_0$ 附近涨落。势函数在平衡间距 $R_0$ 附近是不对称的,因此在一个固定的热能 $k_B T$ 的激发下 $R_{ij}$ 膨胀的几率比缩短的几率大,固体从统计上来说就有了热膨胀效应。

一个化学键对应的能量可以定义为 $w = W/N = -U(R_0)/N$。在氯化钠晶体中的其键能为 $w = 7.9\,\mathrm{eV}$。一般来说,离子键的结合能 $w$ 都大于 5 eV,对应的温度 $T_i = w/k_B = 57971\,\mathrm{K}$ 是很高的。实际上,离子晶体的熔点 $T_m$ 大约在 1000 K,远低于 $T_i$,原因是离子晶体中的缺陷会随着温度的增高呈指数增长,最后离子晶体的溶解和崩塌是由离子点缺陷附近强大的静电能引起的。离子晶体在高温下是可以导电的,因为带电离子点缺陷的运动可以形成电流。在很低的温度下,电子无法在具有饱和结构的离子间传输,此时离子晶体是很好的绝缘体。

离子晶体一定是典型金属和非金属之间的化合物。ⅠA-ⅦA、ⅡA-ⅥA 和ⅡB-ⅥA 化合物是最典型的离子晶体,分别具有氯化钠、氯化铯和闪锌矿结构。在自然界中大量存在的矿物、硅酸盐和陶瓷中,离子键都是很重要的结合力。

# 2.3　共价键和共价晶体

自 1957 年提出基于硅的集成电路制造的单质原则(monolithic idea)以后,硅单晶逐渐成为信息时代最重要的固体材料。因此本节选取硅晶体作为典型来说明共价键(covalent bond)和共价晶体(covalent crystal)的形成。

1874 年,化学家范特霍夫(Jacobus van't Hoff)和勒贝尔(Joseph-Achille Le Bel)提出了有机物中碳原子的正四面体成键方式,在晶体中这样的立体化成键方式会形成具有图 2.5 中的金刚石结构(diamond structure)。4A 族的硅单晶和锗单晶也具有金刚石结构。在具有金刚石结构的晶体中,完全相同的原子之间显然不能通过得失电子而形成离子,

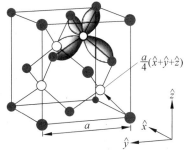

图 2.5　金刚石结构的晶体中,共价键的正四面体成键方式

只能通过共享电子形成共价键。共价键的结合能 $W$ 的来源主要有 3 项：

(1) 杂化轨道形成(对结合能"一"的贡献)：需要费一些能量，才能由 4A 族自由原子的 $s$-$p$ 量子轨道构成正四面体排列的 $sp^3$ 杂化轨道。

(2) 库仑相互作用(对结合能"一"的贡献)：内层电子构成的离子(例如硅原子的 $1s^2 2s^2 2p^6$ 壳层)和其他离子之间的库仑排斥。

(3) 交换势(对结合能"十"的贡献)：相邻原子间的共价键中，自旋相反的双电子交换相互作用势 $\langle \alpha_1 \beta_2 | V | \beta_1 \alpha_2 \rangle$ (非哈特里-福克形式)，其中 $V$ 包含了价电子-离子库仑吸引、价电子-价电子库仑排斥这两项，这项能量总是负的。

对金刚石、硅、碳纳米材料等共价晶体的量子力学计算一直是物理学和材料学的热门课题。换句话说，共价晶体的结合能是很难计算的，因为这是一个多体问题。分析金刚石结构的共价晶体结合能的第一步是从原子的杂化轨道开始的。由孤立硅原子的 $3s, 3p$ 单电子本征态形成正四面体的 $sp^3$ 杂化轨道(hybrid orbits)需要耗费几个 eV 的能量：

$$\Psi_{[111]} = (\psi_{3s} + \psi_{3p_x} + \psi_{3p_y} + \psi_{3p_z}), \quad \Psi_{[1\bar{1}\bar{1}]} = (\psi_{3s} + \psi_{3p_x} - \psi_{3p_y} - \psi_{3p_z})$$

$$\Psi_{[\bar{1}1\bar{1}]} = (\psi_{3s} - \psi_{3p_x} + \psi_{3p_y} - \psi_{3p_z}), \quad \Psi_{[\bar{1}\bar{1}1]} = (\psi_{3s} - \psi_{3p_x} - \psi_{3p_y} + \psi_{3p_z})$$

$$(2.13)$$

方程(2.13)中列出的是金刚石结构中 A 位原子(立方单胞表面的原子)的杂化轨道；对于 B 位原子，杂化轨道应该分别是 $\Psi_{[\bar{1}\bar{1}\bar{1}]}, \Psi_{[\bar{1}11]}, \Psi_{[1\bar{1}1]}$ 和 $\Psi_{[11\bar{1}]}$。

1927 年海特勒(Walter Heitler)和伦敦(Fritz London)发表氢分子的海特勒-伦敦理论(Heitler-London theory)，用量子力学解释了化学中非常关键的成键(单态)和反键(三重态)问题。在一个共价键中一般有两个电子，可以分别标记为 1，2 号电子。这两个电子成键前分别处于第 $i$ 个电子的 $\Psi^i_{[111]}$ 杂化轨道(标记为 $|\alpha\rangle$)和近邻的第 $j$ 个电子的 $\Psi^j_{[\bar{1}\bar{1}\bar{1}]}$ 杂化轨道(标记为 $|\beta\rangle$)这两个量子态中。那么共价键中双电子的本征态可以写为：

$$| \Psi \rangle = | \alpha_1 \beta_2 \rangle + \eta | \beta_1 \alpha_2 \rangle \Longleftrightarrow \Psi = \Psi^i_{[111]}(\boldsymbol{r}_1) \Psi^j_{[\bar{1}\bar{1}\bar{1}]}(\boldsymbol{r}_2) + \eta \Psi^j_{[\bar{1}\bar{1}\bar{1}]}(\boldsymbol{r}_1) \Psi^i_{[111]}(\boldsymbol{r}_2)$$

$$(2.14)$$

单电子在位于 $\boldsymbol{R}$ 的原子中的哈密顿量为：$h_l = p_l^2/2m - Ze^2/|\boldsymbol{r}_l - \boldsymbol{R}|$，其中 $l=1,2$；单电子本征能量为 $h_l|\alpha\rangle = \varepsilon_\alpha |\alpha\rangle$ 或 $h_l|\beta\rangle = \varepsilon_\beta |\beta\rangle$。双电子哈密顿量为 $H = H_1 + H_2 + e^2/r_{12} = h_1 + h_2 + V$，其中新的单电子哈密顿量为 $H_l = p_l^2/2m - Ze^2/|\boldsymbol{r}_l - \boldsymbol{R}_\alpha| - Ze^2/|\boldsymbol{r}_l - \boldsymbol{R}_\beta|$。那么共价键的键能可用本征方程 $H\psi = \varepsilon\psi$ 求出：

$$(\varepsilon_\alpha + \varepsilon_\beta + \langle \alpha_1 \beta_2 | V | \alpha_1 \beta_2 \rangle) + \eta \langle \alpha_1 \beta_2 | V | \beta_1 \alpha_2 \rangle = (\varepsilon_\alpha + \varepsilon_\beta + \bar{V}) + \eta V_{ex} \approx \varepsilon$$

$$\langle \beta_1 \alpha_2 | V | \alpha_1 \beta_2 \rangle + \eta (\varepsilon_\alpha + \varepsilon_\beta + \langle \beta_1 \alpha_2 | V | \beta_1 \alpha_2 \rangle) = V_{ex}^* + \eta (\varepsilon_\alpha + \varepsilon_\beta + \bar{V}) \approx \varepsilon \eta$$

$$\varepsilon_\pm = \varepsilon_\alpha + \varepsilon_\beta + \bar{V} \mp |V_{ex}|, \quad \eta_\pm = \mp |V_{ex}|/V_{ex} \qquad (2.15)$$

在上述推导中使用了海特勒-伦敦近似 $\langle \alpha_1 \beta_2 | \beta_1 \alpha_2 \rangle \approx 0$ (离子间距大时较准)。"额

外的"库仑势为 $V=-Ze^2/|\mathbf{r}_1-\mathbf{R}_\beta|-Ze^2/|\mathbf{r}_2-\mathbf{R}_a|+e^2/|\mathbf{r}_1-\mathbf{r}_2|$，交换作用项 $V_{ex}=\langle\alpha_1\beta_2|V|\beta_1\alpha_2\rangle$ 总是负的，成键态参数 $\eta_+=1$，总波函数为 $|\psi_+\rangle=|\alpha_1\beta_2\rangle+|\beta_1\alpha_2\rangle$，这是个空间对称、自旋反对称的双电子态，如图 2.5 所示。成键和反键态的能量分别为 $\varepsilon_+=\bar{V}-|V_{ex}|$ 和 $\varepsilon_-=\bar{V}+|V_{ex}|$，它们与离子间距的关系在图 2.6 中有定性的表达。

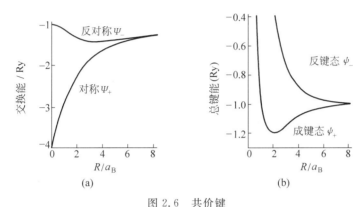

图 2.6　共价键

（a）交换相互作用能；（b）总键能与键长的关系（Slater，1963）

在具有金刚石结构的共价晶体中，数目巨大的共价键之间有很强的相互作用，因此精确计算整个晶体的结合能就变得很复杂。一般有两种方法来解决共价晶体的结合能问题：一种是基于密度泛函理论的第一性原理计算方法（ab initio method），另一种是基于势函数的分子动力学方法（molecular dynamics）。这两种方法都很复杂，需要另外的课程才能完全解释清楚。原子或离子间的势函数在分子动力学方法中是直接提出的，而在第一性原理方法中是计算出来的。

当具有杂化轨道的自由硅原子形成硅单晶的时候，电子之间的库仑排斥增加了，而电子和离子之间库仑吸引降低得更多，就如方程（2.15）中的键能 $\varepsilon_+$ 显示的那样。在硅单晶中，每个硅原子的平均能量大约有 $-100$ eV，比孤立硅原子的能量低几个 eV，这是轨道杂化能量、电子的静电能、离子间的库仑排斥和交换能的综合效果。硅单晶中的势函数的形式很多（Balamane，Halicioglu，Tiller，1992），其中最常用的是包含了二体势和三体势的斯特令格-韦伯势（Stillinger-Weber potential），如图 2.7 所示（Stillinger，Weber，1985）：

$$E/E_b=\frac{1}{2!}\sum_{ij}V_2(r_{ij})+\frac{1}{3!}\sum_{ijk}V_3(\mathbf{r}_{ij},\mathbf{r}_{ik},\mathbf{r}_{jk}) \tag{2.16}$$

$$V_2(r)=\frac{1}{2}f_c(r)\left[\frac{AB}{r^p}-\frac{A}{r^q}\right],\quad f_c(r)=\exp(-1/(a-r))\quad(r<a)$$

$$\tag{2.17}$$

$$V_3(\boldsymbol{r}_{ij}, \boldsymbol{r}_{ik}, \boldsymbol{r}_{jk}) = \frac{\lambda}{2} f_c^\gamma(r_{ij}) f_c^\gamma(r_{ik}) \left(\cos\theta_{ijk} + \frac{1}{3}\right)^2, \quad \theta_{ijk} = \theta(\boldsymbol{r}_{ij}, \boldsymbol{r}_{ik}) \quad (2.18)$$

其中 $E_b = U(R) - U(\infty) = 4.63\ \text{eV}$ 是硅单晶的结合能；近邻原子间距 $R$ 被归一化成了无量纲的 $r = R/\sigma$；截断函数 $f_c(r)$ 在 $r > a$ 时定义为零；$\cos(\theta_{ijk}) = -1/3$，其中 $\theta_{ijk} = 109°28'$ 是金刚石晶体的理想键角。通过拟合硅单晶的结构和力学性质，斯特令格-韦伯势中的 8 个参数分别定为 $\sigma = 2.0951\ \text{Å}$，$A = 7.4096$，$B = 0.6222$，$p = 4$，$q = 0$，$a = 1.8$，$\lambda = 21$ 以及 $\gamma = 1.2$。在平衡间距 $R_0 = 1.122\sigma = 2.35\ \text{Å}$ 处，二体势 $V_2$ 的极小值恰好是 $-1/2$。三体势 $V_3$ 与共价键的键角有关，因此对于硅单晶力学性质的拟合很重要。

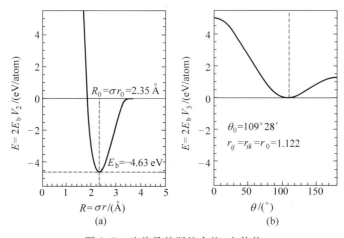

图 2.7　硅单晶的斯特令格-韦伯势

(a) 理想键角时的结合能；(b) $r = R_0/\sigma$ 时的结合能

第一性原理计算的势 $E_{ab}(R)$ 在 $R < R_0$ 时与斯特令格-韦伯势 $E_{sw}(R)$ 很像，但是在 $R > R_0$ 时 $E_{ab}(R)$ 增长得要比 $E_{sw}(R)$ 慢一些，$E_{ab}(R)$ 在 $R = 5.2\ \text{Å}$ 处才渐趋于零，比 $E_{sw}(R)$ 的截断半径 $R = a\sigma = 3.77\ \text{Å}$ 要大一些。斯特令格-韦伯势只考虑近邻原子之间的作用，它在解释硅的结构以及表 2.3 中的一般性质方面都很有用。

表 2.3　共价晶体的一般性质

| 共价晶体 | $R_0/\text{Å}$ (300 K) | $E_b$ /eV | $K_V$ /GPa | $R_h$ | $T_m$ /K | $\alpha_T/\text{K}^{-1}$ (300 K) | $q^*$ |
|---|---|---|---|---|---|---|---|
| 金刚石 | 1.5445 | 7.37(atom) | 443 | 10 | 3773 | $1.05 \times 10^{-6}$ | 0 |
| 硅单晶 | 2.3517 | 4.63(atom) | 102 | 6.5 | 1687 | $2.6 \times 10^{-6}$ | 0 |
| 锗单晶 | 2.4500 | 3.85(atom) | 77 | 6 | 1211 | $5.8 \times 10^{-6}$ | 0 |
| 砷化镓 | 2.448 | 6.5(pair) | 70 | 6 | 1513 | $6.4 \times 10^{-6}$ | 0.46 |

注：$R_0$ 为平衡原子间距、$E_b$ 为结合能、$K_V$ 为体弹性模量、$R_h$ 为矿物硬度、$T_m$ 为熔点、$\alpha_T$ 为热膨胀系数、$q^*$ 为电荷转移数，1 Å = 0.1 nm。

共价键也是强键。共价晶体中每个原子的结合能比具有相似原子量的离子晶体要低一点,但是共价晶体的熔点却比离子晶体高得多,因为共价晶体中缺陷比离子晶体中难形成得多。共价键是定向键,共价晶体中的原子填充比(filling factor)是很低的,在金刚石晶体中只有 0.34;因此,共价晶体很硬、比较脆、不能弯曲。

ⅣA 族元素晶体是最典型的具有金刚石结构的共价晶体,只是其中锡在 18℃时会由金刚石结构转变为很复杂的结构,而铅根本就不是共价晶体。ⅢA 族和ⅤA 族元素可以形成Ⅲ-Ⅴ族化合物晶体,其中砷化镓(GaAs)是最重要的,表 2.3 中有它的一般性质。在砷化镓晶体中,平均来说每个砷原子要向镓原子转移 $q^* = 0.46$ 个电子,然后它们再形成闪锌矿(ZnS)结构的共价键;因此在砷化镓晶体中主要由共价键形成,也有离子键的因素,两个因素加起来使得砷化镓的熔点比纯的锗单晶的熔点略高。ⅡA 族和ⅥA 族元素可以形成Ⅱ-Ⅵ族化合物晶体,这是高度极化的离子键相当强的共价晶体。

# 2.4　金属键和典型金属

绝大多数元素晶体都是金属(metals)。碱金属(alkali metal)是最典型的金属,在本节中将以碱金属为例来说明金属键(metal bond)的基本特性。

在碱金属中,每个原子只有一个价电子,因此不可能通过原子之间得失电子的方式来形成离子键,也不可能通过近邻原子共享电子的方式形成共价键。实际上,金属中的价电子离开了"原来的"原子,变成了在全晶体中运动近自由电子,它们被形象地叫做"自由电子气"。金属键的结合能 $W$ 的来源主要有 3 项:

(1) 动能(对结合能"+"的贡献):价电子动能 $K$ 与自由原子中的动能相比有大幅度的下降。

(2) 交换势(对结合能"+"的贡献):自由电子气中的价电子之间的交换相互作用能 $U_{ex} = -\dfrac{1}{2}\sum_{\alpha}\sum_{\beta}\langle\alpha\beta|e^2/r|\beta\alpha\rangle$,这一项能量在自由电子气中是负的。

(3) 库仑相互作用(对结合能"—"的贡献):内层电子构成的离子(例如钠原子的 $1s^2 2s^2 2p^6$ 壳层)和价电子之间的库仑相互作用,包括离子-离子排斥和价电子-价电子排斥 $U_r$,以及价电子-离子吸引 $U_a$。与自由原子集合比,金属中的库仑排斥和库仑吸引都是上升的。

根据海森伯的测不准原理(Heisenberg uncertainty principle)$\Delta p\,\Delta x > \hbar$,电子的动能的量级大约为 $K \sim \hbar^2/2m\Delta x^2$。当价电子在整个晶体中运动的时候,位移 $\Delta x \sim L$ 当然比孤立原子的尺度大得多,因此电子的动能在晶体中比在自由原子中大幅度地下降了;与此同时,价电子与原子核的距离增加,因此库仑吸引是上升的。

碱金属的势也可以表示成很多种不同的形式,其中巴丁势(Bardeen potential)是碱金属的半经验势,具有简洁的形式和正确的物理概念。在 20 世纪 30 年代初,维格纳(E. P. Wigner)和他的博士生塞茨(Frederick Seitz)得到了一个还不错的金属钠的波函数,并基于此计算了金属钠的结合能。1938 年,维格纳的另一个博士生巴丁(John Bardeen)在 MIT 的斯莱特(John Clarke Slater)研究组做博士后,他首先计算了自由碱金属原子中价电子的结合能 $E_b^0$(cohesive energy),从锂到铯 $E_b^0$ 处在 $-0.39$ Ry 到 $-0.29$ Ry 之间(1 Ry=13.6 eV)。碱金属中每个原子的总能量即包含 $E_b$ 的巴丁势可表达为(Seitz,1940):

$$E_{tot}(v) = E_b(v) + U(v) = A\left(\frac{v_0}{v}\right) + B\left(\frac{v_0}{v}\right)^{2/3} - C\left(\frac{v_0}{v}\right)^{1/3} \tag{2.19}$$

其中,$v$ 是一个原子占有的平均体积。动能 $K$ 正比于 $bv^{-2/3} + b'v^{-1}$;库仑吸引 $U_a$ 的形式为 $-1/\Delta x \sim -v^{-1/3}$;库仑排斥 $U_r$ 的形式为 $1/\Delta x^3 \sim v^{-1}$。交换相互作用项比较复杂,一般 $U_{ex}$ 具有 $-c_{ex}\,v^{-1/3} - b_{ex}\,v^{-2/3}$ 的形式。

巴丁势中的参数 $A, B, C$ 是由平衡态的原子体积 $v_e = v_0$、自由原子的结合能 $E_b^0$、金属晶体的结合能 $W = -(E_0 - E_b^0)$ 以及压缩系数 $1/\beta$ 决定的:

$$\begin{cases} -v\dfrac{dE_{tot}}{dv}\Big|_{v_0} = 0 = A + \dfrac{2}{3}B - \dfrac{1}{3}C \\ E_{tot}\big|_{v_0} = E_0 = -W + E_b^0 = A + B - C \\ v^2\dfrac{d^2 E_{tot}}{dv^2}\Big|_{v_0} = v_0/\beta = 2A + \dfrac{10}{9}B - \dfrac{4}{9}C \end{cases} \rightarrow \begin{cases} A = \dfrac{9}{2}v_0/\beta - |\,E_b^0 - W\,| \\ B = 3\,|\,E_b^0 - W\,| - 9v_0/\beta \\ C = 3\,|\,E_b^0 - W\,| - \dfrac{9}{2}v_0/\beta \end{cases}$$

$$\tag{2.20}$$

碱金属的巴丁势经验参数 $A, B, C$ 分别在表 2.4 中列出,相应的碱金属巴丁势函数见图 2.8。值得注意的是,参数 $B$ 在金属钾和铷中是负数,原因是交换作用能中 $-b_{ex}v^{-2/3}$ 项的参数 $b_{ex}$ 比较大,与动能项相消以后导致 $B$ 为负数。

表 2.4　碱金属的巴丁势中的经验参数(Seitz,1940;Ashcroft,Langreth,1967)

| 碱金属 | $E_b^0$ /eV | $W$ /eV | $v_0$ /Å³ | $1/\beta$ /10 GPa | $A$ /(eV/atom) | $B$ /(eV/atom) | $C$ /(eV/atom) |
|---|---|---|---|---|---|---|---|
| Li | $-5.32$ | 1.63 | 21.3 | 1.293 | 0.79 | 5.37 | 13.11 |
| Na | $-5.15$ | 1.11 | 37.8 | 0.850 | 2.78 | 0.71 | 9.74 |
| K | $-4.37$ | 0.93 | 71.5 | 0.413 | 3.01 | $-0.73$ | 7.58 |
| Rb | $-4.13$ | 0.85 | 87.3 | 0.305 | 2.54 | $-0.09$ | 7.43 |
| Cs | $-3.89$ | 0.80 | 110.7 | 0.225 | 2.31 | 0.08 | 7.07 |

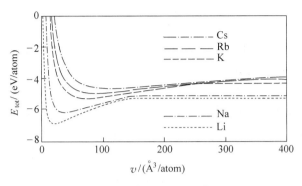

图 2.8　碱金属的巴丁势

应该强调的是,巴丁势包含了孤立原子的能量。在 Li,Na,K,Rb 晶体中,当 $v$ 分别接近 $v_{\max} = 140\ \text{Å}^3, 150\ \text{Å}^3, 260\ \text{Å}^3, 330\ \text{Å}^3$ 时,单位原子的总能量 $E_{\text{tot}}$ 达到孤立原子的能量 $E_b^0$。因此,当 $v > v_{\max}$ 时,巴丁势是没有意义的,此时应该直接令 $E = E_b^0$,如图 2.8 所示。

金属键不是一个强键,由图 2.8 中的势函数曲线可以很容易看出来。但是,金属键不可以忽略,它对于金属的性质有非常重要的影响。金属的高导电性和高导热性源于金属中价电子在全晶体中的自由移动,也就是源于金属键的本质。能量中的库仑吸引项 $-C(v_0/v)^{1/3}$ 随着平均原子体积 $v$ 的缩小而降低,因此金属的原子堆积比或者说金属密度一般都很高。金属的延展性和可加工性则源于金属键的各向同性(这也是为什么巴丁势函数中用体积 $v$ 代替了原子间距 $R$)。金属合金比较容易形成也是因为来自不同原子的价电子可以共享金属键,它们并不在乎电子气当中的哪个电子来源于哪个原子。

碱金属是典型的只由金属键形成的晶体。过渡金属则兼有共价键和金属键,其中过渡金属原子的 $d$ 电子主要是局域的并形成共价键,而 $s$ 电子主要是游离的并形成金属键。这就是过渡金属如此有用的根本原因:金属键提供好的导电性和导热性,而共价键提高了机械性能。金属的使用从古代文明直至现代工业社会都是重要的物质基础。

# 2.5　原子和分子固体

多数有机物是分子固体(molecular solids),其中氢键对结构的形成起到重要的作用。生命的源头——水——也是由氢键(hydrogen bond)构成的。生命的另一个源头——空气——会在很低的温度下分别凝结成氮和氧的分子固体,在更低的温度下形成惰性元素原子固体(atomic solids)。原子和分子固体的结合力来

固体物理(第 2 版)

源——分子间相互作用力(intermolecular force)是法国数学家 Claude Clairault (1713—1765)为解释液体逆重力作用而沿管壁向上的毛细现象的时候提出的。以现代物理语言来说,在原子和分子固体中的价电子不会在成键以后形成全新的几率密度分布,这与离子键、共价键和金属键的情形是不同的。

实际上,在晶体冰(见图 2.9)中,同时存在共价键和氢键。在一个水分子中,一个氧原子和两个氢原子由两个共价键连接起来,其中氧略带负电而氢略带正电。正电的中心与负电的中心不重合,因此水分子中存在一个电偶极矩。当水分子凝结成晶体冰的时候,分子中的电荷密度分布 $\rho(\boldsymbol{r})$ 对应的偶极子 $\boldsymbol{p}$ 之间吸引起到了主要的作用:

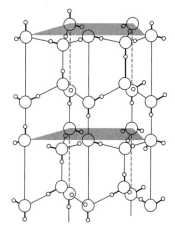

图 2.9 晶体冰的一种结构
(Pauling,1960)

$$U_{\text{d-d}}(\boldsymbol{r}_1,\boldsymbol{r}_2)=\frac{\boldsymbol{p}_1\cdot\boldsymbol{p}_2-3(\boldsymbol{p}_1\cdot\boldsymbol{r}_{12})(\boldsymbol{p}_2\cdot\hat{\boldsymbol{r}}_{12})}{|\boldsymbol{r}_1-\boldsymbol{r}_2|^3},\quad \boldsymbol{p}=\iiint d^3r'\rho(\boldsymbol{r}')\boldsymbol{r}'$$

(2.21)

其中 $\boldsymbol{r}_1$ 和 $\boldsymbol{r}_2$ 分别是两个分子的电荷中心坐标($\hat{\boldsymbol{r}}_{12}=(\boldsymbol{r}_1-\boldsymbol{r}_2)/|\boldsymbol{r}_1-\boldsymbol{r}_2|$),$\boldsymbol{p}_1$ 和 $\boldsymbol{p}_2$ 分别是两个分子的电偶极矩。分子间偶极相互作用就是氢键的本质。

在有机物或生物体中,分子和高分子主要是由氢键连接在一起的。在 DNA 的结构中,一条链中的 A,T,C,G 碱基对与另一条链中的碱基对之间是分别通过氢键连接的。DNA 复制和生命体中的其他基本过程都可以看成氢键的键开和键合。生物质在低温或高压下可以形成分子晶体,结合能为 0.1~0.5 eV,大致相当于 1000~5000 K 的温度。这就是为什么生命体在室温时非常稳定,在有合适的酶的时候氢键则可以很容易地开合,从而完成新陈代谢的过程。

在表 2.5 中列出了自然界中常见的原子和分子的电偶极矩,其中电偶极矩的单位 1 debye=$1/3\times10^{-29}$ C·m。惰性气体原子和具有空间对称结构的分子的电偶极矩是零,因为其中的正负电荷中心是重合的。有趣的是,空气中绝大多数分子的电偶极矩都是零,因此空气不能因氢键而液化或固化。实际上,范德瓦耳斯(Johannes Diderik van der Waals)假设了空气中的分子之间存在一种吸引力,这种吸引力后来就被命名为范德瓦耳斯力(van der Waals force)。很多时候,氢键也被看成是范德瓦耳斯力的一种特殊情况。

表 2.5 原子和分子的电偶极矩(单位:1 debye＝$10^{-18}$ esu·cm)

| 原子和分子 | 电偶极矩 | 原子和分子 | 电偶极矩 |
| --- | --- | --- | --- |
| Ar | 0 | HCl | 1.12 |
| CO | 0.10 | $SO_2$ | 1.7 |
| $CO_2$ | 0 | $CH_4$ | 0 |
| $H_2$ | 0 | $CH_2CH_2$ | 0 |
| $O_2$ | 0 | $CH_3CH_3$ | 0 |
| $O_3$ | 0.53 | $C_2H_5OH$ | 1.68 |
| $N_2$ | 0 | $CH_3CHO$ | 2.68 |
| NO | 0.10 | $(CH_3)_2CO$ | 2.85 |
| $NO_2$ | 0.30 | $C_3H_6O_3$ | 2.08 |
| $H_2O$ | 1.94 | $(C_2H_5)_2CO$ | 2.75 |
| $NH_3$ | 1.468 | $C_6H_6$ | 0 |

范德瓦耳斯力有 3 种基本类型:①偶极-偶极(dipole-dipole)相互作用,或 Keesom 力,其中两个相互作用的偶极子满足 $p_1p_2\neq0$;②偶极-感应偶极(dipole-induced dipole)相互作用,或 Debye 力,其中在静态情况下两个偶极子 $p_1p_2=0$,感应偶极子对原初偶极子的反作用需要用自恰迭代的方法进行计算;③色散(dispersion)相互作用,或 London 力,这是纯粹的量子效应,需要量子电动力学的知识才能完全理解。所有这 3 项作用都是吸引力,并都符合$-6$幂次定律:$-A/R^6$。一般在多数情况下,London 力是最重要的;在水中则例外,Keesom 力是主要的贡献。德拜(Peter Debye)在 1936 年获得诺贝尔化学奖的时候,分子间相互作用力对分子结构的影响的论断也是他的获奖内容之一。

1930 年,伦敦(Fritz London)用量子力学解释了氢键和范德瓦耳斯力。在偶极-偶极类型的相互作用势 $U(R)=C/R^3$ 的二级微扰近似下,氢键或范德瓦耳斯力相应的结合能都是近邻原子间距 $R=|r_1-r_2|$ 的函数:

$$E_{vdW}(R) = E_0 + \sum_\alpha \frac{|\langle 0|U(R)|\alpha\rangle|^2}{E_0-E_\alpha} = E_0 - \frac{A_1}{R^6} - \frac{A_2}{R^8} - \frac{A_3}{R^{10}} \qquad (2.22)$$

其中,$|0\rangle$ 是基态,$|\alpha\rangle$ 是激发态,因此 $E_0-E_\alpha$ 是小于零的。$R^{-6}$ 项就是范德瓦耳斯力;$A_1$ 能量项在 0.1 eV 的量级;偶极-四极相互作用的 $R^{-8}$ 项和四极-四极相互作用的 $R^{-10}$ 项可以忽略。即使两个原子的平均电偶极矩都是零,$A_1$ 都不为零(London 力的情形),由于原子中的电荷分布会因电子的运动而产生涨落,也就是产生瞬时的电偶极矩,因此,范德瓦耳斯力在离子晶体、共价晶体和金属中都是存在的,只是它在原子固体、分子固体、介观大分子和光子晶体中特别重要而已。

1924 年,针对范德瓦耳斯力和氢键,现代计算化学之父、英国人列那德-琼斯(John Edward Lennard-Jones)提出了包含原子之间的范德瓦尔斯力$-1/R^6$以及哈特里-福克量子交换排斥作用$-\langle\alpha\beta|e^2/|r-r'||\beta\alpha\rangle\sim1/R^{12}$的列那德-琼斯势

(Lennard-Jones potential):

$$U(R) = \varepsilon \left[ \left( \frac{\sigma}{R} \right)^{12} - \left( \frac{\sigma}{R} \right)^{6} \right] \tag{2.23}$$

具有 FCC 结构的原子固体的结合能为(每个原子有 12 个近邻,6 个次近邻):

$$E = \frac{1}{2} N \varepsilon \left[ \left( \frac{\sigma}{R} \right)^{12} \sum_j \left( \frac{R}{R_j} \right)^{12} - \left( \frac{\sigma}{R} \right)^{6} \sum_j \left( \frac{R}{R_j} \right)^{6} \right]$$

$$= \frac{1}{2} N \varepsilon \left[ 12.132 \left( \frac{\sigma}{R} \right)^{12} - 14.454 \left( \frac{\sigma}{R} \right)^{6} \right] \tag{2.24}$$

因此每个原子在平衡时的结合能为 $E_0 = -2.15\varepsilon$,原子的平衡间距为 $R_0 = 1.09\sigma$。

在惰性元素构成的晶体中,列那德-琼斯势的参数分别列在表 2.6 中,根据方程(2.24)计算的单位原子结合能 $E/N$ 与平均原子体积 $v$ 的关系见图 2.10。

表 2.6　惰性元素固体的列那德-琼斯势中的参数

| 惰性元素 | $W$ /(eV/atom) | $\sigma$ /Å | $R_0^{exp}/\sigma$ | $\varepsilon$ /(eV/atom) | $-E_0$ /(eV/atom) | $T_m$ /K |
|---|---|---|---|---|---|---|
| He | — | 2.56 | — | 0.0035 | 0.008 | ~1.0 |
| Ne | 0.020 | 2.74 | 1.14 | 0.0124 | 0.027 | 24.5 |
| Ar | 0.080 | 3.40 | 1.11 | 0.0418 | 0.090 | 83.9 |
| Kr | 0.116 | 3.65 | 1.10 | 0.0562 | 0.121 | 116.5 |
| Xe | 0.160 | 3.98 | 1.09 | 0.0800 | 0.172 | 161.3 |

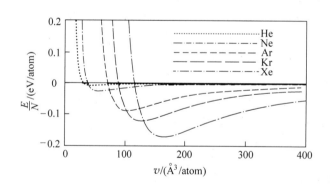

图 2.10　惰性元素的原子固体中单位原子结合能与平均原子体积的关系

实验测量的结合能 $W$ 和计算出的平衡势能 $-E_0$ 之间的差别主要来自动能的修正。范德瓦耳斯力是个很弱的化学键,它的结合能大约只有金属键的 1%～2%。有趣的是,对同一族的金属晶体,原子量越大,金属键越弱,而范德瓦耳斯力却越来越强。这是因为范德瓦耳斯力主要来自涨落的电偶极矩,因此一定随着电子数的上升而增加。

在本章中讨论了 5 种基本化学键的本质。图 2.11 中显示了几种由不同化学键组成的晶体中的电荷分布。在原子固体 Ar 中,原子本身的总电荷为零;在离子晶体 KCl 中,相邻原子之间有电荷的转移;在金属 K 中,价电子弥散成为自由电子气体;在共价晶体金刚石中,电荷分布与最初提出的化学键的图像最接近。因此,晶体结构是由电子结构决定的。

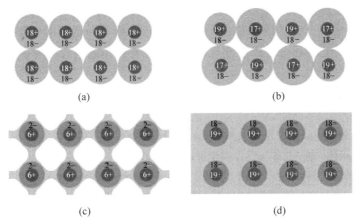

图 2.11　不同晶体中的电荷分布(Ashcroft,Mermin,1976)
(a) Ar;(b) KCl;(c) C;(d) K

　　由于晶体中的电子结构太复杂,在化学和材料科学研究中往往使用唯象的原子势的概念来解决实际物理或化学问题。精确的结合能理论计算,需要在第 5 章讲述的能带理论以及密度泛函理论的基础上进行,那是十分复杂的过程,一般应该在凝聚态物理理论或量子化学等更高级的课程中讲述。

# 本章小结

　　本章用量子力学和量子化学的语言解释了化学键;由此可以理解固体形成的不同类别。

1. 玻尔模型和哈特里-福克理论:玻尔模型中的单电子量子轨道通过斯莱特行列式整合成除氢原子以外其他物质中的多电子轨道。由此可以给出多电子系统的哈特里-福克等效量子力学哈密顿量。

2. 离子键:正负离子之间的库仑相互作用与哈特里-福克交换相互作用的平衡。玻恩-迈耶势与兰斯霍夫理论分别给出了离子晶体结合能的一级和二级表述。

3. 共价键:两个价电子轨道杂化能、库仑相互作用和量子交换库仑势之间的平衡。海特勒-伦敦理论可以帮助我们理解由两个电子构成的单个共价键。共价晶体中更复杂的共价键则需要综合原子之间的二体势和三体势给出,例如硅晶体的斯特令格-韦伯势就是这种很有用的唯象势。

4. 金属键：价电子的动能、价电子和离子之间的库仑相互作用和哈特里-福克交换相互作用能之间的平衡。巴丁势能很好地描述碱金属原子之间相互作用势。

5. 范德瓦尔斯力：分子之间的偶极-偶极相互作用是理解原子固体和分子固体形成的关键。伦敦理论给出了范德瓦尔斯力的量子力学解释。列那德-琼斯势是描述分子或惰性气体原子间相互作用的很有用的二体势。

# 本章参考文献

1. 黄昆,韩汝琪. 固体物理. 北京：高等教育出版社,1988

2. 徐光宪,黎乐民. 量子化学. 北京：科学出版社，2001

3. 中国大百科全书：物理卷（Ⅰ—Ⅱ）. 北京：中国大百科全书出版社，1987

4. Partington, J Riddick. 化学简史. 胡作玄译. 桂林：广西师范大学出版社，2003

5. Ashcroft N W, Langreth D C. Compressibility and Binding Energy of the Simple Metals. Phys Rev，155，682，1967

6. Ashcroft N W，Mermin N D. Solid State Physics. New York：Holt，Rinehart and Winston，1976

7. Balamane H，Halicioglu T，Tiller W A. Comparative study of silicon empirical interatomic potentials. Phys Rev，B46，2250，1992

8. Pauling L. The Nature of The Chemical Bond. Ithaca，New York：Cornell University Press，1960

9. Seitz F. The modern theory of solids. New York，London：McGraw-Hill Book Co，Inc，1940

10. Slater J C. Quantum theory of Molecules and Solids. New York：McGraw-Hill Book Co，Inc，1963

11. Stillinger F H，Weber T A. Computer simulation of local order in condensed phases of silicon. Phys Rev，B31，5262，1985

# 本章习题

1. 用海特勒-伦敦近似计算两个氢原子的相互作用势,其具体表达式为

$$\langle \alpha\beta \mid V \mid \beta\alpha \rangle = \iiint d^3 \boldsymbol{r} \iiint d^3 \boldsymbol{r}' \psi_\alpha^* (\boldsymbol{r}) \psi_\beta^* (\boldsymbol{r}') V(\boldsymbol{r},\boldsymbol{r}') \psi_\beta(\boldsymbol{r}) \psi_\alpha(\boldsymbol{r}') \quad (2.25)$$

用数值计算的方法计算下列交换势与原子间距 $R = |\boldsymbol{R}_\alpha - \boldsymbol{R}_\beta|$ 的关系,其中 $|\alpha\rangle$ 和 $|\beta\rangle$ 都取氢原子的 $1s$ 原子态：

（1）电子-电子排斥 $\langle \alpha\beta | e^2 / | \boldsymbol{r} - \boldsymbol{r}' | | \beta\alpha \rangle$；

（2）电子-离子吸引 $-\langle\alpha\beta|e^2/|\boldsymbol{r}-\boldsymbol{R}_\alpha||\beta\alpha\rangle$ 以及 $-\langle\alpha\beta|e^2/|\boldsymbol{r}-\boldsymbol{R}_\beta||\beta\alpha\rangle$；

（3）上述两项哪一项更大？是库仑排斥的交换势大，还是库仑吸引的交换势大？

2. 证明在理想的一维离子晶体晶格中马德隆常数 $\alpha=2\ln2$。

3. 对 CsCl 晶体的马德隆常数进行估算。

4. 假如 NaCl 晶体中的原子间填满一种介电常数为 $\varepsilon$ 的液体。

（1）用玻恩-迈耶势计算结合能和平衡原子间距。

（2）水的介电常数是 81，用上述结果解释为什么 NaCl 很容易在水中溶解。

5. 用 Stillinger-Weber 势计算硅单晶的体弹性模量 $K_V$，并与实验数值比较。

6. 解释为什么巴丁势中使用的碱金属压缩率 $1/\beta$ 比实验体弹性模量大一些。

7. 通过对面心立方晶体中的近邻、次近邻求和近似地数值计算方程（2.24）中的两个数值 12.132 和 14.454$\Big($面心立方：近邻矢量位移 $\pm\dfrac{a}{2}(\hat{e}_x\pm\hat{e}_y)$，$\pm\dfrac{a}{2}(\hat{e}_y\pm\hat{e}_z)$，$\pm\dfrac{a}{2}(\hat{e}_z\pm\hat{e}_x)$，次近邻矢量位移 $\pm a\hat{e}_x$，$\pm a\hat{e}_y$，$\pm a\hat{e}_z$$\Big)$。

# 第 3 章　固 体 结 构

## 本 章 提 要

- 晶体结构和倒易空间结构(3.1~3.4)
- X 射线、电子衍射和中子衍射初步(3.5)
- 非晶体、准晶体和液晶结构(3.6)

　　固体结构的分析是固体物理学的基础。在传统的固体物理学中,固体结构主要指晶体结构,本章将对此做一个更加广泛的讨论。本章的第一部分,将在点阵对称性的基础上讨论晶体结构,结构化学中晶体形成的硬球模型也将有所涉猎。本章的第二部分,将以固体中的波为基点,讲述倒易点阵结构和布里渊区。本章的第三部分,将在比较 X 射线、电子衍射和中子衍射的物理基础上,介绍晶体结构测定的衍射理论。本章的第四部分,将讨论无序固体的结构,包括非晶体、准晶体和液晶结构,以及相关衍射理论的初步讨论。

## 3.1　晶体的几何描述

　　晶体是原子结构具有空间周期性的固体。广义而言,"晶体"这个词可以代表单晶体(single crystal),也可以代表由很多单晶颗粒组成的多晶体(polycrystal)。无穷大的单晶体可以看成是一个完美晶体。严格来说,由于表面、原子振动以及各种缺陷的存在,真实世界中没有完美晶体。在固体物理中,对晶体的几何描述基于一个假设:固体表面、原子振动和缺陷(见图 3.1)对于具体研究的那种固体性质影响很小,可以忽略。实际上,晶体的不完美性有时候是非常重要的因素,例如原子振动之于金属电阻、杂质之于半导体导电性等,研究这类问题就需要更复杂的固体几何描述。

图 3.1　晶体结构中的不完美性
之一:点缺陷

1824 年,高斯的学生、德国物理学家西伯尔(Ludwig August Seeber)提出了矿物晶体学中的空间点阵是由化学原子组成的思想。晶体几何学中的"晶格"(crystal lattice)或"点阵"(lattice)的概念实际上对应于完美晶体,当完美晶体中的每个原子被位于原子振动平衡位置的几何点替代的时候,与晶体的几何特性相同但无任何物理实质的几何图形,就被称为点阵。点阵中替代原子的几何点叫格点(lattice site)。需要强调的是,替代不同元素原子的格点是不等价的,例如在 NaCl 晶体中一定就有两种不同类型的格点。

1850 年,法国数学家布拉菲(Auguste Bravais)按对称性对三维点阵作了分类。他提出了一种重要的概念,后来被命名为布拉菲点阵(Bravais lattice)。布拉菲点阵是没有边界的无穷大点阵,其中所有的格点都是等价的。这是一个简明优雅的概念,也是晶体几何学中最重要的概念之一。

实际的晶体结构不一定如布拉菲点阵那么简单,因此需要定义非布拉菲点阵(non-Bravais lattice)或复式晶格(complex crystal lattice)的概念,来描述化合物晶体或某些元素晶体的结构。非布拉菲点阵是没有边界的无穷大点阵,但其中某些格点与另一些格点不等价,这种不等价可以来自化学元素的不同或空间几何构形的不同。在定义一组不等价的格点构成的基元(basis)以后,非布拉菲点阵可以转换为布拉菲点阵,如图 3.2 所示,其中基元的选择不是唯一的。化合物晶体中的基元实际上就是这种物质的化学表达式(chemical formula),以氯化钠晶体为例,其基元恰好为 NaCl。具有复式晶格的元素晶体中的基元含有几个原子,每个原子周围的化学键取向不同。以金刚石结构为例,其基元中的 A 位原子和 B 位原子周围共价键的正四面体取向具有镜像对称性。

在布拉菲点阵中,任意两个格点之间的位移矢量或格矢量(position vector)$\boldsymbol{R}$可以用一组原矢(primitive vectors)的线性组合表示:

$$\boldsymbol{R} = n\boldsymbol{a} + m\boldsymbol{b} \quad (2D), \quad \boldsymbol{R} = n_1\boldsymbol{a}_1 + n_2\boldsymbol{a}_2 + n_3\boldsymbol{a}_3 \quad (3D) \tag{3.1}$$

其中,$\boldsymbol{a}$ 和 $\boldsymbol{b}$ 是二维布拉菲点阵的一组原矢;$\boldsymbol{a}_1$,$\boldsymbol{a}_2$ 和 $\boldsymbol{a}_3$ 是三维布拉菲点阵的一组原矢。原矢的选择不是唯一的,如图 3.3 所示,只要一组三维(二维)原矢围合起来的平行六面体(平行四边形)的体积(面积)是一样的就可以了。

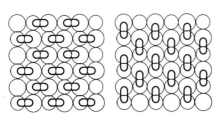

图 3.2 非布拉菲点阵中不同的基元选取办法

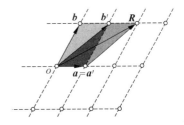

图 3.3 二维布拉菲点阵中的两组原矢,相互之间的关系为 $\boldsymbol{R} = 2\boldsymbol{a} + \boldsymbol{b} = \boldsymbol{a}' + \boldsymbol{b}'$

固体物理(第 2 版)

　　一组三维(二维)原矢围合起来的平行六面体(平行四边形)被称为原胞(primitive unit cell)。原胞是点阵中产生完全平移覆盖的最小单元。原胞的选取也不唯一,但是同一点阵中的任何原胞都具有同样的体积(面积)。原胞和一组原矢之间的关系为

$$\Omega = |\boldsymbol{a} \times \boldsymbol{b}| \quad (2D), \quad \Omega = |\boldsymbol{a}_1 \cdot (\boldsymbol{a}_2 \times \boldsymbol{a}_3)| \quad (3D) \tag{3.2}$$

　　图 3.3 中的两个原胞显然具有同样的体积。普遍地来说,原胞的形状可以是任意的,只要它的体积跟式(3.2)中的 $\Omega$ 一样。在布拉菲点阵中,一个原胞中只有一个格点;在复式晶格中,一个原胞中有几个格点,而且这几个格点就构成了非布拉菲点阵的一组基元。

　　在固体物理理论中特别重要的一种原胞是维格纳-塞茨原胞(Wigner-Seitz cell),它围绕一个格点具有中心对称性。在 3.4 节中将要讨论的倒易空间中的维格纳-塞茨原胞,是固体中的准粒子能谱 $E(\boldsymbol{k})$ 自变量 $\boldsymbol{k}$ 的习惯定义空间。在二维点阵中,维格纳-塞茨原胞由近邻原子之间的格矢量的中垂线围合而成;在三维点阵中,维格纳-塞茨原胞由近邻、次近邻原子之间的格矢量的中垂面围合而成。

　　为了更好地显示点阵的对称性,常常使用单胞(conventional unit cell)的概念。单胞是点阵中产生完全平移覆盖,并能体现旋转对称性的常用单元。晶体学中的晶格常数(lattice constant)一词,实际上是指单胞而不是原胞的边长。单胞的体积可以一倍或几倍于原胞。例如,图 3.4 中二维三角点阵的单胞面积就是原胞的 3 倍。注意单胞的定义与非布拉菲点阵的定义无关。布拉菲点阵的单胞中可能有多个格点,它们相互之间还是等价的;非布拉菲点阵的原胞中一定有多个格点,这些格点之间则是不等价的。

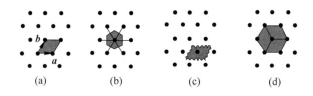

图 3.4　二维三角晶格的原胞和单胞(3 种原胞面积都相同)

(a) 由原矢围合而成的原胞;(b) 维格纳-塞茨原胞;(c) 任意形状的原胞;(d) 单胞

　　在晶体几何学中,还常用到晶面(crystal planes)和晶向(crystal direction)的概念。在一个点阵中,如果所有的格点被一系列平行线分别连起来,平行线方向可以定义为一个晶向;如果所有的格点分别位于一系列平行面中,平行面就被称为晶面,图 3.5 中显示的就是氧化镁晶体的三个主要晶面。需要强调的是,晶向和晶面的具体记号都是与单胞联系着的,这样能更好地体现出晶格的对称性。

　　在具有立方单胞的点阵中,晶向可以记做 $[nml]$,沿着晶向的两个近邻格点之间的格矢量一定能表达为 $\boldsymbol{R} = (n\hat{e}_x + m\hat{e}_y + l\hat{e}_z)a/M$ 的形式(其中 $M$ 是整数;$\hat{e}_x$,

$\hat{e}_y,\hat{e}_z$ 是立方单胞 3 个方向的单位矢量;$a$ 是晶格常数)。一组等价的晶向$[nml]$可以统一记做$\langle nml\rangle$。在具有立方单胞的晶体中,最简单也最重要的晶向是$\langle100\rangle$(6个等价晶向)、$\langle110\rangle$(12 个等价晶向)以及$\langle111\rangle$(8 个等价晶向)。

在三维点阵中,晶面可以由一组密勒指数(Miller indices)来定义,其中 $u_1 = a/m$,$u_2 = b/n$,$u_3 = c/l$ 分别是$(nml)$晶面在构成单胞的 3 个矢量 $a,b,c$ 上的截距矢量,如图 3.6 所示。如果单胞是立方体或长方体,一组$(nml)$晶面的晶面间距(lattice plane separation)等于 $d_{nml} = (n^2/a^2 + m^2/b^2 + l^2/c^2)^{-1/2}$,晶面间距与这组晶面对应的倒易矢量 $G_{nml}$ 之间的关系将在后面的章节做进一步的讨论。

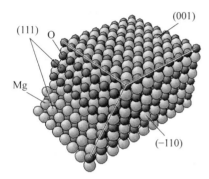

图 3.5　MgO(岩盐)晶体中的典型晶面

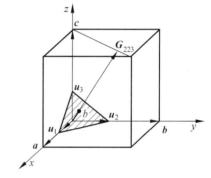

图 3.6　晶面的密勒指数的定义:(223)晶面的
3 个截距矢量 $u_1 = a/2$,$u_2 = b/2$,$u_3 = c/3$;矢量 $G_{223}$ 垂直于(223)晶面

在具有立方单胞的点阵中,一组等价的晶面$(nml)$可以统一记做$\{nml\}$。6 个等价的$\{100\}$面、12 个等价的$\{110\}$面和 8 个等价的$\{111\}$面分别围合而成立方体、正十二面体和正八面体,如图 3.7 所示。而且,具有立方单胞的点阵中晶面和晶向是一一对应的,$\langle100\rangle$、$\langle110\rangle$和$\langle111\rangle$晶向恰好分别垂直于$\{100\}$、$\{110\}$和$\{111\}$晶面。在其他类型的晶体中,这种关系则未必成立。

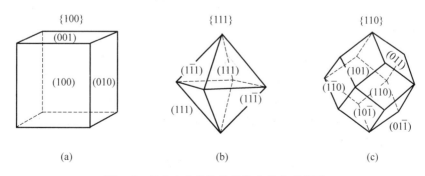

图 3.7　具有立方单胞的晶体中的典型晶面

# 3.2  对称性与晶格结构的分类

对称性(symmetry)是物理学中非常基本而且重要的概念。在纷繁复杂的物理现象背后,只要某个物理系统增加一种对称性,对此系统的描述就可以简化一步,因为对称性的本质是指系统中的一些要素是等价的。因此,对称性越高的物理系统,需要独立表征的系统要素就越少,描述起来也越简单。

在本节中将在分析点阵对称性(symmetry of lattice)的基础上讨论晶格结构的分类。点阵对称性是由一系列晶格对称变换(symmetry transformation)来表现的,在任何一个对称变换之后,点阵中任意格点的位置上仍有同类的格点,即整个点阵保持不变。一个点阵对称变换可以由一个或多个基本对称变换组合而成。点阵的基本对称变换只有 3 种,即平移(parallel displacement)、旋转(rotation)和镜反射(reflection)对称操作。

晶格的根本特性就是有限的平移对称性(translational symmetry)。无限制的平移对称操作就将连续物体平移任意矢量 $r$,系统仍保持不变;有限的平移对称操作则是将点阵平移任意的格矢量 $R = n_1 a_1 + n_2 a_2 + n_3 a_3$,点阵在平移以后保持不变。平移对称操作有无穷多个,因为 $n_1 n_2 n_3$ 的整数组合有无穷多。显然,平移对称直接对应于晶格的几何定义。

点阵的旋转对称性(rotational symmetry)也是一种有限的对称性。一个旋转对称操作就是将某个点阵围绕一个旋转对称轴转动角度 $\phi$,而点阵还能保持不变。本节后面将证明 $\phi$ 只能是 8 个特定角度中的任意一个,这些特定角度是因点阵的平移对称性而存在的。在二维点阵中,旋转对称轴必须通过一个格点并且垂直于点阵平面;在三维点阵中,旋转对称轴则应通过一个格点并平行于某个晶向。

点阵的镜反射对称性(symmetry of mirror image)就是指将某个点阵以一个对称面为准进行反射操作,而整个点阵还能保持不变。在二维点阵中,反射对称面必须通过一个格点、垂直于点阵平面并且平行于某个晶向;在三维点阵中,反射对称面就是某一个晶面。

对点阵对称性的精确数学描述,需要用到点群(point group)和空间群(space group)的概念。1830 年,赫塞耳(Johann Friedrich Christian Hessel)基于 Haüy 有理数交截定律首先导出了 32 种不同的三维点群,分别对应于 32 种不同的晶类。赫塞耳同时也提出了空间群、甚至四维空间对称群的范畴,可以说他打开了系统研究点阵对称性的道路。

点群(point group)的概念很简单。首先,点群是一个群(group)。群是含有一系列群元素 $\{e_i\}$ 的一个集合,其中定义了群元素之间的广义"乘法"运算(product),

并且"乘法"是在群内"闭合"的:$e_i \times e_j = e_k$。点群是一种特殊的群,其定义为:

(1) 点群元素是点阵的一个对称变换,其中"不动"对称变换 $e_0$ 也是一个群元素,相当于普通乘法中的"1"。

(2)"点群"一词来自对点群元素的一个限制:任何点群对称变换都至少要保持点阵中某一个格点在变换前后是不动的。因此,只有旋转、反射对称操作或其组合才是点群的元素。

(3) 点群中的"乘法"定义为对点阵的连续两次对称变换。点群"乘法"是"闭合"的,意味着连续两次对称变换必然等价于同一点群中的某个元素——即某个点阵的对称变换。

1850 年,布拉菲(Auguste Bravais)在 32 种不同的三维点群基础上,将三维布拉菲点阵分类为 7 个晶系和 14 种不同的点阵。布拉菲点阵中任何格点都是等价的,没必要加入平移对称操作,所以点群就是布拉菲点阵的完整对称群。布拉菲的整个证明过程相当复杂,不可能在固体物理学课程中讲清楚。不过,本节后面将根据布拉菲的思想,通过二维点群的讨论对二维布拉菲点阵进行分类。

空间群(space group)是点群概念的延拓,是布拉菲点阵以及非布拉菲点阵的完整对称群(full symmetry group)。空间群当然也是一个群,其群元素是点阵的平移、旋转、反射对称操作或其组合。在 1890 年和 1891 年,俄国的费奥多罗夫(E. C. Feodorov)、德国的熊夫利(Arthur Moritz Schoenflies)和英国的巴洛(William Barlow)各自独立地建立了晶体结构的完整数学理论,其中二维空间群被分类为 17 种墙纸花纹群(wallpaper group),三维空间群被分类为 230 种晶体学对称群(crystallography group)。此外,熊夫利还提出了一套点群的熊夫利符号(Shoenflies notation),也就是常用的 C,D,O,T 点群符号。在固体理论和量子学理论中常用熊夫利符号,在晶体结构测量中则常用国际符号(international symbol),这将在后面分别介绍。

## 3.2.1　对称性与二维布拉菲点阵的分类

最简单的点群是 $C_n$,其群元素是围绕 $n$ 重旋转对称轴(rotational symmetry axis)的一组旋转操作。本节在二维点阵中对 $C_n$ 群的讨论,可以延拓到三维点阵中去。因为在三维点阵中,垂直于旋转对称轴的一系列晶面的旋转对称性,就类似于二维旋转对称性。$C_n$ 群包含 $n$ 个旋转对称变换,一般可以记做如下的群符号:

$$C_n = \left\{ \phi_m = \frac{2\pi m}{n} \,\middle|\, m = 0, 1, \cdots, n-1 \right\} \tag{3.3}$$

角度 $\phi_m$ 代表围绕 $n$ 重旋转对称轴的第 $m$ 个旋转对称操作,其中 $\phi_0$ 表示不动。

历史上,正是赫塞耳(J. F. C. Hessel)根据点阵的平移对称性证明了在矿物中只存在 2,3,4,6 重旋转对称轴。这可以根据图 3.8(a)来进行证明:近邻格点 1,

2 之间距离 $a$ 代表最短的原矢长度。假如绕着格点 1 做一个反时针旋转 $\phi$ 的对称变换,格点 2 就转到了格点 $1'$ 的位置上;假如绕着格点 2 做一个顺时针旋转 $\phi$ 的对称变换,格点 1 就转到了格点 $2'$ 的位置上。根据式(3.1),格点 $1',2'$ 之间距离 $a'$ 一定是距离 $a$ 的整数倍

$$a' = a + 2a\sin\left(\phi - \frac{\pi}{2}\right) = ha \quad \rightarrow \quad \cos\phi = (1-h)/2 \tag{3.4}$$

注意 $\cos\phi \in [-1,1]$,因此,当整数 $h = -1,0,1,2,3$ 时,旋转对称角 $\phi$ 分别等于 $0$, $\pm\pi/3, \pm\pi/2, \pm2\pi/3, \pi$。这样就直接证明了 8 个可能的点阵旋转对称角 $0, \pi/3$, $\pi/2, 2\pi/3, \pi, 4\pi/3, 3\pi/2, 5\pi/3$,可能存在的 $C_n$ 群只有 $C_1, C_2, C_3, C_4, C_6$,如图 3.8 (b)所示。

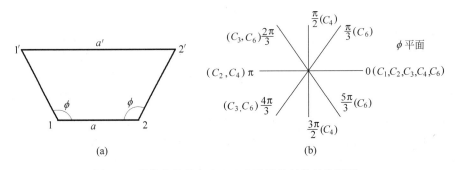

图 3.8　晶体中只存在 $2,3,4,6$ 重旋转对称轴的证明

(冯端、金国钧,2003)

(a) 平移对称性对旋转对称角 $\phi$ 的限制;(b) 被允许的 $\phi$,以及相关的 $C_n$ 群

　　二维布拉菲点阵的分类可以根据旋转对称群 $C_n$ 和反射对称变换 $\sigma$ 来进行。斜角晶格(clinic lattice)是一个任意的二维布拉菲点阵,只具有二重旋转对称性;正方晶格(square lattice)是具有四重旋转对称性的二维布拉菲点阵;三角晶格(triangular lattice)是具有六重旋转对称性的二维布拉菲点阵。

　　正方和三角晶格已经满足以最基本的 $\langle10\rangle$、$\langle11\rangle$ 晶向为准的镜反射对称性。然而,当一个额外的镜反射对称变换加到斜角晶格上的时候,对两个原矢 $\boldsymbol{a}, \boldsymbol{b}$ 就会加上一些限制。假设 $\boldsymbol{a} = a\hat{e}_x$,$\boldsymbol{b} = b_x\hat{e}_x + b_y\hat{e}_y$,并且点阵以 $\langle10\rangle$ 晶向为准具有反射对称性,那么进行反射对称变换以后 $\boldsymbol{b}' = \sigma\boldsymbol{b}$ 仍然应该是一个格矢量:

$$\boldsymbol{b}' = b_x\hat{e}_x - b_y\hat{e}_y = n\boldsymbol{a} + m\boldsymbol{b} = (na + mb_x)\hat{e}_x + mb_y\hat{e}_y \tag{3.5}$$

方程(3.5)有两个可能的解。第一个解是 $n=0, m=-1, b_x=0$,相应的点阵是一个长方晶格(rectangular lattice),一组原矢为 $\boldsymbol{a} = a\hat{e}_x$,$\boldsymbol{b} = b_y\hat{e}_y$。另一个解是 $n=1$, $m=-1, b_x = a/2$,相应的点阵是一个面心长方晶格(centered-rectangular lattice),面心长方的一组原矢为 $\boldsymbol{a} = a\hat{e}_x$,$\boldsymbol{b} = \dfrac{a}{2}\hat{e}_x + b_y\hat{e}_y$。

图 3.9 和表 3.1 中给出了 5 种二维布拉菲点阵的单胞和对称性：斜角（clinic）、正方（square）、三角（triangular）、长方（rectangular）以及面心长方（centered-rectangular）晶格。二维点阵只有 4 种单胞，因为长方晶格和面心长方晶格的单胞是一样的。单胞与晶系（crystal system）有一一对应的关系，因此二维点阵可以分为斜角、正方、三角和长方 4 个晶系。

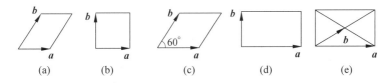

图 3.9　5 种二维布拉菲点阵及其原矢

（a）斜角；（b）正方；（c）三角；（d）长方；（e）面心长方

表 3.1　对称群与二维布拉菲点阵的分类

| 晶　格 | 点　群 | 晶　格 | 点　群 |
|---|---|---|---|
| 斜角（clinic） | $C_1,C_2$ | 长方（rectangular） | $C_1,C_2,\sigma$ |
| 正方（square） | $C_1,C_2,C_4,\sigma$ | 面心长方（centered-rectangular） | $C_1,C_2,\sigma$ |
| 三角（triangular） | $C_1,C_2,C_3,C_6,\sigma$ | | |

## 3.2.2　点群与三维布拉菲点阵的分类

1830 年，当赫塞耳（Johann Friedrich Christian Hessel）提出 32 种点群的时候，他是德国 Marburg 大学的矿物学教授，也是一位医生。他在《Gehler 物理学字典》上发表了一篇论文，证明由于点阵中只有 2,3,4,6 重旋转对称性，因此在用全同木块填充地板的时候，只能用正三角形、长方形、正方形和六角形，而不能用五角形、星形和更高阶的多边形。在 1849—1850 年，基于赫塞耳的研究，法国 École Polytechnique 大学的物理学家布拉菲（Auguste Bravais）证明了只存在 14 种三维布拉菲点阵和 7 种三维晶系。

三维点群有两组符号，一组是与对称性有关的量子学和固体理论中常用的熊夫利符号（Shoenflies notation），另一组则是晶体学中常用的国际符号（international symbol），也叫赫曼-莫吉恩符号（Hermann-Mauguin name）。三维点阵的 32 中点群的两套符号，以及每个点群的点阵对称性解释见表 3.2。

基于 32 种三维点群，布拉菲证明了存在 14 种不同的三维布拉菲点阵，分别属于 7 个三维晶系（crystal system）。一个晶系中的简单布拉菲点阵（simple Bravais lattice）的原胞可以用 3 个原矢 $a,b,c$ 来做立体几何描述：其长度分别为 $a,b,c$，原矢之间的夹角分别为 $\alpha=\langle b,c\rangle$，$\beta=\langle c,a\rangle$ 和 $\gamma=\langle a,b\rangle$。

固体物理(第 2 版)

**表 3.2　三维点阵的 32 种点群(括号中是群的别称;Landau,Lifshitz,1987)**

| 熊夫利符号 | 国际符号 | 点阵对称性解释 |
|---|---|---|
| $C_1,C_2,C_3,C_4,C_6$ | $1,2,3,4,6$ | 一个 $n$ 重旋转对称轴 |
| $C_i,C_{2i},C_{3i},S_4$ ($S_2,C_{2i},S_6,S_4$) | $\bar{1},\bar{2},\bar{3},\bar{4}$ ($\bar{1},m,\bar{3},\bar{4}$) | 一个 $n$ 重旋转-反演对称轴 (反演意味着 $r \to -r$) |
| $C_{2h},C_{3h},C_{4h},C_{6h}$ | $\dfrac{2}{m},\dfrac{3}{m},\dfrac{4}{m},\dfrac{6}{m}$ $\left(\dfrac{2}{m},\bar{6},\dfrac{4}{m},\dfrac{6}{m}\right)$ | 一个 $n$ 重旋转-镜反射对称轴 一个镜反射面垂直于 $n$ 重轴 |
| $C_{2v},C_{3v},C_{4v},C_{6v}$ | $2mm,3m,4mm,6mm$ | 一个 $n$ 重旋转-镜反射对称轴 $n$ 个镜反射面都通过 $n$ 重轴 |
| $D_2,D_3,D_4,D_6$ | $222,32,422,622$ | 一个 $n$ 重轴加 $n$ 个二重轴 $n$ 个二重轴都垂直于 $n$ 重轴 |
| $D_{2h},D_{3h},D_{4h},D_{6h}$ | $\dfrac{2}{m}\dfrac{2}{m}\dfrac{2}{m},\dfrac{3}{m}2m,\dfrac{4}{m}\dfrac{2}{m}\dfrac{2}{m},\dfrac{6}{m}\dfrac{2}{m}\dfrac{2}{m}$ ($mmm,.,4/mmm,6/mmm$) | $D_n$ 群对称性加上一个镜反射 一个镜反射面穿过 $n$ 个二重轴 |
| $D_{2d},D_{3d}$ | $\bar{4}2m,\bar{3}\dfrac{2}{m}$ | $D_n$ 群对称性加上 $n$ 个镜反射 $n$ 个镜反射面都穿过 $n$ 重轴并位于相邻两个二重轴之间 |
| $T$ | $23$ | 正四面体(⟨111⟩)三重对称轴加上 3 个(⟨100⟩)二重轴连接对边中点 |
| $T_d$ | $\bar{4}3m$ | $T$ 群对称性加上 6 个镜反射 镜反射面沿着{110}晶面 |
| $T_h$ | $\dfrac{2}{m}\bar{3}$ | $T$ 群对称性加上 3 个镜反射 镜反射面沿着{100}晶面 |
| $O$ | $432$ | 3 个四重轴(⟨100⟩),4 个三重轴(⟨111⟩)以及 6 个二重轴(⟨110⟩) |
| $O_h$ | $\dfrac{4}{m}\bar{3}\dfrac{2}{m}$ | $O$ 群加上一个反演对称操作 |

　　在每个三维晶系中,可以在简单布拉菲点阵的原胞中加上一组额外的格点,从而通过平移对称操作组成同一晶系中的新的独立的布拉菲点阵。一个晶系中不同的布拉菲点阵可用布拉菲点阵符号(Bravais lattice notation,BLN)(见表 3.3)来区分。BLN 一般用一组有理数 $(uvw)$ 来表示,对应于格点在简单布拉菲点阵原胞中的位置 $r=ua+vb+wc$。

　　表 3.4 中列出了 32 个点群,14 个三维布拉菲点阵和 7 个三维晶系之间的关系。这些晶系分别是:三斜(triclinic)、单斜(monoclinic)、正交(orthorhombic)、四方(tetragonal)、立方(cubic)、三角(trigonal)和六角(hexagonal)。

表 3.3　布拉菲点阵符号，用简单布拉菲点阵中的一组格点位置描述

| BLN | 常见名称 | 简单布拉菲点阵中的独立格点位置 |
|---|---|---|
| P | 简单（simple） | $(000)$ |
| A | 底心（base-centered） | $(000)$，$\left(0\ \frac{1}{2}\ \frac{1}{2}\right)$ |
| B | 底心（base-centered） | $(000)$，$\left(\frac{1}{2}\ 0\ \frac{1}{2}\right)$ |
| C | 底心（base-centered） | $(000)$，$\left(\frac{1}{2}\ \frac{1}{2}\ 0\right)$ |
| I | 体心（body-centered） | $(000)$，$\left(\frac{1}{2}\ \frac{1}{2}\ \frac{1}{2}\right)$ |
| F | 面心（face-centered） | $(000)$，$\left(0\ \frac{1}{2}\ \frac{1}{2}\right)$，$\left(\frac{1}{2}\ 0\ \frac{1}{2}\right)$，$\left(\frac{1}{2}\ \frac{1}{2}\ 0\right)$ |

表 3.4　7 个三维晶系、14 个三维布拉菲点阵和 32 个点群

| 三维晶系 | 几何描述 | BLN/点阵简写 | 点群的两组符号 |
|---|---|---|---|
| 三斜晶系<br>Triclinic | $a\neq b\neq c$<br>$\alpha\neq\beta\neq\gamma$ | P | $C_1,C_i$<br>$1,\bar{1}$ |
| 单斜晶系<br>Monoclinic | $a\neq b\neq c$<br>$\alpha=\gamma=90°\neq\beta$ | P，A(C)<br>MCL | $C_2,C_{2i},C_{2h}$<br>$2,\bar{2},\dfrac{2}{m}$ |
| 正交晶系<br>Orthorhombic | $a\neq b\neq c$<br>$\alpha=\beta=\gamma=90°$ | P，A(BC)，I，F<br>ORC | $D_2,D_{2h},C_{2v}$<br>$222,\dfrac{2}{m}\dfrac{2}{m}\dfrac{2}{m},2mm$ |
| 四方晶系<br>Tetragonal | $a=b\neq c$<br>$\alpha=\beta=\gamma=90°$ | P，I<br>TET | $D_4,D_{4h},D_{2d},C_4,C_{4v},C_{4h},S_4$<br>$422,\dfrac{4}{m}\dfrac{2}{m}\dfrac{2}{m},\bar{4}2m,4,4mm,\dfrac{4}{m},\bar{4}$ |
| 立方晶系<br>Cublic | $a=b=c$<br>$\alpha=\beta=\gamma=90°$ | P，I，F<br>SC，BCC，FCC | $O,O_h,T,T_h,T_d$<br>$432,\dfrac{4}{m}\bar{3}\dfrac{2}{m},23,\dfrac{2}{m}3,\bar{4}3m$ |
| 三角晶系<br>Trigonal | $a=b=c$<br>$\alpha=\beta=\gamma<\dfrac{2\pi}{3}\neq\dfrac{\pi}{2}$ | P<br>RHL | $D_3,D_{3d},C_3,C_{3v},C_{3i}$<br>$32,\bar{3}\dfrac{2}{m},3,3m,\bar{3}$ |
| 六角晶系<br>Hexagonal | $a=b=c$<br>$\alpha=\beta=\dfrac{\pi}{2},\gamma=\dfrac{2\pi}{3}$ | P<br>HEX | $D_6,D_{6h},D_{3h},C_6,C_{6v},C_{6h},C_{3h}$<br>$622,\dfrac{6}{m}\dfrac{2}{m}\dfrac{2}{m},\dfrac{3}{m}2m,6,6mm,\dfrac{6}{m},\bar{6}$ |

　　元素周期表中的 RHL 结构代表菱方点阵（Rhombohedral lattice），这是三角点阵的晶体学常用名称；简写 S，BC，FC 则分别表示简单、体心和面心布拉菲点阵符号；MCL 表示单斜；ORC 表示正交；TET 为四方；HEX 为六角。

　　简单布拉菲点阵可以通过把一系列全同的二维布拉菲点阵，间隔一定距离 $c$ 堆垛（piling up）起来获得。例如，如果按任意晶面间距 $c$ 垂直堆垛（$\alpha=\gamma=90°$）一

系列二维斜角晶格,那么就可以获得简单 MCL 点阵;如果按任意 $c$ 垂直堆垛($\alpha=\beta=90°$)一系列三角晶格,那么就可以获得简单 HEX 点阵。

图 3.10 分别显示了 14 种三维布拉菲点阵及其原矢。需要强调的是,图 3.10 中的每个小单元都是某个晶系的简单布拉菲点阵的原胞,在大多数情况下这个小单元就是这个晶系中所有布拉菲点阵的单胞,只是六角晶格的单胞例外——应是一个更大的六棱柱。

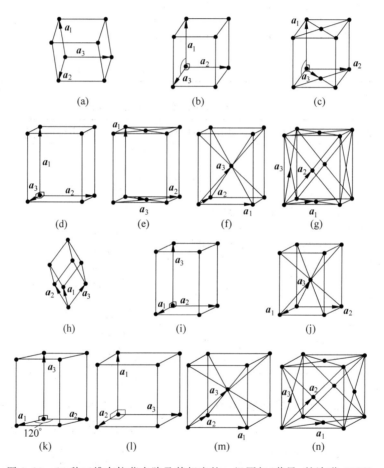

图 3.10  14 种三维布拉菲点阵及其相应的一组原矢(黄昆、韩汝琪,1988)

(a) 三斜;(b) 简单单斜;(c) 底心单斜;(d) 简单正交;(e) 底心正交;

(f) 体心正交;(g) 面心正交;(h) 三角;(i) 简单四方;(j) 体心四方;

(k) 六角;(l) 简单立方;(m) 体心立方;(n) 面心立方

点群对应的特殊旋转对称轴也可以通过图 3.10 分别画出。在四方点阵中,一个 $D_4$ 群有一个[001]方向的四重对称轴和 4 个[100],[010],[110],[1$\bar{1}$0]方向的二重对称轴。在三角点阵中,一个 $D_3$ 群有一个[111]方向的三重对称轴和 3 个 [1$\bar{1}$0],[10$\bar{1}$],[01$\bar{1}$]方向的二重对称轴,这 3 个二重对称轴恰好是 3 条原矢顶端的连线。在六角点阵中,一个 $D_6$ 群有一个[001]方向的六重对称轴和 6 个[100],[010],[110],[1$\bar{1}$0],[120],[210]方向的二重对称轴。

总之,对所有三维布拉菲点阵的分类可以通过点阵对称性或点群的方法进行。晶系的分类是由旋转对称性决定的,晶系中不同的布拉菲点阵则需要通过不同的镜反射对称性进行区分,还要注意镜反射对称性与旋转对称性的配合,以满足点群的定义。在表 3.4 中列出的 7 个晶系中,总点群个数分别为 $2+3+3+7+5+5+7=32$ 个;总布拉菲点阵的个数分别为:$1+2+4+2+3+1+1=14$ 个。

# 3.3 晶体的自然结构

在 3.2 节中,根据点阵对称性讨论了二维和三维布拉菲点阵。真实的自然或人工晶体结构一般具有很高的对称性,也就是说,不是所有可能的晶体结构都以同样的几率出现。

在本节中,将介绍典型的有序固体(ordered solids)结构,其中元素晶体(element crystals)的结构将按最常见和次常见的结构分别列出;矿物和陶瓷等化合物的结构则将在讨论泡林规则(Pauling rules)的基础上进行介绍。

## 3.3.1 元素晶体的结构

最常见的元素晶体结构是 BCC,FCC,HCP 和 DIA 结构。体心立方结构(BCC)和面心立方结构(FCC)都是立方晶系的布拉菲点阵;六角密排结构(hexagonal closed-packed structure,HCP)是六角晶系的一个非布拉菲点阵;金刚石结构(diamond structure,DIA)是立方晶系的一个非布拉菲点阵。这些常见的晶体结构都具有高度的对称性。

表 3.5 中的 W-S 原胞,指的是点阵的维格纳-塞茨原胞(Wigner-Seitz cell),这是维格纳(Eugene Paul Wigner)和塞茨(Frederick Seitz)在 20 世纪 30 年代初研究碱金属的量子基态时提出的,W-S 原胞对表达点阵对称性与量子态的关系很有帮助。BCC 点阵的 W-S 原胞是一个切割八面体或十四面体,它的 24 个等价的顶点 $W$ 在图 3.11(a)中已标出。FCC 点阵的 W-S 原胞是一个正十二面体,它的 14 个顶点可以分为 6 个 $X$ 顶点和 8 个 $P$ 顶点,在图 3.11(b)中也已标出。

FCC 和 HCP 点阵是典型的密排结构(closed-packed structure),如图 3.12 所示,具有最高的原子填充比(filling factors)。BCC 点阵的原子填充比略低一些,但是仍然可以看成是密排结构。金属和合金经常具有密排结构,这主要是第 2 章中讨论的降低金属键能量要求高密度原子排布的结果。

表 3.5　最常见的元素晶体结构

| | BCC | FCC | HCP | DIA |
|---|---|---|---|---|
| 元素名称 | 1A：Li,Na,K,Rb,Cs<br>2A：Ba<br>5B：V,Nb,Ta<br>6B：Cr,Mo,W<br>8B：Fe | 2A：Ca,Sr<br>8B：Ni,Pd,Pt<br>1B：Cu,Ag,Au<br>3A：Al<br>8A：Ne-Xe | 2A：Be,Mg<br>3B：Sc,Y,La<br>4B：Ti,Zr,Hf<br>7B-8B：Tc,Ru<br>2B：Zn,Cd | 4A：C,Si,Ge<br>Sn(<18℃) |
| 常用原矢 | $\boldsymbol{a}_1=\dfrac{a}{2}(-\hat{e}_x+\hat{e}_y+\hat{e}_z)$<br>$\boldsymbol{a}_2=\dfrac{a}{2}(+\hat{e}_x-\hat{e}_y+\hat{e}_z)$<br>$\boldsymbol{a}_3=\dfrac{a}{2}(+\hat{e}_x+\hat{e}_y-\hat{e}_z)$ | $\boldsymbol{a}_1=\dfrac{a}{2}(\hat{e}_y+\hat{e}_z)$<br>$\boldsymbol{a}_2=\dfrac{a}{2}(\hat{e}_z+\hat{e}_x)$<br>$\boldsymbol{a}_3=\dfrac{a}{2}(\hat{e}_x+\hat{e}_y)$ | $\boldsymbol{a}_1=\dfrac{\sqrt{3}a}{2}\hat{e}_x-\dfrac{a}{2}\hat{e}_y$<br>$\boldsymbol{a}_2=a\hat{e}_y$<br>$\boldsymbol{a}_3=c\hat{e}_z$ | 与 FCC 相同 |
| 原胞体积 | $\Omega=\dfrac{1}{2}a^3$ | $\Omega=\dfrac{1}{4}a^3$ | $\Omega=\dfrac{\sqrt{3}}{2}a^2c$ | $\Omega=\dfrac{1}{4}a^3$ |
| 一组基元 | — | | $0,\dfrac{2\boldsymbol{a}_1}{3}+\dfrac{\boldsymbol{a}_2}{3}+\dfrac{\boldsymbol{a}_3}{2}$ | $0,\dfrac{\boldsymbol{a}_1}{4}+\dfrac{\boldsymbol{a}_2}{4}+\dfrac{\boldsymbol{a}_3}{4}$ |
| W-S 原胞 | 切割八面体 | 正十二面体 | 正六棱柱 | 与 FCC 相同 |

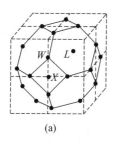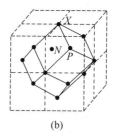

(a)　　　　　　　　(b)

图 3.11　维格纳-塞茨原胞及其画法

(a) BCC 点阵的 W-S 原胞：切割八面体或十四面体，其中 $X$ 是面心，$|\boldsymbol{r}_W-\boldsymbol{r}_X|=a/4$；

(b) FCC 点阵的 W-S 原胞：正十二面体，其中 $X$ 是面心，$\Gamma$ 是立方单胞体心，$|\boldsymbol{r}_P-\boldsymbol{r}_\Gamma|=\sqrt{3}a/4$

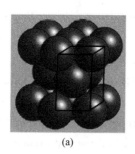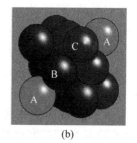

(a)　　　　　　　　(b)

图 3.12　密排结构

(a) HCP 结构的单胞，由二维三角晶格按照 ABABAB…的次序堆垛而成；

(b) FCC 结构的单胞，由二维三角晶格按照 ABCABC…的次序堆垛而成在 HCP 点阵中,经常使用一种能显示六重旋转对称性的晶面记法(最重要的晶面见图 3.13),即用 4 个整数组合 $(uvwz)$ 代替密勒指数 $(hkl)$。一般选 $u=h$,$v=k$,$z=l$,$w$ 由限制条件 $u+v+w=0$ 决定,因此 $u,v,w$ 这 3 个整数与 $\boldsymbol{a}_1,\boldsymbol{a}_2$,$-\boldsymbol{a}_1-\boldsymbol{a}_2$ 这 3 个矢量分别相关。

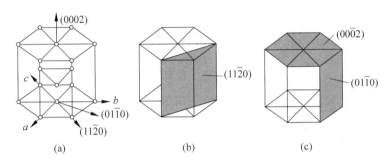

图 3.13　HCP 结构

(a) 单胞;(b),(c) 典型晶面及其指数

在 3A-5A 族的元素晶体中,经常出现 RHL,ORC,TET,MCL,CUB 这样的非密排结构;另外金属元素锰和汞的结构也是很复杂的非密排结构。在一个非布拉菲点阵(例如 HCP,DIA 以及 III,VII 族元素)中,格矢量的表达式比布拉菲点阵中的要多一项:

$$\boldsymbol{R}=(n_1\boldsymbol{a}_1+n_2\boldsymbol{a}_2+n_3\boldsymbol{a}_3)+\boldsymbol{\delta}_j\quad(j=1,2,\cdots,n_a)\qquad(3.6)$$

其中,$n_a$ 是一组基元中的原子数,即原胞中互不等价的格点总数;$\boldsymbol{\delta}_j=u_1\boldsymbol{a}_1+u_2\boldsymbol{a}_2+u_3\boldsymbol{a}_3$ 表示一组基元中原子之间的相对位移,其中参数 $u_1,u_2,u_3$ 是分数。

具有复杂正交点阵(ORC)结构的 $\alpha$-Ga 元素晶体(见图 3.14)的单胞是晶格常数分别为 $a=4.520$ Å,$b=7.663$ Å,$c=4.526$ Å 的长方体。原胞体积为 $\Omega=abc/2$,相应的底心正交点阵的 3 个原矢分别为

$$\boldsymbol{a}_1=\frac{1}{2}(a\hat{e}_x-b\hat{e}_y),\quad \boldsymbol{a}_2=\frac{1}{2}(a\hat{e}_x+b\hat{e}_y),\quad \boldsymbol{a}_3=c\hat{e}_z\qquad(3.7)$$

$$\boldsymbol{\delta}_{1,2}=\mp[u(\boldsymbol{a}_1-\boldsymbol{a}_2)-v\boldsymbol{a}_3],$$

$$\boldsymbol{\delta}_{3,4}=-\frac{1}{2}[(\boldsymbol{a}_1-\boldsymbol{a}_2)-\boldsymbol{a}_3]\mp[u(\boldsymbol{a}_1-\boldsymbol{a}_2)+v\boldsymbol{a}_3]\qquad(3.8)$$

其中,$\boldsymbol{\delta}_1\sim\boldsymbol{\delta}_4$(参数 $u=0.1549,v=0.081$)代表 $\alpha$-Ga 原胞中 4 个基元原子的位置。

5A 族的砷、锑、铋和 4A 族的石墨有类似的三角(trigonal)点阵结构,其单胞是菱形的平行六面体。三角点阵的一组原矢可以表达为

$$\boldsymbol{a}_1=b\hat{e}_x+c\hat{e}_y+c\hat{e}_z,\quad \boldsymbol{a}_2=c\hat{e}_x+b\hat{e}_y+c\hat{e}_z,\quad \boldsymbol{a}_3=c\hat{e}_x+c\hat{e}_y+b\hat{e}_z\qquad(3.9)$$

$\alpha$-As 的三角点阵常数 $a=\sqrt{b^2+2c^2}=4.13$ Å,键角 $\theta=\cos^{-1}(\boldsymbol{a}_1\cdot\boldsymbol{a}_2/a^2)=54''10'$。参数比 $b/c=0.0877$ 很小,因此 $\alpha$-As 的原矢只是轻微偏离 FCC 的原矢,但 $O$ 群已

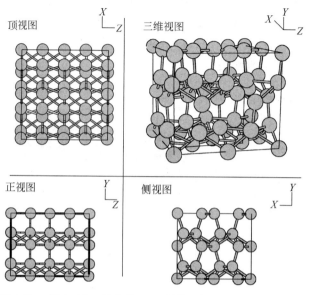

图 3.14　具有 ORC 结构的 $\alpha$-Ga 晶体,其三维图中有 8 个单胞

对称破缺为 $D_3$ 群,如图 3.15(b)所示。在具有 RHL 结构的元素晶体中,原胞中的一组基元位置一般为 $\boldsymbol{\delta}_1 = 0, \boldsymbol{\delta}_2 = u(\boldsymbol{a}_1 + \boldsymbol{a}_2 + \boldsymbol{a}_3)$。当参数 $b = 0, u = 1/4$ 时,三角晶系的 RHL 结构会变成晶格常数为 $2c$ 的立方晶系 DIA 结构。

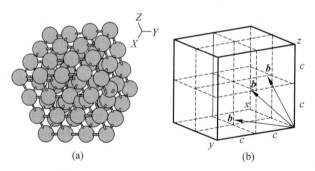

(a)　　　　　　　　　　(b)

图 3.15　具有 RHL 结构的 $\alpha$ As 晶体

(a) 三维图；(b) 一组原矢的取法

$\alpha$ As 之所以会是菱方结构,原因还在于砷原子之间的共价键组合方式。根据共价键的 8-$N$ 规则,一个 5A 族的砷原子可以与近邻原子构成 3 个共价键。这样的共价键会把一系列砷原子连成一个凹凸不平的面,然后面与面之间依靠范德瓦耳斯力耦合起来。4A 族的石墨的结构也类似,只不过碳的 $sp^2$ 轨道杂化使得石墨中共价键连成的原子层是平的,因此石墨的点阵是六角的。

### 3.3.2    化合物的结构：泡林规则

自然界中多数的化合物是矿物(minerals)，其中最重要的化学键是离子键。自然的金属间化合物(intermetallic compounds)则比较少，因为金属很容易在空气中被氧化。按照传统，金属间化合物的结构一般在材料科学基础或金属物理学课程中讲述。本节则将根据泡林规则(Pauling's rules)简要讨论一下化合物的结构。

1925 年，泡林(Linus Carl Pauling)获得了加州理工大学的化学博士学位，他的导师 R. Dickinson 的研究领域是 X 射线结晶学。在读博士期间，泡林已经显示出独特的能力，他可以直接"猜出"与 X 射线衍射结果符合的晶体的原子结构。1926 年，他到德国跟随慕尼黑大学的索末菲(Arnold Sommerfeld)教授系统地学习刚刚建立的量子力学。1926 年，泡林发表了 6 条原则以解释复杂的晶体结构，后来逐渐归结为五条泡林规则(见表 3.6)。泡林与小布拉格(William Lawrence Bragg)发生过学术争执，原因是泡林可能使用过一些布拉格的硅酸盐 X 射线衍射数据及初步的分析。不过，泡林仍然被公认为现代结构化学(structural chemistry)的奠基人，在结构化学中量子力学扮演了重要的角色。

表 3.6    矿物结构的泡林规则要点

| 规则序号 | 核 心 概 念 | 主要影响因素 |
|---|---|---|
| 第一规则 | 配位多面体(coordination polyhedron) | 正负离子半径比 |
| 第二规则 | 正负离子电价(electrostatic valency) | $S = \sum_i S_i = \sum_i (w_i \nu_i)$ |
| 第三规则 | 配位多面体堆垛时，共用边或面 | 晶体总的静电能 |
| 第四规则 | 配位多面体堆垛时，不共用边或面 | 正离子的电价 |
| 第五规则 | 节俭原则(principle of parsimony) | 配位多面体的种类 |

泡林认为，在结构化学中，正负离子可以看成具有一定半径的硬球，泡林模型也因之被称为硬球模型(hard sphere model)——相对于量子力学的电子云图像，这当然是一个假设，由此导致化学中的离子半径取值不唯一。在硬球模型中，正负离子之间互相接触，整个晶体的静电能在稳定时达到极小值。

泡林第一规则(Pauling's first rule)用正负离子的半径比(cation-anion radius ratio)来解释配位多面体的结构，见表 3.7。以化学家的观点来看，离子晶体是由一系列连接的多面体构成的，其中配位多面体这个基本单元与原胞这个晶体物理的概念是完全不同的。正负离子间的距离被定义为离子半径之和——这实际上对应于第 2 章中讨论的离子势的极小值位置 $R_0$。泡林选择正离子而不是负离子作为配位多面体的中心。常见的负离子的种类十分有限，比如氧离子、氢氧离子和氯离子。正负离子的"角色"是不一样的：具有较大半径的负离子是晶体的骨架；而具有较小半径的正离子则是配位多面体的中心;具有较高电价的正离子被负离子分隔开,以降低整个晶体的静电能。

表 3.7　泡林第一规则:离子晶体中常见的配位多面体及相应条件

| 配位多面体 | 配位数 | 正负离子半径比 | (符合的)晶体或化学根 |
|---|---|---|---|
| 立方八面体 | 12 | $[1.000,\infty]$ | 六角密排(HCP)晶体 |
| 立方体 | 8 | $[0.732,1.000]$ | CsCl |
| 正八面体 | 6 | $[0.414,0.732]$ | NaCl, FeO, MgO, CaO |
| 正四面体 | 4 | $[0.225,0.414]$ | ZnS,($SiO_4$),($AlO_4$) |
| 正三角形 | 3 | $[0.155,0.225]$ | ($CO_3$) |

最重要的矿物类别是氧化物,自然矿物晶体由一系列氧离子的配位多面体堆垛构成,其中尤以碳酸盐、硅酸盐和铝酸盐为多。碳酸根(carbonate group)($CO_3$)在空间形成三角形,如图 3.16(e)所示,因为碳/氧离子半径比 $r_{C^{4+}}/r_{O^{2-}}$ 在$[0.155,0.225]$的范围内。硅酸根(silicate group)($SiO_4$)为正四面体配位,如图 3.16(d)所示,因为硅/氧离子半径比 $r_{Si^{4+}}/r_{O^{2-}}$ 在$[0.225,0.415]$的范围内。Al-O 键可以形成正四面体的铝酸根(aluminate group)($AlO_4$);因为铝/氧离子半径比 $r_{Al^{3+}}/r_{O^{2-}}$ $=0.36$;但是 Al-O 键也可能形成正八面体的铝酸根($AlO_6$);此时铝/氧离子半径比为 0.385,此结构不符合泡林第一规则。

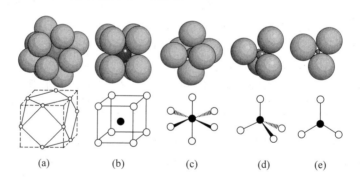

图 3.16　以正离子为中心的配位多面体

(a) 立方八面体(cube octahedron);(b)立方体(cube);(c) 正八面体(octahedron);

(d) 正四面体(tetrahedron);(e) 正三角形(triangle)

除了表 3.8 中的离子半径外,常见的负离子氢氧根(hydroxyl)、氯离子(chlorine)、氟离子(flourine)和硫离子(sulfur)的半径分别为 $r_{OH^-}=1.36$ Å,$r_{F^-}=1.33$ Å,$r_{Cl^-}=1.81$ Å 和 $r_{S^{2+}}=1.84$ Å。在氯化钠中,($NaCl_6$)根具有 $r_{Na^+}/r_{Cl^-}=0.54$ 的半径比;在氯化铯中,($CsCl_8$)根具有 $r_{Cs^+}/r_{Cl^-}=0.79$ 的半径比。上述两个结构都符合泡林第一规则。

表 3.8 氧化物中的正负离子半径比，氧离子(oxide)半径 $r_{O^{2-}}=1.40$ Å

| 金属离子 | $B^{3+}$ | $Be^{2+}$ | $Si^{4+}$ | $Li^+$ | $Al^{3+}$ | $Ti^{4+}$ | $Fe^{3+}$ |
|---|---|---|---|---|---|---|---|
| 半径比 | 0.21 | 0.23 | 0.30 | 0.36 | 0.36 | 0.44 | 0.465 |
| 金属离子 | $Mg^{2+}$ | $Fe^{2+}$ | $Mn^{2+}$ | $Na^+$ | $Ca^{2+}$ | $K^+$ | $Cs^+$ |
| 半径比 | 0.47 | 0.53 | 0.57 | 0.69 | 0.80 | 0.95 | 1.02 |

泡林第一规则被称为一个规则(rule)而不是一个定律(law)，是因为表 3.7 列出的对应关系在所有种类的离子晶体中不是百分之百正确的。具有较大半径、较低电价的阳离子，符合泡林第一规则的几率也较低。例如，$Na_2O$ 和 $K_2O$ 结构(见图 3.17)都具有反萤石(anti-fluorite)结构，其中钠离子和钾离子分别位于正四面体的中心。不过，$r_{Na^+}/r_{O^{2-}}$ 或 $r_{K^+}/r_{O^{2-}}$ 半径比都不在 $[0.225, 0.415]$ 的范围内，因此上述结构都不符合泡林第一规则。实际上，钾离子可能有 $6, 7, 8, 9, 10, 11, 12$ 诸种氧离子配位。

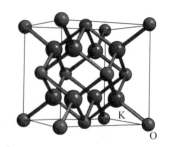

图 3.17 $K_2O$ 结构：不符合泡林第一规则的结构

泡林第二规则(Pauling's second rule)可用来确定除位于配位多面体中心的阳离子以外其他正离子的位置。泡林第二规则也叫电价规则(electrostatic valency principle)：在一个稳定晶体中，从周围所有正离子到达一个负离子的总价键应该等于负离子自己的电价：

$$S_{anion} = \sum_i^{NN} S_i = \sum_i^{NN} (w_i/\nu_i) = \sum_\alpha m_a(w_a/\nu_a) \qquad (3.10)$$

其中，$S_{anion}$ 是负离子的电价；对第 $\alpha$ 种近邻正离子来说，$w_a$ 是其电价，$\nu_a$ 是其配位数，$m_a$ 是一个负离子周围这种正离子的数目。小布拉格(William Lawrence Bragg)曾经为泡林第二规则勾勒出一幅简洁的静电学物理图像：从一个正离子出发有很多电力线，总的电力线强度是第 $i$ 个正离子电价 $w_i$，因此分到配位数为 $\nu_i$ 的正离子配位多面体顶角的负离子处的电力线应该就是 $w_i/\nu_i$，这就是静电化合价 $S_i$，是衡量化学键强度的量。显然来自所有正离子的电力线之和必然等于此负离子的电价 $S_{anion}$。电价规则也是一个"规则"，因此它是唯象的，在自然矿物晶体结构中有 16% 以内的偏差。

钙钛矿(calcium titanate)是一个著名的具有 $ABO_3$ 结构的陶瓷晶体。其中 $Ti^{4+}$ 是具有最高电价的正离子，根据泡林第一规则，四价钛离子必然是配位多面体的中心。钛/氧离子半径比 $r_{Ti^{4+}}/r_{O^{2-}}$ 在 $[0.415, 0.732]$ 的范围内，因此钛离子必然和 6 个近邻氧离子构成正八面体配位，如图 3.18(a)所示。那么，钙离子的位置在

固体物理(第 2 版)

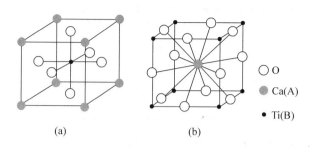

图 3.18　钙钛矿(ABO₃)结构

(a) 以 $Ti^{4+}$ 为中心；(b) 以 $Ca^{2+}$ 为中心

哪里呢？钙是"第二正离子"，不能由泡林第一规则来确定其位置。根据泡林第二规则，氧离子电价为：

$$2 = 2 \times (4/6) + m \times (2/\nu_{Ca}) \tag{3.11}$$

一个氧离子 $O^{2-}$ 有两个近邻的 $Ti^{4+}$ 离子。假如钙离子位于立方单胞的 8 个顶角位置，那么一个 $O^{2-}$ 离子就有 $m = 4$ 个近邻的 $Ca^{2+}$ 离子；反过来，以 $Ca^{2+}$ 离子为中心的 $O^{2-}$ 配位数则是 $\nu_{Ca} = 12$。这样的结构是满足方程(3.11)的，也就是说，钙钛矿结构完全满足泡林第一规则和第二规则。

泡林第三和第四规则讨论了配位多面体是如何在空间堆垛成晶体的。泡林第三规则(Pauling's third rule)是说，当近邻的配位多面体共用边或面的时候，晶体结构的稳定性会下降，因为库仑排斥会增强。泡林第四规则(Pauling's fourth rule)是第三规则的一个补充：在含有不同正离子的晶体中，以较高价正离子为中心，具有较小配位数的配位多面体，在堆垛时倾向于不共用面(faces)和边(edges)。这两条规则对于正四面体、正八面体的堆垛尤其重要，因为这两种配位多面体中心的正离子没有完全被负离子屏蔽。在图 3.18 中，可以看到钙钛矿的(TiO₆)组团只共用了顶点(acmes)，因为钛离子具有很高的电价；氯化钠晶体的 NaCl₆ 配位正八面体则是共用边的，因为钠离子电价更低。

泡林第五规则(Pauling's fifth rule)也叫节俭原则(principle of parsimony)：在一个晶体中，不同种类的要素(例如配位多面体)数目趋于最小；也就是说，在化合物的复式晶格的单胞中，正离子和负离子占有的格点种类趋于最小，同一电价的离子经常共用一个格点，这些离子被称为这个格点的要素(constituent)。

总结一下本章前面各节的内容，根据点阵的对称性可以对晶体结构进行分类，泡林规则对化合物晶体的理解是很重要的，化合物具体的布拉菲点阵类型可以经由泡林第一到第五规则推演出来。更详细的对晶体结构的描述，例如复合晶格中一组基元的精确位置等，推荐读者参考国际结晶学数据库(international tables for crystallography)：A 卷：空间群对称性；B 卷：倒易空间(这将在 3.4 节讨论)。

# 3.4　倒易点阵和布里渊区

波（wave）是物质存在的一种基本形式。自然界中有 3 种波：① 机械波（mechanical wave），由牛顿力学或分析力学描述；② 电磁波（electromagnetic wave），由麦克斯韦方程组描述；③ 物质波（matter wave），由德布罗意提出、薛定谔方程及更深入的量子场论描述。

在固体物理学中，波是一个贯穿始终的概念，而且上述 3 种波对固体物理性质分析都很重要，例如：① 机械波，如原子振动波，对理解固体的热性质和声学性质很关键；② 电磁波，如用于晶体衍射学的 X 射线，这对分析固体结构很重要；③ 物质波，电子的物质波在固体的电子理论中是一个中心概念；中子的物质波可以用来分析声子能谱、磁振子能谱等准粒子能谱。

固体中的波要在原子排列整齐的晶体中传播。因此，这种波一定与点阵的对称性有着密切的关系，包括平移、旋转和镜反射对称性。在本节中讨论的倒易点阵（reciprocal lattice）和布里渊区（Brillouin zone）概念，将有助于理解固体中的波共有的几何性质，特别是波矢 $k$ 的基本特性。

## 3.4.1　倒易点阵

1913 年，德国慕尼黑大学的厄瓦耳（Paul Peter Ewald）为解释 X 射线单晶衍射的图样，提出了倒易空间（reciprocal space）和倒易点阵的概念。时至今日，倒易点阵的概念已经广泛用于研究固体中的各种各样的波，因此也成为了固体物理中的一个通用概念。

从数学上来讲，晶体存在的正空间与倒易空间构成了一对傅里叶空间（Fourier space）。任何机械波、电磁波或物质波的波函数都可以展开成一系列平面波的叠加，这也就是傅里叶变换的基本概念：

$$\Psi(\boldsymbol{r},t) = \iiint \mathrm{d}^3\boldsymbol{k}\,\tilde{\psi}_k \exp(\mathrm{i}\boldsymbol{k}\cdot\boldsymbol{r}-\mathrm{i}\omega t) \tag{3.12}$$

换句话说，正空间是 $r$ 的空间，倒易空间是波矢 $k$ 的空间。假如波函数具有点阵周期性 $\Psi(r)=\Psi(r+R)$，那么波函数 $\Psi(r)$ 只能展开为一系列分立的傅里叶变换：

$$\Psi(\boldsymbol{r}) = \sum_{\boldsymbol{G}} \tilde{\psi}_G \mathrm{e}^{\mathrm{i}\boldsymbol{G}\cdot\boldsymbol{r}} \quad\rightarrow\quad \mathrm{e}^{\mathrm{i}\boldsymbol{G}\cdot\boldsymbol{R}} \equiv 1 \quad\rightarrow\quad \boldsymbol{G} = \sum_\alpha h_\alpha \boldsymbol{a}_\alpha^* \,;\quad \boldsymbol{a}_\alpha\cdot\boldsymbol{a}_\beta^* = 2\pi\delta_{\alpha\beta}$$

$$\tag{3.13}$$

其中，$G$ 是一个倒易格矢量，通过一组倒易原矢（reciprocal primitive vectors）$\{a_j^*\}$ 的平移可以复制出整个倒易点阵。原矢 $\{a_i\}$ 和倒易原矢 $\{a_j^*\}$ 的正交归一关系体现了布拉菲点阵和倒易点阵互为分立的傅里叶空间的特征。

固体物理（第 2 版）

固体物理学中的倒易点阵具有布拉菲点阵的结构。假设真实空间中的某种晶体具有复式晶格结构，通过一组基元的定义可以获得与复式晶格相应的布拉菲点阵，然后求出其倒易点阵。在三维晶体中，倒易原矢 $\{\boldsymbol{a}_j^*\}$ 的具体表达式可以由方程(3.13)直接推出：

$$
\begin{cases}
\boldsymbol{a}_1^* = \dfrac{2\pi}{\Omega_c}(\boldsymbol{a}_2 \times \boldsymbol{a}_3) \\[2mm]
\boldsymbol{a}_2^* = \dfrac{2\pi}{\Omega_c}(\boldsymbol{a}_3 \times \boldsymbol{a}_1) \quad \Omega_c = \boldsymbol{a}_1 \cdot (\boldsymbol{a}_2 \times \boldsymbol{a}_3), \quad \Omega_c^* = \boldsymbol{a}_1^* \cdot (\boldsymbol{a}_2^* \times \boldsymbol{a}_3^*) = \dfrac{(2\pi)^3}{\Omega_c} \\[2mm]
\boldsymbol{a}_3^* = \dfrac{2\pi}{\Omega_c}(\boldsymbol{a}_1 \times \boldsymbol{a}_2)
\end{cases}
$$

$$(3.14)$$

倒易原胞体积 $\Omega_c^*$ 与原胞体积 $\Omega_c$ 关系的具体证明将由读者在本章作业中完成。由于式(3.14)中正、倒原矢之间的叉乘关系，倒易点阵和真实空间中的点阵肯定是属于同一晶系的。在多数情况下，倒易点阵就是真实晶体的布拉菲点阵；也有例外，比如，体心(body-centered)点阵总与面心点阵(face-centered)互为倒易点阵，以 FCC 到 BCC 的变换为例：

$$
\begin{cases}
\boldsymbol{a}_1 = \dfrac{a}{2}(\hat{e}_y + \hat{e}_z) \\[2mm]
\boldsymbol{a}_2 = \dfrac{a}{2}(\hat{e}_z + \hat{e}_x) \\[2mm]
\boldsymbol{a}_3 = \dfrac{a}{2}(\hat{e}_x + \hat{e}_y)
\end{cases}
\Rightarrow
\begin{cases}
\boldsymbol{a}_1^* = \dfrac{a^*}{2}(-\hat{e}_x + \hat{e}_y + \hat{e}_z) \\[2mm]
\boldsymbol{a}_2^* = \dfrac{a^*}{2}(+\hat{e}_x - \hat{e}_y + \hat{e}_z) \quad \Omega_c^* = \dfrac{(2\pi)^3}{\frac{1}{4}a^3} = \dfrac{1}{2}(a^*)^3 \\[2mm]
\boldsymbol{a}_3^* = \dfrac{a^*}{2}(+\hat{e}_x + \hat{e}_y - \hat{e}_z)
\end{cases}
$$

$$(3.15)$$

表 3.9 中列出了倒易点阵单胞的晶格常数和典型夹角。需要强调的是，当正空间的点阵具有 FCC 和 BCC 结构的时候，倒易点阵的晶格常数是 $a^* = 4\pi/a$，这一点很特殊，与表 3.9 列出的一般的正、倒点阵之间的晶格常数的变换关系 $a^* = 2\pi/a$ 是不一样的。

**表 3.9　7 个三维晶系的正、倒易单胞的晶格常数和特征角度**

| 晶　系 | $a^*$ | $b^*$ | $c^*$ | 特征角度 |
|---|---|---|---|---|
| ORC，TET，CUB | $2\pi/a$ | $2\pi/b$ | $2\pi/c$ | |
| HEX | $2\pi/(a\sin\gamma)$ | $2\pi/(b\sin\gamma)$ | $2\pi/c$ | $\gamma^* = \pi - 2\pi/3$ |
| MCL | $2\pi/(a\sin\beta)$ | $2\pi/b$ | $2\pi/(a\sin\beta)$ | $\beta^* = \pi - \beta$ |
| RHL，三斜 | $2\pi bc\sin\alpha/\Omega_c$ | $2\pi ca\sin\beta/\Omega_c$ | $2\pi ab\sin\gamma/\Omega_c$ | |

除了正交、四方、立方晶系以外，其他所有晶系中倒易单胞的取向与正空间单胞比都有一定的变化。在立方晶系中，倒易单胞的 3 个方向也是 $\langle 100 \rangle$ 晶向，与真实空

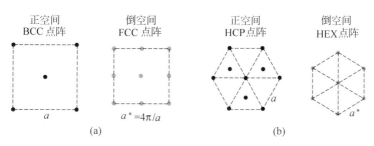

图 3.19　正、倒易空间的原胞

（a）立方晶系：BCC→FCC；（b）六角晶系：HCP→HEX

间的单胞一致。在六角晶系中，倒易单胞相对于真实空间的 HCP 点阵的单胞有个 $30^\circ$ 的转动，如图 3.19(b)所示，而且 $\boldsymbol{a}_1^*$ 和 $\boldsymbol{a}_2^*$ 之间的夹角变为 $\gamma^* = 180^\circ - \gamma$。

　　倒易点阵可以用 X 射线衍射的方法来"记录"。1964 年，M. Buerger 设计了一个单晶衍射照相机，可以直接记录倒易点阵的二维投影图，例如对应于一系列倒易格矢量 $\boldsymbol{G}_{hkl} = h\boldsymbol{a}_1^* + k\boldsymbol{a}_2^* + l\boldsymbol{a}_3^*$ 中 $h$ 为常数的二维点阵。单晶衍射的原理将在 3.5 节讲述。时至今日，使用自动单晶衍射摄谱仪可以在一天内获得成千上万个倒易点阵的格点数据。

## 3.4.2　布里渊区

　　布里渊区(Brillouin zone)是描述晶体中准粒子能谱——例如声子能谱或电子能谱——的常用物理概念。1913 年，布里渊(Léon Brillouin)刚从法国的 École Normale Supérieure 大学毕业，就与德国的索末菲(Arnold Sommerfeld)一起发表了电子散射问题的论文。1926 年，量子力学刚建立，布里渊与 G. Wentzel，H. A. Kramers 同时提出了电子在外场中运动的 WKB 准经典近似，以解决加电势能以后薛定谔方程无法解析求解的问题。1930 年左右，布里渊在法国的 Sorbonne 大学工作，他在研究电子在晶体中的运动时，发现当电子几率波矢 $\boldsymbol{k}$ 越过倒易空间中格矢量 $\boldsymbol{G}$ 的中垂面时，电子的本征能量 $E(\boldsymbol{k})$ 有个能隙。为了更好地描述电子能带，布里渊提出以同一原点出发的倒易格矢量 $\boldsymbol{G}$ 的中垂面为准，将波矢 $\boldsymbol{k}$ 的倒易空间分格成一系列区间(zones)。布里渊在"二战"以后移居美国，曾在大学和 IBM 公司工作，对各类电子器件和信息理论也颇有研究。

　　体现电子、声子、磁振子等固体中准粒子的波粒二象性的能谱(energy spectrum)$E(\boldsymbol{k})$ 一般具有倒易点阵的平移对称性：

$$E(\boldsymbol{k}) = E(\boldsymbol{k} + \boldsymbol{G}) \tag{3.16}$$

因此，只要在具有中心对称性 $\boldsymbol{k} \rightarrow -\boldsymbol{k}$ 的倒易点阵的原胞——即布里渊区中描述能谱 $E(\boldsymbol{k})$ 就足够了。实际上，布里渊区的概念是 1936 年塞茨和维格纳等人用群论研究碱金属电子能谱的对称性以后才逐渐成熟的。

固体物理(第2版)

具体来说,如果选取从一个倒易格点出发的所有倒易格矢量 $G_{hkl}(\forall h,k,l)$,那么一系列$\{G_{hkl}\}$的所有中垂面就统称为布拉格面(Bragg planes)。布拉格面将倒易空间分隔为无限多的区间。第 $n$ 布里渊区定义为从原点越过 $n-1$ 个布拉格面可达到的区间之集合(需要强调的是,此路径不能越过 3 个或更多区间的交点或交线,以免误算)。第一布里渊区(First Brillouin zone,FBZ)在固体理论中具有特别的重要性,因为能谱都是在 FBZ 中表达的。

所有的布里渊区都具有 $k \rightarrow -k$ 的中心对称性,这对于描述固体中的准粒子能谱是很重要的特性。第一布里渊区是紧邻倒易空间中选定原点的单连通区域;但是更高阶的布里渊区就会含有互不连通的多个区间,如图 3.20 所示。任何一级布里渊区的总体积都等于 $\Omega^* = a_1^* \cdot (a_2^* \times a_3^*)$,也就是说,都是倒易点阵的一个原胞(reciprocal primitive unit cell)。高阶的布里渊区可以通过倒易点阵的一系列平移操作 $G_{hkl}$ 转换为第一布里渊区。例如,图 3.20 中 6 个虚线金字塔构成的第二布里渊区可以分别通过 6 个倒易格矢量 $G_{\langle 100 \rangle} = \mp a_1^*, \mp a_2^*, \mp a_3^*$ 分别平移到第一布里渊区内,而且恰好填充满 FBZ,因为它们都是原胞。

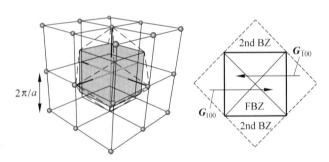

图 3.20　简单立方点阵的布里渊区:粗箭头表示倒易格矢量 $G = \pm a_1^*$,$\pm a_2^*, \pm a_3^*$;半透明立方体是 FBZ;其外由虚线构成的金字塔形之集合是第二布里渊区 2ndBZ

从晶体几何学的角度来说,某个晶体的第一布里渊区就是其倒易点阵的维格纳-塞茨原胞(Wigner-Seitz cell)。立方晶系的 BCC 和 FCC 点阵互为对方的倒易点阵;因此 FCC 点阵的第一布里渊区就是 BCC 点阵的维格纳-塞茨原胞,反之BCC 点阵的第一布里渊区就是 FCC 点阵的维格纳-塞茨原胞。FCC,BCC,HCP点阵的第一布里渊区分别是切割八面体(或十四面体)、正十二面体和六棱柱,如图 3.21 所示,图中黑点所标的是倒易格矢量 $G$ 的端点。作为 HCP 第一布里渊区的六棱柱恰好和正空间晶体的单胞取向一致。

真实的晶体具有有限的尺度,因此不是一个"真的"布拉菲点阵或复式点阵。为在固体物理中使用晶体几何学的概念,必须使用恰当的边界条件把无穷多个同样大小的真实晶体连成一个无限大的晶格。1911 年,德国伟大的数学家希尔伯特

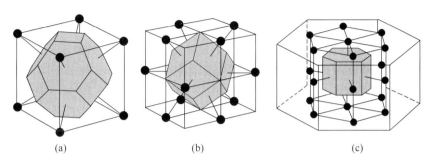

图 3.21　倒易点阵(深色黑点为倒易格点)和第一布里渊区

(a) BCC 点阵的维格纳-塞茨原胞,FCC 点阵的 FBZ;(b) FCC 点阵的维格纳-塞茨原胞,

BCC 点阵的 FBZ;(c) HCP 点阵的第一布里渊区,最外围的六棱柱显示了正空间单胞的取向

(David Hilbert)的学生维尔(Herman Klaus Hugo Weyl)证明了宏观性质不依赖于边界条件的选取方式。1912 年,玻恩(Max Born)和希尔伯特的另一个学生冯·卡门(Theodore von Karman)在研究晶格振动理论的时候提出了著名的玻恩-卡门条件(Born-Karman condition)。玻恩-卡门条件是说,固体中的波具有晶体总尺度上的周期边界条件,由此可以获得波矢 $k$ 的一个很简洁的表达式。最"自然"的玻恩-卡门条件在固体物理的各个领域都有广泛的应用。值得注意的是,在近年来的纳米材料研究中,最小的纳米晶粒内部只有几十或几百个原子,此时玻恩-卡门条件可能不是恰当的选择,需要做进一步的研究。

可以选用具有一组原矢($a_1$,$a_2$,$a_3$)的晶体来详细讨论玻恩-卡门条件。假设真实空间中整个晶体具有平行六面体($L_1a_1$,$L_2a_2$,$L_3a_3$)的形状,其中 $L_1$,$L_2$,$L_3$ 是分别沿 3 个波矢($a_1$,$a_2$,$a_3$)方向的原胞数。这样 $N_L = L_1 \times L_2 \times L_3$ 就是晶体中的原胞总数。假如固体中某个准粒子的波函数满足玻恩-卡门条件:

$$\Psi(r) = \Psi(r + L_ja_j) \quad (j = 1,2,3) \tag{3.17}$$

这意味着在 $j=1,2,3$ 三个维度上,波的传播子都满足条件 $\exp(\mathrm{i}k \cdot L_ja_j)=1$。由玻恩-卡门条件导致的简洁而有用的波矢 $k$ 的表达式可以用正、倒空间原矢 $a_i$, $a_j^*$ 之间的归一关系式(3.13)来导出:

$$k = \frac{l_1}{L_1}a_1^* + \frac{l_2}{L_2}a_2^* + \frac{l_3}{L_3}a_3^* \tag{3.18}$$

其中,$l_1$,$l_2$,$l_3$ 是任意整数。换句话说,在一个有限大的晶体中,在倒易空间中的波矢 $k$ 是分立的,分立的最小单元是 3 个矢量($a_1^*/L_1$,$a_2^*/L_2$,$a_3^*/L_3$)构成的平行六面体。波矢的分立体积 $\Omega^*/N_L$ 与倒易原胞相比是非常微小的,因为在宏观、介观晶体中 $L_1$,$L_2$,$L_3$ 是巨大的整数,$N_L$ 往往与阿伏加德罗常数同量级;这也就是为什么波矢 $k$ 在倒易空间中可以看成是准连续的。

在第一布里渊区(FBZ)中,波矢 $k$ 在 $j=1,2,3$ 三个维度中分别位于区间

$(-a_j^*/2, a_j^*/2]$ 之内。因此,方程(3.18)中的整数参数 $l_1, l_2, l_3$ 应该分别被限制在 $l_j \in (-L_j/2, L_j/2]$ 的范围内。这样,FBZ 的波矢 $k$ 的取值总数就是 $L_1 \times L_2 \times L_3$,恰好等于真实空间晶体中的原胞总数 $N_L$。这是一个重要的结论。

第 4 章中将要讨论晶格振动,在原子振动能谱的一个分支(branch)中,第一布里渊区中波矢 $k$ 的 $N_L$ 个取值恰好对应于 $N_L$ 种声子(phonon)。第 5 章中将讨论电子能带理论,在某一条电子能带中,第一布里渊区中波矢 $k$ 的 $N_L$ 个取值与电子自旋 $\pm\hbar/2$ 的两个取值恰好对应于 $2N_L$ 个电子的量子态。这都是可以直接由玻恩-卡门边界条件导出的重要结果。

# 3.5　衍射与晶体结构的测定

3.1～3.3 节介绍了晶体结构的数学理论。物理学是一门实验科学,因此晶体结构的实验测量对数学理论的检验是至关重要的。历史上,德国和英国的实验、理论物理学家在衍射学(diffraction)领域作出了原创性的贡献。

1902 年,年轻的劳厄(Max von Laue)到柏林大学的普朗克(Max Planck)研究组学习。在这里,劳厄听了卢默尔(O. Lummer)教授的干涉波谱学(interference spectroscopy)课程,这门课程对他的影响可以明显在劳厄的学位论文《平行板中的干涉现象》中看到。劳厄在 1903 年获得博士学位,到 1905 年他获得了柏林理论物理研究所普朗克教授的助手位置。1909 年,劳厄到慕尼黑大学工作,在这里他给学生上光学、热力学和相对论课程。

劳厄最有名的工作,也就是使他在 1914 年获诺贝尔奖的工作,是在慕尼黑大学发现的 X 射线的晶体衍射效应。这个发现源于劳厄在讲课时的讨论,当他论及光波通过周期性粒子阵列的衍射问题时,突然意识到如果使用更短波长的电磁波——即 X 射线——就可以在晶体中产生衍射效应。虽然他在慕尼黑大学的同事索末菲(Arnold Sommerfeld)、维恩(Wilhelm Wien)等人反对劳厄的观点,索末菲的两位助手 W. Friedrich 和 P. Knipping 经过多次失败以后,终于拍到了 X 射线的衍射花纹(见图 3.22)。劳厄针对衍射结果给出了相应的数学公式,也就是劳厄公式,并于 1912 年发表。这个重要的优美的实验一举同时证明了 X 射线是一种电磁波,而晶体中的原子也具有空间点阵周期排列。劳厄的工作也打开了布拉格父子对晶体衍射进行进一步研究的大门。

布拉格父子中的老布拉格(William Henry Bragg)1862 年生于英格兰。他的童年非常困苦,经过努力他在 1881 年获得奖学金并进入剑桥大学学习数学。1885 年,他进入剑桥的卡文迪许实验室(Cavendish Laboratory)学习物理学,同年末,他获选为英国殖民地南澳大利亚 University of Adelaide 的数学和物理学教授。在澳大利亚,老布拉格工作了 24 年,而且在此他与 Charles Todd 爵士的女儿

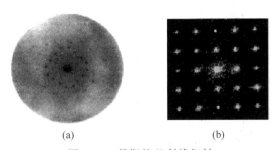

(a)　　　　　　　(b)

图 3.22　早期的 X 射线衍射

（a）劳厄的衍射照片；（b）德拜的衍射照片

Gwendoline Todd 结婚。他们的儿子小布拉格（William Lawrence Bragg）1890 年在阿得雷德出生，而且在当地接受了早期教育。

1909 年，老布拉格返回英格兰，成为里兹（Leeds）大学的卡文迪许教授。小布拉格与父亲一起回到英格兰，进入了剑桥大学的三一学院（Trinity College）。1912 年，小布拉格本科毕业后进入卡文迪许实验室 J. J. 汤姆孙教授的研究组工作。同年秋天，在劳厄的论文发表以后，劳伦斯开始着手建立他自己对 X 射线衍射的理论解释，即布拉格定律，以解释如图 3.23 所示的波谱，并于 11 月在 *Proceedings of the Cambridge Philosophical Society* 上发表。

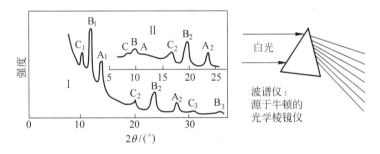

图 3.23　早期的 X 射线波谱（Bragg and Bragg，1913）

1913 年 1 月，老布拉格造出了第一台 X 射线分光镜或波谱仪（spectrograph）（这与牛顿的三棱镜原理是类似的），并测量了不少元素晶体的 X 射线特征衍射谱（line spectra）。1913 年，根据巴洛关于 NaCl 晶体结构的假说和布拉格定律，布拉格父子用 X 射线波谱仪测定了 NaCl 点阵常数的绝对数值，同时也校准了 X 射线的波长。然后又以此为助，对其他晶体的点阵常数作出准确的测定。布拉格父子由此奠定了一个非常重要的新研究分支，即 X 射线衍射学。

如果说 X 射线的波动本质及其在晶体中的基本衍射现象是由劳厄和他的同事发现的；同样真实的是，将 X 射线波谱仪作为一种研究晶体中原子排布结构的基本设备完全归因于布拉格父子的工作。因此布拉格父子紧随劳厄之后于 1915

年共同获得了诺贝尔物理学奖。

老布拉格在 1923—1942 年担任英国皇家研究所(Royal Institute)的戴维-法拉第研究所(Davy-Faraday research laboratory)所长,也是英国皇家学会(Royal Society)1935—1940 的会长;小布拉格在 1954—1966 年也担任了类似的职位。小布拉格在剑桥和在戴维-法拉第研究所期间,来自各国的学生和访问学者使用 X 射线波谱仪分析了大量凝聚态物质的结构,包括复杂的需要 10 个参数拟合的晶体结构,合金的相变和缺陷,蛋白质和肌肉细胞等高度复杂的生物体结构等。在小布拉格的领导下,英国在生物体结构领域的研究后来产生了 12 位诺贝尔奖获得者。

劳厄和布拉格父子都有 80 岁左右的生命跨度。他们三位都对科学教育和普及非常热心。在 1966 年退休以后,小布拉格依然关心英格兰的科学普及事业,劳厄则在战后出版了讨论物理学的历史和哲学的著作。

### 3.5.1　X 射线衍射、电子衍射和中子衍射

自 1913 年以来,X 射线就成为了晶体结构测定的最常用的方法。除此以外,还有两种衍射方法对固体物理学的研究很重要:电子衍射和中子衍射。X 射线衍射、电子衍射和中子衍射在衍射物理方面有很多共通之处。在本节中将讨论 3 种衍射方法的起源,以及各种方法在解决物理问题上的长处和短处。

1895 年发现的 X 射线对人类探索物质世界是个革命性的新开端。在德国的 University of Wurzburg,一天晚上医生兼教授伦琴(Rector Wilhelm Conrad Roentgen)发现,在真空玻璃管中涂有 BaPtCN 的屏幕被阴极射线照射以后会发出荧光。他对这个现象独自研究了好几个星期。在圣诞假期中,伦琴带他的妻子 Bertha Roentgen 到实验室,并拍摄了图 3.24(b)中著名的照片,照片的显影过程中使用了 NaBaCN。伦琴把这个未知的辐射线叫 X-rays,因为 X 一般在数学中表示未知量。1901 年,伦琴因 X 射线的发现获得了第一届诺贝尔物理学奖。

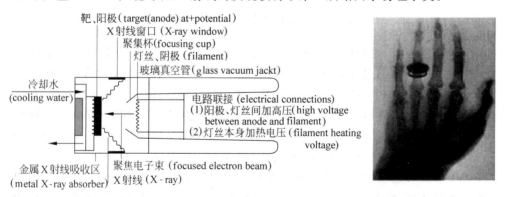

图 3.24　X 射线真空管的结构,以及早期的 X 射线照片:Bertha Roentgen 的手

工业化的 X 射线真空管在 1913 年由美国人库里格(William Coolidge)发明，这也是放射医学(radiology)最重要的进展之一。最早由德国西门子公司(Siemens AG)进行批量生产的 X 射线真空管的结构如图 3.24(a)所示。库里格 X 射线管(Coolidge tube)中的气体极少，因此不会影响 X 射线的产生。热灯丝发射的电子以很高的速度击打在金属靶上，这样就能产生图 3.25(b)中的 X 射线谱。

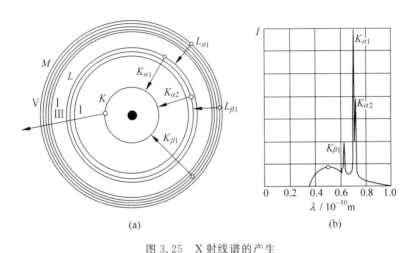

图 3.25　X 射线谱的产生

(a)玻尔模型和 X 射线特征辐射对应的跃迁；(b)钼靶 X 射线管发射的 X 射线光谱，

三条特征线的强度之比为 $K_{\alpha 1}:K_{\alpha 2}:K_{\beta 1}=10:5:2$

1905 年，爱因斯坦(Albert Einstein)提出了光量子假设来解释光电效应(photoemission phenomena)，并因之获得 1921 年的诺贝尔物理学奖。光量子后来被命名为光子(photon)，光子的能量服从普朗克的电磁波能量量子公式(Planck's formula)$\varepsilon=h\nu$。爱因斯坦认为 X 射线是一种特殊的电磁波，具有极短的波长和很强的粒子性。光电效应与 X 射线的产生是互逆过程，分别可由爱因斯坦的光电效应公式表达为：

$$h\nu = E_{out} + W - E_i, \quad E_{in} = eV = h\nu + E_{out} \tag{3.19}$$

在光电效应过程中，入射的光子能量 $h\nu$ 等于出射的电子能量 $E_{out}$ 加上金属表面的脱出功 $W$ 减去固体中电子的初始能量 $E_i$；在 X 射线产生这个逆过程中，入射电子能量 $E_{in}$(被加速电压 $V$ 所控制)等于 X 射线的光子能量 $h\nu$ 加上出射电子的能量 $E_{out}$。

X 射线谱的产生机理有两个：①连续谱(continuous spectra)由电子被核电荷偏转导致的韧致辐射(Bremsstrahlung)产生；②分立谱(line spectra)由金属靶中原子内层电子跃迁导致的特征辐射产生，其原理如图 3.25(a)所示。X 射线的连续谱有一个最短波长，对应于 $E_{out}=0$ 的情形：

固体物理(第 2 版)

$$eV = h\nu_{\max} \rightarrow \lambda_{\min} = \frac{12.4 \text{ Å}}{V/\text{kV}} \tag{3.20}$$

晶体中的原子间距在 1 Å 的量级,因此具有 1 Å 左右波长的 X 射线特征分立谱线很适合做晶体衍射。在 X 射线波谱仪中,电子束的加速电压 $V$ 必须设定得足够高,保证需要的 X 射线波长一定能出现。

1913 年,在曼彻斯特大学的卢瑟福研究组工作的莫塞莱(Henry Moseley)获知布拉格父子在 X 射线衍射方面的进展,决定据此研究 X 射线本身的谱线问题。莫塞莱到里兹大学跟布拉格父子学习根据晶体衍射测定 X 射线波长的方法。根据图 3.25(a)中的玻尔模型,他很快发现并命名了图 3.25(b)中的 $K_\alpha$,$K_\beta$ 谱线以及更复杂的 $L$ 谱线。1913 年秋,莫塞莱根据钙到锌这 10 种元素的 X 射线锐光谱,得到了 $K_\alpha$ 和 $L_\alpha$ 谱线的波长公式:

$$\lambda_{K_\alpha}^{-1} = R_\text{H}\left(\frac{1}{1^2} - \frac{1}{2^2}\right)(Z-1)^2, \quad \lambda_{L_\alpha}^{-1} = R_\text{H}\left(\frac{1}{2^2} - \frac{1}{3^2}\right)(Z-7.4)^2 \tag{3.21}$$

其中,$Z$ 是原子序数。莫塞莱公式与实验符合得很好,这意味着玻尔的原子模型对多电子原子的内层能级依然能给出定性的解释;更重要的,这证明了元素周期表中的原子序数就是原子核中的正电荷数。因此莫塞莱公式是非常重要的结果。在 X 射线波谱仪中常用的 4 种金属靶的特征 X 射线波长数据,以及由莫塞莱公式给出的对 $K_\alpha$ 谱线波长的预言在表 3.10 中一并列出。

表 3.10　常用的 X 射线分立谱的特征波长以及莫塞莱公式的预测

| 金属靶 | $V/\text{kV}$ | $K_{\alpha 1} : \lambda/\text{Å}$ | $K_{\alpha 2} : \lambda/\text{Å}$ | $K_{\beta 1} : \lambda/\text{Å}$ | $K_\alpha : \lambda_{\text{Moseley}}/\text{Å}$ |
|---|---|---|---|---|---|
| Mo | 20 | 0.70926 | 0.71354 | 0.63223 | 0.72319 |
| Cu | 9 | 1.54050 | 1.54434 | 1.39217 | 1.55061 |
| Co | 7.7 | 1.78890 | 1.79279 | 1.62073 | 1.79834 |
| Fe | 7.1 | 1.93597 | 1.93991 | 1.75654 | 1.94509 |

1924 年,波粒二象性被法国的德布罗意(Louis Victor de Broglie)推广到所有微观基本粒子,并戏剧性地使瑞士苏黎世大学的薛定谔(Erwin Schroedinger)提出了量子波动力学。德布罗意有法王路易家族的血统,他在 1910 年获得的第一个学位是历史学;然后,他开始喜欢科学,于是在 1913 年又获得了一个科学学位(science degree)。1924 年,在巴黎大学的科学学院(Faculty of Sciences)德布罗意递交了一份只有一页半的博士论文,题目为 *Researches on the quantum theory*,其中提出了一个假设"一个基本粒子在本质上是一种波",这是爱因斯坦的"电磁波本质上是个光量子"假设的逆命题。德布罗意的导师朗之万(Paul Langevin)将他的博士论文寄给了爱因斯坦,德布罗意物质波(matter wave)的概念获得了爱因斯坦的高度赞扬。1929 年,德布罗意因为"他对电子波动本质的发现"获得了诺贝尔物理学奖,早于薛定谔在 1933 年的获奖。

德布罗意针对微观基本粒子(fundamental particle)的波粒二象性提出的德布罗意关系(de Broglie relationship),只是爱因斯坦的光电效应公式的简单重述。一个自由的基本粒子,例如电子、光子或核子(即原子核,在当时还是基本粒子),是具有固定的能量 $\varepsilon$ 和动量 $\boldsymbol{p}$ 的粒子,同时也是具有固定的频率 $\nu$ 和波长 $\lambda$ 的波,粒子和波之间服从德布罗意关系:

$$E = h\nu = \hbar\omega, \quad p = h/\lambda = \hbar k \tag{3.22}$$

基本粒子的物质波也叫德布罗意波(de Broglie wave),具有德布罗意波长 $\lambda$。

电子德布罗意波的第一次实验证实是由戴维孙(Clinton Joseph Davisson)的低能电子衍射(low energy electron diffraction,LEED)实现的。戴维孙生于美国伊利诺伊州,1902 年获得芝加哥大学数学和物理专业的奖学金,并受到密立根的影响;1911 年获得普林斯顿大学的博士学位。自 1911 年起,除了一战时期的几年,他一直在卡内基理工学院(Carnegie Institute of Technology)工作。1924 年,反射模式的低能电子衍射峰偶然被戴维孙和他的合作者 C. H. Kunsman 博士发现,当时他们在用 100 eV 的电子束研究镍晶体表面的二次电子。1927 年,戴维孙和他的另一位合作者革末(L. H. Germer)博士用法拉第盒探测了电子衍射图样,证实衍射斑恰好与布拉格定律预言的 X 射线衍射峰的位置符合。

1928 年,J. J. 汤姆孙(Joseph John Thomson)之子——小汤姆孙(George Paget Thomson)和他的学生里德(A. Reid)试图用一个新的电子衍射法证明德布罗意波。一个很窄的电子束透过一个厚度在微米量级的多晶薄膜,如图 3.26 所示,未被散射的电子束被垂直于入射束的屏幕接收,然后通过显影显示了一系列衍射环,而且符合 X 射线粉末衍射环的位置。电子的德布罗意波长为 $h/mv$:

$$\lambda = \frac{h}{p} = \frac{2\pi}{\sqrt{2m_{\mathrm{e}}E/\hbar^2}} = \frac{2\pi a_{\mathrm{B}}}{\sqrt{E/13.6\mathrm{eV}}} = \frac{12.25\ \text{Å}}{\sqrt{E/\mathrm{eV}}} \tag{3.23}$$

假设电子束具有 20~60000 eV 的能量,相应的德布罗意波长为 2.7~0.05 Å。在

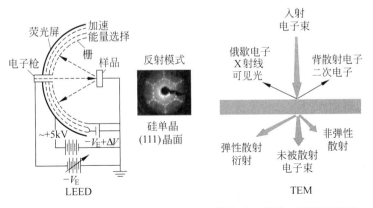

图 3.26　低能电子衍射(LEED)以及透射电子显微镜(TEM)示意图

固体物理(第 2 版)

G. P. 汤姆孙的实验中,通过衍射环测得的电子物质波的波长与德布罗意理论的预言之间的误差在 1% 左右。戴维孙和 G. P. 汤姆孙分享了 1937 年的诺贝尔物理学奖,而 G. P. 汤姆孙的父亲 J. J. 汤姆孙则因电子的发现获得了 1906 年的诺贝尔奖,他们是在诺贝尔奖的历史上除布拉格父子以外另一对有名的父子。

1931 年,柏林技术大学(Technical University Berlin)的诺尔(Max Knoll)博士和他的学生鲁斯卡(Ernst Ruska)根据 G. P. 汤姆孙的实验原理制造出了第一台透射电子显微镜(transmission electron microscope,TEM),这种显微术的使用方法与成熟的光学显微镜惊人地相似。TEM 设备的原理虽然已知是高能电子束穿透薄膜并发生衍射效应,但其中有大量技术问题是诺尔和鲁斯卡要解决的。透射电子衍射技术很快超越了传统光学显微镜的分辨率,并于 1937 年有了第一台商业的 TEM 设备。TEM 仪器的工业化生产是在西门子(Siemens-Halske)公司中由鲁斯卡和 Bodo von Borries 领导的研究组实现的。

最早提出扫描电子显微镜(scanning electron microscope,SEM)概念的也是柏林技术大学的诺尔博士,时间是在 1935 年。1938 年,德国的 M. von Ardenne 在 TEM 设备中加了一个扫描线圈,制造出了第一台扫描透射显微镜(scanning transmission electron microscope,STEM),拍摄的第一张 STEM 照片是 ZnO 晶体的显微图像。1942 年,美国无线电公司(RCA)的电视发明人之一兹沃雷金(Valdimir Kosma Zworykin)和他的研究组第一次使用具有 50 nm 分辨率的 SEM 设备观察固体样品的表面。1986 年,鲁斯卡与发明扫描隧道显微镜的 Binnig 和 Rohrer 一起获得了诺贝尔物理学奖。电子显微镜是一个快速发展的研究领域,在材料学科中会有单独的本科和研究生课程做更详细的探讨。

当德布罗意提出物质波理论的时候,核子的结构还没发现。1932 年,英国人查德威克(James Chadwick)在核物理领域做出了一个基础性的发现:证明了不带任何电荷的基本粒子——中子(neutron)的存在。查德威克在 1911 年从曼彻斯特大学本科毕业,紧接着在卢瑟福教授的实验室里做了两年硕士生。在第一次世界大战中,查德威克恰好在德国做实习生,因此他作为敌国平民被关进了监狱。在监狱中他被允许读书,以及与其他物理学家说话,但是他无法做物理实验。1919 年,查德威克回到了英格兰,再次加入在剑桥大学以卢瑟福为首的卡文迪许实验室,研究原子核的性质和结构。卢瑟福对科学的研究影响是巨大的,他本人于 1908 年因为对元素放射性的贡献获得诺贝尔化学奖,在他领导的卡文迪许实验室工作过、并在后来获得诺贝尔奖的科学家至少有 9 位,包括前述的 G. P. 汤姆孙和查德威克,加上在曼彻斯特时期的玻尔。卢瑟福在 1920 年就预言了中子的存在,可惜当时他无法给出实验证明。

1930 年,德国物理学家博特(Walther Bothe)和 Herbert Becker 注意到一些奇怪的现象。当他们用 α 射线轰击铍靶时,铍发射出一种不带电荷的辐射,并可以穿透 200 mm 厚的铅板。作为对比,1 mm 厚的铅板就可以阻止质子的穿透。Bothe 和 Becker 当时认为,这种中性的铍射线是高能的 γ 射线。同一时期,居里夫人(Marie Curie)的女儿和女婿,约里奥·居里夫妇(Irene and Frederic Joliot-Curie)在铍射线前面放置了石蜡阻挡,他们发现受到铍射线辐照后高速的质子流会从石蜡中出射。当时约里奥·居里夫妇知道 γ 光子可以将电子从金属中打出来,因此他们也认为中性的铍射线是 γ 射线。

查德威克得知约里奥·居里夫妇的实验结果后,他认为这种辐射不会是 γ 射线。如果要使质子束从石蜡中高速地出射,入射的铍射线必须有 50 MeV 的能量。查德威克对铍射线有另外的解释,他认为这是中子束,因而设计了中子探测器(见图 3.27)来验证他的猜想。要证明这个粒子确实是中子,必须测量粒子的质量。他无法直接称量,必须通过碰撞实验间接进行计算。首先,查德威克用 α 射线轰击硼靶,硼也会出射一种中性射线。然后他在中性射线的出射路径上放上水——即氢靶。当中性射线碰到氢靶时,质子就飞出了。查德威克测量了出射质子的速度,根据能量和动量守恒定律,他计算了中性粒子的质量——它是质子质量的 1.0067 倍,也就是苦苦追寻了多年的中子。这样,在卢瑟福作出关于中子存在的预言 12 年以后,他的助手查德威克终于发现了它。

图 3.27　查德威克爵士的工具箱以及他的中子探测器

查德威克也使用这个新方法研究过原子核的分裂。中子不带电,不用克服任何电磁相互作用造成的能垒,因此很容易穿透物质,并且把最重的元素分裂。查德威克的研究打开了通往铀 235 的核裂变以及制造原子弹的道路。1935 年,查德威克因为中子的发现获得了诺贝尔物理学奖,同年,约里奥·居里夫妇获得了诺贝尔化学奖;博特则在 1954 年因观测宇宙线与玻恩分享了诺贝尔物理学奖。

在第二次世界大战期间,大批核物理学家和化学家,包括费密(Enrico Fermi)在内共有 21 位诺贝尔奖获得者,参加了始于芝加哥大学的曼哈顿计划(Manhattan project)。"二战"以后,鉴于核战争的恐怖,很多学者致力于推进核技术的和平应用,包括核电站(nuclear power plant)、核医学(nuclear iatrology)以及核衍射法(nuclear diffraction method)等。1946 年,舒尔(Clifford G. Shull)开始到现在的橡树岭国家实验室(Oak Ridge National Lab)工作,当时这个实验室名叫

固体物理(第 2 版)

Clinton laboratories,主任为维格纳(E. P. Wigner)。舒尔与 Ernest Wollan 在一起工作了 9 年(见图 3.28),他们发现了如何用核反应堆中的中子研究材料的原子结构的方法。根据舒尔后来的自述,当时他做的最重要的工作是研究氢原子在材料中的位置。氢原子在所有生物材料和很多无机材料中都普遍存在,但是氢原子太轻了,无法被 X 射线或者电子显微镜探测到。在中子衍射中,因强相互作用的特性,氢的结构却很容易被中子的弹性散射过程"看到"。

图 3.28　橡树岭国家实验室 1950 年的早期中子衍射仪,能进行中子的
德布罗意波长控制,使用者为 Ernest Wollan 和站着的舒尔

1950 年,布洛克豪斯(Bertram N. Brockhouse)加入了加拿大安大略省的 Chalk River Nuclear Laboratory。1951 年,受舒尔和 Wollan 的中子衍射工作启发,布洛克豪斯和他的学生发展了一种三轴中子非弹性散射谱仪(spectrometer of neutrons),可以测量与材料中的原子碰撞以后出射的中子能量和方向的改变。布洛克豪斯用这种方法研究了液体结构随时间的演变过程,他也测量了固体中原子振动(atomic vibrations)对应的声子(phonon),以及自旋波(spin wave)对应的磁振子(magnon)能谱,这将在本书第 4、第 7 章分别讲述。舒尔和布洛克豪斯因为对中子衍射的贡献分享了 1994 年的诺贝尔物理学奖。

中子衍射的可能性根植于中子的物质波本质。在衍射过程中的中子,是具有能量 $E$ 和动量 $\boldsymbol{p}$ 的非相对论性粒子,相应的德布罗意波长为

$$\lambda = \frac{h}{p} = \frac{2\pi}{\sqrt{2m_n E/\hbar^2}} = \frac{2\pi a_B}{\sqrt{E/13.6\ \mathrm{eV}}}\sqrt{\frac{m_e}{m_n}} = \frac{0.286\ \text{Å}}{\sqrt{E/\mathrm{eV}}} \quad (3.24)$$

其中,$m_n$ 是中子质量,是电子质量 $m_e$ 的 1836 倍。对应于波长 $\lambda=1$ Å 左右的中子被称为"热中子",能量为 $E=0.082\ \mathrm{eV}$,相应的温度为 $T_n=E/k_B=949\ \mathrm{K}=676\ \mathrm{℃}$。

中子衍射的机制是中子和核子之间的强相互作用,这与在 X 射线和电子衍射实验中起决定作用的电磁相互作用机制不同。这 3 种基本衍射方法的优势和弱势总结如表 3.11 所示。

表 3.11　3 种主要衍射方法的优势和弱势

| 衍射法 | 优　　势 | 弱　　势 |
|---|---|---|
| X 射线 | 仪器设备最简单；<br>很广的应用范围 | 不适于分析非常薄的薄膜或研究固体中的准粒子 |
| 电子 | 正、倒空间图像同时获得；<br>适于研究薄膜和表面物理；<br>多种类型的电子显微术 | 很难探测很轻的元素；<br>不适合探测固体中某些类型的准粒子或集体运动模式 |
| 中子 | 很适合探测轻元素；<br>可以分辨同位素；<br>可以探测各种准粒子 | 很大的仪器设备(核反应堆)；<br>中子束的探测非常困难；<br>很低的亮度,很长的实验时间 |

中子衍射可以探测轻元素,因为强相互作用具有极短的作用程,在单个质子或中子之间依然是非常强的。中子的散射截面轻微地依赖于原子核中的重子数(质子加中子数),因此中子衍射可以探测同位素。热中子的能量很低,而且中子具有磁矩 $\mu_N = 5.44 \times 10^{-4} \mu_B$,所以固体中的声子或磁振子等准粒子引起的非弹性散射过程很容易被探测到。

在德布罗意物质波长相同的前提下,光子、电子和中子的能量之比约为 $10^6$：$10^3$：1,因为光子是质量为零的纯相对论性的粒子,而电子质量比中子质量轻 3 个量级。根据波粒二象性,波动语言中的衍射过程(diffraction)就是粒子语言中的散射过程(scattering)。波长为 1 Å 的 X 射线光子能量是很大的,因此弹性散射是一个很好的假设。在各种各样的电子显微镜中,电子的能量可以差别很大,这样电子的弹性散射与非弹性散射过程都可能出现。

衍射束和物质的电磁相互作用在电子衍射过程中(电子-电子散射)比 X 射线衍射过程中(光子-电子散射)要来得强。电子束可以穿透 $100 \sim 1000$ nm 的薄膜,而 X 射线可以穿透几个微米。因此,电子衍射在很薄的薄膜中是比 X 射线更好的研究工具；反之,X 射线对研究固体的平均块体性质是更好的方法。透射电子显微镜可以分析薄膜样品同一区域的放大像、倒易空间中的衍射图样以及化学成分,因此是很有力的衍射研究方法。

## 3.5.2　衍射理论

除了光子-电子、电子-电子和中子-核子的相互作用细节以外,X 射线衍射、电子衍射和中子衍射的弹性散射理论是类似的,因此将统一在本节中进行探讨。

衍射理论必须从 1912 年提出的布拉格定律(Bragg's law)开始讲起。1912 年初,当 Friedrich-Knipping-Laue 衍射图样发现以后,劳厄建立了一个相当复杂的衍射理论,其核心是劳厄公式(Laue's formula),如图 3.29(a)所示。布拉格定律将劳厄的 X 射线干涉理论大幅度地简化为在波谱仪中与衍射斑的位置对应的一

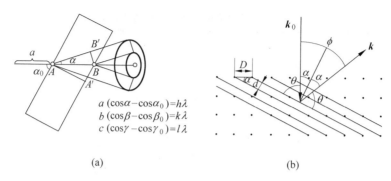

$$a(\cos\alpha - \cos\alpha_0) = h\lambda$$
$$b(\cos\beta - \cos\beta_0) = k\lambda$$
$$c(\cos\gamma - \cos\gamma_0) = l\lambda$$

(a)　　　　　　　　　　　(b)

图 3.29　衍射理论

（a）劳厄公式和他的衍射理论；（b）布拉格定律：其中 $\theta$ 为布拉格角（Bragg angle），

$k_0$ 为入射波矢，$k$ 为出射波矢，$d$ 为晶面间距

系列布拉格角 $\theta$ 必须服从的公式，即布拉格定律：

$$2d\sin\theta = n\lambda, \quad D\sin\phi = D\sin2\theta = n\lambda \tag{3.25}$$

　　布拉格父子使用 X 射线在一系列晶面上的反射模式来分析各种晶体产生的 X 射线衍射波谱，如图 3.29(b)所示。通过波谱仪获得同一波长锐光 X 射线以后，根据其产生的一系列衍射峰的位置，他们判定出 NaCl 晶体具有 FCC 结构，而不是劳厄原来认为的简单立方结构；晶格常数和锐光谱线波长也可以测定出来。

　　在真实世界中的固体含有数目巨大的原子，而且在一个原子中围绕原子核还有很多电子在不停地运动。那么就有一个问题了：“为什么布拉格定律中使用的简单的平行反射镜模型可以解释这样一个多电子散射过程呢？”在下面的推导过程中，固体将被处理为一个三维光栅，其中有很多运动的电子，最后我们还是能推导出布拉格定律和劳厄公式的。

　　在弹性散射过程（见图 3.30）中，衍射束中的入射和出射粒子具有同样的能量（粒子图像），也就是同样的波数 $k_0 = k = 2\pi/\lambda$（波动图像）。出射-入射波矢差 $s = k - k_0$ 在衍射理论（diffraction theory）中是一个重要的物理量，后面可以证明，在

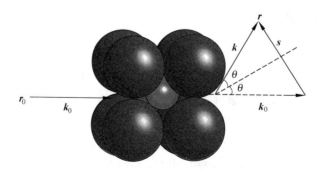

图 3.30　多电子散射或衍射过程示意图

出现衍射斑的位置 $s$ 必然等于样品的某一套布拉格晶面对应的倒易格矢量 $G$。

入射自由粒子对应的波矢 $k_0 = p/\hbar$、频率 $\omega = \varepsilon/\hbar$ 的衍射束可以用平面波形式的德布罗意波函数描述：

$$u(\boldsymbol{r},t) = A\exp[i(\boldsymbol{k}_0 \cdot \boldsymbol{r} - \omega t)] \tag{3.26}$$

单粒子（电子或核子）散射波是构筑整个衍射束的基石。在固体中的第 $l$ 个粒子上散射以后，除了未被散射的具有平面波形式的入射波以外，衍射束的波函数一般具有球面波的形式：

$$u'_l(\boldsymbol{r},t) = f\frac{A}{|\boldsymbol{r}-\boldsymbol{r}_l|}\exp[\mathrm{i}(\delta_l^0 + k\,|\,\boldsymbol{r}-\boldsymbol{r}_l\,| - \omega t)], \quad \delta_l^0 = \boldsymbol{k}_0 \cdot (\boldsymbol{r}_l - \boldsymbol{r}_0) \tag{3.27}$$

其中，$\delta_l^0$ 是入射平面波从"无穷远处"的 $\boldsymbol{r}_0$ 到固体中第 $l$ 个粒子的相位；$f$ 是散射长度（scattering length），与电磁相互作用或强相互作用的细节有关；$D_l = |\boldsymbol{r}-\boldsymbol{r}_l|$ 是从第 $l$ 个粒子到"无穷远处"的观测点 $\boldsymbol{r}$ 之间的距离。

在把固体中所有粒子的散射波都叠加起来之前，先分析一下双粒子散射波会对相位差的分析很有帮助：

$$u'_1 + u'_2 \cong f\frac{A}{D}\mathrm{e}^{\mathrm{i}(\delta_1^0 + kD_1 - \omega t)}(1 + \mathrm{e}^{\mathrm{i}\delta_{21}}) \tag{3.28}$$

$$\delta_{21} = [\boldsymbol{k}_0 \cdot (\boldsymbol{r}_2 - \boldsymbol{r}_0) + k\,|\,\boldsymbol{r}-\boldsymbol{r}_2\,|] - [\boldsymbol{k}_0 \cdot (\boldsymbol{r}_1 - \boldsymbol{r}_0) + k\,|\,\boldsymbol{r}-\boldsymbol{r}_1\,|]$$
$$\cong (\boldsymbol{k}_0 - \boldsymbol{k}) \cdot (\boldsymbol{r}_2 - \boldsymbol{r}_1) = -\boldsymbol{s} \cdot \boldsymbol{r}_2 + \boldsymbol{s} \cdot \boldsymbol{r}_1 \tag{3.29}$$

上述推导中对粒子 $l=1,2$ 用了两个近似：$A/|\boldsymbol{r}-\boldsymbol{r}_l| \cong A/D$ 和 $k\,|\,\boldsymbol{r}-\boldsymbol{r}_l\,| \cong \boldsymbol{k} \cdot (\boldsymbol{r}-\boldsymbol{r}_l)$，其中 $D$ 是样品与衍射束相互作用的区域与接收屏之间的球面距离。

根据上述双粒子散射波的表达式，固体中多粒子散射的总德布罗意波是：

$$u'(\boldsymbol{r},t) = \sum_n u'_n(\boldsymbol{r},t) \cong f\frac{A}{D}\mathrm{e}^{\mathrm{i}(\delta_1 + kD - \omega t)}\sum_n \exp(-\mathrm{i}\boldsymbol{s} \cdot \boldsymbol{r}_n) \tag{3.30}$$

其中常数相位 $\delta_1 = \delta_1^0 + \boldsymbol{s} \cdot \boldsymbol{r}_1$。方程(3.30)对所有粒子具有优美的对称形式。

在距离固体样品 $D$ 的衍射信号球形接收屏上，总衍射强度（diffraction intensity）正比于总衍射物质波（diffraction wave）的球面波振幅的模方：

$$u'(\boldsymbol{r},t) = f_{\mathrm{cr}}\frac{A}{D}\mathrm{e}^{\mathrm{i}(kD - \omega t)}, \quad I = |\,f_{\mathrm{cr}}\,|^2 = \left|\,f\sum_n \mathrm{e}^{\mathrm{i}\boldsymbol{s} \cdot \boldsymbol{r}_n}\,\right|^2 \tag{3.31}$$

其中对 $n$ 的求和遍及固体中的所有粒子（在 X 射线衍射和电子衍射中是电子，在中子衍射中是强子）。方程(3.31)不仅仅可以用在晶体的衍射分析中，实际上对任何结构的固体都适用，因为上述推导过程中没有涉及到固体结构。

在总原子数为 $N = N_L n_a$ 的晶体中，晶体散射因子（crystal scattering factor）$f_{\mathrm{cr}}$ 可以通过粒子的位移矢量 $\boldsymbol{r}_n = \boldsymbol{R}_l + \boldsymbol{\delta}_j + \boldsymbol{r}$ 分解为 3 个层次进行计算：单胞（对 $l=1,2,\cdots,N_L$ 求和）、单胞内原子（对 $j=1,2,\cdots,n_a$ 求和）以及与衍射束相互作用的原子内部的亚原子粒子（对 $\boldsymbol{r}$ 积分）：

固体物理(第 2 版)

$$f_{\mathrm{cr}} = \sum_l \sum_j f_{\mathrm{a},j} \exp[-\mathrm{i}\boldsymbol{s} \cdot (\boldsymbol{R}_l + \boldsymbol{\delta}_j)] = FS \tag{3.32}$$

$$S = \sum_l \exp(-\mathrm{i}\boldsymbol{s} \cdot \boldsymbol{R}_l) \tag{3.33}$$

$$F = \sum_j f_{\mathrm{a},j} \exp(-\mathrm{i}\boldsymbol{s} \cdot \boldsymbol{\delta}_j) \tag{3.34}$$

$$f_{\mathrm{a},j} = f \iiint_j \mathrm{d}^3 \boldsymbol{r} \mid \psi(\boldsymbol{r}) \mid^2 \mathrm{e}^{-\mathrm{i}\boldsymbol{s}\cdot\boldsymbol{r}} = 4\pi f \int_0^\infty \mathrm{d}r\, r^2 \rho(r) \frac{\sin sr}{sr} \tag{3.35}$$

$S$ 是晶格结构因子(lattice structure factor),反映了晶系的对称性,即点阵的旋转对称性;$F$ 是几何散射因子(geometrical scattering factor),分别对应于同一晶系的不同布拉菲点阵或复式晶格,体现了点阵的细节;$f_{\mathrm{a},j}$ 是原子散射长度(atomic scattering factor),体现了电磁或强相互作用的强度。在 X 射线或电子衍射过程中,$\rho(r) = \mid \psi(\boldsymbol{r}) \mid^2$ 是原子核外多电子的总波函数,$f_{\mathrm{a},j}$ 轻微依赖于波矢差 $s = 2k_0 \sin\theta$,即布拉格角 $\theta$;在不散射的角度 $\theta = 0$ 处,原子散射长度 $f_{\mathrm{a},j}$ 会达到极大值 $fZ_j$,其中 $Z_j$ 是单胞中第 $j$ 个原子中的电子总数。在中子衍射过程中,$f_{\mathrm{a},j}$ 的计算要复杂得多,计算结果是 $f_{\mathrm{a},j}$ 只会轻微依赖于原子核中的强子数。这就是为什么 X 射线或电子衍射对较重的原子更敏感,而中子可以探测很轻的原子。

球形接收屏上的衍射图像体现了衍射强度 $I = \mid f_{\mathrm{cr}} \mid^2 = \mid FS \mid^2$ 的分布,当晶格结构因子 $S$ 和几何散射因子 $F$ 都不为零时衍射斑会出现,表 3.12 中列出了相应的衍射峰出现的数学表达式。

**表 3.12　对应于弹性散射过程的衍射斑出现的条件**

| 因　子 | 衍射斑出现的条件（下面两点同时满足） |
|---|---|
| $S = \sum_l \exp(-\mathrm{i}\boldsymbol{s} \cdot \boldsymbol{R}_l)$ | $\boldsymbol{s} = \boldsymbol{G}'_{hkl} \;\Rightarrow\; 2k_0 \sin\theta = G'_{hkl} = 2\pi/d_{hkl}$ |
| $F = \sum_j f_{\mathrm{a},j} \exp(-\mathrm{i}\boldsymbol{s} \cdot \boldsymbol{\delta}_j)$ | $\sum_j f_{\mathrm{a},j} \exp(-\mathrm{i}2\pi(hu_1^j + ku_2^j + lu_3^j)) \neq 0$ |

表 3.12 中单胞格矢量为 $\boldsymbol{R}_l = l_1 \boldsymbol{a}'_1 + l_2 \boldsymbol{a}'_2 + l_3 \boldsymbol{a}'_3$;根据式(3.18),玻恩-卡门条件决定了波矢差 $s = k - k_0 = s_1 \boldsymbol{a}'^*_1 + s_2 \boldsymbol{a}'^*_2 + s_3 \boldsymbol{a}'^*_3$ 在倒易空间中也是准连续的:$s_\alpha = h_\alpha/L_\alpha$(其中 $h_\alpha$ 为整数;$L_\alpha$ 为 $\alpha$ 方向上的单胞总数)。晶格结构因子 $S$ 可以很容易通过一个单胞相位的求和规则(sum rule)计算出来:

$$S = \sum_l \mathrm{e}^{-\mathrm{i}\boldsymbol{s}\cdot\boldsymbol{R}_l} = \sum_{l_1=1}^{L_1} \mathrm{e}^{-\mathrm{i}2\pi s_1 l_1} \sum_{l_2=1}^{L_2} \mathrm{e}^{-\mathrm{i}2\pi s_2 l_2} \sum_{l_3=1}^{L_3} \mathrm{e}^{-\mathrm{i}2\pi s_3 l_3} = N_L \delta_{s,G'} \tag{3.36}$$

根据几何级数求和 $\sum \mathrm{e}^{-\mathrm{i}s_\alpha l_\alpha} = (1 - \mathrm{e}^{-\mathrm{i}s_\alpha L_\alpha})/(1 - \mathrm{e}^{-\mathrm{i}s_\alpha}) = 0$ 的关系,只有当 $s_\alpha = m_\alpha$(其中 $m_\alpha$ 为整数)时,即波矢差 $s$ 等于某个单胞倒易格矢量 $\boldsymbol{G}'_{hkl} = ha'^*_1 + ka'^*_2 + la'^*_3$ 的时候,晶格结构因子 $S$ 才不为零,而是等于单胞总数 $N_L$。

对应于 $S \neq 0$ 的一系列可能的衍射斑位置 $\boldsymbol{k} = \boldsymbol{k}_0 - \boldsymbol{G}'_{hkl}$ 上，要真正出现衍射斑还要取决于单胞内原子 $\boldsymbol{\delta}_j = u_1^j \boldsymbol{a}'_1 + u_2^j \boldsymbol{a}'_2 + u_3^j \boldsymbol{a}'_3$ 分布的细节，这就体现在表 3.12 列出的几何散射因子 $F_{hkl} \neq 0$ 的条件中。在布拉菲点阵中所有可能的 $(u_1^j, u_2^j, u_3^j)$ 在表 3.3 中已经列出。单原子 BCC 点阵和 FCC 点阵的衍射斑的出现条件为

$$\text{BCC} \quad F_{hkl} = f_a \sum_{j=1}^{2} \mathrm{e}^{-\mathrm{i}\pi(h+k+l)(j-1)} \neq 0 \quad \Rightarrow \quad h+k+l = \text{偶数} \quad (3.37)$$

$$\text{FCC} \quad F_{hkl} = f_a \sum_{j=1}^{4} \mathrm{e}^{-\mathrm{i}\pi(hu_1^j + ku_2^j + lu_3^j)} \neq 0 \quad \Rightarrow \quad h,k,l \text{ 全奇或全偶} \quad (3.38)$$

上述消光条件是以简单立方倒易格点 $\boldsymbol{G}'_{hkl} = \dfrac{2\pi}{a}(h\hat{e}_x + k\hat{e}_y + l\hat{e}_z)$ 为基准的。这也就是为什么 BCC，FCC 倒易点阵的单胞尺度为 $a^* = 2(2\pi/a)$，如图 3.31 所示。

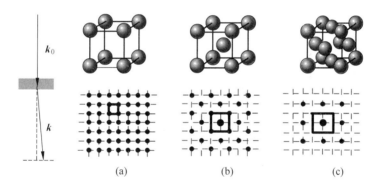

图 3.31　当 $k_0 = k \gg a^*$ 时，正空间的点阵（上）与衍射斑（下）的对比，衍射
斑位置 $\boldsymbol{s} = h\boldsymbol{a}_1'^* + k\boldsymbol{a}_2'^* + l\boldsymbol{a}_3'^*$，在衍射接收面上 $l \approx 0$
(a) SC 点阵，$\forall h,k$ 时 $F_{hkl} = 1$；(b) BCC 点阵，$h+k = 2m$ 时 $F_{hkl} = 1$；
(c) FCC 点阵，$h = 2m$，$k = 2n$ 时 $F_{hkl} = 1$

单胞的倒易格矢量 $\boldsymbol{G}'_{hkl}$ 垂直于单胞的 $(hkl)$ 晶面（这是晶面的传统记法），因为

$$\boldsymbol{G}'_{hkl} \cdot \left( \frac{\boldsymbol{a}'_1}{h} - \frac{\boldsymbol{a}'_2}{k} \right) = 0, \quad \boldsymbol{G}'_{hkl} \cdot \left( \frac{\boldsymbol{a}'_2}{k} - \frac{\boldsymbol{a}'_3}{l} \right) = 0, \quad \boldsymbol{G}'_{hkl} \cdot \left( \frac{\boldsymbol{a}'_3}{l} - \frac{\boldsymbol{a}'_1}{h} \right) = 0$$

$$(3.39)$$

$(hkl)$ 晶面的间距为 $d_{hkl} = (\boldsymbol{a}'_1/h) \cdot \boldsymbol{G}'_{hkl}/G'_{hkl} = 2\pi/G'_{hkl}$。这样，根据多粒子散射的衍射斑规律 $\boldsymbol{s} = \boldsymbol{G}'_{hkl}$，我们重新得到了布拉格定律 $2d_{hkl}\sin\theta_{hkl} = \lambda$！只是注意当晶面的 $F_{hkl} = 0$ 时布拉格角是不出现的。劳厄公式也可由 $\boldsymbol{s} = \boldsymbol{G}'_{hkl}$ 的条件推导出来。

衍射斑出现的条件可以用图 3.32 中的厄瓦耳球（Ewald structure）来更形象地描述，这是厄瓦耳（Paul Peter Ewald）1913 年在慕尼黑大学提出的。厄瓦耳结构将衍射斑出现的条件 $\boldsymbol{s} = \boldsymbol{k} - \boldsymbol{k}_0 = \boldsymbol{G}'_{hkl}$ 图像化了。厄瓦耳球的半径是入射/出射波数 $k_0 = 2\pi/\lambda$，出射波矢 $\boldsymbol{k}$ 与入射波矢 $\boldsymbol{k}_0$ 之间的夹角为 $2\theta$。最重要的是，当位于

固体物理(第 2 版)

中心 $C$ 点的单晶样品旋转时,以球面上的 $O$ 为中心的倒易点阵也围绕 $O$ 一致旋转。衍射接收屏是球形的,如果一个倒易格点 $G'_{hkl}$(而且满足 $F_{hkl} \neq 0$)恰好位于厄瓦耳球面上,那么一个衍射斑就会出现。

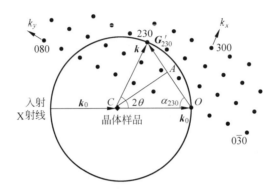

图 3.32　厄瓦耳球与单晶衍射图样

X 射线的衍射实验方法(diffraction methods)主要有三种,三种方法都对电子衍射和中子衍射的实验设备有重要影响:

(1) 劳厄法(Laue method),入射衍射波在一定的频率范围内强度分布均匀(white spectrum),样品可以做三维转动以观察衍射斑的图样,此法可以研究晶体结构的对称性,但不能获得具体的晶格常数;

(2) 旋转晶体法(rotating crystal method),这也是劳厄在 1912 年提出的想法,入射衍射波具有固定的波长和方向,单晶样品可做三维转动,此法可以获得晶体结构的完整信息:一个晶体所有的衍射图形的对称性恰好显示了表 3.4 列出的相应的旋转对称群,例如,对立方晶系必然会观察到 2,3,4 重对称的衍射图像,对六角晶体则会观察到 2,3,6 重对称的衍射图像,依此类推。

(3) 粉末法(powder method),如图 3.33 所示,这是由荷兰物理学家德拜(Peter Debye)和瑞士人谢乐(Paul Scherrer)于 1916 年在德国哥廷根大学

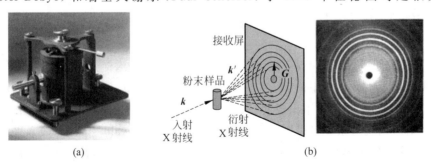

图 3.33　粉末法衍射

(a) 粉末衍射法专用的 Debye-Scherrer 照相机;(b) 粉末衍射法示意图,以及环形的衍射图样

（University of Gottingen）发明的，粉末样品或多晶样品不用转动，完整的晶体结构信息可以通过衍射环的分析获得。粉末衍射法的衍射图样（见图 3.34）也可以根据表 3.12 进行分析。衍射环出现的条件是当布拉格定律 $2d_{hkl}\sin\theta_{hkl} = \lambda$ 和 $\{hkl\}$ 晶面的几何散射因子 $F_{hkl} \neq 0$ 同时满足的时候。

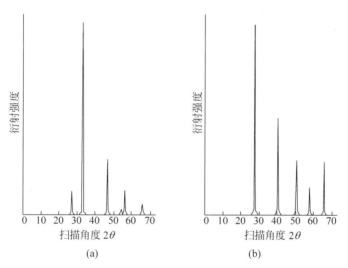

图 3.34　X 射线的粉末衍射强度与布拉格角的关系
（a）NaCl；（b）KCl

　　当衍射束的德布罗意波长 $\lambda$ 固定，而且比晶格常数 $a$ 小得不多时，即厄瓦耳球的半径 $k_0$ 与倒易点阵的晶格常数 $a^*$ 同量级的时候，根据图 3.32 中的厄瓦耳结构可以看到，球形衍射接收屏上只有部分衍射斑出现，因此通过旋转晶体法很难获得完整的衍射信息；在这种情况下，粉末法对晶体结构分析可能是更合适的。当 $\lambda \ll a$ 时（这个条件在高能 X 射线衍射和 TEM 中是满足的），即 $k_0 \gg a^*$ 时，厄瓦耳球面在接收屏上的 $O$ 点附近几乎是平的，此时在 $O$ 点附近可以获得大量的内圈衍射斑，也就是说在高能衍射装置中，旋转晶体法是晶体结构分析很适合的办法。

　　X 射线衍射、电子衍射和中子衍射应该在其他的一门或几门课程中做更详细的讨论，材料本身是如此复杂，相应的结构分析需要用各种现代衍射和分析设备做更细致的研究。

# 3.6　无序固体结构

　　无序固体结构在晚近的固体物理学研究中是个热门话题。自然的和人工的无序固体数量很大。有些无序固体，比如玻璃，在早期历史中人类已经知道并且能使用了。但是，无序固体的原子和分子结构却是相当新的研究领域。

固体无序性的分类定义必须有一个参照。最恰当的参照显然是理想的晶体结构。1990年,S. R. Elliott的书中给出了固体无序性的4个类别,如图3.35所示。

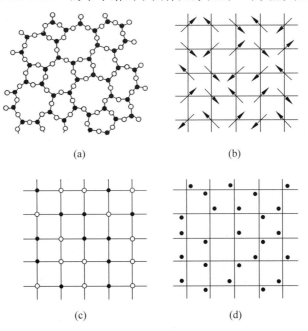

(a)　　　　　　　　　　　　　(b)

(c)　　　　　　　　　　　　　(d)

图 3.35　无序固体

(a) 拓扑无序;(b) 自旋无序;(c) 置换无序;(d) 振动无序

固体中的第一类无序性是拓扑无序(topological disorder),对应于非晶体(amorphous materials)中的原子排列情况。非晶体是将熔融的液态快速淬火制备而成,这样液体中的无序原子排列就被保留和凝固在非晶体中。非晶体中没有点阵的平移、旋转和镜反射对称性。石英玻璃是一个典型的非晶固体,其原子结构就是图3.35(a)中由两种原子构成的扭曲网络。石英晶体与金刚石结构很相似,只要把单晶硅中每个Si—Si共价键中间加个氧即可。石英玻璃则是长程无序的结构,但是在短程原子结构,或化学键结构上,石英玻璃又与石英晶体十分相像,可见非晶体具有典型的拓扑无序。

固体中的第二类无序性是自旋无序(spin disorder),如图3.35(b)所示。原子自旋位于点阵格点上,但是自旋本身是随机取向的。典型的具有自旋无序的固体就是顺磁体。当相邻原子之间的交换相互作用比热扰动强的时候,自旋无序-有序相变就会出现,此时顺磁体会变成铁磁体。这将在第7章讨论。

固体中的第三类无序性是置换无序(substitutional disorder),这是经常在金属合金中出现的无序性,如图3.35(c)所示。在合金中,不同元素的原子位置可能发生互换。合金中最重要的化学键是金属键,金属键的本质是弥散的电子气,原子置换只要不改变合金结构,对金属键的影响是很小的,所以金属间化合物中的置换无序经常出现。置换无序会破坏有序相的自发磁化等物理过程。

　　固体中的第四类无序性是振动无序(vibrational disorder),这是在所有固体中都普遍存在的无序性,如图 3.35(d)所示。振动无序是由原子永不停歇的热运动造成的,显然会随着温度的升高而越发严重。不过,原子振动造成的无序度与其他三种无序度比是很轻微的,因为原子振动振幅与晶格常数比是非常微小的。

　　在真实固体中可能出现一种或几种无序性。固体性质强烈地受无序性的影响,如金属电阻、电极化率、比热容等。在本节中将初步讨论非晶体、准晶体和液晶等无序固体的结构。

### 3.6.1　非晶体

　　非晶固体的结构与液体类似,其中的原子几乎是随机排列的。描述这样的固体是十分困难的:晶体(crystals)可以用一组原矢和一组基来描述;多晶体(polycrystals)则同时需要晶相和晶界的描述;而非晶体(amorphous materials)只能用原子位置的统计来描述,如图 3.36 所示。

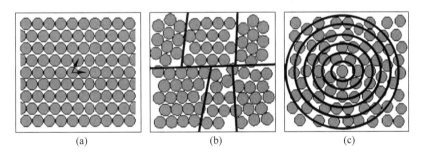

图 3.36　固体的描述

(a) 单晶体与原矢;(b) 多晶体与晶界;(c) 非晶固体与原子数统计 $\Delta N(R)$

　　非晶体或液体的结构可以用以任意选定的原子为中心、半径区间 $R \rightarrow R + \Delta R$ 球壳内的平均原子数 $\Delta N(R) = n(R) 4\pi R^2 \Delta R$ 来描述。在原子浓度函数 $n(R)$ 中,被选定的位置 $R = 0$ 处的中心原子对应的奇点 $\delta(R)$ 已经被去掉了。在非晶体中,如果当 $R < 2.2$ Å 时 $n(R)$ 为零,那么 $d = 2.2$ Å 可以被当成是原子直径。一般来说,$n(R)$ 随着半径 $R$ 而振动,并逐渐趋于无穷远处的固体平均原子密度 $n_0$。

　　对分布函数(pair distribution function)$g(R) = n(R)/n_0 = \Delta N(R)/(n_0 4\pi R^2 \Delta R)$ 是表征非晶体或液体结构的物理量。$g(R)$ 可以用带有径向衍射函数(radial diffraction function)分析软件的同步辐射(synchrotron)X 射线衍射设备测量。非晶体的衍射机制则可以从统计物理意义上的原子密度函数 $\rho(r)$ 的关联函数(correlation function)开始分析:

$$\langle \rho(\boldsymbol{r})\rho(\boldsymbol{r}') \rangle = n_0^2 \, g(|\boldsymbol{r} - \boldsymbol{r}'|) + n_0 \delta(\boldsymbol{r} - \boldsymbol{r}') \tag{3.40}$$

这也是对固体中的对分布函数 $g(|\boldsymbol{r}-\boldsymbol{r}'|)$ 更精确的一个定义。

现在针对只含有一种原子的非晶体进行分析,图 3.37 中高能 X 射线(high energy X-rays,HXR)的衍射强度可以表达为入射/出射波矢差 $\boldsymbol{s}=\boldsymbol{k}-\boldsymbol{k}_0$ 的函数,可根据普遍的衍射强度公式(3.31)进行计算:

$$I=|f_{\mathrm{lq}}|^2=\left|\sum_n f_a \mathrm{e}^{-\mathrm{i} \boldsymbol{s}\cdot\boldsymbol{r}_n}\right|^2=f_a^2\sum_n\sum_j \mathrm{e}^{-\mathrm{i}\boldsymbol{s}\cdot(\boldsymbol{r}_n-\boldsymbol{r}_j)} \tag{3.41}$$

在非晶体中,原子的位置矢量 $\boldsymbol{r}_n$ 是随机分布的,这样玻恩-卡门条件不再适用,倒易空间中的波矢也不再具有简洁的表达式,因此式(3.41)中的求和很难完成。

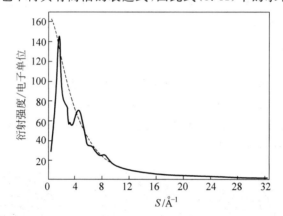

图 3.37　同步辐射 HXR 的衍射强度(实线)。X 射线的能量为 130 keV,背底(虚线)显示的是各向同性的自散射和康普顿散射的效应 (Schlenz,Neuefeind,Rings,2003)

实验可测量的非晶结构因子(amorphous structure factor)可以定义成由 $N$ 个同种原子构成的非晶体的归一化的衍射强度:

$$S_{\mathrm{lq}}(s)=\frac{I}{Nf_a^2}=\frac{V}{N}\iiint \mathrm{d}^3\boldsymbol{R}\langle\rho(\boldsymbol{r})\rho(\boldsymbol{r}')\rangle\mathrm{e}^{-\mathrm{i}\boldsymbol{s}\cdot\boldsymbol{R}}=1+\iiint \mathrm{d}^3\boldsymbol{R}\,n_0 g(R)\mathrm{e}^{-\mathrm{i}\boldsymbol{s}\cdot\boldsymbol{R}}$$
$$\tag{3.42}$$

其中关联函数 $\langle\rho(\boldsymbol{r})\rho(\boldsymbol{r}')\rangle$ 只是 $R=|\boldsymbol{r}-\boldsymbol{r}'|$ 的函数。对分布函数可以通过逆傅里叶变换(inverse Fourier transform)获得:

$$g(R)=\frac{1}{n_0}\iiint\frac{\mathrm{d}^3\boldsymbol{s}}{(2\pi)^3}[S_{\mathrm{lq}}(s)-1]\mathrm{e}^{\mathrm{i}\boldsymbol{s}\cdot\boldsymbol{R}}$$
$$=\frac{1}{2\pi^2 n_0 R}\int_0^\infty \mathrm{d}s\, s[S_{\mathrm{lq}}(s)-1]\sin(sR) \tag{3.43}$$

基于图 3.37 中的实验测得的总结构因子 $S_{\mathrm{lq}}(s)$(去掉 HXR 衍射强度的各向同性部分),对分布函数可以通过式(3.43)中的积分获得。

图 3.38 显示了气体、液体、非晶体和晶体的典型对分布函数。在气体中,$g(R)$ 在分子半径之外统计上就是一个常数。在液体和非晶体中,$g(R)$ 有类似的衰减振荡行为,但是液体的振荡周期数要小一些,因为液体中的分子运动比非晶体中

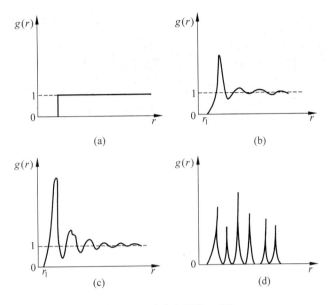

图 3.38　对分布函数 $g(R)$
(a) 气体；(b) 液体；(c) 非晶体；(d) 晶体(中国大百科全书,1987)

强烈得多。在晶体中,$g(R)$ 函数中尖锐的峰对应于第 $1,2,3,\cdots$ 近邻原子,而且明显具有长程序。总之,对分布函数是固体结构描述的很普遍的一种方法。

## 3.6.2　准晶体

晶体中只有 $1,2,3,4,6$ 重旋转对称性。准晶就是具有五重旋转对称性的固体,对准晶体的研究代表了扩展晶体学知识的一种基本兴趣,以完成具有长程序的固体的完整描述。

准晶体(quasicrystals)是由谢其曼(Dan Shechtman)发现的,当时他在用熔炼和透射电子显微镜制备和研究快速冷却的铝合金的相。1984 年,谢其曼教授暂时离开他的永久职位——以色列特克尼恩理工学院(Technion-Israel Institute of Technology),到美国国家标准局(National Bureau of Standards,即现在的 NIST)工作。谢其曼发现的铝锰合金是将熔融金属以每秒 $10^6$ K 的快速冷却速度获得的。图 3.39 显示了 $Al_{86}Mn_{14}$ 合金样品的二重、六重和十重 TEM 衍射图样。

准晶结构可以通过超高速冷却法在很多二元或多元合金中产生。在准晶中,点阵的平移对称性不存在,但仍是一种长程有序结构。因此,准晶结构的描述是一个非常复杂的数学问题,此时晶体的原胞概念不再适用了。

用几何学的语言来说,准晶结构属于准周期结构的类别,可以通过拼砌(tiling)的方式来构筑。1961 年,为了确定拼砌问题是否是可计算的,数学家和逻辑学家 Hao Wang 受最古老的数学问题——四色问题启发,提出了非周期性拼砌

图 3.39　$Al_{86}Mn_{14}$ 准晶的二重、六重和十重 TEM 衍射图样

(Shechtman，Blech，Gratias，Cahn，1984)

的问题。王教授认为可以用一系列正方、长方、平行四边形来拼砌一个二维平面，其中每个几何形的四边涂有四种不同的颜色，在拼砌的时候相邻几何形紧挨的边必须具有相同的颜色(Wang Tiles)。3 年以后，哈佛大学的一位博士生 Robert Berger 证明了王氏拼砌的普遍规律并不存在，不过他还是使用 20426 个几何体完成了一个特殊的王氏拼砌。

　　1971 年，英国牛津大学的数学物理学家彭罗斯爵士(Sir Roger Penrose)在拼砌的研究中做出了另一次突破。他用两种不同的"原胞"(unit cells)通过匹配原则(matching rule)构筑了一个五重对称的二维拼砌。图 3.40(a)显示了彭罗斯拼砌的两个"原胞"，菱形 A 有一个 72°的顶点、一个 108°的顶点；菱形 B 有一个 36°的顶

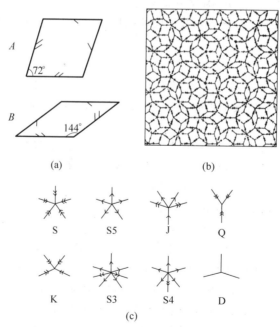

图 3.40　具有五重对称性的彭罗斯拼砌

(a) 两个"原胞"；(b) 彭罗斯拼砌的图案；(c) 彭罗斯拼砌中 8 种

可能的顶点(刘有延，傅秀军，1999)

点、一个 144° 的顶点。这些角度显然是 $\frac{2\pi}{10}$ 的整数倍,有利于构筑具有五重对称性的拼砌。另外,菱形 A 和菱形 B 的所有边长都相等。这两个"原胞"在拼砌过程中既有平移也有转动。

彭罗斯拼砌的匹配原则与王氏拼砌的思想是一致的。只不过彭罗斯拼砌的两个"原胞"的边只涂有两种颜色:红色对应于标有两撇的边,蓝色对应于标有一撇的边。只有同一颜色的边才允许匹配在一起。在图 3.40(b)中,彭罗斯拼砌的核心图案显然是围绕一个原点的 5 个菱形 A,具有五重旋转对称性,其灵感很可能来自哥特教堂的玫瑰窗。在这个玫瑰形的核心图形外面,5 个菱形 B 正好嵌入相邻两片菱形 A 叶子中间的空隙中,而且满足 144°+108°+108°=360° 的匹配原则。彭罗斯图样中的所有顶点可以归类为 8 种,分别在图 3.40(c)中列出。彭罗斯拼砌是准周期结合结构中最直观的。

为了解释图 3.39 中准晶的衍射图样,仅有彭罗斯拼砌是不够的,因为彭罗斯格点本身很难用线性代数的解析方法表达出来。1981 年,荷兰数学家德布洛金(Nicolaas Govert de Bruijin)用代数法证明了彭罗斯点阵可以用高维投影法(high dimensional projection)获得,只要在五维空间划定一个阴影区域(图 3.41 中两条点线之间的区域),再向二维空间投影即可。

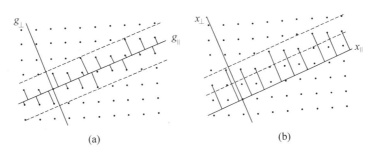

$$\text{图 3.41　准晶结构和衍射图样分析的高维投影法}$$
(a) $k$ 空间; (b) $x$ 空间(Elser, 1985)

1985 年,在谢其曼发现准晶一年以后,来自 AT&T 贝尔实验室的艾尔沙(Veit Elser)用高维投影法解释了准晶的衍射图样,其理论使用了六维正空间($x_{\parallel}$ 表示三维真实空间,$x_{\perp}$ 代表剩余的三维正空间)以及六维倒易空间($g_{\parallel}$ 代表准晶体的倒易空间,$g_{\perp}$ 代表剩余的三维倒易空间)。准晶的衍射结构因子可以按如下规则构造:

$$S_{qc}(g_{\parallel}) = \sum_{n=1}^{N} e^{ix_i^n g_i} = -\sum_{n=1}^{N} e^{ix_{\perp}^n g_{\perp}}, \quad e^{ix^n g} = e^{ix_i^n g_i + ix_{\perp}^n g_{\perp}} = 1 \quad (3.44)$$

其中,$N$ 是原子总数;$g_{\perp} = \dfrac{\pi}{a} \sum n_i \hat{e}_{\perp}^i$ 是准布拉格矢量(其中 $n_i$ 为整数,$a$ 代表彭罗

斯拼砌的边长,对六维倒易空间中的原矢求和),衍射图样则由 $g_\parallel = \dfrac{\pi}{a} \sum n_i \hat{e}^i_\parallel$ 决定。六个倒易空间的原矢 $e^i = (\hat{e}^i_\parallel, \hat{e}^i_\perp)$ 被定义为

$$\hat{e}^i_\parallel \cdot \hat{e}^j_\parallel = \delta_{ij} \pm (1 - \delta_{ij}) \frac{1}{\sqrt{5}}, \quad \hat{e}^i_\perp \cdot \hat{e}^j_\perp = \delta_{ij} \mp (1 - \delta_{ij}) \frac{1}{\sqrt{5}} \tag{3.45}$$

上式中 $i, j = 1, 2, \cdots, 6$;应该注意到 $\dfrac{1}{\sqrt{5}}$ 是与角度 $2\pi/10$ 相关的无理数,可推出衍射斑的五重对称性。准晶体结构理论非常复杂,需要另外的课程才能讲得更清楚。

### 3.6.3　液晶

在固体物理早期,只有晶体结构是研究的重点,具有复杂的多尺度的无序结构一般都被忽略过去了。今天,软性凝聚体(soft condensed matter),包括液晶(liquid crystal)和各类高分子(macromolecule materials)是科学与工程领域的热门研究课题。

液晶是介于完全无序的液体和严格有序的晶体之间的一种物质形态,如图 3.42 所示,也就是说在流动的类液相液晶中存在长程序。1888 年,在匈牙利布拉格 German University of Prague 的植物生理研究所工作的奥地利植物学家和化学家莱尼切尔(Friedrich Reinitzer)发现了一种奇怪的现象。莱尼切尔当时想确定一个胆固醇底物的化学式、分子量和熔点。工作一直停滞不前,因为他发现这种底物好像有两个熔点:在 145.5℃ 固体晶体融化为一种混浊的液体,直到 178.5℃ 液体中的混浊物突然不见了,出现了一个完全透明的液相。这个双熔点现象在莱尼切尔反复提纯实验材料以后依然存在。

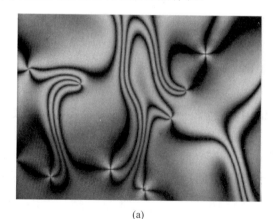

(a)　　　　　　　　　　(b)

图 3.42　液晶结构

(a) 宏观尺度;(b) 分子尺度

　　莱尼切尔对他的发现很困惑,因此他找到德国物理学家勒曼(Otto Lehmann)帮忙,勒曼是一个晶体光学专家。1889 年,勒曼确信那种混浊的液体是一种新的物相(state of matter),并且将之命名为液晶(liquid crystal)。普通的液体都是光学各向同性的。可是液晶却不一样,液晶的光学性质强烈地依赖于方向,即使这种物质本身是可流动的液体。

　　很多年以后,液晶的物理本质被法国理论物理学家德让(Pierre-Gilles de Gennes)发现。在 1955 年从 École Normale 毕业以后,德让成为原子能中心的研究工程师,主要研究中子散射和磁矩,并于 1957 年获得博士学位。1959 年,德让成为 UC Berkley 的基特尔(Charles Kittel)研究组的博士后。20 世纪 60 年代,德让将研究兴趣转移到液晶上,很快他发现了液晶与超导体、与磁性材料之间的极好的类似。德让通过特殊的方式解释了为什么液晶中的分子是有序排列的。与铁磁体中居里温度附近自旋的相变类似,液晶分子也具有从有序到无序的转变过程,这就解释了液晶非凡的光学性质。现代的液晶科学深受德让的影响,他因此获得了1991 年的诺贝尔物理学奖。

　　液晶显示(liquid crystal display,LCD)的先驱海麦尔(George H. Heilmeier)(见图 3.43)在 University of Pennsylvania 的电子工程系获得了他的本科、硕士和博士学位。毕业以后,他加入了普林斯顿的美国无线电公司(RCA Laboratories),并在 1966 年成为固体器件研究组的负责人。1963 年,海麦尔和 Richard Williams在 Nature 杂志发表了一篇文章,建议用液晶材料做显示器,例如电视屏幕。他们这个研究组意识到 LCD 电视可能要很多年以后才能实现,因此决定集中精力发展钟表和仪器面板上的液晶显示。在海麦尔的研究组,他们还发现如果把液晶与颜料相混合,只要几伏的电压就可以改变一个 LCD 的颜色。这个器件就是后来发展的各种液晶显示器的鼻祖。

图 3.43　海麦尔发明的早期的液晶器件——LCD

约 1/200 的有机物具有液晶相,它们可以分为两类:热致液晶(thermotropic)和溶致液晶(lyotropic),如图 3.44 所示。热致液晶在一定的温度范围内显示出光学各向异性,可以在 LCD 器件中使用,是一种特殊的电子材料,一般来说在热致液晶分子中会有苯环。溶致液晶当溶于水或有机物的时候,是光学各向同性的,它可以存在于生物体的眼、脑、肌肉、神经,甚至生殖细胞等各类组织中。

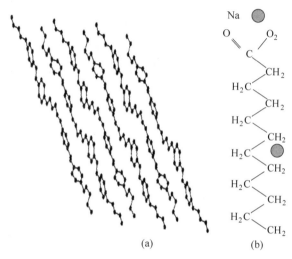

(a)        (b)

图 3.44   分子结构示意图

(a) 某一种热致液晶(www.ch.ic.ac.uk);(b) 某一种溶致液晶

溶致液晶分子的两端是不对称的,一般来说一端是亲水的,一端是厌水的。比如,脂肪酸钠的亲水端是醋酸钠($COONa$),厌水端是碳氢链。在水或者有机溶剂中,溶致液晶分子的一端会紧紧粘住环境溶剂,因此花形(低分子密度)和生物膜形(高分子密度)的相都有可能形成,如图 3.45 所示。

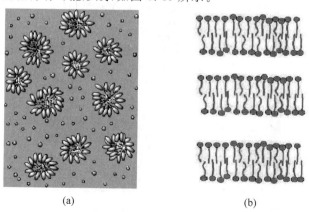

(a)        (b)

图 3.45   溶致液晶

(a) 低密度的花形分子排列;(b) 高密度的生物膜

热致液晶有 3 个相,分别是向列相(nematic phase)、近晶相(smectic phase)和胆甾相(cholesteric phase),其结构分别列在图 3.46 中。热致液晶分子中的苯环数一般是 2 个或 3 个,但有时也会出现 0,1,4 个。棒状分子的长度和直径一般分别是几个纳米和几个埃。在液晶相中,分子的长径比一般要大于 4∶1。

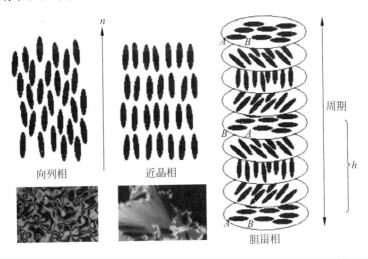

向列相　　　　　近晶相　　　　　胆甾相

图 3.46　热致液晶:向列相、近晶相和胆甾相(www.ch.ic.ac.uk)

向列相的液晶材料在 LCD 器件中是最常用的。向列相 N 是热致液晶最简单的相,也是最接近于液体的相。此时多数分子像在液相中一样到处漂流,但是其长轴依然是沿着 $\hat{n}$ 方向有序取向的。在图 3.47 中列举了 3 个向列相液晶分子的例子。向列相分子有两个苯环,可以按照两个苯环之间的化学基团分类:—CH ＝N—,—N＝N—,—N(O)＝N—, —CO—O—以及直接连接型。最有用的向列相液晶中间基团是—CH＝N—,其中图 3.47 的 MBBA 和 EBBA 是实用的液晶材

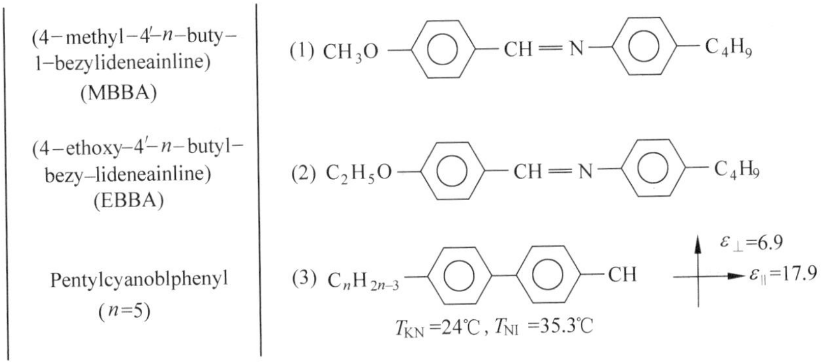

| (4-methyl-4'-n-buty-1-bezylideneainline)(MBBA) | (1) $CH_3O$ —〇— CH ＝N —〇— $C_4H_9$ |
| (4-ethoxy-4'-n-butyl-bezy-lideneainline)(EBBA) | (2) $C_2H_5O$ —〇— CH ＝N —〇— $C_4H_9$ |
| Pentylcyanoblphenyl ($n=5$) | (3) $C_nH_{2n-3}$ —〇—〇— CH　　$\varepsilon_\perp=6.9$　$\varepsilon_\parallel=17.9$ $T_{KN}=24℃$, $T_{NI}=35.3℃$ |

图 3.47　向列相液晶的分子结构

料,MBBA 和 EBBA 的混合会产生温度范围很广的液晶相材料。

胆甾相 $N^*$ 也被称为螺旋相(helixphase),它有时候可以看成是向列相的特殊形式,其中所有分子按照图 3.46 中那种强烈的螺旋形式排列,螺距(pitch distance)为几百纳米。胆甾的(cholesteric)这个名字沿用自莱尼切尔发现液晶的历史。胆甾液晶分子可以分为两类:一类是胆甾醇衍生物;另一类是手征物质(chiral matter),含有不对称碳原子,如图 3.48 所示。例如,在胆甾相分子 $COO(CH_2)_8CH=CH(CH_2)_7—CH_3$ 中,碳原子周围有 4 个不同的基团,具有手征不对称性。手征性(chirality)的定义是"不能与自己的镜像重合的东西,像手一样"。手征有机物分子结构的研究获得了 2001 年的诺贝尔化学奖。

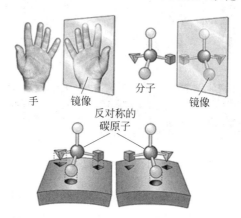

手　镜像　　分子　镜像

反对称的
碳原子

图 3.48　某些胆甾相分子中的反对称碳键

近晶相接近于固相。在近晶相中,液晶是分层有序的。在每一层中,液晶分子可以自由漂移,但它们不能在层与层之间漂移。近晶相分子一般会指向同一个方向,如图 3.46 所示。近晶相还可以分为略微不同的 3 个相,当温度降低的时候,A,C,B 这三个近晶相依次出现。当同一层内的分子是混乱排列的,但每个分子都垂直于平面时,这是近晶相 A;当同一层内的分子是混乱排列的,但分子与平面

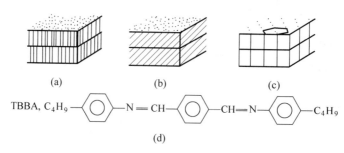

(a)　　　　　　　(b)　　　　　　　(c)

$TBBA, C_4H_9 —◯—N=CH—◯—CH=N—◯—C_4H_9$

(d)

图 3.49　长分子形成的近晶相

(a) 近晶相 A;(b) 近晶相 C;(c) 近晶相 B;(d) 一个近晶相分子结构:TBBA

之间有倾斜夹角时,这是近晶相 C;当同一层内的分子按照三角晶格排列,而且每个分子都垂直于平面时,这是近晶相 B。在近晶相中,最近邻的分子之间侧面的相互作用比两端更强,因此会构成一系列平面,这也就是为什么长液晶分子易形成近晶相,如图 3.49 所示。

热致液晶的向列相、近晶相和胆甾相可以由 X 射线衍射来分辨。这是一个特殊的研究领域,在这里我们只是简单地讨论一下软性凝聚体衍射的机制。

液晶的衍射强度 $I$ 可以通过两步进行计算:①分子的散射长度 $f_m$ 以及②所有分子的结构因子。$f_m$ 的精确计算显然很复杂,因为那将涉及到高分子的波函数。液晶的结构因子的计算也有些困难,此时晶体中的求和规则也不能用了。

这里用一个简单的模型来计算一个长径比为 $l:d=m:1$ 的液晶分子的散射长度 $f_m$,而且我们假设沿着液晶分子的长轴有 $m$ 个全同的原子团,以简化计算。如果每个原子团的散射长度为 $f_a$,总的分子散射长度为

$$f_m = f_a \sum_{j=1}^{m} \mathrm{e}^{-\mathrm{i}s \cdot r_j} = f_a \sum_{j=1}^{m} \mathrm{e}^{-\mathrm{i}(s \cdot \hat{n})dj} = f_a \frac{\sin(ls \cdot \hat{n}/2)}{\sin(ds \cdot \hat{n}/2)} \mathrm{e}^{\mathrm{i}\theta_0} \tag{3.46}$$

其中,$s=k-k_0$ 是出射/入射波矢差,$\hat{n}$ 是液晶长轴的方向,$l=md$ 是液晶分子的长度。相位常数是 $\exp(\mathrm{i}\theta_0)=\exp(-\mathrm{i}(m+1)ds \cdot \hat{n}/2)$。

在向列相中,分子中心的位置是三维随机分布的。如果有 $N$ 个液晶分子与 X 射线相互作用,总的衍射强度就是每个分子衍射强度的直接求和:

$$I = \left| f_m \sum_l \mathrm{e}^{-\mathrm{i}s \cdot r_l} \right|^2 = N |f_m|^2 = N |f_a|^2 \left| \frac{\sin(ls \cdot \hat{n}/2)}{\sin(ds \cdot \hat{n}/2)} \right|^2 \tag{3.47}$$

当 $s \perp \hat{n}$ 时,总衍射强度会取最大值 $I=N|mf_a|^2$;当 $s \parallel \hat{n}$ 时,总衍射强度会取最小值。也就是说,当液晶分子平行于液晶表面的时候,反射最强;当液晶分子垂直于液晶表面的时候,反射最弱。这就解释了光学各向异性的来源。

在向列相中,如果液晶分子指向矢量 $\hat{n}$ 垂直于液晶平面、平行于入射束 $k_0$,那么根据对称性,环形的衍射环就会出现,相应的衍射峰位置可以直接由公式(3.47)计算出来,如图 3.50(a)所示。如果向列相中分子指向矢量 $\hat{n}$ 平行于液晶平面、垂直于入射束,那么在每个衍射环的位置,两个香蕉形的衍射峰会出现,峰值位于接收屏和垂直于指向矢量 $\hat{n}$ 的 $(k, k_0)$ 平面的交线处,如图 3.50(b)、(c)所示。

假如液晶处于近晶相,那么由于层状分子结构的存在,锋锐的衍射峰会出现。在近晶 A 相中,如果层间距是 $D$,而且液晶分子指向矢量 $\hat{n}$ 垂直于液晶平面、平行于入射束,由层间干涉引起的图 3.50(d)中的衍射亮圈的位置为

$$D\cos(2\theta) = \lambda \quad \Rightarrow \quad 2\theta = \arccos(\lambda/D) \tag{3.48}$$

如果液晶处于近晶 B 相中,如果使用弥散波长的劳厄衍射法,并且 $k_0$ 垂直于液晶表面,可以观察到六重对称的衍射花纹。

液晶最重要的应用是电视或电脑的液晶屏幕。图3.51显示了传统液晶屏幕

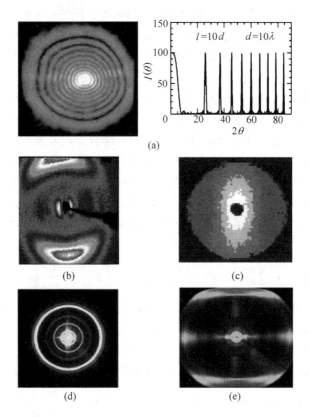

图 3.50　液晶衍射图样,入射束 $\boldsymbol{k}_0$ 垂直于液晶平面

(a) 向列相,$\hat{n}\perp$ 平面,实验及简单理论计算 (people. na. infn. it);

(b) 向列相,$\hat{n}\parallel$ 平面,X 射线衍射 (lhedl. jinr. ru);

(c) 向列相,$\hat{n}\parallel$ 平面,中子衍射 (www. ch. ic. ac. uk);(d) 近晶相,$\hat{n}\perp$ 平面,
最亮的圈对应于层间距;(e) 胆甾相 (www. lrsm. upenn. edu)

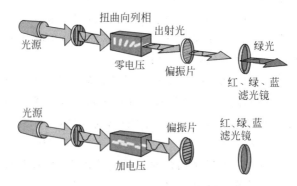

图 3.51　在使用绿光的情况下,LCD 盒子的亮和暗两种状态

中的一个显示单元的运行机制,其中在液晶盒两端放置了互相垂直的两个偏振片。当外加电场强迫所有液晶分子平行于光前进的方向时,LCD 单元是暗的,因为此时所有液晶分子不会影响光的偏振状态,而一对互相垂直的偏振片会阻挡住所有的入射光。当外加电场去掉时,LCD 单元是亮的。通过表明亲水/疏水处理,液晶盒中的分子从一端向另一端转动了 90°,光的偏振状态也从垂直被调节到水平,恰好通过第二个偏振片。这种双态是显示屏单元所需的。

我们这就到了这长长一章的终点,本章主要讲述了有序和无序固体的结构理论,以及验证这些理论的衍射实验方法。固体结构还有很多内容,例如合金结构和复杂化合物的结晶学、各类缺陷和缺陷的运动等,这可以在其他课程中分别进行讨论。劳厄曾经说过,晶体学和麦克斯韦电磁波理论的偶然相遇和自然结合,是物理学不依赖于人的客观真理性的伟大证据之一,就让我们用这句令人信服的话来结束固体结构这一章。

# 本章小结

本章着重讨论固体的结构,包括晶体、非晶体、准晶体和液晶结构。对能准确测量固体结构的重要实验也做了讨论,包括 X 射线衍射、电子衍射和中子衍射。

1. **晶体学**:分别介绍了西伯尔、布拉菲、赫塞耳、熊夫利、巴洛和费奥多罗夫等人的历史性贡献。任何晶体可以用周期性的布拉菲点阵加上一组基元来描述。所有可能的布拉菲点阵可以通过描述晶体的旋转对称性和镜反射对称性的点群来进行分类。元素晶体的结构,包括体心、面心、六角密排、金刚石和其他非布拉菲点阵的 ORC,RHL 结构,都做了讨论。

2. **泡林规则**:由泡林介绍的一系列规则,可以帮助我们理解化合物的点阵结构。硅氧四面体等$(SiO_4)$配位多面体的形成可以由离子半径来解释。化合物晶体的结构可以由堆垛配位多面体和其他离子来构成。

3. **倒空间**:基于固体中波的共性,通过衍射学引入倒易点阵,其结构从几何的角度来说与正空间中晶体的布拉菲点阵是一一对应的。布里渊区则是倒易点阵的一个特殊原胞,它恰好是固体中各种各样的准粒子能谱的表达空间。

4. **衍射学**:X 射线衍射学是基于伦琴、劳厄、布拉格父子和莫塞莱的工作而牢固确立的。电子衍射学和中子衍射学则分别由戴维孙、G. P. 汤姆孙、舒尔和布洛克豪斯创建的,其原初的物理思想来自爱因斯坦和德布罗意,其基本粒子电子和中子则分别由 J. J. 汤姆孙和查德威克发现。

5. **衍射理论**:晶体结构可以由倒易空间中一系列衍射斑或衍射环的位置来确定。厄瓦耳球则对理解衍射斑和倒易点阵格点之间的关系非常有帮助。

6. **无序固体结构**:非晶体的结构可以由原子位置的统计对分布函数来描述,而且可以用同步 X 射线衍射方法来进行测量。准晶体的五重对称衍射斑则需要通过高维投影的数学理论来解释。液晶结构就是有机分子的自有序排列,其中向列相、近晶相和胆甾相的结构可以分别由 X 射线衍射来确定。

# 本章参考文献

1. 冯端,金国钧. 凝聚态物理学. 北京:高等教育出版社,2003

2. 黄昆,韩汝琪. 固体物理学. 北京:高等教育出版社,1988

3. 刘有延,傅秀军. 准晶体. 上海:上海科学技术出版社,1999

4. 中国大百科全书:物理卷. 北京:中国大百科全书出版社,1987

5. Ashcroft N W, Mermin N D. Solid State Physics. New York:Holt, Rinehart and Winston, 1976

6. Bragg W L, Bragg W H. Proceedings of the Royal Society of London, Vol 88A,413, 1913

7. Chaikin P M, Lubensky T C. Principles of condensed matter physics. London:Cambridge University Press, 1995

8. Elliott S R. Physics of amorphous materials. 2nd Ed. New York : Wiley, 1990

9. Elser V. Indexing problems in quasicrystal diffraction. Phys Rev B, Vol 32, 4892-4898, 1985

10. Kittel C. Introduction to solid State Physics. New York:Wiley, 1986

11. Landau L D, Lifshitz E M. Course of theoretical Physics, Vol 3, Quantum Mechanics. New York:Pergamon Press, 1987

12. Omar M A. Elementary solid state physics: principles and applications. New York: Addison-Wesley, 1975

13. Pauling L. The Nature of The Chemical Bond. Ithaca, New York:Cornell University Press, 1960

14. Schlenz H, Neuefeind, Rings S J. High energy X-ray diffraction study of amorphous(Si0. 71Ge0. 29)O2H. Phys:Condens Matter, 15, 4919-4926, 2003

15. Shechtman D, Blech I, Gratias D, Cahn J W. Metallic phase with long-range orientational order and no translational symmetry. Phys Rev Lett, 53, 1951-1953, 1984

16. X-Rays Imaging Detectors (1D and 2D) for Bio-Medical Application. Photo Gallery, Laboratory of High Energies(LHE), Russia. 2 September 2005
   <http://lhedl. jinr. ru/g_biomed. html>

17. History and Properties of Liquid Crystals. Nobel Prize Organization, City of Stock-holm, Sweden. 14 November 2005
   <http://nobelprize. org/educational_games/physics/liquid_crystals/history/index. html>

18. Optics in Soft-Matter Group. Dipartimento di Scienze Fisiche, Università di Napoli. City of Napoli, Italy. 10 October 2005
   <http://people. na. infn. it/~marrucci/softmattergroup/>

19. Thermotropic Liquid Crystals. Prof J M Seddon, Dept. of Chemistry, Imperial College London, City of London, UK. 25 August 2005
   <http://www. ch. ic. ac. uk/liquid_crystal/pages/thermo. html>

20. Multi-Angle X-ray Scattering Facility. Materials Research Science and Engineering Center，University of Pennsylvania，City of Pennsylvania，USA. 2 September 2005

&lt;http://www.lrsm.upenn.edu/lrsm/facMAXS.html&gt;

21. WebElements Periodic Table. University of Sheffield and WebElements Ltd，City of Sheffield，UK. 1 May 2005

&lt;http://www.webelements.com/&gt;

# 本章习题

1. 证明在正交、四方和立方晶系中$(hkl)$晶面间距 $d_{hkl}=(h^2/a^2+k^2/b^2+l^2/c^2)^{-1/2}$。计算硅单晶的 $d_{111}$（晶格常数 $a=5.43$ Å）。

2. 画出简单立方中的$[213]$晶向和$(213)$晶面。

3. 如果选定简单立方点阵 $\boldsymbol{R}=(n\hat{e}_x+m\hat{e}_y+h\hat{e}_z)a$ 为基准，假设 $n,m,l$ 3 个整数全为奇数或全为偶数，这是什么点阵？这是布拉菲点阵吗？

4. 底心立方是否为布拉菲点阵？证明所得观点。

5. 画出面心、体心立方中$(100)$和$(110)$晶面上的格点排列。

6. 求体心立方结构中$(111)$与$(100)$、$(111)$与$(110)$晶面交线的晶向。

7. 画出硅单晶中 $T$ 群的所有旋转轴。

8. 解释为什么 $D_6,D_{3h}$ 和 $D_{6h}$ 都是六角点阵的对称群。

9. 分别计算体心立方和面心立方点阵的原胞体积比。

10. 证明体心立方点阵的维格纳-塞茨原胞的体积确实是体心立方的原胞体积。

11. 分别求出 SC，BCC，FCC 点阵的 1～6 层近邻原子数及距离。

12. 分别计算 SC，BCC，FCC 点阵的最大堆积密度。

13. 计算六角密排晶体的单胞在长轴和面内的晶格常数之比 $c/a$。

14. 钠（原子量 23）具有体心立方结构，晶格常数 $a=4.23$ Å，计算钠的密度。

15. 镓晶体（原子量 69.72）的密度是 5.91 g/cm³，晶格常数为 $a=4.51$Å，$b=4.515$Å，$c=7.64$ Å，试问一个单胞中有多少个原子？一个原胞中呢？

16. 泡林规则能解释 ZnO 和 ZnS 之间的晶格结构区别吗？ 为什么？

17. 泡林规则能解释 $CaCO_3$ 和 $CaTiO_3$ 之间的晶格结构区别吗？ 为什么？

18. 证明 BCC 与 FCC 互为倒易点阵。

19. 计算倒易原胞体积 $\Omega^*$，并给出与正空间原胞体积 $\Omega$ 之间的关系。

20. 一个单斜晶体的原胞几何描述为 $a=4$ Å，$b=6$ Å，$c=8$ Å，$\alpha=\beta=90°$，$\gamma=120°$。计算倒易原矢、倒易原胞的体积以及$(110)$晶面间距。

21. 在具有晶格常数 $a$ 的面心立方点阵中，有 $N_L=L_1\times L_2\times L_3$ 个立方单胞。

写出波矢 $k$ 的精确表达式,以及每个 $k$ 占有的体积。

22. 用衍射理论推导劳厄公式。

23. 假设氢原子中电子的 1s 轨道的几率密度为 $\rho(r)=\dfrac{2}{\pi a_{\mathrm{B}}^{3}}\mathrm{e}^{-2r/a_{\mathrm{B}}}$,其中 $a_{\mathrm{B}}$ 是玻尔半径。计算氢原子的原子散射长度 $f_a$。

24. 证明一维晶格结构因子 $S$ 的第一个非零极大值为 $S^2=0.04N^2$,其中 $N$ 是一维原胞的总数。

25. 证明体心立方的几何散射因子 $F_{hkl}$ 当 $h+k+l=2m$ 时不为零。对单胞中的 8 个顶角原子和一个中心原子求和,或对两个独立格点进行求和,结果一样吗?

26. 证明面心立方的几何散射因子 $F_{hkl}$ 当 $h,k,l$ 3 个整数是全奇或全偶时不为零。

27. 计算金刚石结构的几何散射因子 $F_{hkl}$,结果与面心立方结构的几何散射因子有何区别?

28. 在 CsCl 点阵中,假设 $f_{\mathrm{Cs}}=3f_{\mathrm{Cl}}$,计算几何散射因子 $F_{hkl}$。可以把 CsCl 结构的几何散射因子与面心、体心立方的 $F_{hkl}$ 区别开来吗?

29. 使用本章习题 11 的结果,计算晶格常数 $a=5.64\,\text{Å}$ 的 NaCl 点阵的第 1~6 个布拉格角。X 射线使用铜靶的 $K_{\alpha1}$ 线,$\lambda=1.54\,\text{Å}$。NaCl 结构的布拉格角与纯粹的面心立方点阵的布拉格角有何区别?

30. 当一个六角密排单晶体在波长远小于晶格常数的 TEM 设备中做实验时,能发现多少种不同的二维衍射花样?这些衍射花样的特征尺度是多少(用波长 $\lambda$、晶格常数 $c,a$ 表示)?

31. 晶体的热膨胀可以导致布拉格角的漂移。证明漂移角 $\delta\theta=-\dfrac{\gamma}{3}\tan\theta$,其中 $\gamma$ 是体弹性模量。

32. 在非晶体的一个球形体积 $V_0=4\pi R_0^3$ 内,有 $N_0$ 个原子,并且原子数有涨落,平均原子浓度为 $n_0=\langle N_0/V_0\rangle$。证明原子涨落与对分布函数 $g(r)$ 之间的关系为

$$\frac{\langle N_0^2\rangle-n_0^2 V_0^2}{n_0 V_0}=1+n_0\int_0^{R_0}4\pi r^2\,\mathrm{d}r\big[g(r)-1\big] \tag{3.49}$$

33. 准晶的衍射图样可能有二重、六重或十重旋转对称性。这是否意味着准晶体往某个二维平面上的投影可以构成一个二维布拉菲点阵?

34. 假如非晶结构因子近似可以用一个函数 $S_{\mathrm{lq}}(s)-1=\big[\sin(\beta s)/(\beta s)\big]\cdot\exp(-\alpha s)$ 来表示,对分布函数 $g(R)$ 的第一个峰 $R_0$ 与参数 $\alpha,\beta$ 之间的关系是什么?

35. 在 $\hat{n}$ 垂直于液晶膜面的向列相中,分子长径比为 $l:d=5:1$。已知 X 射线的波长 $\lambda=d/10$(衍射束 $k_0$ 垂直于液晶膜面),画出归一化的衍射强度 $I(\theta)$,并计算第 1~2 个亮衍射环对应的布拉格角。

# 第 4 章　晶格振动和固体热性质

## 本 章 提 要

- 爱因斯坦声子模型(4.1)
- 德拜比热容模型(4.2)
- 晶格振动和中子衍射(4.3)

　　热现象是人类最早接触到的自然现象之一。在原始人学会用火的时候,热和冷的概念可能就已经存在了。但是,对于热的本质却曾经有过长期的争论:一种观点是热质说(caloric theory),另一种观点是热的运动说(mechanical theory of heat)或能量守恒(conservation law of energy)学说。

　　热质说源于古希腊的四元素说。热质说认为热是一种物质,不生不灭,可以在火中存在,也可以流动到其他物质中并使之发热。但是,热质说无法解释摩擦生热现象,因为在此过程中,热好像是从无到有自发产生的。

　　热物理的起源与力学一样可以追溯到伽利略的时代,此时伽利略和托里切利等人开始制造温度计。到 19 世纪,物理学家受牛顿力学的影响,逐渐对热有了新的理解。1842 年,德国医生迈尔(Julius Robert Mayer)因在爪哇旅行时发现热带人的血更鲜红,提出了一个先锋性的观点:热是能量的一种形式,能量是自然界运动变化的原因。同一时期的 1840 年,英国物理学家焦耳(James Prescott Joule)证明了热可以从电能转换,即著名的焦耳定律 $P = I^2 R$。1847 年,焦耳通过机械摩擦转换为热的实验给出了最精确的热功当量系数:1 cal = 4.18 J。焦耳的工作为能量守恒定律——即热力学第一定律(first law of thermodynamics)——提供了不可动摇的实验基础。能量守恒定律是很少的几条在经典物理和量子物理过程中都严格成立的定律,因此是一条非常重要的规律。

　　1850 年,普鲁士人克劳修斯(Rudolf Clausius)把对于热的新观点总结为:热不是一种热质,而是物质运动的一种体现。1850—1854 年,克劳修斯和英国的开尔文勋爵(Lord Kelvin, William Thomson)根据 1824 年法国的年轻人卡诺(Sadi Carnot)对蒸汽机效率的天才直觉以及焦耳的能量守恒定律,提出并完善了热力学第二定律(second law of thermodynamics),这个定律为任何物理过程设置了一个时间箭头(time arrow):比如说,玻璃打碎了是无法复原的。

热力学进化为统计物理学,是以玻耳兹曼(Ludwig Boltzmann)在 1887 提出的玻耳兹曼原理 $S=k_B\ln\Omega$ 为标志的,这是他一生最伟大的成就,建立了宏观物理量熵(entropy)与微观状态的几率(probability)之间的关系,而且为量子物理的发展打开了大门。1900 年,普朗克(Max Planck)为了用玻耳兹曼原理解释黑体辐射定律,发现必须为电磁波振子假设一个分立的能量 $h\nu$。普朗克把他的辐射公式与维恩位移定律(Wien's displacement law)的实验规律进行对比,第一次确定了两个重要的物理学常数的数值:普朗克常数 $h=6.5\times10^{-27}$ erg·s[①] 和玻耳兹曼常数 $k_B=1.37\times10^{-16}$ erg/K。

气体的比热在 19 世纪 60 年代就由气体分子运动论(kinetic theory of gases)解释得相当好了,气体分子运动论是在麦克斯韦速度分布律(Maxwell speed distribution)和玻耳兹曼因子(Boltzmann factor)$e^{-\beta\varepsilon}$ 的基础上建立的。1820 年发现的杜隆-珀替定律(Dulong-Petit law)说明当时测量的固体比热容都是常数,等于 5.96 cal/(mol·K),这也可以用气体分子运动论解释:每个原子振动贡献 6 个自由度,因此固体的摩尔热容为 $3R=6(R/2)$。1875 年,H. F. 韦伯(Heinrich Friedrich Weber)发现碳元素的金刚石晶体和石墨晶体的室温比热容都比杜隆-珀替定律的预言小得多。当爱因斯坦(Albert Einstein)是一个本科生的时候,他听过韦伯的课,因此知道图 4.1 中固体比热的实验事实。1907 年,根据普朗克的辐射振子统计,爱因斯坦定量地解释了固体比热容与温度的依赖关系。

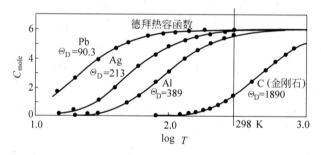

图 4.1　杜隆-珀替定律及其修正

爱因斯坦声子模型(Einstein model of phonon)对解释极低温下固体的比热容是不完备的。1911 年,荷兰人德拜(Peter Debye)修正了爱因斯坦的模型,他假设固体弹性振动的色散关系 $\omega=\nu k$ 与电磁波或光子的色散关系 $\omega=ck$ 类似,由此根据声子态密度推出了固体比热容在极低温下的 $T^3$ 定律,这个著名的定律后来被

① 　1 erg $=10^{-7}$ J

能斯特(Walther Nernst)的低温实验所证实。

声音传播的数学理论源于牛顿(Isaac Newton)，他提出的波动方程是一个偏微分方程，针对的是位于 $x$、位移为 $y$ 的一系列空气微元：

$$\rho_0 \frac{\partial^2 y}{\partial t^2} = -\frac{\partial \Delta P}{\partial x} = \kappa \rho_0 \frac{\partial^2 y}{\partial x^2} \tag{4.1}$$

其中，波速 $v = \sqrt{\kappa}$，$\kappa$ 是压强涨落 $\Delta P$ 与密度涨落 $\Delta \rho$ 之比。声音传播更严格的理论必须基于分析力学(analytical mechanics)，这是在 18 世纪由数学家欧拉(1707—1783)、拉格朗日(1736—1813)和达朗伯(1717—1783)发展起来的。

1912—1913 年，受德拜的声子模型启发，英国人玻恩(Max Born)和匈牙利人冯·卡门(Theodore von Karman)用分析力学更精确地计算了固体中原子振动的色散关系 $\omega(k)$，即声子能谱。1951 年，布洛克豪斯(Bertram N. Brockhouse)的中子非弹性衍射实验证实了玻恩和卡门计算出来的声子能谱。第一本 *Dynamic Theory of Crystal lattice* 著作是中国物理学家黄昆与玻恩一起完成的。全面解释固体的声学性质显然必须依靠晶格动力学(lattice dynamics)。

# 4.1　爱因斯坦声子模型

阿尔伯特·爱因斯坦(Albert Einstein)1879 年生于德国 Ulm，这一年，恰好 J.C.麦克斯韦去世。爱因斯坦在德国慕尼黑开始进入小学，后来在意大利米兰、瑞士 Aarau 完成了中学教育。1896 年，他进入苏黎世瑞士联邦技术学校(Swiss Federal Polytechnic School in Zurich)的物理学和数学师范专业。1901 年，他获得本科学位，可是却无法找到一个教师职位。失业两年后，1903

图 4.2　阿尔伯特·爱因斯坦

年爱因斯坦接受了瑞士专利局(Swiss Patent Office)的技术助理职位，同年与本科同学塞尔维亚人 Mileva Maric 结婚。

1905 年是爱因斯坦奇迹年，他利用业余时间写了 5 篇伟大的论文，改变了物理学的面貌。1905 年 6 月，在划时代的论文 *Electrodynamics of Moving Bodies* 中，爱因斯坦意识到牛顿力学的不足，他扔掉了麦克斯韦-洛伦兹电磁理论中的光波介质，即以太(ether)，引入了力学和电磁学都必须遵从的速度极限 $c$，并据此建立了他的狭义相对论(special relativity)统一了力学和电磁学的时空观。同年 9 月，他发表了一篇短文，作为狭义相对论的逻辑推论，使用质能关系 $E = mc^2$ 解释了镭辐射的能量来源，这对于后来核物理的发展非常重要。

1905 年 3—4 月，爱因斯坦写了两篇关于分子运动论(molecular kinetic theory)的论文。爱因斯坦试图用布朗运动证明原子论的正确性：在液体中做无

规行走的花粉粒子沿着 $x$ 方向的均方根位移为

$$\langle \delta_x^2 \rangle = \frac{k_B T}{3\pi\eta a}\Delta t = 2D\Delta t, \quad D = \frac{k_B T}{6\pi\eta a} = \frac{k_B T}{m}\tau \tag{4.2}$$

其中,$D$ 是扩散系数(diffusion coefficient),$\Delta t$ 是花粉运动的时间间隔,$\eta$ 是液体的粘滞系数(viscosity coefficient),$a$ 是花粉粒子的半径,$m$ 是粒子质量。这是爱因斯坦后来引用最多的论文,也是他在 1905 年获得博士学位的论文。

1905 年 3 月,爱因斯坦还发表了一篇论文 On a Heuristic Point of View Concerning the Production and Transformation of Light。爱因斯坦在这篇论文中写道:光的波动理论已经证明对描述纯光学现象是非常成功的,可能以后也不会被其他理论所替代,随后他话锋一转又提出了一个完全对立的假设:"光的能量是不连续分布的",这是为了解释 1902 年列那德(Philipp Lenard)的光电效应实验提出的观点。由于当时物理学界对他的相对论存在严重分歧,光的量子理论是爱因斯坦唯一获得诺贝尔奖的工作。

爱因斯坦的思想不是那么容易被其他物理学家接受的,不过他坚持把量子论的思想推广到其他领域。1907 年,爱因斯坦根据原子振动量子化的准粒子——声子(phonon)——来解释固体的比热容。1912 年,他根据光子的概念建立了光化学(photochemistry)的基本定律。根据量子等价原理(quantum equivalence law),在反应之初,原子或分子吸收一个光子,然后其他光化学反应过程才能进行下去。爱因斯坦的光化学定律直到 20 世纪 30 年代才被 Emil Warburg 和 James Franck 的实验所证实。1917 年,爱因斯坦发表了一篇论文 On the Quantum Theory of Radiation,其中的观点是,除了原子的自发辐射(spontaneous radiation)——即随机发射光子的过程以外,还有一种受激发射(emission forced by radiation),而且受激发射几率与原子周围的背景辐射场在相应频率下的强度成比例。这就是后来的微波激射器(maser)、激光(laser)的基本理论。

1913—1916 年,爱因斯坦着手扩展他的狭义相对论,以包含引力对空间形状和时间流动的影响。这就是假设物质会引起空间曲率变化的广义相对论。1915 年 6 月底,爱因斯坦在哥廷根大学停留了一个星期,讲述他(当时还不正确)的广义相对论。希尔伯特(David Hilbert)参加了爱因斯坦的讲座。广义相对论的引力场方程组(gravitational field equations)的最终形式是 1915 年 11 月爱因斯坦和希尔伯特在交流以后几乎同时获得的。1916 年,爱因斯坦提出了引力波的概念,引力波以光速传递引力相互作用,引力波直到 1979 年才被实验证实。对图 4.3 中星系的理解是广义相对论的伟大成就。

图 4.3　广义相对论和宇宙学

1917 年,爱因斯坦根据引力场方程组获得了宇宙的第一个静态模型(static model of universe),其中宇宙是四维时空中的一个三维封闭曲面。20 世纪 20 年代,经过与荷兰天文学家德锡特(Willem De Sitter)的反复争论,爱因斯坦信服了 De Sitter, Alexander Friedmann, Georges Lemaitre 提出的"新宇宙学",即爱因斯坦最早的静态宇宙解是非常理想的情况,不会在实际情况中出现,因为对理想状态的任何微小偏离都会导致宇宙解或者膨胀、或者收缩。在 1929 年哈勃(Edwin Hubble)发现宇宙红移(cosmological redshifts)以后,宇宙随时间的膨胀以及相关的宇宙大爆炸理论(Big-Bang theory)成为宇宙学的标准模型。

自 1919 年起,爱因斯坦就具有国际声誉。在他的非物理著作中,支持犹太复国的 *About Zionism* (1930),和平主义的 *Why War?* (1933),有关科学哲学的 *My Philosophy* (1934)以及 *Out of My Later Years* (1950)也许是最重要的一些作品,他对马克思和列宁也一直怀有深挚的敬意。

爱因斯坦相信物理学家的真正使命是发现最普遍和最基本的规律,从这些规律出发,通过逻辑推理可以解释繁复的自然现象。从实验观察到基本规律之间,则没有逻辑的道路可走,这就是莱布尼茨所说的先验的和谐。1907 年的爱因斯坦声子模型(Einstein phonon model)正反应了他的科学哲学。启发他思考原子振动的基本规律的,一是普朗克的热辐射定律,另一个是他自己提出的光子的概念:

(1) 固体中所有原子以一个固定的频率 $\nu$ 振动。振动能量是分立的:$E = nh\nu$,其中 $\varepsilon = h\nu$ 是晶体中的准粒子——声子(phonon)——的能量。

(2) 系统服从统计物理的基本原理,特别是玻耳兹曼原理 $S = k_B \ln \Omega$。

在温度 $T$ 下,固体中振动的 $3N$ 重简并的声子能级 $\varepsilon = h\nu$ 上,平均声子数 $\bar{n}$ 可以通过对 $n$ 个全同的声子的亥姆霍兹自由能与吉布斯自由能之差 $F - G = E - TS - \mu n$ 求极小来进行计算(此时 $T, V$ 固定,声子数不守恒,因此 $\mu = 0$):

$$
0 = \frac{\mathrm{d}}{\mathrm{d}n}\left\{ nh\nu - k_B T \ln \frac{(n+3N)!}{n!\,(3N)!} \right\}\bigg|_{n=\bar{n}}
$$

$$
= h\nu - k_B T \ln \frac{\bar{n}+3N}{\bar{n}} \tag{4.3}
$$

$$
\bar{n} = 3N \frac{1}{e^{\beta h\nu} - 1} = 3N f_{\text{B-E}}(\varepsilon), \qquad \beta = 1/k_B T
$$

$f_{\text{B-E}}(\varepsilon) = (e^{\beta h\nu} - 1)^{-1}$ 自然具有玻色-爱因斯坦统计(Bose-Einstein statistics)的表达形式,这个针对整数自旋的基本粒子的量子统计,是在 1924 年由一位印度青年玻色正式提出、由爱因斯坦介绍到德国的物理学界的。

在温度 $T$ 下,声子气体的平衡态振动总能量 $\bar{E} = \bar{n}h\nu$ 和摩尔热容

$C_{\text{mole}}$[1] $= \mathrm{d}\bar{E}/\mathrm{d}T$ 可以根据玻色-爱因斯坦统计很容易算出来:

$$\bar{E} = 3N\left(\frac{1}{2}h\nu + \frac{h\nu}{\mathrm{e}^{\beta h\nu} - 1}\right) \tag{4.4}$$

$$C_{\text{mole}}(T) = 3N_{\mathrm{A}}k_{\mathrm{B}}\left(\frac{\Theta_{\mathrm{E}}}{T}\right)^2 \frac{\mathrm{e}^{\Theta_{\mathrm{E}}/T}}{(\mathrm{e}^{\Theta_{\mathrm{E}}/T} - 1)^2} \tag{4.5}$$

需要强调的是,振子基态能量或零点能 $h\nu/2$ 在爱因斯坦 1907 年的原始表达式中没有出现,而是普朗克在 1910 年才提出的。温度参数 $\Theta_{\mathrm{E}} = \hbar\omega/k_{\mathrm{B}}$ 被称为爱因斯坦温度(Einstein temperature),这是每个固体分别具有的特征温度。

爱因斯坦模型的比热容高温和低温展开(high and low temperature expansion)对于理解比热容的温度依赖关系很有帮助:

$$C_{\text{mole}}(T) \sim 3R\left[1 - \left(\frac{\Theta_{\mathrm{E}}}{T}\right)^2\right] \quad T \gg \Theta_{\mathrm{E}} \tag{4.6}$$

$$C_{\text{mole}}(T) \sim 3R\left(\frac{\Theta_{\mathrm{E}}}{T}\right)^2 \mathrm{e}^{-\Theta_{\mathrm{E}}/T} \quad T \ll \Theta_{\mathrm{E}} \tag{4.7}$$

高温展开与实验符合得相当好,而且显然趋于经典的杜隆-珀替定律(Dulong-Petit law) $C_{\text{mole}} = 3R$(在固体中 $C_p \approx C_V$)。爱因斯坦模型的低温展开与实验不符,原因是在此模型的基本假设 1 中描述的声子能谱 $\varepsilon = h\nu =$ 常数是过于简化了。

# 4.2 德拜声子模型

德拜(Peter Debye)1884 年生于荷兰的 Maastricht。1905 年他在德国亚琛工业技术学院(Aachen Institute of Technology)获得了电子技术方面的本科学位。紧接着他作为机械技术助理留在亚琛工业技术学院工作了两年,然后在 1907 年去了慕尼黑大学工作。1908 年,他在慕尼黑大学获得了博士学位,导师是索莫菲(Arnold Sommerfeld)。1911 年,德拜接替爱因斯坦成为苏黎世大学的理论物理教授。他看到了爱因斯坦留下的关于声子和比热容的笔记。1912 年,在德拜自己 1910 年完成的用电子本征振动的态密度推导普朗克定律的工作基础上,他对爱因斯坦声子模型做了修正,并建立了更准确的声子模型。

德拜声子模型(Debye phonon model)对爱因斯坦模型做的主要修正是把常数振动频率 $\nu$ 换成了与普朗克辐射理论中的光子(photon)类似的色散关系:

(1) 固体中原子振动的频率具有色散关系 $\omega = vk$,其中 $k$ 为固体中的声波速度。每个 $\omega$ 对应的能量量子为 $\varepsilon = \hbar\omega$。

(2) 使用量子统计,即玻色-爱因斯坦统计对声子能量进行计算。在进行统计物理计算的时候,频率分布 $g(\omega)$ 在德拜频率(Debye frequency)$\omega_{\mathrm{D}}$ 截止,这是由原

---

① $C_{\text{mole}}$ 即 $C_{\mathrm{m}}$。

子振动的总自由度 $3N$ 决定的。

态密度(density of states,DOS)这个概念是德拜在普朗克(Max Planck)的电磁辐射公式的基础上推导和应用的,很自然地,德拜将态密度的概念推广到爱因斯坦声子气体中。态密度 $\rho(k)$ 只依赖于维数和边界条件,与所研究的固体中准粒子的细节无关。普朗克电磁辐射的能量为:

$$\bar{E}_{em} = 2\sum_{k}\frac{\hbar\omega}{e^{\beta\hbar\omega}-1} = 2\int dn\frac{\hbar\omega}{e^{\beta\hbar\omega}-1} = 2\int dk\rho(k)\frac{\hbar ck}{e^{\beta\hbar ck}-1} \tag{4.8}$$

$$dn = \frac{4\pi k^2 dk}{\Omega^*/N_L} = \frac{V}{2\pi^2}k^2 dk, \quad \rho(k) = \frac{dn}{dk} = \frac{V}{2\pi^2}k^2 \tag{4.9}$$

式(4.8)中的 2 表示光子的 $\pm 1$ 自旋简并;$dn$ 是倒易空间 $k \to k+dk$ 的球壳体积内的总简并度;$\Omega^*/N_L = (2\pi/La)^3 = 8\pi^3/V$ 是在使用玻恩-卡门边界条件(Born-Karman condition)以后,每个波矢 $|\mathbf{k}\rangle$(量子态)在倒易空间中占有的平均体积,这已经在 4.3.2 节讨论过。态密度(DOS)在固体物理中是很重要的工具。

能态密度(energy density of states,EDOS),也就是德拜模型中的频率分布(frequency distribution),可根据声子、能带电子、磁振子等固体中的准粒子色散关系 $\omega(k)$ 或能谱 $\varepsilon(k)$ 从态密度推出来。对应于每个波矢 $\mathbf{k}$,光子具有二重自旋简并,因为电磁波是纯粹的横波;类似地,声子则具有三重简并,因为固体中的弹性波都有一个纵波模式(longitudinal mode)和两个横波模式(transverse mode),分别具有不同的波速,即对应于不同的色散关系 $\omega_1 = v_l k$ 和 $\omega_{2,3} = v_t k$:

$$\bar{E} = \sum_{m=1}^{3}\int dk\,\rho(k)\frac{\hbar\omega}{e^{\beta\hbar\omega_m(k)}-1} = \int d\omega g(\omega)\frac{\hbar\omega}{e^{\beta\hbar\omega}-1}$$

$$g(\omega) = \sum_{m=1}^{3}\rho(k)\frac{dk}{d\omega_m} = \sum_{m=1}^{3}\frac{V}{2\pi^2}k^2\frac{1}{v_m} = \frac{V}{2\pi^2}\sum_{m=1}^{3}\frac{1}{v_m^3}\omega^2 = \frac{V}{2\pi^2}\frac{3}{v_s^3}\omega^2 \tag{4.10}$$

其中,$v_s$ 是平均声速。与电磁辐射中的瑞利-金斯紫外灾难 $P_{rad} \propto \lambda^{-4}T$ 类似,德拜频率分布 $g(\omega) \propto \omega^2$ 会在高频区发散。为解决这个问题,德拜引进了一个截止频率,即德拜频率 $\omega_D$,来满足原子振动的总自由度判据:

$$3N = \int_0^{\omega_D} d\omega g(\omega) = \frac{V}{2\pi^2}\frac{1}{v_s^3}\omega_D^3 \quad \to \quad g(\omega) = \frac{9N}{\omega_D^3}\omega^2 \tag{4.11}$$

德拜频率 $\omega_D$ 的物理意义是原子振动的最高频率。知道了频率分布,声子的平衡态总能量 $\bar{E}$ 和定体热容 $C_V = d\bar{E}/dT$ 可以很自然地计算出来:

$$\bar{E} = \int_0^{\omega_D} d\omega g(\omega)\frac{\hbar\omega}{e^{\beta\hbar\omega}-1} = 9N\hbar\omega_D\int_0^{\beta\hbar\omega_D} dx\frac{x^3}{e^x-1} \tag{4.12}$$

$$C_{mole} = \int_0^{\omega_D} d\omega g(\omega)\frac{\frac{\hbar^2\omega^2}{k_B T^2}e^{\beta\hbar\omega}}{(e^{\beta\hbar\omega}-1)^2} = 9R\left(\frac{T}{\Theta_D}\right)^3\int_0^{\Theta_D/T} dx\frac{x^4 e^x}{(e^x-1)^2} \tag{4.13}$$

其中,$\Theta_D = \hbar\omega_D/k_B$ 就是德拜温度(Debye temperature),它在不同固体中高低不一,

固体物理(第 2 版)

因此是比爱因斯坦温度 $\Theta_E$ 更好的晶体热性质的特征常数。

德拜模型对简单结构晶体的比热容解释得非常好。德拜比热容的高温和低温展开为

$$C_{\text{mole}}(T) \sim 3R\left[1 - \frac{3}{5}\left(\frac{\Theta_D}{T}\right)^2\right] \qquad T \gg \Theta_D \qquad (4.14)$$

$$C_{\text{mole}}(T) \sim 9R\left(\frac{T}{\Theta_D}\right)^3 \frac{4\pi^4}{15} = \frac{12\pi^4}{5}R\left(\frac{T}{\Theta_D}\right)^3 \quad T \ll \Theta_D \qquad (4.15)$$

德拜模型 $T \gg \Theta_D$ 的高温展开比爱因斯坦模型随温度的下降略微慢一些,如图 4.4 (a)所示;而 $T \ll \Theta_D$ 的低温展开就是著名的德拜 $T^3$ 律,后来被德国低温物理学家能斯特(Walther Nernst)的低温实验所证实。

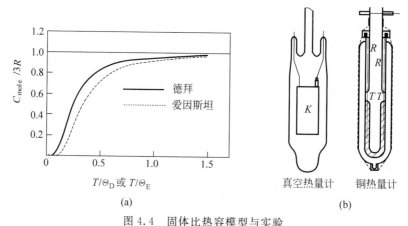

图 4.4　固体比热容模型与实验
(a) 爱因斯坦模型与德拜模型的比较;(b) 1911 年能斯特的低温实验装置

当比热容表达成 $C_V/3Nk_B$ 与 $T/\Theta_D$ 之间的关系时,所有固体的数据都会落在图 4.4(a)中的实线附近,可见德拜模型的普适性是很好的。在表 4.1 中列出了简单元素和化合物晶体的德拜温度 $\Theta_D$,根据式(4.11),德拜温度与立方晶系固体基本几何与机械性质的关系为

$$\Theta_D = \frac{\hbar}{k_B}\omega_D = \frac{\hbar}{k_B}\left(\frac{6\pi^2 N}{V}v_s^3\right)^{1/3} \sim \frac{\hbar}{k_B}\sqrt{\frac{Ea}{M_{\text{atom}}}} \qquad (4.16)$$

其中 $v_s = \sqrt{E/\rho}$ 是平均声速,$E$ 为弹性系数或杨氏模量;$a$ 为晶格常数;$M_{\text{atom}}$ 是立方晶体中的平均原子质量。从表 4.1 中可以看出德拜温度的周期性。在同族元素中,随着原子序数的增加,$M_{\text{atom}}$ 随之增加,$E$ 随之下降,而 $a$ 只略有增加,因此德拜温度肯定是下降的;在同周期元素中,德拜温度的高低则主要取决于晶体的结构和硬度。在测量出室温时的固体声速以后,根据式(4.16)计算的德拜温度与表 4.1 中列的数据符合得很好。

表 4.1 简单晶体的德拜温度（室温拟合数据）

| 晶体 | $\Theta_D/K$ | 晶体 | $\Theta_D/K$ | 晶体 | $\Theta_D/K$ | 晶体 | $\Theta_D/K$ | 晶体 | $\Theta_D/K$ |
|------|------|------|------|------|------|------|------|------|------|
| Na | 150 | Be | 1000 | B | 1250 | C | 1860 | NaCl | 281 |
| K | 100 | Mg | 318 | Al | 390 | Si | 625 | KCl | 227 |
| Cu | 315 | Ca | 230 | Ga | 240 | Ge | 360 | KBr | 177 |
| Ag | 215 | Zn | 250 | In | 129 | Sn | 170 | AgCl | 183 |
| Au | 170 | Cd | 172 | Tl | 96 | Pb | 88 | AgBr | 144 |

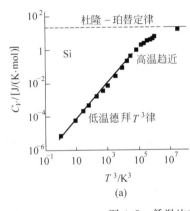 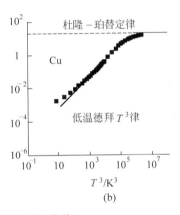

图 4.5 低温比热容的德拜 $T^3$ 律

（a）硅；（b）铜（hyperphysics. phy-astr. gsu. edu）

固体的热性质与德拜模型的偏差可以有几个来源，其中最重要的来源是固体中其他准粒子对比热容的贡献：①在金属中，极低温下的比热容接近 $bT$ 的函数形式，而不是 $aT^3$ 依赖关系，如图 4.5（b）所示，这是由金属中的传导电子引起的效应，将在第 5 章进行讨论。②在铁磁绝缘体中，极低温下的比热容接近 $cT^{3/2}$ 的函数形式，这是由自旋波贡献的，将在第 7 章中讨论。也就是说，固体比热容的来源有 3 个：声子、金属中的电子和铁磁体中的磁振子，以声子的贡献为主。

其他的偏差来源来自于固体中原子振动的复杂性，以及实验测量的条件。③在实验测量的时候，一般会保持 $p$，$T$ 不变，这样测出的固体比定压热容是 $C_p$，这与本节中计算出来的比定容热容 $C_V$ 有一定的差别，其关系为：$C_p = C_V + TV(\alpha_V^2/\beta)$（其中 $\alpha_V = (\partial V/\partial T)_p/V$ 是体膨胀系数，$\beta = -(\partial V/\partial P)_T/V$ 是压缩系数），在室温时这个差别可达 10% 左右。④拟合的德拜温度不是常数：从宏观角度来说，极低温下的弹性系数更高，使用这样的数据会拟合出较高的德拜温度，如图 4.6（b）所示；从微观角度来说，通过中子衍射测量的频率分布 $g(\omega)$ 比德拜的 $\omega^2$ 形式复杂得多，如图 4.6（a）所示，准确的声子频率分布将在本章后面的晶格动力学部分进行讨论。⑤有些固体的比热容（NaCl，Ag）在高温下比杜隆-珀替定律的值要小,玻恩和 E. Brody 证明这是由晶格动力学的原子势中 $\Delta x^3$ 项引起的,本章后续章节不会涉及这个超越于晶格谐振理论的内容。

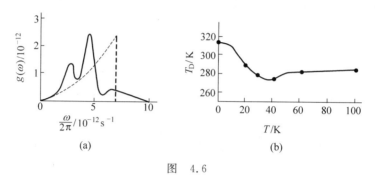

图 4.6

(a) 德拜模型的频率分布与实验测量的 NaCl 频率分布对比;

(b) NaCl 的德拜温度与温度的依赖关系(edu. ioffe. ru)

德拜(Peter Debye)在物理和化学领域多有建树。1915 年,他在哥廷根大学工作期间用 X 射线衍射法测量了 $N_2$,$O_2$,$F_2$,$CO_2$,$H_2O$ 等分子的键长和键角,这就是为什么分子的电偶极矩单位是 debye,这在第 2 章中已经讨论过。1916 年,他与谢乐发展了 X 射线粉末衍射法。1936 年德拜因为对分子的电、几何结构测量方法的贡献获得了诺贝尔化学奖。1940 年,他移民到了美国,任康奈尔大学化学系教授和系主任。

# 4.3　晶格动力学和中子衍射

晶体的原子振动决定了很多宏观物理性质的基本特征,这包括本章讨论的声子能谱对比热容、声速的决定作用,也包括在后续章节要讨论的电子-声子相互作用对电阻的决定作用、光子-声子相互作用对红外吸收和拉曼散射的影响等。

固体内部的原子振动波和声子显示了热运动准粒子的波粒二象性。历史上,声子的概念是爱因斯坦在 1907 年提出的,晶格动力学(lattice dynamics)则是玻恩(Max Born)与冯·卡门(Theodore von Karman)在 1912 年提出的。他们没有像德拜那样直接用 $\omega = vk$ 的色散关系,而希望更准确地计算声子能谱 $\omega(k)$。

## 4.3.1　晶格动力学

原子振动波是一个微观机械波,它可以由一个相当复杂的在分立点阵上定义的波函数来描述。晶格谐振理论(lattice harmonic theory)是建立在胡克定律(Hooke's Law)的基础上的,即只考虑原子间势能的二阶展开,其基本假设是:

(1) 在复式晶格的固体中,原子的平衡位置位于点阵的格矢量 $\boldsymbol{R}_{lm} = \boldsymbol{R}_l + \boldsymbol{\delta}_m$ 位

置上($l=1,2,\cdots,N_L$ 代表布拉菲点阵 $\boldsymbol{R}_l$,其中格点 $l$ 在 $n$ 维空间得用一组整数 $\{l_\beta\}$ 表示,对应于 $\boldsymbol{R}_l=l_1\boldsymbol{a}_1+l_2\boldsymbol{a}_2+\cdots+l_n\boldsymbol{a}_n$ 矢量;$m=1,2,\cdots,n_a$ 标志了原胞内部的一个基元格点位移 $\boldsymbol{\delta}_m$)。离开平衡的原子运动由位移矢量 $\boldsymbol{u}_{lm}=\boldsymbol{r}_{lm}-\boldsymbol{R}_{lm}$ 定义,其中 $\boldsymbol{r}_{lm}$ 是晶体中第 $(l,m)$ 原子的原子核位置。

（2）原子位移 $|\boldsymbol{u}|$ 比晶格常数 $a,b,c$ 小得多,因此可以使用谐振近似:在分析力学(analytical mechanics)的哈密顿量中,经验势只展开到位移的二级。

（3）从基本原理上说,原子之间的势代表了电子之间的量子力学电磁相互作用,这种原子势已在第 2 章作了大量讨论。经验势一般是唯象的(phenomenological),有时候也由第一性原理(ab initio)计算得到。

晶体中第 $(l,m)$ 和第 $(l',m')$ 个原子之间的势可以围绕原子间距的平衡位置用泰勒级数(Taylor series)展开:

$$U(\boldsymbol{r}_{lm}-\boldsymbol{r}_{l'm'})=\phi_0+\frac{1}{2!}(u_{lma}-u_{l'm'a})U_{aa'}(\boldsymbol{R}_{lm}-\boldsymbol{R}_{l'm'})(u_{lma'}-u_{l'm'a'}) \qquad (4.17)$$

上式中针对三维分量 $\alpha,\alpha'=1,2,3$ 使用了爱因斯求和符号(Einstein notation)。由于在平衡位置上原子不受力,一级展开消失了。势的二级微分 $U_{aa'}(\boldsymbol{R}_{lm}-\boldsymbol{R}_{l'm'})=\partial_a\partial_{a'}U|_{u=0}$ 具有弹性系数的特性,因此可以根据化学键的本性来进行估算。在具有离子或共价键的立方晶体中,当原子-原子间距变化 $|\boldsymbol{u}_{lm}-\boldsymbol{u}_{l'm'}|$ 达到 1 Å 的量级时,势的变化大约在 1 eV 的量级,这在第 2 章中已经针对多种晶体势讨论过了。原子间势的微观弹性系数 $K$ 和宏观的弹性系数大约为

$$K\approx\frac{2\Delta U}{\Delta x^2}\approx\frac{2\times1\text{ eV}\times1.6\times10^{-19}\text{ J/eV}}{(10^{-10}\text{ m})^2}=32\text{ N/m} \qquad (4.18)$$

$$E=\frac{F/A}{\Delta x/a}=\frac{K}{a}\approx\frac{32\text{ N/m}}{3\times10^{-10}\text{ m}}=10^{11}\text{ N/m}^2 \qquad (4.19)$$

其中,$a$ 为晶格常数。上述对 $E$ 的估算与实验测量的常见过渡金属,陶瓷和共价晶体的杨氏模量的量级 100 GPa 是符合的。

晶格谐振理论的运动方程(equation of motion)可以从哈密顿量推导出来,这是 18—19 世纪在牛顿力学的基础上由伯努利(Daniel Bernoulli)、拉格朗日(Joseph Louis Lagrange)、拉普拉斯(Pierre de Laplace)、哈密顿(William Rowand Hamilton)等数学家发展起来的分析力学的标准方法。原子振动的哈密顿量 $\mathscr{H}$ 可以表达为位移矢量的泛函:

$$\mathscr{H}=\sum_{lma}\frac{1}{2}M_m\dot{u}_{lma}^2+\frac{1}{2}\sum_{lma}\sum_{l'm'a'}\phi_{aa'}(lm;l'm')u_{lma}u_{l'm'a'} \qquad (4.20)$$

$$\phi_{aa'}(lm;lm)=\sum_{l'm'\neq lm}U_{aa'}(\boldsymbol{R}_{lm}-\boldsymbol{R}_{l'm'})$$

$$\phi_{aa'}(lm;l'm')=-U_{aa'}(\boldsymbol{R}_{lm}-\boldsymbol{R}_{l'm'})\quad(l\neq l'\text{ 或 }m\neq m') \qquad (4.21)$$

在原子振动平衡点的势能(即结合能)设为零,$\phi_{aa'}(lm;l'm')$ 是对称的势矩阵;原子

质量 $M_m$ 只与原胞内部的指标 $m$ 有关。运动方程组就是哈密顿方程:

$$M_m \ddot{u}_{lm\alpha} = -\sum_{l'm'\alpha'} \phi_{\alpha\alpha'}(lm; l'm') u_{l'm'\alpha'} \quad (l = 1 - N_L, m = 1 - n_a) \quad (4.22)$$

解这 $3N_L n_a$ 个互相关联的方程的标准方法是 1811 年建立的傅里叶方法(Fourier method),假设试验解是频率为 $\omega = 2\pi/T$、波矢为 $\boldsymbol{k} = \hat{k}(2\pi/\lambda)$ 的点阵平面波:

$$u_{lm\alpha}(t) = \frac{\tilde{u}_{m\alpha}}{\sqrt{M_m}} e^{i\boldsymbol{k}\cdot\boldsymbol{R}_l - i\omega t} \quad (l = 1 - N_L, M = 1 - n_a) \quad (4.23)$$

其中,$A_{m\alpha} = \tilde{u}_{m\alpha}/\sqrt{M_m}$ 是原胞中第 $m$ 个原子在 $\alpha$ 方向的振幅。将式(4.23)代入式(4.22),通过定义动力矩阵(dynamic matrix)$D_{m\alpha}^{m'\alpha'}(\boldsymbol{k})$($m, m' = 1, 2, \cdots, n_a$;$\alpha, \alpha' = 1, 2, 3$),可以将 $3N_L n_a$ 个运动方程可以简化为傅里叶空间中的 $3n_a$ 个本征方程:

$$\omega^2 \tilde{u}_{m\alpha}(\boldsymbol{k}) = \sum_{m'\alpha'} D_{m\alpha}^{m'\alpha'}(\boldsymbol{k}) \tilde{u}_{m'\alpha'}(\boldsymbol{k}) \quad (4.24)$$

$$D_{m\alpha}^{m'\alpha'}(\boldsymbol{k}) = \frac{1}{\sqrt{M_m M_{m'}}} \sum_{l'} \phi_{\alpha\alpha'}(lm; l'm') e^{i\boldsymbol{k}\cdot(\boldsymbol{R}_{l'} - \boldsymbol{R}_l)} \quad (4.25)$$

由于点阵具有平移对称性,而且根据式(4.21)势矩阵元 $\phi_{\alpha\alpha'}(lm; l'm')$ 只是 $\boldsymbol{R}_l - \boldsymbol{R}_{l'}$ 的函数,所以动力矩阵与原胞指标 $l, l'$ 无关,只是个 $3n_a \times 3n_a$ 矩阵。

本征方程式(4.24)可以用类似于量子力学海森伯表象中的矩阵方法来求解。声子的色散关系(dispersion relation)可以由下列行列式解出:

$$\left| D_{m\alpha}^{m'\alpha'}(\boldsymbol{k}) - \omega^2 \delta_{mm'} \delta_{\alpha\alpha'} \right| = 0 \quad (4.26)$$

根据上式解出的本征值 $\omega_j^2(\boldsymbol{k})$($j = 1, 2, \cdots, 3n_a$),相应的本征矢量 $\tilde{u}_{m\alpha}^j = e_{m\alpha}(j, \boldsymbol{k})$ 和本征波函数 $\boldsymbol{u}_{j\boldsymbol{k}}(\boldsymbol{r}, t) = \boldsymbol{u}_{lm}^j(t)$ 也可以计算出来:

$$\boldsymbol{u}_{lm}^j(t) = \frac{\boldsymbol{e}_m(j, \boldsymbol{k})}{\sqrt{M_m}} e^{i\boldsymbol{k}\cdot\boldsymbol{R}_l - i\omega_j(\boldsymbol{k})t} = A_m(j, \boldsymbol{k}) e^{i\boldsymbol{k}\cdot\boldsymbol{R}_l - i\omega_j(\boldsymbol{k})t} \quad (4.27)$$

根据玻恩-卡门条件(Born-Karman condition),波矢 $\boldsymbol{k}$ 在第一布里渊区(FBZ)内有 $N_L$ 种不同的取值;因此,在晶体中一共可能有 $3n_a \times N_L$ 个不同的振动分布形式 $\boldsymbol{u}_{j\boldsymbol{k}}(\boldsymbol{r}, t)$,这些振动分布形式也叫做晶体点阵振动的本征模式(normal modes)。

根据波粒二象性,对应于晶体中的 $3n_a N_L$ 个振动自由度,有 $3n_a N_L$ 种声子。那么量子力学形式的晶体原子振动总哈密顿量为

$$\mathscr{H} = \sum_{j=1}^{3n_a} \sum_{\boldsymbol{k}}^{N_L} \hbar\omega_j(\boldsymbol{k})\left(n_{j\boldsymbol{k}} + \frac{1}{2}\right) \quad \Rightarrow \quad \bar{E} = E_0 + \int d\omega g(\omega) \frac{\hbar\omega}{e^{\beta\hbar\omega} - 1} \quad (4.28)$$

在绝对零度下,所有声子的量子数 $n_{j\boldsymbol{k}}$ 都是零;在温度 $T$ 下,平衡态的平均声子数 $n_{j\boldsymbol{k}}$ 服从玻色-爱因斯坦统计 $(\exp[\beta\hbar\omega_j(\boldsymbol{k})] - 1)^{-1}$。上述哈密顿量在温度 $T$ 下的平衡态值就类似于式(4.12)中德拜模型的声子总能量计算结果。声子基态能量 $\hbar\omega_j(\boldsymbol{k})/2$ 不为零是由海森伯测不准原理决定的。

声子与光子都是玻色子;但是声子只是一个准粒子(quasi-particle),而光子是真正的基本粒子(fundamental particle)。一个自由的基本粒子一定满足爱因斯坦质能关系 $\varepsilon^2 = c^2 p^2 + m^2 c^4$,而且可以定义电荷、自旋等基本粒子的本征性质。声子等准粒子则具有复杂得多的色散关系 $\varepsilon = \hbar \omega_j(k)$,这显然不满足爱因斯坦质能关系。在很多物理过程中,还要考虑基本粒子与准粒子的碰撞。

## 4.3.2　光学支和声学支

分立原子的声波是很复杂的,如图 4.7 所示。原子振动波不仅是三维的,而且依赖于波矢 $q$ 与单胞之间的依赖关系,例如声速就依赖于波矢在单胞中的取向。

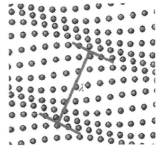

声子能谱 $\hbar \omega_j(q)$,即原子振动波的色散关系 $\omega_j(q)$ 包含 $j = 1, 2, \cdots, 3n_a$ 个分支。根据正倒空间的正交归一关系 $G \cdot R = 2\pi n$,方程(4.25)中的动力矩阵都满足 $D_{ma}^{m'a'}(k) = D_{ma}^{m'a'}(k + G)$,是倒易点阵的周期函数。$\omega_j^2$ 是动力矩阵的本征值,因此,任何一支色散关系 $\omega_j(k)$ 也是倒易点阵的周期函数,只要在第一布里渊区(FBZ)中表示出来就

图 4.7　晶体的原子尺度上的声波

可以了。在所有声子能谱分支中,在 FBZ 的中心 $\Gamma$ 点附近具有 $\omega \approx vk$ 色散关系的分支叫声学支(acoustic branch);其他的分支叫光学支(optical branch)。

在固体物理中,三维晶体中的电子、声子、磁振子等准粒子的能谱 $\varepsilon(k)$ 是四维 $\varepsilon - k$ 空间中的三维曲面,无法形象地在我们生活的三维空间中表示出来。实际上,固体中的准粒子能谱都具有倒易点阵的周期性 $\varepsilon(k) = \varepsilon(k + G)$,这样只要在第一布里渊区中表达能谱就可以了。准粒子能谱的传统表达方式是沿着 FBZ 中的对称方向 $\hat{n}$ 画出一系列的"曲线" $\varepsilon(k = \hat{n} \cdot \Delta k)$。约定俗成,在 BCC 晶体中常用 $\Gamma - H - P - N - H$ 方向,在 FCC 晶体中常用 $\Gamma - X - K - \Gamma - L$ 方向,在 HCP 晶体中常用 $\Gamma - M - L - \Gamma - K$ 方向,如图 4.8 所示。选择的特征方向一般会包含 [100],[110],[111] 等对称性最高的方向:[100] 或其等价方向一般标记为 $\Delta$,此时 $\Delta k = k = (k, 0, 0)$;[110] 或其等价方向一般标记为 $\Sigma$,此时 $k = \sqrt{1/2}(k, k, 0)$;[111] 或其等价方向一般标记为 $\Lambda$,此时 $k = \sqrt{1/3}(k, k, k)$。

晶体硅是重要的功能材料,其声子能谱在很多应用中都是有必要知道的。硅晶体具有金刚石结构,在一个原胞中有两个独立的格点,因此它的声子能谱必然包含有 $3n_a = 6$ 个分支,也就是说,对应于每个波矢 $k$,最多有 $3n_a$ 个不同的本征频率,这些本征频率可能因对称而有简并。在图 4.9 中,沿着 [110] 晶向 ($\Sigma$) 确实有 6 个分支,但是沿着 [100] 晶向 ($\Delta$) 和 [111] 晶向 ($\Lambda$) 却只有 4 个分支。这是因为沿着

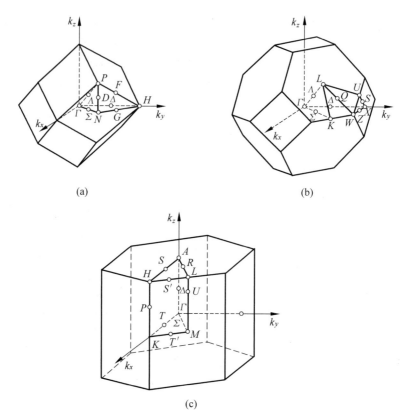

(a)                                    (b)

(c)

图 4.8   第一布里渊区以及其中的特殊点

（a）BCC 晶体；（b）FCC 晶体；（c）HCP 晶体

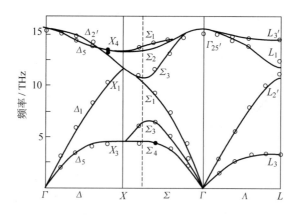

图 4.9   硅晶体的声子能谱（www.personal.psu.edu）

[100]晶向和[111]晶向光学支和声学支中的两个横波模式都发生了简并。在硅的
声子能谱中，最大频率 $\omega_{jk}/2\pi$ 大约在 10 THz 的量级，这与德拜模型对截止频率的

预测是一致的：

$$\omega_{\mathrm{D}} = k_{\mathrm{B}}\Theta_{\mathrm{D}}/\hbar = \frac{1.38 \times 10^{-23} \times 625}{1.05 \times 10^{-34}} = 2\pi \times 13\ \mathrm{THz} \tag{4.29}$$

用总自由度数限制计算出的德拜频率比真正的声子能谱中的最大频率要小一些，这可以由图 4.6(a)中理论和实验 $g(\omega)$ 的比较看出来。另外，硅单晶的声速也可以由图 4.9 中的能谱估计出来：$v \approx \omega_{\mathrm{D}}/(a^{*}/2) \approx 10^{4}\ \mathrm{m/s}$。

　　真实三维晶体的光学和声学支是十分复杂的，因此，为了更好地理解光学支和声学支的色散关系，有必要用一个典型的简单模型详细计算一下。现在考虑沿着 NaCl 晶体[100]晶向传播的纵波点阵振动波，此时晶体可以分解为一系列没有相互作用的一维原子链的集合。晶格常数，或一维 NaCl 双原子链的周期，记为 $a$。$\mathrm{Cl}^{-}$ 和 $\mathrm{Na}^{+}$ 的质量分别记为 $M$ 和 $m$。离子键势的弹性系数记为 $K = U_{11}(R_0)$。势矩阵 $\phi(ln; l'n')(n, n' = 1, 2)$ 可以通过运动方程(4.22)求出来，也可以根据式(4.21)直接得到，非零矩阵元为

$$M\ddot{u}(l,1) = -K[u(l,1) - u(l-1,2)] - K[u(l,1) - u(l,2)]$$
$$m\ddot{u}(l,1) = -K[u(l,2) - u(l,1)] - K[u(l,2) - u(l+1,1)]$$
$$\phi(l,1;l,1) = 2K, \quad \phi(l,1;l,2) = -K; \quad \phi(l,1;l-1,2) = -K$$
$$\phi(l,2;l,2) = 2K, \quad \phi(l,2;l,1) = -K; \quad \phi(l,2;l-1,1) = -K \tag{4.30}$$

一维的 $2 \times 2$ 动力矩阵可以根据式(4.25)推导出来：

$$\widetilde{\boldsymbol{D}} = \begin{pmatrix} \dfrac{2K}{M} & \dfrac{1}{\sqrt{Mm}}(-K - Ke^{-ika}) \\[2mm] \dfrac{1}{\sqrt{Mm}}(-K - Ke^{-ika}) & \dfrac{2K}{m} \end{pmatrix} \tag{4.31}$$

动力矩阵的本征值也可以很容易计算出来：

$$\omega_{\pm}^{2} = 2K\frac{(M+m) \pm \sqrt{M^2 + m^2 + 2Mm\cos ka}}{2Mm} \tag{4.32}$$

其中，$\omega_{+}(k)$ 代表光学支，$\omega_{-}(k)$ 代表声学支，如图 4.10 所示。为更好地理解光学

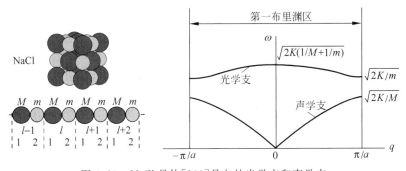

图 4.10　NaCl 晶体[100]晶向的光学支和声学支

支和声学支的物理定义对声子能谱和本征矢量的长波展开(long wavelength expansion)和短波(short wavelength expansion)展开分别为

$$\omega_+\,(ka \ll 1) \approx \sqrt{2K(1/M + 1/m)}\,, \quad \begin{pmatrix} A_M \\ A_m \end{pmatrix} \propto \begin{pmatrix} m \\ -M \end{pmatrix}$$

$$\omega_-\,(ka \ll 1) \approx \sqrt{2K/(M+m)}\,ka/2\,, \quad \begin{pmatrix} A_M \\ A_m \end{pmatrix} \propto \begin{pmatrix} 1 \\ 1 \end{pmatrix}$$

$$\omega_+\,(ka = \pi) \approx \sqrt{2K/m}\,, \quad \begin{pmatrix} A_M \\ A_m \end{pmatrix} \propto \begin{pmatrix} 1 \\ 0 \end{pmatrix}$$

$$\omega_-\,(ka = \pi) \approx \sqrt{2K/M}\,, \quad \begin{pmatrix} A_M \\ A_m \end{pmatrix} \propto \begin{pmatrix} 0 \\ 1 \end{pmatrix} \tag{4.33}$$

原子振动的矢量振幅与本征矢量的关系为 $\boldsymbol{A}_m(j,\boldsymbol{k}) = \boldsymbol{e}_m(j,\boldsymbol{k})/\sqrt{Mm}$，因此在式(4.33)中可以看到，在长波极限 $ka \ll 1$ 下，声学支正如所料具有 $\omega_- = v_s k$ 形式的类似声波的色散关系，并具有两个原子一致运动的振动模式 $A_M = A_m$；而光学支则达到了最高的光学频率 $f_l = \omega_+(0)/2\pi$，并相应地具有两个原子趋向原胞重心做强烈相对运动 $A_M M + A_m m = 0$ 的振动模式。

晶体的声速(sound velocity)可以通过纵波声学支在 $ka \ll 1$ 的长波区域内的斜率来估算：

$$v_s = \sqrt{\frac{K}{M}}\,\frac{a}{2} \sim \sqrt{\frac{10^0 - 10^1}{10^{-27}}} \times 10^{-10} \sim 10^3\text{-}10^4 \text{ m/s} \tag{4.34}$$

其中，$\overline{M}$ 是晶体中的平均原子质量，$a$ 是晶格常数。估算的晶体声速 $10^3\text{-}10^4$ m/s 与实验一致，如表 4.2 所示。在元素周期表中，声速与德拜温度有类似的规律，因为这两个物理量在晶体的原子尺度上都正比于 $\sqrt{K/M}$。

表 4.2　晶体的纵波声速　　　　　　　　　　　　　　　　　m/s

| Na | 3200 | Be | 13000 | B | 16200 | C | 18350 | NaCl | 4780 |
|---|---|---|---|---|---|---|---|---|---|
| K | 2000 | Mg | 4602 | Al | 5100 | Si | 8430 | 钢铁 | 5900 |
| Cu | 3570 | Ca | 3810 | Ga | 2740 | Ge | 5400 | 木头 | 3500 |
| Ag | 2600 | Zn | 3700 | In | 1215 | Sn | 2500 | 玻璃 | 5500 |
| Au | 1740 | Cd | 2310 | Tl | 818 | Pb | 1260 | 尼龙 | 1390 |

基于光学支的特性，离子晶体可以在很多场合用作光学材料。NaCl 是最常用的红外透射晶体(infrared transmission crystal)，图 4.11 中显示了氯化钠晶体在 $\lambda < 20\ \mu m$ 波段的透射窗口，因此在相当宽的频段内 NaCl 可以用作红外和傅里叶变换红外光谱仪(FTIR)中气体或固体的样品盒。NaCl 也可以用作红外反射器(infrared reflector)，用以制备单色红外谱线。上述这些光学性质都是由光子-声子相互作用(photon-phonon interaction)引起的。光子-声子共振必然发生在原子

振动的长波区域（$ka \ll 1$），这是由能量守恒定律 $h\nu = \hbar\omega_+(0)$ 和动量守恒定律 $h\nu/c = \hbar k$ 共同决定的。共振光波长可以通过估算 $f_l$ 对应的波长来估计：

$$\lambda_0 = \frac{2\pi c}{\sqrt{2K(1/M + 1/m)}}$$

$$= \frac{2\pi \times 3 \times 10^8}{\sqrt{2 \times 32(1/35.45 + 1/22.99)/1.67 \times 10^{-27}}} = 36 \ \mu m \quad (4.35)$$

氯化钠的红外透射窗口 $\lambda < 20 \ \mu m$ 对应的光波频率比光学支的最高频率 $f_l$ 还要高，此时光子-声子共振不能发生，因此 NaCl 晶体是透明的。$\lambda = 0.2 \mu m$ 处的另一类共振则与光子-电子散射有关了。在氯化钠红外反射器中，通过在晶体上的多次发射，可以产生单色的红外谱线（$ka \ll 1$ 以及 $f_l = \omega_+/2\pi$），因为光子与晶体声子的强烈共振会导致反射系数 $R = 1$，这将在第 8 章中再详细讨论。

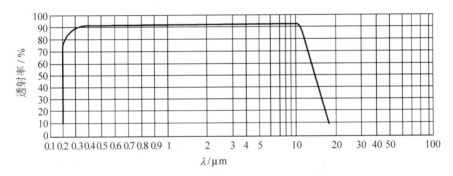

图 4.11    NaCl 晶体的透射系数与波长的关系（www.internationalcrystal.net）

### 4.3.3    声子能谱的中子衍射测定

声子能谱必须用中子衍射（neutron diffraction）方法测定，因为中子没有电荷，可以透过原子的电子壳层，直接与原子核相互作用。第 3 章中已初步介绍过，弹性散射（elastic scattering）模式的中子衍射，可以研究包含氢等轻元素的结构。通过非弹性散射（inelastic scattering）模式的中子衍射，可以比较灵敏地测量固体中的原子振动（声子能谱）和自旋波（磁振子能谱）。非弹性散射晶体衍射中使用的"热"中子能量很低：

$$E = \left(\frac{0.286 \ \text{Å}}{\lambda}\right)^2 \text{eV} \approx \left(\frac{0.286 \ \text{Å}}{1 \ \text{Å}}\right)^2 \text{eV} = 0.082 \ \text{eV} = k_B \times 593 \ \text{K} \quad (4.36)$$

中子的中性电荷特质，使得它能深入透射到材料中进行无损探测，用 X 射线、电子衍射进行同样的研究，样品也许会为大辐射剂量所损伤。中子衍射技术是由查德威克、特别是舒尔和布洛克豪斯等人的工作奠定的基础。

如果没有中能原子核反应堆或高能加速器，就不可能产生具有足够强度的中子束用于中子衍射实验。历史上第一个这样的中子源在 1945 年建造成功,实际上是曼哈顿计划导致的原子核物理进步的一个分支结果。在慢中子核反应堆中,中子的速度分布满足经典的麦克斯韦-玻耳兹曼分布 $f(v) \propto \exp(-\beta m v^2/2)$,可见中子速度分布是个纯粹的连续谱。为了获得衍射实验需要的单色中子束,必须使用一个中子选择器。费密型的中子选择器包括两个相距 $L$、以同样角频率 $\omega$ 转动、相位差为 $\Delta\phi$ 的圆盘,每个圆盘都是由镉层(高中子吸收)和铝层(低中子吸收)相间而成的多层膜,圆盘转轴平行于多层膜、垂直于中子束,因此波长为 $\lambda$ 的单色中子可以被选择出来:

$$\lambda = \frac{h}{m_n v} = \frac{\Delta\phi}{\omega} \frac{h}{m_n L} \tag{4.37}$$

在美国的橡树岭国家实验室,20 世纪 80 年代开始使用的线性加速器(linear accelerators)和同步加速器(synchrotrons)提供了足够强度的脉冲中子源,满足了目前中子衍射实验的要求。

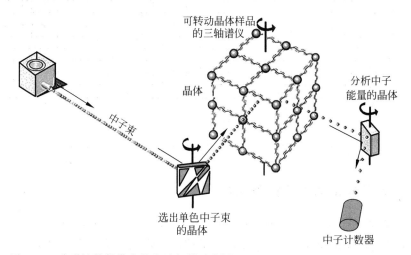

图 4.12  非弹性散射模式的中子衍射示意图(www. personal. engin. umich. edu)

非弹性中子衍射(见图 4.12)理论与第 3 章讨论的中子衍射理论十分类似,只是此时出射中子的能量 $\varepsilon = \hbar\Omega$ 与入射中子的能量 $\varepsilon_0 = \hbar\Omega_0$ 有可能是不同的。因此,在衍射强度(diffraction intensity)中必须包含时间项:

$$I = |f_{cr} e^{-i\Omega_0 t}|^2 = \left| \sum_n f_a e^{-is \cdot r_n - i\Omega_0 t} \right|^2 = f_a^2 |S|^2 \tag{4.38}$$

假设中子与一个频率为 $\omega$、波矢为 $q$、波函数为 $r_n = R_n + A\cos(q \cdot R_n - \omega t)$ 的声子相互作用,晶格结构因子(lattice structure factor)$S$ 可以计算出来:

$$S = \sum_n e^{-is \cdot r_n - i\Omega_0 t}$$

$$\approx \sum_n \mathrm{e}^{-\mathrm{i}s\cdot R_n -\mathrm{i}\Omega_0 t}\left[1-\mathrm{i}s\cdot A\cos(q\cdot R_n -\omega t)\right]$$

$$= S_0 + \left(-\frac{i}{2}s\cdot A\right)\sum_n \left[\mathrm{e}^{-\mathrm{i}(s-q)\cdot R_n -\mathrm{i}(\Omega_0+\omega)t}+\mathrm{e}^{-\mathrm{i}(s+q)\cdot R_n -\mathrm{i}(\Omega_0-\omega)t}\right] \qquad (4.39)$$

其中，$S_0$ 是第 3 章中已经讨论过的弹性散射的晶格结构因子。根据式（4.39），可以看到非弹性散射的衍射斑会在新的位置出现：

$$s = k - k_0 = G_{hkl}\pm q,\quad \Omega -\Omega_0 =\pm \omega_j(q) \qquad (4.40)$$

在实验过程中，必须在满足条件 $s=G_{hkl}$ 和 $F\neq 0$ 的某个弹性散射的衍射斑附近测量不同能量的出射中子的强度。固定某个出射方向 $k=k_0+G_{hkl}+q$，通过测量衍射强度出现极大处的特定出射中子能量 $\varepsilon=\varepsilon_0+\hbar\omega_j(q)$，可以获知声子能谱。

对于具有布拉菲点阵的晶体来说，针对一个特定的声子波矢 $q$，在 $\varepsilon>\varepsilon_0$ 的能区只会发现 2～3 个中子强度的峰值，对应于 3 个声学支，如图 4.13(a) 中铝的声子谱所示。对于具有 2 个基元原子的非布拉菲点阵晶体来说，针对一个特定的声子波矢 $q$，在 $\varepsilon>\varepsilon_0$ 的能区会发现 4～6 个中子强度的峰值，正如图 4.9 中的硅声子谱和图 4.13(b) 中的氯化钠声子能谱显示的那样。注意在第一布里渊区的对称方向因能量简并声子能谱的分支数会少。

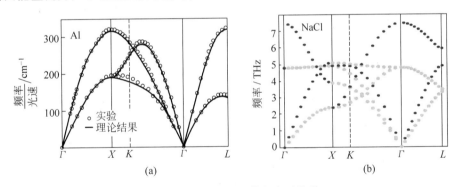

图 4.13　FCC 结构晶体的声子能谱

(a) 铝晶体（Stedman，Nilsson，1966；Vocadlo，Alfe，2002）；

(b) NaCl 晶体（people. web. psi. ch）

中子衍射实验也可测量声子态密度，即频率分布 $g(\omega)$。图 4.13(b) 中的 NaCl 声子能谱 $\omega_j(k)$ 在频率为 $\omega\approx2.4$ THz，$4.9$ THz 时达到极值点（$\mathrm{d}\omega/\mathrm{d}k=0$），根据式（4.10）在 $\omega\approx2.4$ THz，$4.9$ THz 附近也确实会出现频率分布 $g(\omega)$ 的尖锐极大，图 4.6(b) 中实验测量的 NaCl 晶体频率分布证实了这一点。

声子能谱的计算可以用第一性原理的分子动力学（ab-initio molecular dynamics）方法进行，其中必须针对每个晶体中的原子或离子选择恰当的原子势。在图 4.14 中显示了中子衍射实验测量的四方相 $La_2CuO_4$ 单晶的声子能谱以及相应的计算结果，声子能谱沿着四方晶体的 FBZ 的一系列对称方向表达。$La_2CuO_4$

固体物理(第 2 版)

晶体是高温超导体的母体之一,其中的电子-声子相互作用是十分关键的因素,因此有必要进行详细的计算。

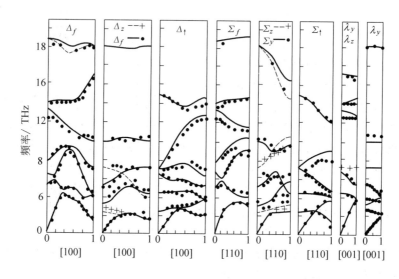

图 4.14　$La_2CuO_4$ 晶体的实验(点)和理论(线)声子能谱(www.kiae.ru)

# 本章小结

本章讨论的是固体的热、声、和部分光学性质。原子振动波和声子的波粒二象性是理解爱因斯坦模型、德拜模型和中子衍射的关键。

1. 爱因斯坦声子模型:爱因斯坦引入了原子运动的能量子,即声子的概念。对声子的量子统计分子自然就导出玻色-爱因斯坦统计,也就解释了固体在绝对零度附近热容量趋于零的现象。

2. 德拜声子模型:德拜修正了爱因斯坦模型。通过引入声子的线性能谱,以及一个截断频率,德拜模型对各种固体的低温比热容都有相当精确的描述。

3. 晶格动力学:玻恩和冯·卡门建立了固体中数量巨大的原子的经典小振动模型;因此计算出了原子振动波对应的色散关系,根据波粒二象性原理,这也就得到了声子能谱。

4. 声子能谱和中子衍射:声子能谱包含两个部分:声学支对理解固体的热性质和声学性质更重要;而光学支则可以解释无机物在红外频段的光学性质。声子能谱可用非弹性散射模式的中子衍射方法测量,这是由布洛克豪斯首先完成的。

# 本章参考文献

1. 黄昆,韩汝奇. 固体物理学. 北京：高等教育出版社,1988

2. Hall H E. 固体物理学. 刘志远等译. 北京：高等教育出版社, 1983

3. Laue M V. 物理学史. 范岱年，戴念祖译. 北京：商务印书馆, 1978

4. Lewis G N，Randall M. Thermodynamics. 2nd Edition. New York：McGraw-Hill Book Co，1961

5. Kellermann E W. On the Specific Heat of the Sodium Chloride Crystal. Proceedings of the Royal Society of London. Series A，Mathematical and Physical Sciences，Vol178，No972，17-24，1941

6. Seitz F. The Modern Theory of Solids. New York：McGraw-Hill，1940

7. Stedman R，Nilsson G. Dispersion Relations for Phonons in Aluminum at 80 and 300 K. Phys Rew，Vol145,492-500，1966

8. Vocadlo L，Alfe D. Abinitio melting curve of the fcc phase of aluminum. Phys Rev B，Vol65，214105，2002

9. Debye's Contribution to Specific Heat Theory. Nave C R. Department of Physics and Astronomy，Georgia State University，City of Atlanta，Georgia，USA. 1 January 2006 <http：//hyperphysics. phy-astr. gsu. edu/hbase/thermo/debye. html>

10. Phonon Dispersion Relations in NaCl. Delley B. Paul Scherrer Institute，City of Villigen，Switzerland. 15 December 2005 <http：//people. web. psi. ch/delley/nacl. html>

11. Surface Optical Phonons in Ⅲ-Ⅴ，Ⅱ-Ⅵ Semiconducting Nanowires. Eklund P C. Physics Department，Pennsylvania State University，City of University Park，USA. 5 December 2005 <http：//www. personal. psu. edu/pce3/Research%20Topics. htm>

12. Sodium Chloride （NaCl）Optical Crystal. International Crystal Laboratories，City of Garfield，New Jersey，USA. 20 December 2005 <http：//www. internationalcrystal. net/iclsite3/optics_16. htm>

13. Interview with a Neutron：Using the Neutron for Scattering. Hendricks J L. College of Engineering，University of Michigan，City of Ann Arbor，USA. 14 January 2006 <http：//www-personal. engin. umich. edu/~jlhendri/page4. html>

14. Neutron Scattering Condensed Matter Investigations. Rumiantsev A Yu. Russian Research Centre Kurchatov Institute，City of Moscow，Russia. 11 Feburary 2006 <http：//www. kiae. ru/rus/inf/new/new9. htm>

# 本章习题

1. 计算爱因斯坦模型中平均每个声子的比热容 $c(T)$ 与杜隆-珀替定律对应的经典曲线 $c = k_B$ 之间的面积差。

2. 计算一维环形原子链(原子质量 $m$、弹性系数 $K$、原子数 $N$)的摩尔热容：

(1)用德拜模型；(2)用精确的态密度 $g(\omega)=\dfrac{2N}{\pi}\left[\dfrac{4K}{m}-\omega^2\right]^{-1/2}$；(3)对固定的原子质量 $m$、弹性系数 $K$，(1)和(2)中哪个计算出来的比热容比较大？用低温展开证明你的观点。

3. 在一个液体中，密度为 $\rho$、表面张力系数为 $\sigma$，色散关系为 $\nu^2=2\pi\sigma/(\rho\lambda^3)$。(1)构建一个类"德拜模型"，计算在总的表面能；(2)计算有表面张力波贡献的比热容的低温展开式(例如在液氦中)。

4. 在金刚石晶体中(原子量 12)，杨氏模量为 $7\times10^{11}\,\mathrm{N/m}$，密度为 $3.5\,\mathrm{g/cm^3}$。计算金刚石的摩尔热容 $C_{\mathrm{mole}}(T)$，并讨论它的特性。

5. 在一个聚乙炔链$(-\mathrm{CH}=\mathrm{CH}-)_n$ 中，晶格常数为 $a$ 分子团 $-\mathrm{CH}-$ 的质量为 $M$，单键和双键的弹性系数分别为 $K_1$ 和 $K_2$。

(1)证明聚乙炔链的色散关系为

$$\omega^2=\frac{K_1+K_2}{M}\left\{1\pm\left[1-\frac{2K_1K_2\sin^2(ka/2)}{(K_1+K_2)^2}\right]^{1/2}\right\} \tag{4.41}$$

(2)计算色散关系的长波和短波展开；

(3)画出光学支和声学支的函数曲线。

6. 计算 BCC 或 FCC 晶体的动力矩阵。

7. 铝单晶的纵向和横向声速在[111]晶向相差多少？

8. 在中子衍射中，如果入射中子的能量为 0.02 eV，出射中子的角度为 $2\theta=10°$，并且同时产生一个速度为 300 m/s 的声子。计算中子在衍射过程中的能量损失。

# 第5章　固体电子理论

## 本 章 提 要

- 欧姆定律与德鲁德模型(5.1)
- 费密-狄拉克统计与索末菲模型(5.2)
- 固体能带理论(5.3)

　　早期的固体电性质研究可以追溯到 1826 年的欧姆定律,欧姆(George Simon Ohm)将电阻与导线的几何参数直接联系了起来,这就为后来定义物质的电性质参数——电阻率(resistivity)——奠定了基础。1864 年,麦克斯韦(James Clerk Maxwell)的 *A Dynamical Theory of the Electromagnetic Field* 统一了电、磁、光的基本定律,只是麦克斯韦理论没有清楚地说明电磁场如何与物质相互作用。19 世纪晚期,洛伦兹(Hendrik Antoon Lorentz)对运动物体的电磁现象研究做出了基础性的贡献,基于带电基本粒子的概念,他提出了洛伦兹力(Lorentz force):

$$\nabla \cdot \boldsymbol{E} = 4\pi\rho \tag{5.1}$$

$$\nabla \cdot \boldsymbol{B} = 0 \tag{5.2}$$

$$\nabla \times \boldsymbol{E} = -\frac{1}{c}\frac{\partial \boldsymbol{B}}{\partial t} \tag{5.3}$$

$$\nabla \times \boldsymbol{B} = \frac{4\pi}{c}\boldsymbol{j} + \frac{1}{c}\frac{\partial \boldsymbol{E}}{\partial t} \tag{5.4}$$

$$\boldsymbol{F} = q\boldsymbol{E} + \frac{q}{c}\boldsymbol{v} \times \boldsymbol{B} \tag{5.5}$$

上述 5 个方程就构成了完整的麦克斯韦-洛伦兹电磁理论的基础,这是爱因斯坦 1905 年在他的狭义相对论论文中提出的名词。

　　1897 年,汤姆孙(Joseph John Thomson)等人对电子的发现证明了物质中的负电荷载流子就是质量很轻的电子。1900 年,德鲁德(Paul Drude)借用气体分子运动论提出了一个经典电子理论,可以统一解释金属的电、热、光性质。德鲁德假设带负电的电子在固定的正离子框架中移动,而且电子构成类似气体的"电子气"(electron gas)。后来,洛伦兹基于经典的麦克斯韦-玻耳兹曼统计(Maxwell-

Boltzmann statistics),对德鲁德模型进行了精确化,但是并未解释德鲁德模型留下的疑惑:①模型给出的金属中电子的比热容太大了,没有相应的实验证据;②温度趋于零的时候,无限大的平均自由程与有限的离子间距矛盾。

　　1925 年,意大利人费密(Enrico Fermi)基于德国人泡利(Wolfgang Pauli)的电子轨道排布不相容原理,提出了电子气体的新统计方法,几个月以后英国人狄拉克(Paul Dirac)也给出了类似的陈述,这就是费密-狄拉克统计(Fermi-Dirac statistics)。1928 年,德国人索末菲(Arnold Sommerfeld)对德鲁德-洛伦兹模型中的自由电子气体使用了费密-狄拉克统计,这样就给出了固体电子理论中的一系列重要概念:费密气体、费密球、费密波矢等。

　　1926 年,薛定谔(Erwin Schroedinger)的方程引起了基础物理和化学理论的革命,薛定谔使用的微分方程是自牛顿以来物理学家就非常熟悉的方法,因此薛定谔方程立刻获得广泛的应用。1928 年,瑞士人布洛赫(Felix Bloch)在莱比锡大学的博士论文中提出了固体电子能带理论,即在周期性的点阵中传播的电子的德布罗意波会拥有如图 5.1 所示的电子能带结构(energy band)。能带论是量子固体电子理论的基础,因此布洛赫后来被称为"固体物理之父"。1963 年由科恩(Walter Kohn)建立的密度泛函理论(density functional theory)是精确计算元素和化合物能带的基础,因此也成为了量子化学和计算材料学的基础。

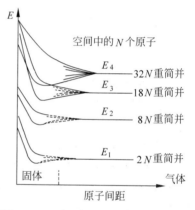

图 5.1　N 个原子的电子结构示意图:从气体到固体

　　在自由空间中,原子中的电子会有分立的能级;在固体形成的过程中,当 N 个原子逐渐接近的时候,孤立原子的分立能级会因为粒子的相互作用而逐渐展开为能带,如图 5.1 所示。这 N 个原子中 的 NZ 个电子(Z 为平均原子序数)会占有一系列能带,孤立原子中的空态也被展开为一系列能带。固体中大部分能带是完全被电子的量子态填满的,而只有一条或几条能带是被部分填满的,更高的能带是空的。正如玻尔模型(Bohr model)中的量子跃迁一样,固体中的电子也会从一个能带中的某个量子态跃迁到同一条或另一条能带中的某个量子态,经常还会越过两条能带中间的禁带跃迁。对与固体发生散射的光子(可见光、X 射线)、高能电子束引起的固体电子跃迁进行分析,可以证明能带理论的普遍正确性,自然也可以提供固体中被允许和被禁止的电子能量带的信息。

　　本章将讨论经典自由电子的德鲁德模型、自由电子量子气体的索末菲模型、布洛赫等人的早期能带理论,还有科恩的密度泛函理论。相关的导体、半导体、超导体的电输运性质,以及固体电子器件基础将在第 6 章中讨论。

# 5.1 德鲁德模型:自由电子气体

德鲁德(Paul Drude)是一位德国物理学家。1888 年,他开始学习麦克斯韦的电磁理论,后来与洛伦兹一起解释了金属的色散关系。1900 年,被汤姆孙发现电子所激励,很多物理学家试图建立一个有实际应用的电子理论;德鲁德对金属的电、磁、光性质有着长期的研究,因此他发展了他自己的电子理论。

在德鲁德的理论中,每块金属都含有数量巨大的自由电子,基于成熟的气体分子动力学,这些自由电子构成了一种特殊的气体,如图 5.2 所示。导体(conductor)与非导体(nonconductors)之间的本质差别是,非导体中含有很少的自由电子。最开始的时候,德鲁德认为金属中带有正负电荷的粒子都是气体的一部分,后来,他改正了这个观点,认为只有负电荷载流子——电子是可移动的。电子在随机分布的离子(当时还没有正确的晶体物理学)之间运动,因此德鲁德模型(Drude model)又叫葡萄干模型。

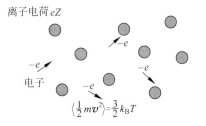

图 5.2 德鲁德模型(Drude model):在类似葡萄干的正离子之间的电子气

在温度 $T$ 下,$N$ 个电子构成的气体的平衡态能量,可以根据麦克斯韦-玻耳兹曼(M-B)分布计算出来:

$$\bar{\varepsilon} = \frac{\iiint \mathrm{d}^3 \boldsymbol{p}\, \varepsilon\, \mathrm{e}^{-\varepsilon/k_B T}}{\iiint \mathrm{d}^3 \boldsymbol{p}\, \mathrm{e}^{-\varepsilon/k_B T}} = \frac{\int \mathrm{d}\varepsilon\, \varepsilon^{3/2}\, \mathrm{e}^{-\varepsilon/k_B T}}{\int \mathrm{d}\varepsilon\, \varepsilon^{1/2}\, \mathrm{e}^{-\varepsilon/k_B T}} = \frac{3}{2} k_B T \tag{5.6}$$

其中,能态密度(EDOS)$g(\varepsilon) \propto \sqrt{\varepsilon}$。可见只要使用 M-B 统计,每个电子的平均比热容就是 $c_V = \mathrm{d}\bar{\varepsilon}/\mathrm{d}T = \frac{3}{2} k_B$;自由电子的均方根速率应该是 $\bar{v} = \sqrt{2\bar{\varepsilon}/m} = \sqrt{3 k_B T/m}$。

在具有 $N_L$ 个单胞、单胞中有 $n_a$ 个原子、每个原子平均贡献 $Z$ 个价电子的金属晶体中,自由电子气体的密度比原子密度还高:

$$n = \frac{N}{V} = \frac{n_a Z}{a^3} (\text{FCC, BCC}), \quad n = \frac{n_a Z}{3\sqrt{3} a^2 c/2} \quad (\text{HCP}) \tag{5.7}$$

其中,$a$ 是立方晶系的晶格常数,$a,c$ 是六角晶系的晶格常数。可以看到金属中的电子密度是非常高的,相应地电子气体的压强 $P = (n/N_A)RT$ 也是很大的,可达数千大气压,这么大的压强是靠固体表面的功函数来约束和平衡的。

电子气体的另一个重要参数——电子平均占有半径 $r_s$——正比于晶格常数:

固体物理(第 2 版)

$$r_{\mathrm{s}} = \left(\frac{3}{4\pi n}\right)^{1/3} = \left(\frac{3}{4\pi n_a Z}\right)^{1/3} a \quad (\mathrm{FCC, BCC}), \quad \left(\frac{9\sqrt{3}}{8\pi n_a Z}a^2 c\right)^{1/3} (\mathrm{HCP})$$

$$(5.8)$$

在碱金属中,电子平均占有半径 $r_{\mathrm{s}}$ 相对来说大一些,约为 $3\sim5a_{\mathrm{B}}$,因为它们都具有 BCC 结构;在具有 FCC,HCP 等密排结构的金属中,$r_{\mathrm{s}}$ 约为 $2\sim3a_{\mathrm{B}}$。各种金属的 $r_{\mathrm{s}}$ 及其他与自由电子气体相关的数值都在表 5.1 中分别列出了。

表 5.1 德鲁德模型与索末菲模型相关的常见金属性质(绝大多数为室温性质):$Z$ 为价电子数,$n/(10^{22}\ \mathrm{cm}^{-3})$ 为电子浓度,$r_{\mathrm{s}}/(\text{Å})$ 电子平均占有半径,$\rho/(\mu\Omega \cdot \mathrm{cm})$ 是 77 K 与 273 K 的电阻率,$\tau/(10^{-14}\ \mathrm{s})$ 为弛豫时间,$\kappa/(\mathrm{W}/(\mathrm{m} \cdot \mathrm{K}))$ 为热导率;另外,$\varepsilon_{\mathrm{F}}/(\mathrm{eV})$ 为费密能量,$T_{\mathrm{F}}/(10^4\ \mathrm{K})$ 为费密温度,$v_{\mathrm{F}}/(10^6\ \mathrm{m/s})$ 为费密速度,$k_{\mathrm{F}}/(\text{Å}^{-1})$ 为费密波矢(Ashcroft,Mermin,1976;www.webelements.com)

| | $Z$ | $n$ | $r_{\mathrm{s}}$ | $\rho(77\ \mathrm{K})$ | $\rho$ | $\tau$ | $\kappa$ | $\varepsilon_{\mathrm{F}}$ | $T_{\mathrm{F}}$ | $v_{\mathrm{F}}$ | $k_{\mathrm{F}}$ |
|---|---|---|---|---|---|---|---|---|---|---|---|
| Li | 1 | 4.70 | 1.72 | 1.04 | 8.55 | 0.88 | 85 | 4.74 | 5.51 | 1.29 | 1.12 |
| Na | 1 | 2.65 | 2.08 | 0.80 | 4.20 | 3.17 | 140 | 3.24 | 3.77 | 1.07 | 0.92 |
| K | 1 | 1.40 | 2.57 | 1.38 | 6.10 | 4.11 | 100 | 2.12 | 2.46 | 0.86 | 0.75 |
| Rb | 1 | 1.15 | 2.75 | 2.20 | 11.0 | 2.79 | 58 | 1.85 | 2.15 | 0.81 | 0.70 |
| Cs | 1 | 0.91 | 2.98 | 4.50 | 18.8 | 2.08 | 36 | 1.59 | 1.84 | 0.75 | 0.65 |
| Cu | 1 | 8.37 | 1.41 | 0.20 | 1.56 | 2.66 | 400 | 7.00 | 8.16 | 1.57 | 1.36 |
| Ag | 1 | 5.86 | 1.60 | 0.30 | 1.51 | 4.01 | 430 | 5.49 | 6.38 | 1.39 | 1.20 |
| Au | 1 | 5.90 | 1.59 | 0.50 | 2.04 | 2.91 | 320 | 5.53 | 6.42 | 1.40 | 1.21 |
| Be | 2 | 24.7 | 0.99 | — | 2.80 | 0.51 | 190 | 14.3 | 16.6 | 2.25 | 1.94 |
| Mg | 2 | 8.61 | 1.41 | 0.62 | 3.90 | 1.06 | 160 | 7.08 | 8.23 | 1.58 | 1.36 |
| Ca | 2 | 4.61 | 1.73 | — | 3.43 | 2.23 | 200 | 4.69 | 5.44 | 1.28 | 1.11 |
| Sr | 2 | 3.55 | 1.80 | 7.0 | 23.0 | 0.37 | 35 | 3.93 | 4.57 | 1.18 | 1.02 |
| Ba | 2 | 3.15 | 1.96 | 17.0 | 60.0 | 0.19 | 18 | 3.64 | 4.23 | 1.13 | 0.98 |
| Zn | 2 | 13.2 | 1.22 | 1.10 | 5.50 | 0.49 | 120 | 9.47 | 11.0 | 1.83 | 1.58 |
| Cd | 2 | 9.27 | 1.37 | 1.60 | 6.80 | 0.56 | 97 | 7.47 | 8.68 | 1.62 | 1.40 |
| Hg | 2 | 8.65 | 1.40 | 5.80 | 已熔化 | — | 8.3 | 7.13 | 8.29 | 1.58 | 1.37 |
| Fe | $2^+$ | 17.0 | 1.12 | 0.66 | 8.90 | 0.23 | 80 | 11.1 | 13.0 | 1.98 | 1.71 |
| Al | 3 | 18.1 | 1.10 | 0.30 | 2.45 | 0.80 | 235 | 11.7 | 13.6 | 2.03 | 1.75 |
| Ga | 3 | 15.4 | 1.16 | 2.75 | 13.6 | 0.17 | 29 | 10.4 | 12.1 | 1.92 | 1.66 |
| In | 3 | 11.5 | 1.27 | 1.80 | 8.0 | 0.38 | 82 | 8.63 | 10.0 | 1.74 | 1.51 |
| Tl | 3 | 10.5 | 1.31 | 3.70 | 15.0 | 0.22 | 46 | 8.15 | 9.46 | 1.69 | 1.46 |
| Sn | 4 | 14.8 | 1.17 | 2.10 | 10.6 | 0.22 | 67 | 10.2 | 11.8 | 1.90 | 1.64 |
| Pb | 4 | 13.2 | 1.22 | 4.70 | 19.0 | 0.14 | 35 | 9.47 | 11.0 | 1.83 | 1.58 |
| Sb | 5 | 16.5 | 1.13 | 8.0 | 39.0 | 0.05 | 24 | 10.9 | 12.7 | 1.96 | 1.70 |
| Bi | 5 | 14.1 | 1.19 | 35.0 | 107 | 0.02 | 8 | 9.90 | 11.5 | 1.87 | 1.61 |

德鲁德模型的基本假设在固体电子理论体系中是很重要的；当经典电子被处理成服从量子统计的费密子的时候，德鲁德模型就会变成索末菲模型；再当自由电子假设被替换为电子在周期势中运动的假设时，索末菲模型又会进化为能带理论。德鲁德模型的基本假设为：

① 独立电子假设(independent electron approximation)：忽略所有电子-电子之间的库仑排斥力 $\sum e^2/r_{ij}$。由此可以使用单电子近似。

② 自由电子假设(free electron approximation)：除了在碰撞的瞬间，忽略电子-离子之间的库仑吸引力$-\sum Ze^2/|\boldsymbol{r}_i-\boldsymbol{R}_l|$。

③ 碰撞假设(collision approximation)：电子-离子的碰撞是瞬时的。在碰撞中，电子的速度被突然改变，而且出射电子的速度只与温度有关，服从麦克斯韦速度分布率，与入射电子速度无关。

④ 弛豫时间近似(relaxation time approximation)：电子-离子的两次碰撞之间的平均时间叫做弛豫时间 $\tau$，相应的电子位移叫做平均自由程(mean free path)$l=\bar{v}\tau$。若电子气处于非平衡状态，在撤除导致非平衡的外界影响、即当外场为零时，电子平均速度$\langle\boldsymbol{v}\rangle$会按照$\exp(-t/\tau)$的规律趋于零。

⑤ 隐含的假设：在分析电子的运动过程中，使用经典物理学。尤其需要强调的是，在平衡状态，固体中的电子气服从麦克斯韦-玻耳兹曼统计。

基于德鲁德的假设，金属的直流电导率(DC conductivity)的交流电导率(请在本章习题中完成)都可以计算出来。在金属中，电子的速度基本上是各向同性的，只是沿着外场方向有一个小小的平均速度——即漂移速度(drift velocity)$\boldsymbol{v}_d$。在金属中的某个微元中，电流密度矢量 $\boldsymbol{j}$ 一定沿着漂移速度的方向：

$$\boldsymbol{j}=(-e)\frac{n(\boldsymbol{v}_d\Delta t)A}{A\Delta t}=-ne\boldsymbol{v}_d \tag{5.9}$$

其中，$\Delta t$ 是时间间隔，$A$ 是微元的截面积。漂移速度是微元中电子的平均速度$\langle\boldsymbol{v}\rangle$，这与电子的均方根速率$\bar{v}=\sqrt{3k_BT/m}$(室温时约为 $10^7$ cm/s)是完全不同的。根据德鲁德的假设，漂移速度与外加电场成正比：

$$\boldsymbol{v}_d=\langle\boldsymbol{v}_0+at\rangle=a\tau=-\frac{e\boldsymbol{E}}{m}\tau \tag{5.10}$$

其中，碰撞后的初始速度$\boldsymbol{v}_0$是各向同性随机分布的。根据上述$\boldsymbol{v}_d$-$\boldsymbol{E}$ 的关系，直流电导率可以很容易计算出来：

$$\boldsymbol{j}=-ne\boldsymbol{v}_d=\sigma\boldsymbol{E},\quad \sigma=\frac{ne^2}{m}\tau \tag{5.11}$$

在德鲁德电导率 $\sigma=ne^2\tau/m$ 公式中，$n$，$e$，$m$，$\tau$ 分别代表金属中电子的浓度、电荷、质量、弛豫时间。在能带论建立以后，电导率依然可以用德鲁德电导率来表达，只是对其中 $n$，$m$，$\tau$ 可能有跟现在不同的物理解释，这些不同的物理解释恰恰就表征了导体、半导体等不同固体的电性质。

金属电子的弛豫时间也可以用德鲁德公式来进行估算(高斯制):

$$\tau = \frac{mn^{-1}}{e^2\rho} = \frac{2.2}{(\rho/\mu\Omega\cdot\text{cm})}\left(\frac{r_s}{a_B}\right)^3 \times 10^{-15}\text{s} \qquad (5.12)$$

其中,国际制-高斯制的电阻单位换算为 $1\ \Omega = (1/9)\times 10^{-11}$ s/cm。金属的电阻率在 $10^0 \sim 10^1\ \mu\Omega\cdot\text{cm}$ 的量级,电子的平均占有半径 $r_s$ 约为 $2 \sim 5 a_B$。因此,电子的弛豫时间的量级为 $10^{-14} \sim 10^{-15}$ s,平均自由程为 $l = \bar{v}\tau \approx 1 \sim 10$ Å,这似乎与德鲁德最初的假设是符合的,即 $l$ 大约是金属中的离子-离子距离。

在金属中,自由电子浓度 $n$、电子电荷与质量都是固定的,因此电阻率 $\rho$ 随着温度的升高肯定是由弛豫时间的下降引起的。图 5.3 中分别显示了一些金属的电阻率 $\rho(T)$ 和电导率 $\sigma(T)$。很显然,绝大多数金属(除了铁磁性的金属铁以外)的电阻率都正比于温度 $T$;根据德鲁德的电导率公式,弛豫时间及平均自由程必然正比于 $T^{-1}$,但是,这与德鲁德假设是有矛盾的(因为离子-离子之间的距离在温度降低时会缩小,而不是以 $T^{-1}$ 的规律增加)。

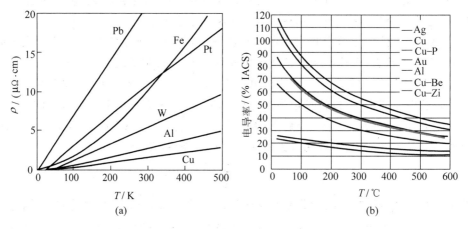

图 5.3　金属的基本电性质

(a) 电阻率-温度曲线(来自 www.tf.uni-kiel.de);(b) 不同金属中的电导率-温度曲线

德鲁德模型最惊人的成就,是解释了维德曼-弗兰茨定律(Wiedemann-Franz law),即金属中电导率与热导率的普遍关系:

$$\frac{\kappa}{\sigma T} = L \approx 2 \times 10^{-8} \sim 3 \times 10^{-8}\ \text{W}\cdot\Omega/\text{K}^2 \qquad (5.13)$$

其中,$\kappa$ 是热导率,$\sigma$ 为电阻率(金属热导率和电导率的数据见表 5.1),$L$ 是一个所有金属的普适常数,叫做洛伦兹数(Lorentz number)。

金属的热导率,与金属的电导率一样,也主要是由自由电子贡献的,因此 $\kappa$ 也可以用德鲁德模型来解释。在 $x_0$ 点附近的能流密度为

$$j_x = j^q(x_0^- \to x_0^+) - j^q(x_0^+ \to x_0^-) = \frac{1}{2} n v_x [\varepsilon(x_0^-) - \varepsilon(x_0^+)]$$

$$= \frac{1}{2} n v_x \frac{d\varepsilon}{dT} \frac{dT}{dx} [(x_0 - v_x\tau) - (x_0 + v_x\tau)] = n c_V v_x^2 \tau \left(-\frac{dT}{dx}\right) \quad (5.14)$$

其中, $c_V = d\bar{\varepsilon}/dT = 3k_B/2$ 是每个电子的比热容, $v_x^2 = \bar{v}^2/3 = k_B T/m$ 是速度分量的平均。根据上述 $\kappa$ 与 $\sigma$ 的表达式, 洛伦兹数可以用基本物理常数 $k_B$ 和 $e$ 来表达 (cgs 制):

$$L = \frac{\kappa}{\sigma T} = \frac{n c_V v_x^2 \tau}{(n e^2 \tau/m) T} = \frac{\frac{3}{2} n k_B^2 T \tau/m}{(n e^2 \tau/m) T}$$

$$= \frac{3 k_B^2}{2 e^2} = 0.124 \times 10^{-12} \, \text{erg}^2/(\text{esu}^2 \cdot \text{K}^2) \quad (5.15)$$

当初德鲁德的计算略有错误, 其结果比上式大了一倍, 因此他的计算结果 $L = 0.248 \times 10^{-12} \, \text{erg}^2/(\text{esu}^2 \cdot \text{K}^2) = 2.23 \times 10^{-8} \, \text{W} \cdot \Omega/\text{K}^2$ 与图 5.4 中的实验结果很符合 (MKS-cgs 单位换算: $W = 10^7 \, \text{erg/s}$, $\Omega = (1/9) \times 10^{-11} \, \text{s/cm}$, $\text{erg} = \text{esu}^2/\text{cm}$)。

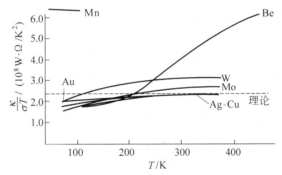

图 5.4 维德曼-弗兰茨定律: 洛伦兹数的理论值 $2.45 \times 10^{-8} \, \text{W} \cdot \Omega/\text{K}^2$ 与实验值对比 Mn 和 Be 的值与洛伦兹数的偏差是因为其中不能使用自由电子气体假设 (Seitz, 1940)

固体物理学后来的发展证明了德鲁德模型对洛伦兹数的正确估计建立在两个错误互相抵消的基础上: 与实验比室温时电子的摩尔热容 $C_{\text{mole}} = N_A c_V = 3R/2$ 高估了约 100 倍, 而电子平均速率 $\bar{v} = \sqrt{3k_B T/m}$ 低估了约 10 倍。这只能在量子统计和量子力学建立以后才能做出更好的解释。

# 5.2 索末菲模型: 自由电子费密气体

索末菲 (Arnold Sommerfeld) 是 20 世纪最伟大的理论物理学家和教育家之一。劳厄曾说过: "理论物理是吸引具有哲学头脑、喜欢思索最高原理, 却又没有足够基础的年轻人的一门学科。索末菲正是知道如何教导这些年轻人, 一步一步引导他们认识到自己知识的欠缺,并提供他们从事研究的丰富技巧"。他最有名的学生包括德拜(1908 年博士,1936 年获诺贝尔化学奖)、泡利(1921 年博士,1945 年获诺贝尔物理学奖)、海森伯(1923 年博士,1932 年获诺贝尔物理学奖)、贝特(1928年博士,1936 年获诺贝尔物理学奖);曾在他的研究组工作的年轻学生和学者有布里渊(1913 年访问)、泡林(1926 年访问,1954 年获诺贝尔化学奖)、劳厄(1909 年加入研究组,1914 年获诺贝尔物理学奖)。

索末菲对物理学的第一个重大贡献是他 1916 年在原子物理方面的工作,他把玻尔原子模型的圆轨道代替为椭圆轨道(这样对应于某个量子数 $n$ 可以有多个轨道);他也引入了磁量子数的概念,并且在 1920 年引入了内量子数(inner quantum number)的概念。正是尝试解释内量子数的理论工作,后来导致了磁量子数和电子自旋(spin)的发现。1928 年,受到刚确定的量子统计的影响,他将 1905 年完成的德鲁德-洛伦兹模型替代为索末菲模型(Sommerfeld model),把金属中的电子处理为简并电子气。索末菲模型的基本假设为:

① 独立电子假设(independent electron approximation)。

② 自由电子假设(free electron approximation):忽略电子-离子之间的库仑吸引,因此金属中的价电子构成"自由电子气"。

③ 碰撞假设(collision approximation):为了计算电阻率和其他可测量的物理量,为了达到平衡态,电子-离子和电子-电子之间的碰撞假设是必须的。

④ 弛豫时间近似(Relaxation time approximation):为了计算金属的电导率、热导率、霍尔系数等物理量,弛豫时间的概念也是必须的。

⑤ 量子统计:使用费密-狄拉克统计(Fermi-Dirac statistics),因此简并电子气的正式名称又叫自由电子费密气体(free electron Fermi gas)。

索末菲模型中的自由电子费密气体的能态密度(EDOS)与德鲁德模型中的经典自由电子气的能态密度类似,可以通过第 4 章讨论的固体中的波普遍的态密度(DOS)$\rho(k) = (V/2\pi^2)k^2$ 计算出来:(自由电子能量 $\varepsilon = \hbar^2 k^2/2m$,自旋简并 2):

$$g(\varepsilon) = \frac{2}{V}\rho(k)\frac{\mathrm{d}k}{\mathrm{d}\varepsilon} = \frac{1}{\pi^2}k^2\frac{m}{\hbar^2 k} = \frac{1}{2\pi^2}\left(\frac{2m}{\hbar^2}\right)^{3/2}\sqrt{\varepsilon} \tag{5.16}$$

电子的 EDOS 可以用高能粒子的非弹性散射来进行测量:如果原子的内层电子被一个光子或高能电子击出,然后电子费密气体中的一个价电子就会跃迁到内壳层中,并且发射一个光子(一般位于软 X 射线谱中)。图 5.5 显示了测量的金属锂的能态密度。在第 3 章中,曾经介绍了 X 射线分立谱的莫塞莱公式。在金属锂中,一个 $1s$ 内壳层电子的能级为 $E_1 < 0$,但是电子气体中的价电子能量却有 $\varepsilon(\boldsymbol{k}) > 0$;因此,在光电实验中出射的软 X 射线光子的能量为:

$$E = \varepsilon(\boldsymbol{k}) - \varepsilon_1^0 = \frac{\hbar^2\boldsymbol{k}^2}{2m} + \frac{\mathrm{Ry}}{1^2}(Z-1)^2 \tag{5.17}$$

根据式(5.17)，出射光子的最低能量是 $13.6\ \text{eV}\times 2^2 = 54.4\ \text{eV}$(锂的原子序数 $Z=$ 3)，这比图 5.5 中的实验结果平均来说要略微大一些。锂的本征软 X 射线发射宽度是 $4\sim 5\ \text{eV}$，这与后面将要讨论的锂的费密能量是自洽的。在 $54\sim 55\ \text{eV}$ 区间的"尾巴"主要是由 $1s$ 电子的能带宽度造成的。实验测量的 EDOS 比方程(5.16)中给出的自由电子能态密度 $g(\varepsilon)=c\sqrt{\varepsilon}$ 要大一些，这是因晶体中电子有效质量较重造成的。所有这些与索末菲模型的偏差都只能用电子的能带理论来解释。

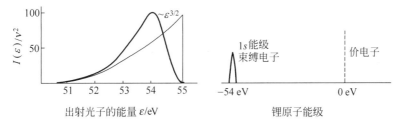

图 5.5　实验和自由电子近似下金属锂的态密度：$I(\varepsilon)/v^2\propto\varepsilon g(\varepsilon)\propto\varepsilon^{3/2}$

在温度 $T$ 下，在一个 $w$ 重简并的能级 $\varepsilon$ 中，平均占有态数 $\bar{n}$ 可以通过对 $n$ 个全同电子的亥姆霍兹(Hermann von Helmholtz)自由能和吉布斯(Joseph Williard Gibbs)自由能的差 $F-G=E-TS-\mu n$ 求极小获得(此时 $T,V,\mu$ 固定，电子总数守恒，因此化学势 $\mu\neq 0$)：

$$0=\frac{\mathrm{d}}{\mathrm{d}n}\left\{n\varepsilon-k_{\mathrm B}T\ln\frac{w!}{n!(w-n)!}-\mu n\right\}$$

$$=\varepsilon-k_{\mathrm B}T\ln\frac{w-\bar{n}}{\bar{n}}-\mu \tag{5.18}$$

$$\bar{n}=w\frac{1}{\mathrm{e}^{\beta(\varepsilon-\mu)}+1}=wf_{\mathrm{F-D}}(\varepsilon) \tag{5.19}$$

$f_{\mathrm{F-D}}(\varepsilon)=(\mathrm{e}^{\beta(\varepsilon-\mu)}+1)^{-1}$ 就是费密-狄拉克统计(Fermi-Dirac statistics)(见图 5.6)，是 1925 年费密和狄拉克根据具有半整数自旋的微观基本粒子量子态排布的泡利不相容原理推理得出的。

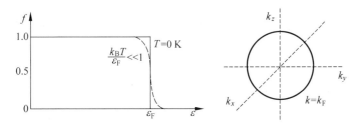

图 5.6　不同温度 $T$ 下的费密-狄拉克统计：在 $\varepsilon=\mu$ 接近阶梯函数

在绝对零度时,费密统计就是一个纯粹的阶梯函数:$f_{F-D}(\varepsilon)$ 在 $\varepsilon \leqslant \mu$ 时等于 1,其他地方为 0。这意味着任何自由电子量子态的能量都要低于零温时的化学势 $\mu(0)$,零温化学势也叫费密能量(Fermi energy)$\varepsilon_F$。在索末菲模型中,自由电子具有 $\varepsilon = \hbar^2 k^2 / 2m$ 的能量。在绝对零度下任何电子的能量 $\varepsilon \leqslant \varepsilon_F$ 意味着倒易空间中的德布罗意波矢 $\boldsymbol{k}$ 应该位于一个"球面"内,这个球面就被定义为费密面(Fermi sphere)。费密面的半径被称为费密波矢 $k_F$,与自由电子费密气体的浓度 $n$ 直接相关:

$$n = \frac{N}{V} = \frac{2}{V}\int_0^{k_F} \mathrm{d}k \rho(k) = \frac{1}{\pi^2}\int_0^{k_F} \mathrm{d}k k^2 = \frac{1}{3\pi^2}k_F^3 \tag{5.20}$$

根据方程(5.8)和方程(5.20),费密波矢和费密能量又能与自由电子气中的电子平均占有半径 $r_s$ 直接联系起来:

$$k_F = (3\pi^2 n)^{1/3} = \frac{3.63}{r_s/a_B}(\mathring{A}^{-1}),$$

$$\varepsilon_F = \frac{\hbar^2}{2m}(3\pi^2 n)^{2/3} = \frac{50.1}{(r_s/a_B)^2}(eV) \tag{5.21}$$

在金属中,$r_s$ 在 $2\sim 6a_B$ 的范围内,因此索末菲模型的 $\varepsilon_F$ 应该在 $1.5\sim 15$ eV 的范围内,相关数据列在表 5.1 中。实验测量的 $\varepsilon_F$ 比表 5.1 中的自由电子费密能要小,这是由点阵中的电子能带结构造成的。但是,对粗略估计物理特性和趋势,自由电子费密气体模型依然是相当成功的。

根据费密能,还可以定义一个物理量费密温度(Fermi temperature)$T_F$:

$$T_F = \frac{\varepsilon_F}{k_B} = \frac{\hbar^2}{2mk_B}(3\pi^2 n)^{2/3} = \frac{58.2 \times 10^4}{(r_s/a_B)^2}(K) \tag{5.22}$$

自由电子费密温度在 $1.8 \times 10^4 \sim 17 \times 10^4$ K 的范围内。在室温下,$k_B T/\varepsilon_F = T/T_F \approx 1/100$,因此根据式(5.19),费密分布是非常接近阶梯函数的:

$$\begin{aligned}
(\varepsilon - \mu)/k_B T \ll 1, &\quad f_{F-D}(\varepsilon) = 1 \\
(\varepsilon - \mu)/k_B T \gg 1, &\quad f_{F-D}(\varepsilon) = 0 \\
(\varepsilon - \mu)/k_B T \sim 1, &\quad \frac{\mathrm{d}f_{F-D}}{\mathrm{d}\varepsilon} \approx -\delta(\varepsilon - \mu)
\end{aligned} \tag{5.23}$$

室温费密分布非常接近阶梯函数,因此 $\mathrm{d}f_{F-D}/\mathrm{d}\varepsilon$ 只是在费密面附近的很薄的壳层 $\Delta\varepsilon \sim k_B T \ll \varepsilon_F$ 内才不为零,这就可以将 $-\mathrm{d}f/\mathrm{d}\varepsilon$ 表达为上式中的 $\delta$ 函数的形式。

自由电子费密气体的宏观物理性质,例如平衡态能量和摩尔热容,可以用索末菲展开(Sommerfeld expansion)的方法进行计算,这个方法利用了 $\mathrm{d}f/\mathrm{d}\varepsilon$ 的 $\delta$ 函数特性,对应于微观物理量 $x(\varepsilon)$ 的宏观量 $X$ 可以用下面的方法计算:

$$\begin{aligned}
X &= \int_0^\infty \mathrm{d}\varepsilon g(\varepsilon) f(\varepsilon) x(\varepsilon); \qquad \frac{\mathrm{d}y(\varepsilon)}{\mathrm{d}\varepsilon} = g(\varepsilon) x(\varepsilon) \\
&= \int_0^\infty \mathrm{d}\varepsilon \left[-\frac{\mathrm{d}f}{\mathrm{d}\varepsilon}\right] y(\varepsilon)
\end{aligned}$$

$$= \int_0^\infty d\varepsilon \left[-\frac{df}{d\varepsilon}\right]\left[y(\mu) + \sum_{n=1}^\infty \frac{1}{n!}\frac{d^n y}{d\varepsilon^n}\bigg|_\mu (\varepsilon - \mu)^n\right]$$

$$= y(\mu) + \sum_{m=1}^\infty a_m \frac{d^{2m} y}{d\varepsilon^{2m}}\bigg|_\mu (k_B T)^{2m} \tag{5.24}$$

$(-df/d\varepsilon)$ 是一个 $(\varepsilon - \mu)$ 的偶函数，因此积分 $\int d\varepsilon[-df/d\varepsilon](\varepsilon - \mu)^n$ 会在 $n$ 为奇数时消失。假设在 $\varepsilon < 0$ 的区间 $y = 0$，索末菲展开系数为：

$$a_n = \int_{-\infty}^\infty du\left[-\frac{d}{du}\frac{1}{e^u+1}\right]\frac{u^{2n}}{(2n)!} = (2 - 2^{2-2n})\zeta(2n)$$

$$= (2^{2n} - 2)\frac{\pi^{2n}}{(2n)!}B_n \tag{5.25}$$

其中，$\zeta(2n)$ 是欧拉数，$B_n$ 是伯努利数（$B_1 = 1/6$，$B_2 = 1/30$）。因此，最重要的第一级索末菲展开系数（Sommerfeld coefficient）为 $a_1 = \pi^2/6$。

自由电子费密气体的最重要的物理量就是在温度 $T$ 下的化学势，这可以通过恒定的金属自由电子气浓度 $n$ 来进行计算：

$$n = \int_0^\infty d\varepsilon g(\varepsilon) f(\varepsilon) \approx \frac{2}{3}g(\mu)\mu + \frac{\pi^2}{6}g'(\mu)(k_B T)^2$$

$$\mu(T) = \varepsilon_F - \frac{\pi^2}{6}\frac{g'(\varepsilon_F)}{g(\varepsilon_F)}(k_B T)^2 = \varepsilon_F\left(1 - \frac{\pi^2}{12}\left(\frac{k_B T}{\varepsilon_F}\right)^2\right) \tag{5.26}$$

其中，函数 $y(\varepsilon) = \frac{2}{3}g(\varepsilon)\varepsilon$ 是通过方程 (5.16) 中的能态密度特性 $dy/d\varepsilon = g(\varepsilon) = c\sqrt{\varepsilon}$ 来定义的。零温化学势 $\mu(0)$ 就是 $\varepsilon_F$，在室温时化学势的变化 $\mu(T) - \varepsilon_F$ 只是 $\varepsilon_F$ 的 1/10000，实在是一个非常微小的差别，但却有不可忽略的影响。

## 5.2.1　电子的比热容

金属中电子的热容由 $C_V = d\bar{E}/dT$ 得到。平衡态自由电子费密气体的能量 $\bar{E}$ 则可用索末菲展开和式 (5.26) 中的化学势表达式计算：

$$\bar{E}/V = \int_0^\infty d\varepsilon g(\varepsilon) f(\varepsilon)\varepsilon; \qquad \frac{dy(\varepsilon)}{d\varepsilon} = g(\varepsilon)\varepsilon$$

$$= \frac{2}{5}g(\mu)\mu^2 + \frac{\pi^2}{6}\frac{3}{2}g(\mu)(k_B T)^2$$

$$= \frac{2}{5}\left[g(\varepsilon_F)\varepsilon_F^2 + \left(\frac{5}{2}g(\varepsilon_F)\varepsilon_F\right)\left(-\frac{\pi^2}{12}\frac{(k_B T)^2}{\varepsilon_F}\right)\right] + \frac{\pi^2}{6}\frac{3}{2}g(\varepsilon_F)(k_B T)^2$$

$$= \frac{3}{5}n\varepsilon_F + \frac{\pi^2}{6}g(\varepsilon_F)(k_B T)^2 \tag{5.27}$$

自由电子费密气体中，单位体积的比定容热容 $c_V$ 和摩尔热容 $C_{mole}^e$（对应于固体中 1 mol 的原子或者 $N_A Z$ 个价电子）是正比于温度 $T$ 的：

固体物理(第 2 版)

$$c_V = \frac{\pi^2}{3} g(\varepsilon_F) k_B^2 T = \frac{\pi^2}{3} \frac{3n}{2\varepsilon_F} k_B^2 T = \frac{\pi^2}{2} n k_B \frac{T}{T_F}$$

$$C_{mole}^e = \frac{N_A Z}{N/V} c_V = \frac{\pi^2}{2} ZR \frac{T}{T_F} \tag{5.28}$$

费密能量处的自由电子能态密度 $g(\varepsilon_F)$ 具有很简单的形式:

$$g(\varepsilon_F) = \frac{1}{2\pi^2} \left(\frac{2m}{\hbar^2}\right)^{3/2} \sqrt{\frac{\hbar^2}{2m}(3\pi^2 n)^{2/3}} = \frac{1}{2\pi^2} \frac{3\pi^2 n}{\frac{\hbar^2}{2m}(3\pi^2 n)^{2/3}} = \frac{3n}{2\varepsilon_F} \tag{5.29}$$

在室温下,索末菲模型的电子摩尔热容 $C_{mole}^e$ 比德拜模型的原子振动摩尔热容 $C_{mole}$ 小得多。温度比 $T_F/T$ 在室温时大约为 100,这就是为什么德鲁德模型中的电子热容高估了 100 倍。在德鲁德模型中错估电子比热容的本质原因是费密面内部的绝大多数电子($\varepsilon < \varepsilon_F - k_B T$)不能被热激发,因为每个电子相邻的量子态都是满的,任何跃迁 $\varepsilon \to \varepsilon + k_B T$ 都是被泡利不相容原理(Pauli's exclusion principle)禁止的。这是费密-狄拉克分布的自然结果。

在低温下,金属中的电子热容 $C_{mole}^e$ 则与原子振动热容 $C_{mole}$ 可比甚至更高:

$$\frac{C_{mole}}{C_{mole}^e} = \frac{\frac{12\pi^4}{5} R \left(\frac{T}{\Theta_D}\right)^3}{\frac{\pi^2}{2} ZR \frac{T}{T_F}} = \frac{12\pi^2}{5Z} \left(\frac{T}{\Theta_D}\right)^3 \frac{T_F}{T} \propto \left(\frac{T}{T_e}\right)^2 \to 0 \quad (T \to 0) \tag{5.30}$$

其中的特征温度是 $T_e = \sqrt{\Theta_D^3/T_F}$,当 $T \ll T_e$ 时,金属中的电子比热容是主要的。

实验测量的摩尔热容与式(5.28)的计算结果趋势是一致的;但是,实验测量值总是比索末菲模型的预测结果要来得高。在非铁磁性的金属中,总的低温摩尔热容一般具有 $C_p \approx C_V = \gamma T + A_2 T^3 + A_3 T^5$ 的形式(Martin,1965):

$$C_{mole}^e = \frac{\pi^2}{2} ZR \frac{T}{T_F'} + 3R f_D \left(\frac{T}{\Theta_D}\right), \quad f_D(u) = 3u^3 \int_0^{1/u} dx \frac{x^4 e^x}{(e^x - 1)^2} \tag{5.31}$$

其中,$f_D(u)$ 是对应于原子振动比热容的德拜函数(Debye function);$T_F'$ 是直接从实验数据中拟合出的费密温度。对碱金属和贵金属,实验测出的德拜温度 $\Theta_D$ 与表 4.1 中的数据基本吻合;表 5.2 中列出的由低温比热容实验拟合的费密温度 $T_F'$ 与表 5.1 中列出的自由电子气体的费密温度 $T_F$ 趋势是一致的,但在碱金属和贵金属中拟合的费密温度 $T_F'$ 总要比 $T_F$ 低 1~2 倍。

表 5.2　碱金属和贵金属的实验比热容系数 $\gamma$ 和费密温度 $T_F$,$T_F'$(Martin,1965;1973)

| 物理量 | Li | Na | K | Rb | Cs | Cu | Ag | Au |
|---|---|---|---|---|---|---|---|---|
| $\gamma/[\text{mJ}/(\text{mol} \cdot \text{K}^2)]$ | 1.63 | 1.38 | 2.08 | 2.41 | 3.19 | 0.69 | 0.67 | 0.69 |
| $T_F'/10^4$ K | 2.52 | 2.97 | 1.97 | 1.70 | 1.28 | 5.94 | 6.12 | 5.96 |
| $T_F/10^4$ K | 5.51 | 3.77 | 2.46 | 2.15 | 1.84 | 8.16 | 6.38 | 6.42 |

$T'_F$和 $T_F$ 的差别只能用本章后面将要讲述的电子能带理论(band theory)来解释。在索末菲模型中计算费密温度 $T_F$ 的方程(5.22)中,可以看到唯一的"可调"参数是电子质量 $m$;因此,电子的有效质量(effective mass)$m^*$ 可以通过比较实验和理论的低温热容来测量:

$$\frac{m^*}{m_e} = \frac{\gamma}{\frac{\pi^2}{2} ZR / T_F} = \frac{T_F}{T'_F} \tag{5.32}$$

其中 $m_e = 9.110 \times 10^{-31}$ kg 是电子的真空质量。有效质量 $m^*$ 的物理意义将在本章介绍能带电子理论以后再作讨论。

过渡金属的实验热容要比索末菲模型预测的大得多。图 5.7 中分别给出了 Zr 到 Ag、Hf 到 Au 这两个周期的过渡金属的比热容系数 $\gamma$(常用单位 mJ/(mol · $K^2$))。

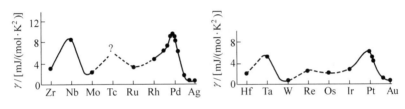

图 5.7　实验测量的过渡金属比热容系数 $\gamma$(Coles,1964)

**表 5.3　Ti 到 Cu 过渡金属的实验比热容系数 $\gamma$(Heer,Erickson,1957;Friedberg,Estermann,Goklmann,1952)**

| 比热容系数 | Ti | V | Cr | Mn | Fe | Co | Ni | Cu |
|---|---|---|---|---|---|---|---|---|
| $\gamma/[\text{mJ/(mol · K}^2)]$ | 3.47 | 5.85 | 1.56 | 1.36 | 4.99 | 4.74 | 7.23 | 0.69 |

实验测量的 Ti 到 Cu 周期过渡金属的比热容系数 $\gamma$ 在表 5.3 中分别给出了,其趋势与图 5.7 中的另两个周期的数据是一致的。这些过渡金属的比热容数据,大约是贵金属数据的 10 倍。比热容系数 $\gamma$ 可以表达为

$$\gamma = \frac{\pi^2}{2} ZR \frac{1}{T_F} \frac{m^*}{m_e} = Z \frac{10^4 \text{K}}{T_F} \frac{m^*}{m_e} \times 4.10 \text{ mJ/(mol · K}^2) \tag{5.33}$$

在索末菲模型中,如果令 α 铁的价电子数 $Z=2$,$T_F = 13.0 \times 10^4$ K,那么可以看到有效质量是 $m^* = 7.91 m_e$,这与其他 $m^*$ 的实验测量的数据是自洽的。过渡金属的有效质量是很大的,因为其中有 $d$ 电子和 $s$ 电子能带的混合,这将使得费密面变得非常复杂,与自由电子费密气体模型中的球形费密面是很不一样的。

## 5.2.2　电导率和热导率

要测量电导率或热导率,必须给金属加外电场或温度梯度,此时自由电子气体

就不在平衡态的费密-狄拉克统计了,必须首先分析清楚与玻耳兹曼方程(Boltzmann equations)等价的非平衡统计(non-equilibrium statistics)。

如果金属处于一个不太强的外场中,电子的能量 $\varepsilon' = \varepsilon - eV$ 必然包含电势能 $-eV$,那么非平衡统计 $g(\boldsymbol{r}, \boldsymbol{k}, t)$ 可以展开到第一级:

$$g(\boldsymbol{r}, \boldsymbol{k}, t) = f_{\text{F-D}}(\varepsilon) + \frac{\mathrm{d}f}{\mathrm{d}\varepsilon}\Delta\varepsilon; \qquad \Delta\varepsilon = -eV = e\boldsymbol{E} \cdot \Delta\boldsymbol{r}$$

$$= f_{\text{F-D}}(\varepsilon) - \left(-\frac{\mathrm{d}f}{\mathrm{d}\varepsilon}\right)(e\boldsymbol{E}(\boldsymbol{r}, t) \cdot \boldsymbol{v}(\boldsymbol{k})\tau) \tag{5.34}$$

在索末菲模型中,速度 $v(\boldsymbol{k}) = \hbar k/m$。上述非平衡统计的物理图像是在倒易空间中费密球面往 $-\boldsymbol{E}$ 的方向"漂移",漂移的距离是微小的,而且正比于弛豫时间 $\tau$。

电导率可以用式(5.34)中的非平衡统计计算出来,在外场 $\boldsymbol{E}$ 中,态密度依赖于 $\boldsymbol{k}$,因此不能用各向同性的态数 $\mathrm{d}n = 2\rho(k)\mathrm{d}k$,而必须使用 $\mathrm{d}n = 2\mathrm{d}^3\boldsymbol{k}(2\pi/L)^3 = V\mathrm{d}^3\boldsymbol{k}/(4\pi^3)$。在一个恒定外场 $\boldsymbol{E}$ 下,电流密度为

$$\boldsymbol{j} = \iiint \frac{\mathrm{d}^3\boldsymbol{k}}{4\pi^3} g(\boldsymbol{r}, \boldsymbol{k}, t)(-e\boldsymbol{v}); \qquad \iiint \frac{\mathrm{d}^3\boldsymbol{k}}{4\pi^3} f_{\text{F-D}}(\varepsilon)(-e\boldsymbol{v}) = 0$$

$$= -\iiint \frac{\mathrm{d}^3\boldsymbol{k}}{4\pi^3} \left(-\frac{\mathrm{d}f}{\mathrm{d}\varepsilon}\right)(e\boldsymbol{E} \cdot \boldsymbol{v}\tau)(-e\boldsymbol{v})$$

$$= \left(\frac{e^2\tau_{\text{F}}}{m}\right) \iiint \frac{\mathrm{d}^3\boldsymbol{k}}{4\pi^3}\left(-\frac{\mathrm{d}f}{\mathrm{d}\varepsilon}\right)m\,\boldsymbol{v}\,\boldsymbol{v} \cdot \boldsymbol{E} \tag{5.35}$$

其中,$\tau_{\text{F}}$ 是费密面附近电子的弛豫时间。在零外场 $\boldsymbol{E} = 0$ 的平衡态中,$\boldsymbol{j}$ 一定是零,因为 $f_{\text{F-D}}(\varepsilon)$ 是 $\boldsymbol{k}$ 的偶函数,而 $\boldsymbol{v} = \hbar k/m$ 是 $\boldsymbol{k}$ 的奇函数。类似地,在外场不为零时,对矩阵 $m\boldsymbol{v}\boldsymbol{v}$ 的积分只有对角元不是零,这样就可以变换为对动能 $mv_x^2 = mv_y^2 = mv_z^2 = 2\varepsilon/3$ 的积分。因此,索末菲模型的电导率表达式为

$$\sigma = \frac{e^2\tau_{\text{F}}}{m}\int \mathrm{d}\varepsilon\, g(\varepsilon)\left(-\frac{\mathrm{d}f}{\mathrm{d}\varepsilon}\right)\frac{2}{3}\varepsilon = \frac{e^2\tau_{\text{F}}}{m}g(\varepsilon_{\text{F}})\frac{2}{3}\varepsilon_{\text{F}} = \frac{ne^2\tau_{\text{F}}}{m} \tag{5.36}$$

这与德鲁德电导率的形式一样,只是对弛豫时间 $\tau$ 的解释不同。

当在金属的 $x$ 方向设定一个温度梯度时,驱动电子移动的力可以用热力学第一定律和熵的流动(根据方程(5.18)平衡态的熵为 $S/N = (\varepsilon - \mu)/T$)推导出来:

$$\boldsymbol{F} \cdot \mathrm{d}\boldsymbol{r} = \frac{1}{N}(\mathrm{d}U - T\mathrm{d}S) = -e\mathrm{d}V + \frac{1}{N}S\mathrm{d}T$$

$$= e\boldsymbol{E}_T \cdot \boldsymbol{r} + \frac{\varepsilon - \mu}{T}\nabla T \cdot \boldsymbol{r} \tag{5.37}$$

其中,$\boldsymbol{E}_T$ 是温差电场,这是比较小的量,一般可以忽略。这样,温度梯度导致的非平衡统计 $g(\boldsymbol{r}, \boldsymbol{k}, t)$ 也可以展开到第一级:

$$g(\boldsymbol{r}, \boldsymbol{k}, t) = f_{\text{F-D}}(\varepsilon) - \left(-\frac{\mathrm{d}f}{\mathrm{d}\varepsilon}\right)\left(\frac{\varepsilon - \mu}{T}\nabla T \cdot \boldsymbol{v}\tau\right) \tag{5.38}$$

相应的非平衡统计的物理图像是费密球往 $-\nabla T$ 的方向漂移,也是个很小的漂移。

　　热导率可以用式(5.38)中的非平衡统计计算出来。金属中电子的能流密度为：

$$\boldsymbol{j}_q = \iiint \frac{\mathrm{d}^3 \boldsymbol{k}}{4\pi^3} g(\boldsymbol{r}, \boldsymbol{k}, t)[(\varepsilon - \mu)\boldsymbol{v}]; \qquad \iiint \frac{\mathrm{d}^3 \boldsymbol{k}}{4\pi^3} f_{\mathrm{F-D}}(\varepsilon)[(\varepsilon - \mu)\boldsymbol{v}] = 0$$

$$= -\iiint \frac{\mathrm{d}^3 \boldsymbol{k}}{4\pi^3}\left(-\frac{\mathrm{d}f}{\mathrm{d}\varepsilon}\right)\left(\frac{\varepsilon - \mu}{T}\nabla T \cdot \boldsymbol{v}\tau\right)[(\varepsilon - \mu)\boldsymbol{v}]$$

$$= \left(\frac{\tau_{\mathrm{F}}}{mT}\iiint \frac{\mathrm{d}^3 \boldsymbol{k}}{4\pi^3}\left(-\frac{\mathrm{d}f}{\mathrm{d}\varepsilon}\right)(\varepsilon - \mu)^2 m\boldsymbol{v}\boldsymbol{v}\right) \cdot (-\nabla T) \tag{5.39}$$

在 $\nabla T = 0$ 的平衡态，$\boldsymbol{j}_q$ 一定是零，因为 $f_{\mathrm{F-D}}(\varepsilon)(\varepsilon - \mu)^2$ 是 $\boldsymbol{k}$ 的偶函数，而 $\boldsymbol{v} = \hbar \boldsymbol{k}/m$ 是 $\boldsymbol{k}$ 的奇函数。类似地，在温差不为零时，对矩阵 $m\boldsymbol{v}\boldsymbol{v}$ 的积分也可以变换为对动能 $mv_x^2 = mv_y^2 = mv_z^2 = 2\varepsilon/3$ 的积分。因此索末菲模型的热导率为

$$\kappa = \frac{\tau_{\mathrm{F}}}{mT}\int \mathrm{d}\varepsilon g(\varepsilon)\left(-\frac{\mathrm{d}f}{\mathrm{d}\varepsilon}\right)(\varepsilon - \mu)^2 \frac{2}{3}\varepsilon$$

$$= \frac{n\tau_{\mathrm{F}}}{mT} 2a_1(k_{\mathrm{B}}T)^2 = \frac{\pi^2}{3}\frac{n\tau_{\mathrm{F}}}{m}k_{\mathrm{B}}^2 T \tag{5.40}$$

其中，$a_1 = \pi^2/6$ 是第一级索末菲系数。索末菲模型给出的热导率也与德鲁德模型的形式类似，只是弛豫时间的解释不同。

　　根据索末菲模型的 $\kappa$ 和 $\sigma$ 的表达式，洛伦兹数(Lorentz number)也可以用普适常数 $k_{\mathrm{B}}$ 和 $e$ 来表达(cgs 制)：

$$L = \frac{\kappa}{\sigma T} = \frac{\dfrac{\pi^2}{3}\dfrac{n\tau_{\mathrm{F}}}{m}k_{\mathrm{B}}^2 T}{\dfrac{ne^2\tau_{\mathrm{F}}}{m}T} = \frac{\pi^2}{3}\frac{k_{\mathrm{B}}^2}{e^2}$$

$$= 0.272 \times 10^{-12}\ \mathrm{erg}^2/(\mathrm{esu}^2 \cdot \mathrm{K}^2) \tag{5.41}$$

因此，索末菲模型计算出来的洛伦兹数是 $L = 2.45 \times 10^{-8}\ \mathrm{W} \cdot \Omega/\mathrm{K}^2$，确实对金属的维德曼-弗兰茨定律(Wiedemann-Franz law)有定量的解释，如图 5.4 所示(其中 MKS-cgs 单位换算为：$\mathrm{W} \cdot \Omega/\mathrm{K}^2 = (1/9) \times 10^{-4}\mathrm{erg}^2/(\mathrm{esu}^2 \cdot \mathrm{K}^2)$)。

### 5.2.3　电子从金属表面的热发射

　　电子从金属表面的热发射(thermionic emission)是 1883 年爱迪生(Thomas Edison)发现的，这个现象对很多实际过程如光电效应、X 射线产生、电子束产生，以及真空二极管/三极管都是至关重要的。因此，在这个领域有大量的研究。

　　根据索末菲的自由电子费密气体模型，O. W. Richardson 和劳厄(Max von Laue)总结了电子的热发射方程(equation of emission)：

$$I = AT^2 \mathrm{e}^{-b_0/T} = AT^2 \mathrm{e}^{-W/k_{\mathrm{B}}T} \tag{5.42}$$

其中，$A$ 是一个普适常数(Dushman，1930)，$W$ 是表征不同金属的功函数(work function)。功函数就是在一个平面干净的金属表面的能垒高度，这是由表面化学

键的不对称性造成的。外加电场也可以改变功函数,以降低电子的发射温度。

方程(5.42)中的热发射电流就是在金属表面 $x>x_0$ 方向的总电子流,这些电子的能量必须大于能垒高度 $\varepsilon=\mu+W+\varepsilon_\perp>\mu+W$(其中 $\varepsilon_\perp=(p_y^2+p_z^2)/2m$):

$$I=\frac{1}{2}\iiint\frac{\mathrm{d}k_x\mathrm{d}k_y\mathrm{d}k_z}{4\pi^3}f_{\mathrm{F-D}}(\varepsilon)[-ev_x];\qquad v_x=\frac{\partial\varepsilon}{\partial p_x}=\frac{1}{\hbar}\frac{\partial\varepsilon}{\partial k_x}>0$$

$$=-\frac{em}{4\pi^2\ \hbar^3}\int_0^\infty\mathrm{d}\varepsilon_\perp\int_{\mu+W+\varepsilon_\perp}^\infty\mathrm{d}\varepsilon\ \frac{1}{e^{(\varepsilon-\mu)/k_\mathrm{B}T}+1}$$

$$=\frac{emk_\mathrm{B}T}{2\pi^2\ \hbar^3}\int_0^\infty\mathrm{d}\varepsilon_\perp\ \ln[1+e^{-(W+\varepsilon_\perp)/k_\mathrm{B}T}]$$

$$=\frac{em}{4\pi^2\ \hbar^3}(k_\mathrm{B}T)^2\,e^{-W/k_\mathrm{B}T}\qquad\qquad(5.43)$$

其中,在 $\varepsilon\ll\mu$ 处的费密-狄拉克统计就是经典的麦克斯韦-玻耳兹曼统计。普适的热电子发射常数是由 S. Dushman 根据热力学推出来的:

$$A=\frac{emk_\mathrm{B}^2}{4\pi^2\ \hbar^3}=\frac{1.6\times10^{-19}\times9.1\times10^{-31}\times(1.38\times10^{-23})^2}{4\pi^2(1.055\times10^{-34})^3}$$

$$=60\ \mathrm{A/(cm^2\cdot K^2)}\qquad\qquad(5.44)$$

图 5.8 给出了钨在铯气体背景中的热发射电流与温度的关系,不同的曲线对应于不同的真空灯泡温度。热发射的电子有 $r(T)$ 的几率被反射回金属表面,根据方程(5.42),$\log_{10}I-(1/T)$ 曲线应该具有以下的形式:

$$\log_{10}I=(\log_{10}e)\{\ln[A(1-r)]-2\ln(1/T)-W/k_\mathrm{B}T\}\qquad(5.45)$$

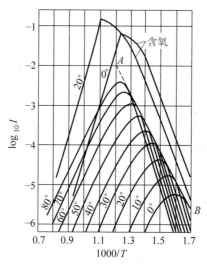

图 5.8　钨在铯气体背景中的热发射,标志曲线的温
度是真空管的温度(Dushman,1930)

当温度相对较低($1000/T$ 较大)时,$-W/k_\mathrm{B}T$ 项是主要的,可以根据图 5.8 中 A 点

和 B 点之间的直线斜率测定不同金属的功函数；当温度很高（$1000/T$ 较小）的时候，反射系数 $r(T)$ 会趋于 1，因此 $\log_{10} I$ 会随着温度 $T$ 的升高达到一个极大值，然后快速下降，如图 5.8 所示。

实验测量的不同材料的热发射常数 $A$ 和 $W$ 在表 5.4 中给出了。实验测量的常数 $A$ 有时候与方程(5.44)给出的普适常数一致，有时候却有很大的偏差，这可能是由晶体的各向异性或表面效应引起的。

表 5.4　实验测量的金属和半金属的热发射常数 $A$ 和 $W$（Dushman，1930）

| 物理量 | C | Ca | Zr | Mo | Cs | Hf | Ni | Ta | W | Pt |
| --- | --- | --- | --- | --- | --- | --- | --- | --- | --- | --- |
| $A/(\text{A} \cdot \text{cm}^2 \cdot \text{K}^2)$ | 5.93 | 60.2 | 330 | 60.2 | 162 | 14.5 | 26.8 | 60.2 | 60.2 | $1.7 \times 10^4$ |
| $W/(\text{eV})$ | 3.93 | 2.24 | 4.13 | 4.44 | 1.81 | 3.53 | 2.27 | 4.07 | 4.52 | 6.27 |

## 5.2.4　霍尔效应

霍尔效应是美国物理学家霍尔（Edwin Hall）在 1879 年发现的。在一个固体材料中，$x$ 方向的电流的载流子（carrier）感受到的电力 $F_e^y > 0$ 和磁力 $F_m^y < 0$ 的平衡是由 $y$ 边界的电荷积累造成的，如图 5.9 所示。霍尔系数（Hall coefficient）的定义和与物质基本特性的关系为

$$R_H = \frac{E_y}{j_x B_z} = \frac{F_e^y/q}{(nqv_x)(-F_m^y/(qv_x))} = \frac{1}{nq} \tag{5.46}$$

因此，霍尔系数只是某个物质中载流子的电荷 $q$ 与浓度 $n$ 的函数。上述推导过程对负的 $q < 0$ 和正的 $q > 0$ 载流子都是正确的，在 cgs 制中 $R_H = 1/nqc$。

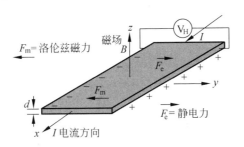

图 5.9　具有负电荷的载流子的霍尔效应示意图

当载流子电荷改变符号的时候，霍尔系数也会改变符号；因此这就为测量固体中的电子结构提供了一个重要的方法。特别地，金属（例如在金属锌和铬中）也会出现正的霍尔系数，这清楚地显示了简单的传导自由电子构成的费密海图像是不适合的，因为正的霍尔系数意味着金属锌中的载流子具有正电荷。半导体的霍尔系数会因为掺杂而改变符号，这将在第 6 章讨论。

霍尔系数也可用索末菲模型来计算。在一个如图 5.9 的外加电场 $E_x$、横向电

固体物理(第 2 版)

场 $E_y$ 和垂直薄膜的磁场 $B_z$ 中,非平衡统计 $g(\boldsymbol{r},\boldsymbol{k},t) = f(\varepsilon) + v_x\eta_1 + v_y\eta_2$ 是相当复杂的(Seitz, 1940):

$$g(\boldsymbol{r},\boldsymbol{k},t) = f_{\mathrm{F-D}}(\varepsilon) - \left(-\frac{\mathrm{d}f}{\mathrm{d}\varepsilon}\right)(e\boldsymbol{E}\cdot\boldsymbol{v}\tau) + \frac{\mathrm{d}f}{\mathrm{d}v_x}\frac{ev_yH_z}{mc}\tau + \frac{\mathrm{d}f}{\mathrm{d}v_y}\frac{-ev_xH_z}{mc}\tau$$

$$\begin{cases} \eta_1 = \left(\dfrac{\mathrm{d}f}{\mathrm{d}\varepsilon}\right)(eE_x\tau) - \eta_2\dfrac{eH_z}{mc}\tau, \\[3mm] \eta_2 = \left(\dfrac{\mathrm{d}f}{\mathrm{d}\varepsilon}\right)(eE_y\tau) + \eta_1\dfrac{eH_z}{mc}\tau, \end{cases} \Rightarrow \begin{cases} \eta_1 = \dfrac{E_x - \omega_c\tau E_y}{1+(\omega_c\tau)^2}\left(\dfrac{\mathrm{d}f}{\mathrm{d}\varepsilon}\right)(e\tau) & (5.47) \\[3mm] \eta_2 = \dfrac{E_y + \omega_c\tau E_x}{1+(\omega_c\tau)^2}\left(\dfrac{\mathrm{d}f}{\mathrm{d}\varepsilon}\right)(e\tau) & (5.48) \end{cases}$$

其中使用了洛伦兹力 $\boldsymbol{F} = -e\boldsymbol{E} - e\boldsymbol{v}\times\boldsymbol{B}/c$ 和回旋频率 $\omega_c = eH_z/mc$。因此,非平衡统计 $g(\boldsymbol{r},\boldsymbol{k},t)$ 同时依赖于外加电场和磁场。

霍尔系统中的电流密度可以用非平衡统计方程(5.47)式(5.48)推导出来:

$$\boldsymbol{j} = e\tau_{\mathrm{F}}\iiint\frac{\mathrm{d}^3\boldsymbol{k}}{4\pi^3}\left(-\frac{\mathrm{d}f}{\mathrm{d}\varepsilon}\right)\left(\frac{E_x - \omega_c\tau E_y}{1+(\omega_c\tau)^2}v_x + \frac{E_y + \omega_c\tau E_x}{1+(\omega_c\tau)^2}v_y\right)(e\boldsymbol{v}) \quad (5.49)$$

$$j_x = E_x\sigma_{11} - E_y\sigma_{12}, \quad \sigma_{11} = \frac{e^2}{m}\iiint\frac{\mathrm{d}^3\boldsymbol{k}}{4\pi^3}\left(-\frac{\mathrm{d}f}{\mathrm{d}\varepsilon}\right)\frac{mv_xv_x\tau}{1+(\omega_c\tau)^2} \quad (5.50)$$

$$0 = E_x\sigma_{12} + E_y\sigma_{11}, \quad \sigma_{12} = \frac{e^2}{m}\iiint\frac{\mathrm{d}^3\boldsymbol{k}}{4\pi^3}\left(-\frac{\mathrm{d}f}{\mathrm{d}\varepsilon}\right)\frac{mv_xv_x\omega_c\tau^2}{1+(\omega_c\tau)^2} \quad (5.51)$$

在上述推导中使用了在霍尔效应中横向电流密度 $j_y$ 一定为零的条件。

上述二元一次线性方程(5.50)和式(5.51)很容易求解。比较纵向电导率 $\sigma_{11}$ 和横向电导率 $\sigma_{12}$ 就可以求出霍尔系数(cgs 制):

$$E_x = \frac{\sigma_{11}}{\sigma_{11}^2+\sigma_{12}^2}j_x, \quad \frac{1}{\sigma} = \frac{E_x}{j_x} = \frac{\sigma_{11}}{\sigma_{11}^2+\sigma_{12}^2} = \frac{m}{ne^2\tau_{\mathrm{F}}} \quad (5.52)$$

$$E_y = \frac{-\sigma_{12}}{\sigma_{11}^2+\sigma_{12}^2}j_x = \frac{1}{\sigma}\left(-\frac{\sigma_{12}}{\sigma_{11}}\right)j_x = \frac{1}{\sigma}(-\omega_c\tau_{\mathrm{F}})j_x \quad (5.53)$$

$$R_{\mathrm{H}} = \frac{E_y}{j_xH_z} = \frac{1}{\sigma}\left(-\frac{e}{mc}\tau_{\mathrm{F}}\right) = -\frac{e\tau_{\mathrm{F}}}{\sigma m}\frac{1}{c} = -\frac{1}{nec} = -\frac{6.94\times10^{-24}}{n/(10^{22}\ \mathrm{cm}^{-3})}(\mathrm{s/G})$$

$$= -\frac{1}{n/(10^{22}\ \mathrm{cm}^{-3})}\times6.25\times10^{-10}(\Omega\cdot\mathrm{m/G}) \quad (5.54)$$

在霍尔系数的方程中,使用了德鲁德电导率 $\sigma = ne^2\tau_{\mathrm{F}}/m$ 的表达式。

表 5.5 中对比了实验测量的霍尔系数与使用表 5.1 中的自由电子数据计算的索末菲模型的结果。可以看到,索末菲模型对碱金属的霍尔系数 $R_{\mathrm{H}}$ 解释得很好;对贵金属 $R_{\mathrm{H}}$ 的计算也基本是正确的,只是差一个系数。但是,索末菲模型对二价金属和过渡金属 $R_{\mathrm{H}}$ 的计算在很多情况下都是错的,因此需要用进一步的能带理论来作解释。

表 5.5　实验霍尔系数 $R'_H/(10^{-6}\mu\Omega\cdot cm/G)$ 和根据式(5.54)计算的理论霍尔系数 $R_H$

|  | Li | Na | K | Rb | Cs | Cu | Ag | Au |
|---|---|---|---|---|---|---|---|---|
| $R'_H$ | $-1.7$ | $-2.5$ | $-4.2$ | $-5.0$ | $-7.3$ | $-0.55$ | $-0.88$ | $-0.72$ |
| $R_H$ | $-1.33$ | $-2.36$ | $-4.46$ | $-5.43$ | $-6.87$ | $-0.74$ | $-1.07$ | $-1.06$ |

|  | Be | Mg | Ca | Sr | Ba | Zn | Cd | Hg |
|---|---|---|---|---|---|---|---|---|
| $R'_H$ | 2.44 | $-0.83$ | $-1.78$ | — | — | 0.33 | 0.55 | $-0.8$ |
| $R_H$ | $-0.25$ | $-0.73$ | $-1.36$ | $-1.76$ | $-1.98$ | $-0.47$ | $-0.67$ | $-0.72$ |

|  | Fe | Al | Ga | In | Sn | Pb | Sb | Bi |
|---|---|---|---|---|---|---|---|---|
| $R'_H$ | 0.25 | $-0.34$ | — | $-0.07$ | $-0.04$ | 0.09 | $-20$ | $-10^3$ |
| $R_H$ | $-0.37$ | $-0.35$ | $-0.40$ | $-0.54$ | $-0.42$ | $-0.47$ | $-0.38$ | $-0.44$ |

# 5.3　能带理论

　　德鲁德模型和索末菲模型都是属于自由电子模型,在解释固体、特别是金属的电、热性质方面取得了很大的成就。然而,在 5.2 节已经讨论过,自由电子模型的预言也与金属的比热容、电导率、热导率、热发射和霍尔效应的实验结果有着定量、有时甚至是定性的差别。

　　更精确的固体电子理论是能带论(band theory),能带论可以在同一框架内解释导电或不导电的固体的电性质。在 1926 年薛定谔(Erwin Schroedinger)的量子波动力学建立以后,在物理学和化学中的各个领域发生了一系列的革命。能带论与索末菲模型几乎是同时建立的。1927 年,能带论的概念第一次由德国人 M.J.O. Strutt 提出,1928 年再由瑞士人布洛赫(Felix Bloch)证明的电子能带定理牢固确立。1928—1929 年,皮尔斯(Rudolf Peierls)提出了接近填满或半满能带中带正负电荷的载流子(carriers)的概念。1930 年,法国人布里渊(Léon Brillouin)讨论了带隙(band gap),并引入了布里渊区(Brillouin zone)的概念。1946 年,生于奥地利、在加拿大读过书的科恩(Walter Kohn)在哈佛第一次学习了能带理论;他在 1949 年用塞茨(Frederick Seitz)的 *The modern theory of solids* 一书教过课,1953 年到贝尔实验室临时工作并结识了发明晶体管的英雄们,最终当他在 1963 年到法国 École Normale Supérieure 大学访问的时候建立了能带计算的密度泛函理论(density functional theory)。各种晶体的电子结构都可以用密度泛函(DFT)方法进行计算,这是在物理、化学和材料学中都非常感兴趣的研究领域。科恩在 1998 年获得了诺贝尔化学奖。

　　固体中电子能带(energy band)的表达方式,与第 4 章中讨论过的声子能谱的表达方式类似,都必须沿着图 4.8 中标出的第一布里渊区(FBZ)的一系列对称方向作图表示;因此常见的具有 BCC,FCC 或 HCP 结构的晶体都有各自独特的能带图像。导体(conductor)、绝缘体(insulator)或半导体(semiconductor)可以用费密面附近的零、大或小的带隙来区分。

最基本简单的两个能带模型是弱晶格势近似(weak potential approximation)和紧束缚模型(tight-binding model),它们分别是布洛赫能带定理的两个容易处理的极限。紧束缚方法对于理解与孤立原子能级对应的内层能带很重要;弱晶格势近似则对理解金属的价带非常关键。这两个模型都不准确,图5.10示意的密度泛函理论更准确一些。

图5.10 密度泛函理论的示意图

在密度泛函理论中,合金内部电子的密度分布 $n(r) = |\Psi(r)|^2$ 完全决定了其能带的特征。根据变分原理可以证明,在单电子感受到的电势 $v(r)$ 和基态的多电子几率密度 $n(r)$ 之间有一个精确的基本关系;也就是说密度 $n(r)$ 完全决定了电势 $v(r)$ 以及总哈密顿量 $\mathcal{H}$,因之也决定了所有从哈密顿量推导出的物理和化学性质,包括激发态的性质。基于密度泛函理论(DFT)的计算方法已经成功地算出了大量物质的能带。能带理论最大的成功是在半导体和固体电子器件方面,这将在第6章中讨论。

### 5.3.1　布洛赫定理

1928年,布洛赫(Felix Bloch)确立了关于晶体中电子的量子能量分布——即能带的定理。早期的能带论不是很"有用",不像索末菲模型那样可以计算金属中大量的物理性质;但是,布洛赫定理的建立为后来能带论在半导体和其他材料中的应用奠定了坚实的基础。布洛赫能带理论的基本假设是:

① 独立电子假设:只考虑单电子量子态。

② 周期势假设:晶体中的电子在其他电子和离子引起的周期电势中运动。

③ 使用薛定谔的量子波动力学和费密-狄拉克量子统计。

电子具有波粒二象性的本质,薛定谔方程(Schroedinger's equation)恰好可以解出电子的德布罗意波函数 $\psi$ 相应的本征能量:

$$\left[-\frac{\hbar^2}{2m}\nabla^2 + V(r)\right]\psi = \varepsilon\psi \qquad (5.55)$$

在周期势中运动的电子也叫布洛赫电子(Bloch electron),如图5.11所示。根据玻恩(Max Born)的统计诠释和晶体的周期本质,单

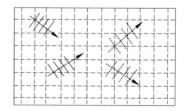

图5.11 布洛赫理论示意图:周期点阵中电子的德布罗意波

电子的几率密度 $n(\boldsymbol{r}) = |\psi(\boldsymbol{r})|^2$ 在点阵平移对称操作 $\mathcal{T}_{\boldsymbol{R}}$ 下是不变的：

$$\mathcal{T}_{\boldsymbol{R}}\, n(\boldsymbol{r}) = n(\boldsymbol{r} + \boldsymbol{R}) = n(\boldsymbol{r}) \qquad \left(\forall \boldsymbol{R} = \sum_\alpha n_\alpha \boldsymbol{a}_\alpha\right) \tag{5.56}$$

因此，在相邻原胞中相应位置的波函数应该就差一个简单的相位系数：

$$\psi(\boldsymbol{r} + \boldsymbol{a}_\alpha) = \mathrm{e}^{\mathrm{i}\theta_\alpha}\psi(\boldsymbol{r}) \qquad (\forall \alpha = 1,2,3) \tag{5.57}$$

根据具有 $L_1 \times L_2 \times L_3$ 个原胞的晶体中的玻恩-卡门周期边界条件（Born-Karman condition），可以定出上述方程中的未知相位 $\theta_\alpha$：

$$\psi(\boldsymbol{r} + L_\alpha \boldsymbol{a}_\alpha) = \psi(\boldsymbol{r}) \quad \to \quad \mathrm{e}^{\mathrm{i}L_\alpha\theta_\alpha} = 1 \quad \to \quad \theta_\alpha = \frac{2\pi}{L_\alpha}l_\alpha \tag{5.58}$$

其中 $l_\alpha$ 表示 3 个整数。这样就可以导出布洛赫定理（Bloch's theorem）的第一个形式，描述任意两个原胞中的波函数传递关系：

$$\psi(\boldsymbol{r} + \boldsymbol{R}) = \psi\left(\boldsymbol{r} + \sum_\alpha n_\alpha \boldsymbol{a}_\alpha\right) = \mathrm{e}^{\mathrm{i}\sum_\alpha \frac{2\pi}{L_\alpha}l_\alpha n_\alpha}\psi(\boldsymbol{r}) = \mathrm{e}^{\mathrm{i}\boldsymbol{k}\cdot\boldsymbol{R}}\psi(\boldsymbol{r}) \tag{5.59}$$

其中波矢 $\boldsymbol{k} = \sum_\alpha l_\alpha \boldsymbol{a}_\alpha^* / L_\alpha$ 的形式已经在第 3 章中讨论过。

布洛赫定理的第二个形式——即电子在点阵中的波函数是一个调制平面波 $\psi_{\boldsymbol{k}}(\boldsymbol{r}) = u_{\boldsymbol{k}}(\boldsymbol{r})\mathrm{e}^{\mathrm{i}\boldsymbol{k}\cdot\boldsymbol{R}}$ 可以很容易从布洛赫定理的第一个形式中推导出来：

$$u_{\boldsymbol{k}}(\boldsymbol{r} + \boldsymbol{R}) = \mathrm{e}^{-\mathrm{i}\boldsymbol{k}\cdot(\boldsymbol{r}+\boldsymbol{R})}\psi_{\boldsymbol{k}}(\boldsymbol{r} + \boldsymbol{R}) = \mathrm{e}^{-\mathrm{i}\boldsymbol{k}\cdot\boldsymbol{r}}\psi_{\boldsymbol{k}}(\boldsymbol{r}) = u_{\boldsymbol{k}}(\boldsymbol{r}) \tag{5.60}$$

因此，调制振幅 $u_{\boldsymbol{k}}(\boldsymbol{r})$ 是具有点阵周期的函数，这与方程(5.56)中给出的电子几率密度具有点阵周期分布是自洽的。

在点阵中运动的单电子，其能谱是波矢 $\boldsymbol{k}$ 的函数，可以通过调制振幅 $u_{\boldsymbol{k}}(\boldsymbol{r})$ 的定态本征方程（static eigen-equation）来求解：

$$\left[\frac{(\boldsymbol{p} + \hbar\boldsymbol{k})^2}{2m} + V(\boldsymbol{r})\right]u_{\boldsymbol{k}}(\boldsymbol{r}) = \varepsilon(\boldsymbol{k})u_{\boldsymbol{k}}(\boldsymbol{r}) \tag{5.61}$$

在上述推导过程中使用了量子对易关系 $[\boldsymbol{p}, f(\boldsymbol{r})] = -\mathrm{i}\hbar\nabla f(\boldsymbol{r})$。哈密顿算符 $\mathscr{H}_{\boldsymbol{k}} = (\boldsymbol{p} + \hbar\boldsymbol{k})^2/2m + V(\boldsymbol{r})$ 对应的希尔伯特空间（Hilbert space）可展开为 $n = 0$, $1, \cdots, \infty$ 的一系列本征值为 $\varepsilon_n(\boldsymbol{k})$ 的本征函数 $u_{\boldsymbol{k}}(\boldsymbol{r})$：

$$u_{n\boldsymbol{k}}(\boldsymbol{r}) = \langle \boldsymbol{r} \mid n,\boldsymbol{k}\rangle, \qquad \mathscr{H}_{\boldsymbol{k}} \mid n,\boldsymbol{k}\rangle = \varepsilon_n(\boldsymbol{k}) \mid n,\boldsymbol{k}\rangle \tag{5.62}$$

如果换另一种方法看能谱，所有对应于固定量子数 $n$ 的电子本征能量 $\varepsilon_n(\boldsymbol{k})$ 构成了 $(\varepsilon, \boldsymbol{k})$ 四维空间中的一个三维曲面，这是根本无法在我们生活的三维空间中完全形象地表达出来的。

在晶体势中运动的电子能谱 $\varepsilon_n(\boldsymbol{k})$ 在倒易空间中是一个周期函数：

$$\varepsilon_n(\boldsymbol{k}) = \varepsilon_n(\boldsymbol{k} + \boldsymbol{G}), \quad \forall \boldsymbol{G} \tag{5.63}$$

其中 $\boldsymbol{G} = \sum_\alpha h_\alpha \boldsymbol{a}_\alpha^*$ 是倒易格矢量。对应于量子态 $|n,\boldsymbol{k}+\boldsymbol{G}\rangle$ 的波函数是：

$$\psi_{\boldsymbol{k}+\boldsymbol{G}}(\boldsymbol{r}) = \mathrm{e}^{\mathrm{i}(\boldsymbol{k}+\boldsymbol{G})\cdot\boldsymbol{r}}u_{\boldsymbol{k}+\boldsymbol{G}}(\boldsymbol{r}) = \mathrm{e}^{\mathrm{i}\boldsymbol{k}\cdot\boldsymbol{r}}(\mathrm{e}^{\mathrm{i}\boldsymbol{G}\cdot\boldsymbol{r}}u_{\boldsymbol{k}+\boldsymbol{G}}(\boldsymbol{r})) = \mathrm{e}^{\mathrm{i}\boldsymbol{k}\cdot\boldsymbol{r}}\psi_{\boldsymbol{k}}'(\boldsymbol{r}) \tag{5.64}$$

波函数 $\psi_{\boldsymbol{k}+\boldsymbol{G}}(\boldsymbol{r})$ 满足薛定谔方程(5.55)，因此未定的波函数 $\psi_{\boldsymbol{k}}'(\boldsymbol{r})$ 一定满足定态本

征方程(5.61)。由于 $\exp(\mathrm{i}\boldsymbol{G}\cdot\boldsymbol{R})=1$，$\psi'_k(\boldsymbol{r})$ 和 $u_k(\boldsymbol{r})$ 就满足同样的点阵周期性、同样的定态本征方程。这样，根据微分方程解的唯一性定理，下列等价关系

$$\psi'_k(\boldsymbol{r}) = \mathrm{e}^{\mathrm{i}G\cdot r}u_{k+G}(\boldsymbol{r}) = u_k(\boldsymbol{r}) \tag{5.65}$$

就是一个自然的结果。再进一步，根据式(5.64)中的定义，波函数 $\psi_{k+G}(\boldsymbol{r})$ 与 $\psi_k(\boldsymbol{r})$ 也是等价的，相应的本征能量 $\varepsilon(\boldsymbol{k}+\boldsymbol{G})$ 与 $\varepsilon(\boldsymbol{k})$ 的等价性恰好证明了式(5.63)。

类似地，根据等式 $\boldsymbol{k}\cdot(\mathscr{R}\boldsymbol{r})=(\mathscr{R}^{-1}\boldsymbol{k})\cdot\boldsymbol{r}$ 以及 $u_k(\mathscr{R}\boldsymbol{r})=u_k(\boldsymbol{r})$，可以证明能带 $\varepsilon_n(\boldsymbol{k})$ 在点阵的旋转或镜反射对称操作 $\mathscr{R}$ 的作用下也是不变的：

$$\mathscr{R}^{-1}\mathscr{H}\mathscr{R} = \mathscr{H} \qquad \longrightarrow$$

$$\mathscr{H}\big[\mathscr{R}\psi_{nk}(\boldsymbol{r})\big] = \varepsilon_n(\boldsymbol{k})\big[\mathscr{R}\psi_{nk}(\boldsymbol{r})\big] \qquad \longrightarrow \qquad \varepsilon_n(\mathscr{R}^{-1}\boldsymbol{k}) = \varepsilon_n(\boldsymbol{k}) \tag{5.66}$$

能带的对称性是维格纳(E. P. Wigner)1931 年在二维能带的讨论中第一次提出来的，维格纳在量子力学对称性方面的工作是他获得 1963 年诺贝尔奖的主要原因。能带的点阵平移、旋转、镜反射对称性意味着 $\varepsilon_n(\boldsymbol{k})$ 沿着第一布里渊区(FBZ)——倒易空间的维格纳-塞茨原胞(Wigner-Seitz cell)——的对称方向进行表达就可以体现出其基本特征。

### 5.3.2　紧束缚模型

紧束缚近似或紧束缚模型是 1928 年布洛赫提出的第一个能带计算方法(Bloch, 1928)。布洛赫定理不仅对晶体中的巡游电子是正确的，而且对束缚电子也是正确的。在固体中，多数电子被紧紧束缚在原子周围的内壳层中；只有少数价电子由不同原子之间的化学键共享。紧束缚模型可以解释内层电子的能带，有时候也可以解释价电子能带。

要解析地解出包含周期势的薛定谔方程(5.55)或(5.61)是很难的。因此，必须使用这种或那种微扰论来简化问题。在紧束缚模型中，零级哈密顿量 $\mathscr{H}^0$ 是位于 $\boldsymbol{R}$ 的孤立原子中单电子的哈密顿量 $\mathscr{H}^{\mathrm{a}}_{\boldsymbol{R}}(\boldsymbol{r},\boldsymbol{p})=p^2/2m+V(\boldsymbol{r}-\boldsymbol{R})$；但是在总的哈密顿量中，一个电子则感受到晶体中所有原子贡献的周期势 $\sum_{\boldsymbol{R}}V(\boldsymbol{r}-\boldsymbol{R})$：

$$\mathscr{H} = \frac{p^2}{2m} + \sum_{\boldsymbol{R}}V(\boldsymbol{r}-\boldsymbol{R}) = \mathscr{H}^0 + \mathscr{H}^1 = \mathscr{H}^{\mathrm{a}}_{\boldsymbol{R}} + \sum_{\boldsymbol{R}'\neq\boldsymbol{R}}V(\boldsymbol{r}-\boldsymbol{R}') \tag{5.67}$$

$$\Phi_n(\boldsymbol{r}-\boldsymbol{R}) = \langle\boldsymbol{r}-\boldsymbol{R}\,|\,n'lm\sigma\rangle, \qquad \mathscr{H}^{\mathrm{a}}_{\boldsymbol{R}}\Phi_n(\boldsymbol{r}-\boldsymbol{R}) = \varepsilon^0_n\Phi_n(\boldsymbol{r}-\boldsymbol{R}) \tag{5.68}$$

本征能量为 $\varepsilon^0_n$ 的零级波函数 $\Phi_n(\boldsymbol{r}-\boldsymbol{R})$ 就代表单电子的本征原子轨道 $|n'lm\sigma\rangle$：即位于 $\boldsymbol{R}$ 的孤立原子的能级 $1s$, $2s$, $2p$, $3s$, $3p$, $\cdots$(如果晶体中只有一种原子，那么这些能级实际上不依赖于位置 $\boldsymbol{R}$)，如图 5.1 所示。

布洛赫猜测了一个单电子的布洛赫波函数(Bloch wave function)，以满足布洛赫定理的要求，这是一个重要的研究思路。布洛赫波函数是所有原子的第 $n$ 个电子轨道的线性叠加(linear combination of atomic orbits, LACO)：

$$\psi_{nk}(\boldsymbol{r}) = \frac{1}{\sqrt{N_L}}\sum_{\boldsymbol{R}}\Phi_n(\boldsymbol{r}-\boldsymbol{R})\mathrm{e}^{\mathrm{i}\boldsymbol{k}\cdot\boldsymbol{R}}, \qquad \mathscr{H}\psi_{nk}(\boldsymbol{r}) = \varepsilon_n(\boldsymbol{k})\psi_{nk}(\boldsymbol{r}) \tag{5.69}$$

$$\langle \Phi_n(\boldsymbol{r}-\boldsymbol{R}) \mid \Phi_{n'}(\boldsymbol{r}-\boldsymbol{R}') \rangle \approx \delta_{\boldsymbol{R}\boldsymbol{R}'}\delta_{nn'}, \quad \langle \psi_{nk}(\boldsymbol{r}) \mid \psi_{n'k}(\boldsymbol{r}) \rangle \approx \delta_{nn'} \quad (5.70)$$

其中 $N_L$ 是元素晶体中的原胞总数,上述推导中近似使用了零级本征态的正交归一条件。根据晶体中波的玻恩-卡门条件,总波函数 $\psi_{nk}(\boldsymbol{r})$ 满足布洛赫定理:

$$\psi_{nk}(\boldsymbol{r}+\boldsymbol{R}_0) = \frac{1}{\sqrt{N_L}}\sum_{\boldsymbol{R}} \Phi_n(\boldsymbol{r}-(\boldsymbol{R}-\boldsymbol{R}_0))e^{ik\cdot(\boldsymbol{R}-\boldsymbol{R}_0)}e^{ik\cdot\boldsymbol{R}_0} = \psi_{nk}(\boldsymbol{r})e^{ik\cdot\boldsymbol{R}_0}$$

$$(5.71)$$

单电子的能带可以通过哈密顿量在总波函数中的平均能量 $\langle \Psi_{n,k} \mid \mathcal{H} \mid \Psi_{nk} \rangle$ 求得:

$$\varepsilon_n(\boldsymbol{k}) = \frac{1}{N_L}\sum_{\boldsymbol{R}_1}\sum_{\boldsymbol{R}_2}\left\langle \Phi_n(\boldsymbol{r}-\boldsymbol{R}_1) \left| \frac{\boldsymbol{p}^2}{2m}+\sum_{\boldsymbol{R}}V(\boldsymbol{r}-\boldsymbol{R}) \right| \Phi_n(\boldsymbol{r}-\boldsymbol{R}_2) \right\rangle e^{-ik\cdot(\boldsymbol{R}_1-\boldsymbol{R}_2)}$$

$$(5.72)$$

势函数 $V(\boldsymbol{r}-\boldsymbol{R})$ 和零级波函数 $\Phi_n(\boldsymbol{r}-\boldsymbol{R})$ 都局域于 $\boldsymbol{R}$ 原子的周围,因此可假设:

$$\langle \Phi_n(\boldsymbol{r}-\boldsymbol{R}_1) \mid V(\boldsymbol{r}-\boldsymbol{R}) \mid \Phi_n(\boldsymbol{r}-\boldsymbol{R}_2) \rangle = 0 \quad (\boldsymbol{R}_1 \neq \boldsymbol{R}_2 \neq \boldsymbol{R}) \quad (5.73)$$

换句话说,可假设势 $V$ 的矩阵元只在满足这 3 个条件中的任意一个时才不为零: $\boldsymbol{R}_1=\boldsymbol{R}_2, \boldsymbol{R}_2=\boldsymbol{R}$,或 $\boldsymbol{R}_1=\boldsymbol{R}$。这样,第 $n$ 条能带就可由方程(5.72)和(5.73)求得:

$$\varepsilon_n^0 \mid \Phi_n(\boldsymbol{r}-\boldsymbol{R}) \rangle = \left( \frac{\boldsymbol{p}^2}{2m}+V(\boldsymbol{r}-\boldsymbol{R}) \right) \mid \Phi_n(\boldsymbol{r}-\boldsymbol{R}) \rangle \quad (5.74)$$

$$\varepsilon_n(\boldsymbol{k}) = \varepsilon_n^0 + \bar{V}_n + \frac{1}{N_L}\sum_{\boldsymbol{R}_1 \neq \boldsymbol{R}_2}\langle \Phi_n(\boldsymbol{r}-\boldsymbol{R}_1) \mid V(\boldsymbol{r}-\boldsymbol{R}_2) \mid \Phi_n(\boldsymbol{r}-\boldsymbol{R}_2) \rangle e^{-ik\cdot(\boldsymbol{R}_1-\boldsymbol{R}_2)}$$

$$= \varepsilon_n^0 + \bar{V}_n + \frac{1}{N_L}\sum_{\boldsymbol{R}_1 \neq \boldsymbol{R}_2}\langle \Phi_n(\boldsymbol{r}-\boldsymbol{R}_1) \mid V(\boldsymbol{r}-\boldsymbol{R}_1) \mid \Phi_n(\boldsymbol{r}-\boldsymbol{R}_2) \rangle e^{-ik\cdot(\boldsymbol{R}_1-\boldsymbol{R}_2)}$$

$$= \varepsilon_n^0 + \bar{V}_n - \sum_{\boldsymbol{d}}J_{nd}^{(1)}e^{ik\cdot\boldsymbol{d}} \quad (5.75)$$

其中 $\boldsymbol{d}$ 是相邻原子之间的位移矢量,在 SC,BCC,FCC,HCP 点阵中,这样的位移矢量分别有 6,8,12,12 个。公式(5.75)中给出的紧束缚近似参数是:

$$\bar{V}_n = \langle \Phi_n(\boldsymbol{r}-\boldsymbol{R}_1) \mid \sum_{\boldsymbol{R} \neq \boldsymbol{R}_1}V(\boldsymbol{r}-\boldsymbol{R}) \mid \Phi_n(\boldsymbol{r}-\boldsymbol{R}_1) \rangle \quad (5.76)$$

$$J_{nd}^{(1)} = -\langle \Phi_n(\boldsymbol{r}-\boldsymbol{R}+\boldsymbol{d}) \mid V(\boldsymbol{r}-\boldsymbol{R}) \mid \Phi_n(\boldsymbol{r}-\boldsymbol{R}) \rangle \quad (5.77)$$

之所以会在 $J_{nd}^{(1)}$ 的定义中使用负号,是因为单电子感受到的位于 $\boldsymbol{R}$ 处的原子势 $V(\boldsymbol{r}-\boldsymbol{R})$ 一般是负的。参数 $\bar{V}_n$ 的物理意义是总的周期势 $\sum V(\boldsymbol{r}-\boldsymbol{R})$ 对孤立原子第 $n$ 能级的调制;参数 $J_{nd}^{(1)}$ 则描述了近邻原子波函数之间的交叠。

在布拉菲点阵中,式(5.75)中的紧束缚能带具有倒易点阵的周期性,因为相邻原子之间的位移矢量 $\boldsymbol{d}$ 是一个格矢量:

$$\varepsilon_n(\boldsymbol{k}+\boldsymbol{G}) = \varepsilon_n^0 + \bar{V}_n - \sum_{\boldsymbol{d}}J_{nd}^{(1)}e^{ik\cdot\boldsymbol{d}}e^{iG\cdot\boldsymbol{d}} = \varepsilon_n(\boldsymbol{k}) \quad (5.78)$$

倒易点阵的周期性意味着能带 $\varepsilon_n(\boldsymbol{k})$ 可以只在第一布里渊区中表达。那么能带中

有多少电子的量子态呢？在第 3 章中已经讨论过,FBZ 中 $k$ 的不同取值有 $N_L$ 个,因此在第 $n$ 条能带中可以填充 $2N_L$ 个量子态 $\psi_{nk}(\boldsymbol{r})=\langle\boldsymbol{r}|n,\boldsymbol{k},\sigma\rangle$。

紧束缚能带 $\varepsilon_n(\boldsymbol{k})$ 的表达依赖于点阵结构。首先可以看一下元素晶体中紧束缚的 $s$ 能带和 $p$ 能带在简单立方点阵中的表达式。以任一格点为基准简单立方点阵中的 6 个近邻位移是:

$$\boldsymbol{d}=\pm a\hat{e}_x,\quad \boldsymbol{d}=\pm a\hat{e}_y,\quad \boldsymbol{d}=\pm a\hat{e}_z \tag{5.79}$$

根据式(5.75),各向同性的 $s$ 能带可含有常数 $\bar{V}_s$ 和 $J_s^{(1)}>0$ 的形式:

$$\varepsilon_s(\boldsymbol{k})=\varepsilon_s^0+\bar{V}_s-2J_s^{(1)}(\cos(k_xa)+\cos(k_ya)+\cos(k_za)) \tag{5.80}$$

$p$ 能带要略微复杂一些,因为在 $p_x$, $p_y$, $p_z$ 轨道中,电子的几率密度分布分别具有沿着 $\pm x,\pm y,\pm z$ 方向的哑铃形状。根据式(5.75),各向异性的 $p$ 能带具有如下形式:

$$\varepsilon_{p_x}(\boldsymbol{k})=\varepsilon_p^0+\bar{V}_p-2(J_{p\sigma}^{(1)}\cos(k_xa)+J_{p\pi}^{(1)}\cos(k_ya)+J_{p\pi}^{(1)}\cos(k_za)) \tag{5.81}$$

$$\varepsilon_{p_y}(\boldsymbol{k})=\varepsilon_p^0+\bar{V}_p-2(J_{p\pi}^{(1)}\cos(k_xa)+J_{p\sigma}^{(1)}\cos(k_ya)+J_{p\pi}^{(1)}\cos(k_za)) \tag{5.82}$$

$$\varepsilon_{p_z}(\boldsymbol{k})=\varepsilon_p^0+\bar{V}_p-2(J_{p\pi}^{(1)}\cos(k_xa)+J_{p\pi}^{(1)}\cos(k_ya)+J_{p\sigma}^{(1)}\cos(k_za)) \tag{5.83}$$

其中参数 $J_{p\sigma}^{(1)}<0$ 描述了近邻原子之间哑铃状的 $p$ 波函数头碰头的交叠,即 $\sigma$ 键;参数 $J_{p\pi}^{(1)}>0$ 则表示了近邻原子之间哑铃状的 $p$ 波函数并排的交叠,即 $\pi$ 键。在任何时候,$\sigma$ 键比 $\pi$ 键都要强一些,因此 $|J_{p\sigma}^{(1)}|>J_{p\pi}^{(1)}$。

$s$ 能带的带宽为 $12J_s^{(1)}$,这是 FBZ 的中心 $\Gamma$ 和顶角 $C$ 点的能量差: $\varepsilon_s(\pi/a,\pi/a,\pi/a)-\varepsilon_s(0,0,0)$。$p_x$,$p_y$ 和 $p_z$ 能带在 FBZ 中互相绞扭在一起。在[100]方向,$p_x$ 能带在 $\Gamma$ 点是极大,可 $p_y$,$p_z$ 能带在此处是极小,如图 5.12 所示。整个的 $p$ 能带的宽度是 $4|J_{p\sigma}^{(1)}|+4J_{p\pi}^{(1)}$,对应于能量差 $\varepsilon_{py}(\pi/a,0,0)-\varepsilon_{p_x}(\pi/a,0,0)$。能带宽度总是正比于 $J^{(1)}$,因此量子数 $n$ 越大,交叠越多能带越宽。

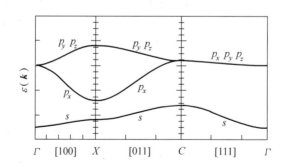

图 5.12　简单立方晶体的 FBZ 中的 $s$ 能带和 $p$ 能带

另外,硅晶体的紧束缚能带也是很有趣的例子。硅晶体具有的金刚石结构不是布拉菲点阵,其中有两组、各 4 个近邻原子位移矢量:

$$\boldsymbol{d}^A = \frac{a}{4}(+\hat{e}_x + \hat{e}_y + \hat{e}_z), \quad \boldsymbol{d}^B = \frac{a}{4}(-\hat{e}_x - \hat{e}_y - \hat{e}_z)$$

$$\boldsymbol{d}^A = \frac{a}{4}(-\hat{e}_x + \hat{e}_y - \hat{e}_z), \quad \boldsymbol{d}^B = \frac{a}{4}(+\hat{e}_x + \hat{e}_y - \hat{e}_z)$$

$$\boldsymbol{d}^A = \frac{a}{4}(+\hat{e}_x - \hat{e}_y - \hat{e}_z), \quad \boldsymbol{d}^B = \frac{a}{4}(-\hat{e}_x + \hat{e}_y + \hat{e}_z)$$

$$\boldsymbol{d}^A = \frac{a}{4}(-\hat{e}_x - \hat{e}_y + \hat{e}_z), \quad \boldsymbol{d}^B = \frac{a}{4}(+\hat{e}_x - \hat{e}_y + \hat{e}_z) \tag{5.84}$$

金刚石结构不是布拉菲点阵。硅晶体的内壳层 $s$ 能带是原胞中 $A$ 位和 $B$ 位原子周围的位移矢量根据式(5.75)贡献的能带的平均,如图 5.13 所示:

$$\varepsilon_s(\boldsymbol{k}) = \frac{1}{2}(\varepsilon_s^A(\boldsymbol{k}) + \varepsilon_s^B(\boldsymbol{k}))$$

$$= \varepsilon_s^0 + \overline{V}_s - 4J_s^{(1)} \cos\left(\frac{k_x a}{4}\right)\cos\left(\frac{k_y a}{4}\right)\cos\left(\frac{k_y a}{4}\right) \tag{5.85}$$

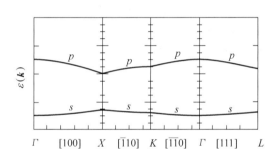

图 5.13 金刚石结构的 FBZ 中内壳层 $s$ 能带和 $p$ 能带

硅晶体的内壳层 $p_x$, $p_y$, $p_z$ 能带是简并的,因为所有的"哑铃"与共价键的方向夹角相同。根据式(5.75),硅的各向异性的 $p$ 能带具有如下形式:

$$\varepsilon_p(\boldsymbol{k}) = \frac{1}{2}(\varepsilon_p^A(\boldsymbol{k}) + \varepsilon_p^B(\boldsymbol{k}))$$

$$= \varepsilon_p^0 + \overline{V}_p - 4J_p^{(1)} \cos\left(\frac{k_x a}{4}\right)\cos\left(\frac{k_y a}{4}\right)\cos\left(\frac{k_y a}{4}\right) \tag{5.86}$$

其中 $J_p^{(1)} < 0$,因为相邻原子的 $p$ 轨道"哑铃"之间相互有一个平行位移。硅的 $s$ 能带和 $p$ 能带的带宽分别是 $4J_s^{(1)}$ 和 $4|J_p^{(1)}|$,两者都是等于硅的切割八面体 FBZ 中心 $\Gamma$ 和面心 $X$ 之间的能量差:$|\varepsilon(2\pi/a, 0, 0) - \varepsilon(0, 0, 0)|$。

在硅单晶中,$3s$ 能带和 $3p$ 能带是混在一起的,因为价电子有形成 $sp^3$ 杂化轨道(hybrid orbits)的过程,这在第 2 章中已经讨论过。只是紧束缚模型无法正确地描述共价键对应的能带,因为在解决 $sp^3$ 杂化的问题时,微扰论不再成立了。

### 5.3.3　弱晶格势近似

在紧束缚模型中,微扰论的零级哈密顿量是孤立原子的哈密顿量 $\mathscr{H}_R^a$;这样就无法正确解释离子晶体、共价晶体、金属中的价电子能带,因为这些固体中价电子的几率密度与孤立原子中是有本质区别的。

本节将介绍求解包含周期势的薛定谔方程(5.55)或(5.61)的另一个极限,其中自由电子哈密顿量 $\mathscr{H}_0 = p^2/2m$ 被选为微扰论中的零级哈密顿量,这是对应于金属中价带的情形。总哈密顿量包含了金属中所有离子和其他电子贡献的很弱的周期晶格势 $U(r)$:

$$\mathscr{H} = \frac{p^2}{2m} + U(r) = \mathscr{H}^0 + \mathscr{H}^1 \tag{5.87}$$

$$\phi_k(r) = \frac{1}{\sqrt{V}} e^{ik \cdot r} = \langle r \mid k \rangle, \quad -\frac{\hbar^2}{2m} \nabla^2 \phi_k(r) = \varepsilon_0(k) \phi_k(r) \tag{5.88}$$

因此,本征能量为 $\varepsilon_0(k) = \hbar^2 k^2/2m$ 的零级量子态 $\mid k \rangle$ 就对应于索末菲的自由电子费密气体模型中的德布罗意平面波。

在弱晶格势中电子的总能量和总量子态 $\mid \psi_k \rangle$ 可以用一级和二级微扰论来计算:

$$\varepsilon(k) = \varepsilon_0(k) + \langle k \mid U(r) \mid k \rangle + \sum_{k' \neq k} \frac{|\langle k \mid U(r) \mid k' \rangle|^2}{\varepsilon_0(k) - \varepsilon_0(k')} \tag{5.89}$$

$$\mid \psi_k \rangle = \mid k \rangle + \sum_{k' \neq k} \mid k' \rangle \frac{\langle k' \mid U(r) \mid k \rangle}{\varepsilon_0(k) - \varepsilon_0(k')} \tag{5.90}$$

周期势的矩阵元是关键的物理量。周期势可以展开成傅里叶级数:

$$U(r) = \sum_G U_G e^{iG \cdot r} \quad \Leftrightarrow \quad U(r + R) = U(r) \tag{5.91}$$

这样就很容易证明周期势的矩阵元 $\langle k \mid U(r) \mid k' \rangle$ 本身的特性导致的选择定则(selection rules):

$$\langle k \mid U(r) \mid k' \rangle = \frac{1}{V} \sum_G U_G \iiint d^3 r \, e^{i(G - k' + k) \cdot r}$$

$$= \begin{cases} 0 & k' - k \neq \forall G \\ U_G & k' - k = G \end{cases} \tag{5.92}$$

然后,电子在弱晶格势中的一系列能带 $\varepsilon_n(q)$ 都可以计算出来:

$$\varepsilon_n(q) = \frac{\hbar^2}{2m}(q + G_{hkl}^n)^2 + \bar{U}$$

$$+ \sum_{G' \neq 0} \frac{|U_{G'}|^2}{\frac{\hbar^2}{2m}[(q + G_{hkl}^n)^2 - (q + G_{hkl}^n + G')^2]} \tag{5.93}$$

$$| n,\boldsymbol{q} \rangle = | \boldsymbol{q} + \boldsymbol{G}_{hkl}^n \rangle + \sum_G \left| \boldsymbol{q} + \boldsymbol{G}_{hkl}^n + \boldsymbol{G}' \right\rangle \frac{U_G{}'}{\varepsilon_0(\boldsymbol{k}) - \varepsilon_0(\boldsymbol{k}')} \tag{5.94}$$

其中 $\varepsilon_n(\boldsymbol{q})$ 是第 $n+1$ 布里渊区中的弱晶格势近似价电子能带,量子数 $n=0,1,2,$ $\cdots$;$|n,\boldsymbol{q}\rangle$ 是相应的布洛赫电子(Bloch electron)的量子态。布洛赫电子的波矢 $\boldsymbol{q}$ 定义在 FBZ 中,并且可以通过倒易格矢量平移的方法从平面波的波矢 $\boldsymbol{k}$ 求得: $\boldsymbol{q}=\boldsymbol{k}-\boldsymbol{G}_{hkl}^n$。具有最低能量的价带是 $\varepsilon_0(\boldsymbol{q})$,其中 $\boldsymbol{k}=\boldsymbol{q}$。

在一维电子气系统中,图 5.14 中的弱晶格势能带是很清楚的。式(5.93)中最后一项的微扰能量为:

$$\varepsilon_n^{(2)}(q) = \sum_{n'\neq 0} \frac{|U_{n'}|^2}{\frac{\hbar^2}{2m}[(q\pm na^*)^2 - (q\pm na^* + n'a^*)^2]} \tag{5.95}$$

第一布里渊区中第一条能带的微扰 $\varepsilon_0^{(2)}(q)$ 一定是负的,因为它的能量最低,总会导致 $q^2<(q+n'a^*)^2$ 的关系,因此第一条能带 $\varepsilon_0(q)$ 肯定会往下"弯曲"。类似地,第 $n$ 条能带或是向上弯曲($\mathrm{d}^2\varepsilon_n(q)/\mathrm{d}q^2$ 增大)或是往下弯曲($\mathrm{d}^2\varepsilon_n(q)/\mathrm{d}q^2$ 减小),其中二级微扰 $\varepsilon_n^{(2)}(q)$ 主要是由能量差最小的一项 $[(q\pm na^*)^2 - (q\pm na^* + n'a^*)^2]^{-1}$ 贡献,此项有时候大于零,有时候小于零。

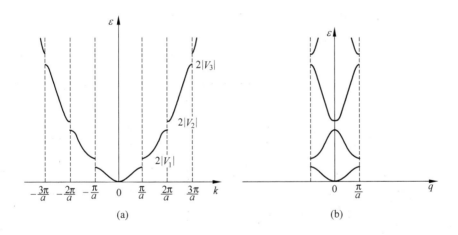

图 5.14　在一维弱晶格势中的电子能带

(a) 类自由电子的 $\varepsilon(k)$ 形式,其中 $k$ 是自由电子波数;

(b) 能带 $\varepsilon_n(q)$ 形式,其中 $q$ 是布洛赫电子在 FBZ 中的波数

在三维点阵中,微扰论要更复杂一点。例如,在碱金属中,点阵结构是 BCC。在 BCC 晶体的能带图中,$\boldsymbol{q}$ 沿着 FBZ 中的一系列对称点 $\varGamma-H-P-\varGamma-N-H$ 变动,如图 4.8(a)所示;对称点之间的波矢 $\boldsymbol{q}$ 都在 FBZ 的第一象限,与 $|\boldsymbol{q}\rangle$ 互相微扰的最近的量子态位于第二布里渊区,两态相差倒易原矢 $\boldsymbol{a}_3^* = (\hat{e}_x + \hat{e}_y)a^*/2$。那么依然可以通过式(5.93)来计算二级微扰能量:

$$\varepsilon_0(\boldsymbol{q}) \approx \frac{\hbar^2}{2m}\boldsymbol{q}^2 + \overline{U} + \frac{|U_{\boldsymbol{a}_3^*}|^2}{\frac{\hbar^2}{2m}[\boldsymbol{q}^2 - (\boldsymbol{q} - \boldsymbol{a}_3^*)^2]}$$

$$\varepsilon_1(\boldsymbol{q}) \approx \frac{\hbar^2}{2m}(\boldsymbol{q} - \boldsymbol{a}_3^*)^2 + \overline{U} + \frac{|U_{\boldsymbol{a}_3^*}|^2}{\frac{\hbar^2}{2m}[(\boldsymbol{q} - \boldsymbol{a}_3^*)^2 - \boldsymbol{q}^2]} \tag{5.96}$$

在图 5.15 中,实线和虚线分别是碱金属的第一条价带 $\varepsilon_0(\boldsymbol{q})$ 和第二条价带 $\varepsilon_1(\boldsymbol{q})$,其中横坐标 $|\boldsymbol{q}|$ 可分别表达为

$$P-\Gamma: \boldsymbol{q} = \left(\frac{1}{2}, \frac{1}{2}, \frac{1}{2}\right)\frac{a^*}{2} + \eta\left(-\frac{1}{2}, -\frac{1}{2}, -\frac{1}{2}\right)\frac{a^*}{2} \quad (0 < \eta < 1)$$

$$\Gamma-H: \boldsymbol{q} = \eta(0,1,0)\frac{a^*}{2}, \quad \Gamma-N: \boldsymbol{q} = \eta\left(\frac{1}{2}, \frac{1}{2}, 0\right)\frac{a^*}{2} \tag{5.97}$$

碱金属的 $ns$ 价带中有 $N_L$ 个价电子,只能填满第一条价带 $\varepsilon_0(\boldsymbol{q})$ 的一半,因为在一条能带中共有 $2N_L$ 个量子态 $|n, \boldsymbol{q}\rangle$。

需要强调的是,方程(5.96)和图 5.15 中的微扰能量在 FBZ 表面的 $N-H-P-N$ 点之间都是发散的,原因是量子态 $|\boldsymbol{q}\rangle$ 与 $|\boldsymbol{q} - \boldsymbol{a}_3^*\rangle$ 的自由电子能量相等:

$$\boldsymbol{q}^2 - (\boldsymbol{q} - \boldsymbol{a}_3^*)^2 = \left[\frac{a^*}{2}(\hat{e}_y + \eta\hat{e}_x - \eta\hat{e}_y)\right]^2$$
$$- \left[\frac{a^*}{2}(-\hat{e}_x + \eta\hat{e}_x - \eta\hat{e}_y)\right]^2 = 0 \tag{5.98}$$

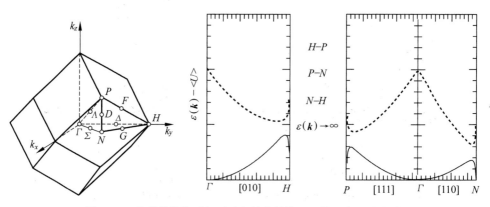

图 5.15 在弱晶格势近似下碱金属中的第一和第二条三维能带

其中参数 $\eta \in (0, 1/2)$。因此,方程(5.96)描述的微扰能量的结果 $\varepsilon^{(2)}(\boldsymbol{q}) \to \infty$ 就不能使用了,必须用简并微扰论(degenerate perturbation theory),即相干量子态的线性叠加法来计算此处的能隙:

$$|\psi\rangle = \alpha|\boldsymbol{q}\rangle + \beta|\boldsymbol{q} - \boldsymbol{a}_3^*\rangle, \quad \mathscr{H}|\psi\rangle = \varepsilon|\psi\rangle \tag{5.99}$$

$$\alpha\varepsilon = \langle \boldsymbol{q} \mid \mathscr{H} \mid \psi\rangle = \alpha(\varepsilon_0 + \overline{U}) + \beta U_{a_3^*}^*$$

$$\beta\varepsilon = \langle \boldsymbol{q} - \boldsymbol{a}_3^* \mid \mathscr{H} \mid \psi\rangle = \alpha U_{a_3^*}^* + \beta(\varepsilon_0 + \overline{U}) \tag{5.100}$$

这意味着在布里渊区的边界 $N-H$ 之间，简并微扰以后两个态的能量分别为

$$\varepsilon_{\pm}(\boldsymbol{q}) = \varepsilon_0(\boldsymbol{q}) + \overline{U} \pm \mid U_{a_3^*}^* \mid \tag{5.101}$$

第 $n$ 布里渊区边界的能隙为 $2 \mid U_{a_3^*}^* \mid$（这个能隙的存在导致了布里渊区的定义），其中 $U_{a_3^*}$ 就是弱晶格周期势 $U(\boldsymbol{r})$ 在倒易格矢量 $\boldsymbol{a}_3^*$ 或波长 $\lambda = 2\pi/\mid \boldsymbol{a}_3^* \mid = a/\sqrt{2}$ 处的傅里叶系数。也就是说，能隙正比于势 $U(\boldsymbol{r})$ 的起伏幅度 $\Delta U$。

## 5.3.4　密度泛函理论与能带计算法的介绍

1963 年，科恩(Walter Kohn)访问了在巴黎的 École Normale Supérieure 的朋友 Philippe Noziéres。他读了一些金属学的文献，其间经常论及原胞之间的电荷转移，这是与弥散于全空间的德布罗意波不同的物理图像。科恩在开始构筑密度泛函理论时，借鉴了汤玛斯-费密近似(Thomas-Fermi approximation)，其中首次强调了电子密度 $n$ 对多电子体系的意义。假设金属费密面上的电子总能量 $E_{\text{tot}} = \varepsilon_F - e\phi(\boldsymbol{r})$ 为零(其中 $\phi(\boldsymbol{r})$ 是电子感受到的电势)，根据静电学的泊松方程以及费密能量与价电子密度 $n(\boldsymbol{r})$ 的关系，可以得到一个自洽的汤玛斯-费密微分方程(Thomas，1927；Fermi，1928)：

$$\nabla^2\phi = 4\pi en, \quad \varepsilon_F = \frac{\hbar^2}{2m}(3\pi^2 n)^{2/3} \quad \Rightarrow \quad \nabla^2[n^{2/3}(\boldsymbol{r})] = \frac{8\pi}{(3\pi^2)^{2/3}a_B}n(\boldsymbol{r}) \tag{5.102}$$

其中多电子总密度 $n(\boldsymbol{r})$ 为基本变量，而不是多电子波函数 $\Psi(x_1, x_2, \cdots, x_N)$。

分子、团簇和固体中化学键的基本形状是已知的，这意味着固体中所有电子的总几率密度 $n(\boldsymbol{r})$ 是粗略知道的。密度泛函理论的基本问题是："单电子感受到的势是不是可以由多电子密度唯一地决定"？这个问题是科恩和他在巴黎遇到的一个年轻的美国人郝汉伯格(Pierre Hohenberg)一起严格证明的，郝汉伯格在前苏联和法国受到过很好的数学训练。郝汉伯格-科恩定理(Hohenberg-Kohn theorem)的基本陈述为：单电子势 $v(\boldsymbol{r}_i)$ 唯一地由基态的多电子密度 $n_0(\boldsymbol{r}) = \mid \Psi[n_0(\boldsymbol{r})] \mid^2$ 决定(可能会差一个任意常数)。多电子系统基态的总能量 $E[n_0(\boldsymbol{r})]$ 可由变分法求得(Kohn，Becke，1996)：

$$\mathscr{H}(\{\boldsymbol{r}_i, \boldsymbol{p}_i\}) = K + V + U$$

$$= \sum_i \frac{\boldsymbol{p}_i^2}{2m} + \sum_i v(\boldsymbol{r}_i) + \frac{1}{2}\sum_{i \neq j}\frac{e^2}{\mid \boldsymbol{r}_i - \boldsymbol{r}_j \mid} \tag{5.103}$$

$$E[n(\boldsymbol{r})] = \iiint \mathrm{d}^2 r \, n(\boldsymbol{r})v(\boldsymbol{r}) + \langle\Psi[n(\boldsymbol{r})] \mid K + U \mid \Psi[n(\boldsymbol{r})]\rangle \tag{5.104}$$

在这里会跳过郝汉伯格-科恩定理(Hohenberg-Kohn theorem)的证明过程，实际

固体物理(第 2 版)

上这与式(2.4)中哈特里-福克哈密顿量的变分法证明是类似的。

对固体中的能带计算最具有使用价值的方法是基于条件$\iiint d^3 \boldsymbol{r} n(\boldsymbol{r}) = N$推出的科恩-沈方程(Kohn-Sham equations),这是科恩在 1963 年从巴黎回到美国 UCSD 以后与他当时的博士后沈吕九(Lu J. Sham)一起提出的:

$$\left(-\frac{\hbar^2}{2m}\nabla^2 + v(\boldsymbol{r}) + \iiint d^3 \boldsymbol{r}' \frac{n(\boldsymbol{r}')e^2}{|\boldsymbol{r}-\boldsymbol{r}'|} + v_{xc}(\boldsymbol{r})\right)\psi_j(\boldsymbol{r}) = \varepsilon_j \psi_j(\boldsymbol{r}) \tag{5.105}$$

$$n(\boldsymbol{r}) = \sum_j |\psi_j(\boldsymbol{r})|^2, \quad v_{xc}(\boldsymbol{r})\delta n(\boldsymbol{r}) = \delta E_{xc}[n(\boldsymbol{r})] = \delta \langle \Psi | U | \Psi \rangle$$

$$\tag{5.106}$$

科恩-沈方程与方程(2.4)和(2.5)中的哈特里-福克-斯莱特理论是类似的,只是在 DFT 中电子密度 $n(\boldsymbol{r})$ 是最根本的,而不是量子力学中的波函数。类似于哈特里-福克方程,方程(5.105)和(5.106)中的单电子局域方程也必须用自洽迭代法求解,因为晶体的一个原胞中有很多电子,固体中的总电子数更庞大。科恩-沈方程在物理学、化学和材料学中获得了广泛的应用。

密度泛函理论的唯一近似是在计算交换-关联能(exchange-correlation energy)$E_{xc}[n(\boldsymbol{r})]$时出现的,最重要的局域密度近似(local density approximation, LDA)最早是斯莱特提出的,后来由科恩和沈吕久推广为以下形式(Kohn, Sham, 1965; Slater, 1953):

$$E_{xc}[n(\boldsymbol{r})] = \iiint d^3 \boldsymbol{r} \varepsilon_{xc}[n(\boldsymbol{r})], \quad \varepsilon_{xc}[n(\boldsymbol{r})] \approx -\frac{3e^2}{2\pi}(3\pi^2 n(\boldsymbol{r}))^{1/3} n(\boldsymbol{r})$$

$$\tag{5.107}$$

其中的物理量$(3\pi^2 n(\boldsymbol{r}))^{1/3}$显然就是熟悉的费密波矢,其表达式在索末菲模型的方程(5.21)中已给出。每个电子的交换-关联函数$\varepsilon_{xc}[n(\boldsymbol{r})]$可以重新写作一个类似于总静电能密度的简单形式$n(\boldsymbol{r})(-e^2/l_{xc})$,其中的交换-关联长度$l_{xc} \propto k_F^{-1}$显然与自由电子其模型中的电子平均占有半径$r_s$成正比。

在化学和物理中真正应用科恩-沈理论进行计算,是直到 20 世纪 80 年代初计算科学发展以后才实现的。基于 DFT 和 LDA 的能带的第一性原理计算方法(ab initio calculation)取得了很大的成功。表 5.6 中总结了常用的 DFT-LDA 计算方法。在构筑正交平面波(OPW)和赝势(PSP)计算法的时候分别用到了紧束缚模型和弱晶格势近似。增强平面波(APW)的计算法是斯莱特在 20 世纪 50 年代提出的,目的是计算在每个原子周围都有势的截断$V(\boldsymbol{r}-\boldsymbol{R}) = 0(|\boldsymbol{r}-\boldsymbol{R}| > r_0)$的周期势$U(\boldsymbol{R}) = \sum V(\boldsymbol{r}-\boldsymbol{R})$对应的"糕模轨道"(muffin tin orbits, MTO)。在能带计算方面 OPW、PSP、APW 法都取得了成功。

**表 5.6　固体中实用的第一性原理能带计算方法**（冯端、金国均，2003；Slater，1953）

| 缩写 | 全称 | 核心概念：波函数的选择 |
|---|---|---|
| OPW | orthogonal plane wave method | $\psi_k(\boldsymbol{r}) = \sum_G C_G \phi_{k+G}(\boldsymbol{r})$, $\quad \phi_k(\boldsymbol{r}) = a_0 \mathrm{e}^{\mathrm{i}k\cdot r} - \Phi_k(\boldsymbol{r})$<br>由所有内壳贡献的波函数修正 $\Phi_k(\boldsymbol{r}) = \sum_n c_{nk}\psi_{nk}(\boldsymbol{r})$<br>其中布洛赫波函数 $\psi_{nk}(\boldsymbol{r}) = \dfrac{1}{\sqrt{N_L}}\sum_R \Phi_n(\boldsymbol{r}-\boldsymbol{R})\exp(\mathrm{i}k\cdot\boldsymbol{R})$ |
| PSP | pseudo potential method | $\psi_k(\boldsymbol{r}) = \psi^{\mathrm{ps}}(\boldsymbol{r}) - \sum_n c_{nk}\psi_{nk}(\boldsymbol{r})$，$n$ 是内壳层量子数<br>赝势薛定谔方程 $\left(\dfrac{p^2}{2m}+V^{\mathrm{ps}}\right)\psi^{\mathrm{ps}}(\boldsymbol{r}) = \varepsilon(k)\psi^{\mathrm{ps}}(\boldsymbol{r})$<br>很弱的赝势表达式 $V^{\mathrm{ps}} = V_{\mathrm{tot}} + \sum_n (\varepsilon(k)-\varepsilon_n)\lvert n\rangle\langle n\rvert$ |
| APW | augmented plane wave method | 价电子的平面波围绕固体中的第 $j$ 个原子周围的球面展开：<br>$a_0\mathrm{e}^{\mathrm{i}k\cdot r} = a_0\mathrm{e}^{\mathrm{i}k\cdot R_j}\sum_l (2l+1)\mathrm{i}^l P_l(\cos\theta)j_l(kr_j)$，所有内壳层的波函数<br>满足方程 $\sum_n a_{nl}^j u_{nl}^j(r_j) = a_0\mathrm{e}^{\mathrm{i}k\cdot R_j}(2l+1)\mathrm{i}^l j_l(kr_j)$ |

## 5.3.5　真实能带和费密面

晶体的能带结构 $\varepsilon_n(\boldsymbol{k})$ 可以通过光子或电子的非弹性散射过程在各种各样的仪器中进行测量，能带的测量理论与 4.3.3 节中讨论的声子能谱的非弹性模式中子衍射测量理论类似。实验测量和理论计算的电子能带 $\varepsilon_n(\boldsymbol{k})$ 在简单晶体中符合得相当好。在本节中将分别介绍典型的碱金属、贵金属、碱土金属和过渡金属的能带。

碱金属（alkali metals）具有 BCC 晶体结构，除锂以外，碱金属中价电子感受到的势 $U(\boldsymbol{r})$ 是很弱的。通过弱晶格势近似计算的 BCC 金属的能带在图 5.15 已经给出了（值得注意的是在 FBZ 边界附近的计算结果是不对的）。图 5.15 是更精确的金属钠的价电子能带的计算结果，可以看到只在 FBZ 的边界点 $N$ 处出现了一个能隙，这个 DFT 计算结果与图 5.15 中的计算结果还是很不同的。

金属钠的能带与自由电子的能带十分接近。图 5.16 中的 $\Lambda_1$ 能带就对应于钠的 $3s$ 电子的价带。在有 $N_L$ 个原子的晶体中，$N_L$ 个价电子只会将 $\Lambda_1$ 能带填到半满。费密波矢 $k_F$ 可以用 FBZ 的 $N$ 点和 $\Gamma$ 点之间的距离 $k_N$ 表示，可以证明（参见本章习题14）：

$$k_F = \frac{(6\pi^2)^{1/3}}{\sqrt{2}\pi}k_N \approx 0.8773\,k_N \tag{5.108}$$

在金属钠和其他碱金属中的费密面都是半径为 $k_F$ 的球面。

贵金属（nobel metals）都具有 FCC 密排结构，其中的价电子的量子态依然很

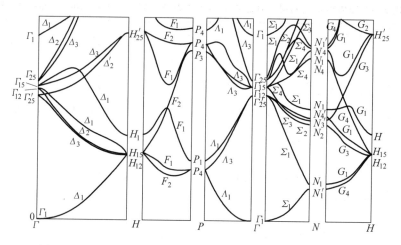

图 5.16　具有 BCC 结构的金属钠的价电子能带(Burns, 1985)

接近自由电子费密气体,可由在索末菲模型中做的一系列物理量的估算证明。图 5.17(a)中给出了计算的金属铜的能带。在费密面 $\varepsilon_F$ 以下,画出了 6 条能带,分别是铜原子的 $3d^{10}$ 壳层对应的五条 $3d$ 能带和 $4s^1$ 壳层对应的一条 $4s$ 能带。

在图 5.17(a)中,可以看到费密面与 $4s$ 能带有两个交点:一个在 $\Gamma-X$ 之间、另一个在 $\Gamma-K$ 之间。费密面在 $\Gamma-L$ 之间与能带没有任何交点,正如在 5.3.3 节讨论的那样 $\varepsilon_{4s}(\boldsymbol{k})$ 向下弯曲了;因此,在 FBZ 的每个 $L$ 点附近,贵金属的费密面都有一个洞,正如图 5.17(b)中显示的那样。8 个 $L$ 点附近的洞可以通过德哈斯-范阿尔文效应(de Haas-van Alphen effect)进行测量,这将在第 7 章中再详细讨论。

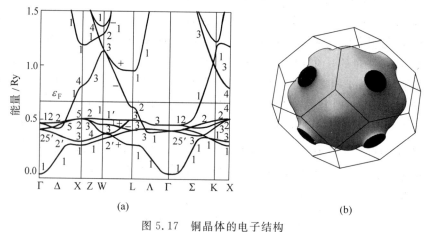

(a)　　　　　　　　　　　　　　　　　　(b)

图 5.17　铜晶体的电子结构

(a) 计算的能带(phys. nara-wu. ac. jp);

(b) 费密面(based on Choy, Naset, Chen, Hershfield, Stanton, 2000)

在拥有 $N_L$ 个原子的铜晶体中，也有 $N_L$ 个价电子，因此 $4s$ 能带也只有一半被填满。费密波矢 $k_F$ 可以用 FBZ 的 $L$ 点和 $\Gamma$ 点之间的距离 $k_L$ 表示，可以证明（参见本章习题 15）：

$$k_F = \frac{(12\pi^2)^{1/3}}{\sqrt{3}\pi} k_L \approx 0.9025\, k_L \tag{5.109}$$

在铜和其他贵金属中，费密面是在 $\langle 111 \rangle$ 方向带 8 个洞的球面，见图 5.17(b)。

碱土金属（alkali-earth metals）的结构比较分散（Be,Mg：HEX；Ca,Sr：FCC；Ba：BCC），这是由 2A 族元素比较复杂的电子结构导致的。图 5.18(a)中给出了用 LDA-DFT 方法计算的 FCC 结构的晶体钙的能带。在费密面附近有两条价电子能带，一条是几乎被填满的 $4s$ 能带，另一条是几乎全空、只是在 FBZ 的 $L$ 点附近被填充了一点的 $3d$ 能带。

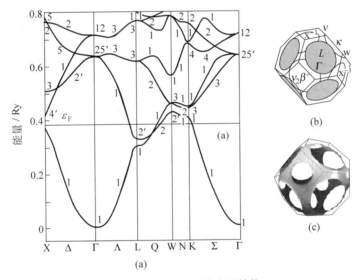

(a)

图 5.18　碱土金属的电子结构

(a) 计算的具有 FCC 结构的钙晶体的通带（Jan, Skriver, 1981）；

(b) 实验测量的 $3d$ 能带中的费密面（Condon, Marcus, 1964）；

(c) $4s$ 能带中的费密面（based on Choy, Naset, Chen, Hershfield, Stanton, 2000）

如果不考虑能带的交叠，那么 $N_L$ 个钙原子中的 $2N_L$ 个价电子恰好会填满一条 $4s$ 能带；但是，实际情况是钙晶体的能量最低的 $3d$ 能带在 $L$ 点附近比 $4s$ 能带的能量更低，因此，电子在填满 $4s$ 能带之前已经开始在填充 $3d$ 能带了。这样，钙以及其他碱土金属晶体的费密面都会"破碎"成很多片。在图 5.18(b)和(c)中分别给出了在钙晶体的 $3d$ 能带和 $4s$ 能带中用德哈斯-范阿尔文效应测量的费密面。在 $4s$ 能带中，费密面上在 8 个 $L$ 点和 6 个 $X$ 点附近都有洞，只不过 $L$ 点附近的洞很大，留下的球面面积较小；在最低的 $3d$ 能带中，费密面则大致是 $L$ 点附近的 8

个扁平的圆形饼干的形状,饼干的底面分别贴在 $L$ 点附近 FBZ 的边界上。

三价金属(trivalent metals)的结构也是比较分散(Al:FCC;Ga:ORC;In:TET;Tl:HEX),因为 3A 族的价电子包含了 $ns,np$ 两类能带。图 5.19(a)给出了 FCC 结构的晶体铝的能带,其中 $3s$ 能带已经填满,在费密面附近有两条 $3p$ 能带。其中一条 $3p$ 能带的最低点在 $L$ 点附近,另一条 $3p$ 能带的最低点在 $X$ 点附近。铝晶体的费密面也"破碎"成很多片,主要的一片费密面是连续的,相应能带中的电子从十四面体 FBZ 的表面向内填充到 $L-\Gamma$ 之间。在图 5.19(b)同时给出了这两条 $3p$ 能带中的费密面。

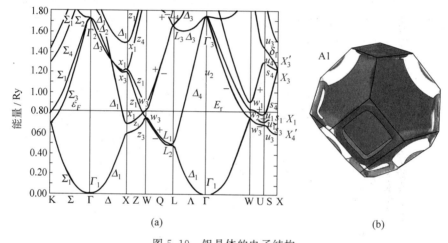

(a)                                      (b)

图 5.19　铝晶体的电子结构

(a) 计算的能带(Singhal,Callaway,1977);

(b) 费密面(based on Choy,Naset,Chen,Hershfield,Stanton,2000)

过渡金属的电子结构要更复杂一些,因为所有的 5 条 $d$ 能带和一条 $s$ 能带交缠在一起,这 6 条能带都可能与费密面有交点。在一个铁、钴、镍的原子的 $3d$-$4s$ 壳层中,分别有 8,9,10 个 $3d$-$4s$ 电子;因此铁、钴、镍晶体的 6 条 $3d$-$4s$ 能带中分别有 67%,75%,83% 的量子态被填满。实验测量和理论计算的铁钴和镍的能带分别在图 5.20(a),(c),(d)中给出。在计算的铁能带中确实有 6 个 $3d$-$4s$ 能带对应于自旋向上的多数电子;但是在图 5.20(a)中,沿着 FBZ 中的 $\Gamma-P-H$ 对称方向只有 5 个自旋向上的电子能带出现,还有一个 $\Gamma-N-P$ 方向的能带因简并没有显示。图 5.20(a)中费密面分别与 3 个自旋向上、两个自旋向下的能带有交点;实际上,如果把没画的能带补齐的话,费密面会在 4 个自旋向上、4 个自旋向下的能带中出现。因此铁的费密面是非常复杂的。

如果要计算铁磁材料的能带,不仅要使用 LDA-DFT 方法,而且要额外使用一个卡洛维(Joseph Callaway)提出的与磁性(magnetism)相关的特殊交换-关联能,也就是最早由斯莱特(John Clarke Slater)给出的自由电子近似下的 Hartree-Fock

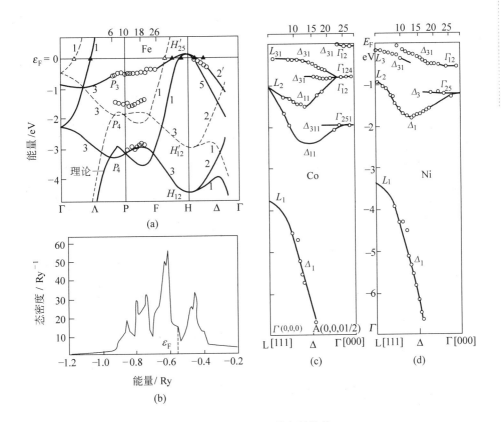

图 5.20　Fe,Co,Ni 的电子结构

(a) 计算和测量的铁的能带,实/虚线分别对应自旋向上/向下的电子(Eastman et. al.,1980;
Moruxxi et. al.,1978);(b) 计算的铁的总能态密度(Callaway,Wang,1977);(c)~(d) 计算和测量的
钴/镍的能带(Eastman et. al.,1980)

交换作用势,实际也具有方程(5.106)中的 LDA 交换关联势的形式(Slater,1953;
Callaway,1955):

$$\Delta E_{xc} = V_+ \left( [n_+ (\boldsymbol{r})] \right) - V_- \left( [n_- (\boldsymbol{r})] \right),$$

$$V_\sigma \left( [n_\sigma(\boldsymbol{r})] \right) = - 3e^2 \sigma \left( \frac{3}{4\pi} n_\sigma(\boldsymbol{r}) \right)^{1/3} \tag{5.110}$$

其中 $n_\sigma(\boldsymbol{r})$ 是自旋为 $\sigma$ 的电子密度,很显然,自旋向上($\sigma = +1$)的电子比自旋向下
($\sigma = -1$)的电子能量要低,这就成功地在计算中引入了铁磁破缺。

绝缘体(insulators)的结构可以很复杂,其中比较典型的晶体结构有金刚石结
构和第 3 章中曾讨论的 ABO₃ 结构。图 5.21(a)给出了金刚石晶体的能带,
图 5.21(b)则是 ABO₃ 结构的锶钛酸(SrTiO₃)晶体的能带。可以看到,绝缘体能
带的最大特点是有很宽的能隙(band gap),其中金刚石的能隙为 5.48 eV,SrTiO₃
晶体的能隙为 3.55 eV。在绝缘体中,费密能量 εF 恰好位于能隙中间,因此绝缘体

固体物理(第 2 版)

没有费密面。半导体的能带与绝缘体十分类似,只是能隙较小一些,典型半导体的
能带结构将在第 6 章给出。

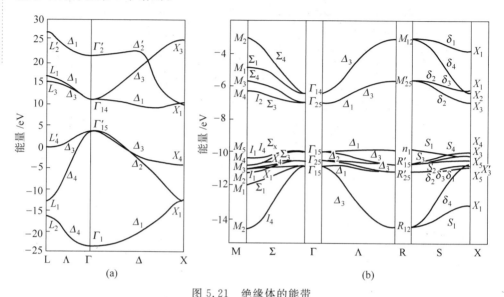

图 5.21　绝缘体的能带

(a) 金刚石的能带(Brener, 1975);(b) SrTiO$_3$ 的能带 (Kahn, Leyendecker, 1964)

### 5.3.6　半经典模型和有效质量

在本章前面各节中,讨论了自由电子模型和能带论。在自由电子费密气体的
索末菲模型中,各种物理性质都可以通过平衡的费密-狄拉克统计或非平衡统计计
算出来,其中能带密度 $g(\varepsilon)$ 是通过自由电子能谱 $\varepsilon = \hbar^2 k/2m_e$ 计算出来的。

如果在能带中要计算宏观物理量,必须首先计算能带电子的非平衡统计,因此
就需要一个新的近似方法。1928 年,休斯顿(William Houston)和布洛赫(Felix
Bloch)根据金属导电性的量子理论提出了一个半经典模型(semiclassical model)。
休斯顿正确地指出,如果不考虑晶格振动,电子的平均自由程就会是无穷大,这样
第 $n$ 条能带的布洛赫波函数对应的电子就会以一个恒定的速度运动:

$$v_n(\boldsymbol{k}) = \frac{1}{\hbar} \nabla_k \varepsilon_n(\boldsymbol{k}) \tag{5.111}$$

在理想晶体中,如果电子不与声子或其他粒子发生碰撞,那么式(5.111)中的速度会
永远维持下去。在一般金属中,即使没有外场,声子总是存在的,而且晶体的不完美
性也到处存在;因此,电子总是会被散射,平均自由程(mean free path)就是有限的了。

能带电子(band electron)可以看成固体中的一个新的准粒子(quasi-particle),
因为在晶体中电子的能量-动量关系 $\varepsilon_n(\boldsymbol{k})$ 不再符合非相对论性基本粒子在任何德
布罗意波长下都必须满足的色散关系 $\varepsilon = \boldsymbol{p}^2/2m$。在波矢 $\boldsymbol{k}$ 附近的 $\Delta k$ 范围内,所

有的布洛赫电子本征态叠加会造成一个尺度为 $\Delta x = \pi/\Delta k$ 的波包,恰好体现了准粒子的波粒二象性。类似牛顿第二定律(Newton's second law)的准粒子运动方程可以用能带电子在外力 $\boldsymbol{F}$ 作用下的功能原理推导出来:

$$\mathrm{d}\varepsilon_n(\boldsymbol{k}) = \boldsymbol{F} \cdot \mathrm{d}\boldsymbol{r}$$

$$\mathrm{d}\boldsymbol{k} \cdot (\nabla_k \varepsilon_n(\boldsymbol{k})) = \boldsymbol{F} \cdot \boldsymbol{v}_n(\boldsymbol{k})\mathrm{d}t$$

$$\frac{\mathrm{d}(\hbar\boldsymbol{k})}{\mathrm{d}t} = \boldsymbol{F} \tag{5.112}$$

因此也可以定义能带电子的有效质量矩阵(effective mass matrix):

$$\frac{\mathrm{d}v_a}{\mathrm{d}t} = \frac{\mathrm{d}}{\mathrm{d}t}\left(\frac{1}{\hbar}\frac{\partial \varepsilon_n}{\partial k_a}\right) = \left(\frac{1}{\hbar^2}\frac{\partial^2 \varepsilon_n}{\partial k_a \partial k_\beta}\right)\frac{\mathrm{d}(\hbar k_\beta)}{\mathrm{d}t} = \left[(m^*)^{-1}\right]_{a\beta}F_\beta \tag{5.113}$$

其中对下标 $\beta = 1,2,3$ 使用了爱因斯坦符号。能带电子的有效质量矩阵与作为基本粒子的真空中的电子不同,因为它依赖于波矢 $\boldsymbol{k}$ 和能带指标 $n$:

$$m_n^*(\boldsymbol{k}) = \hbar^2(\nabla_k \nabla_k \varepsilon_n(\boldsymbol{k}))^{-1} \tag{5.114}$$

如果沿着晶体的高对称性方向选择主轴,那么有效质量矩阵可以对角化为晶体中第 $n$ 条能带中电子的有效质量(effective mass)$m_{n_\alpha}^*(\boldsymbol{k})$($\alpha = 1,2,3$)。

图 5.22 中分别给出了弱晶格势近似和紧束缚近似两个模型中的价电子和内

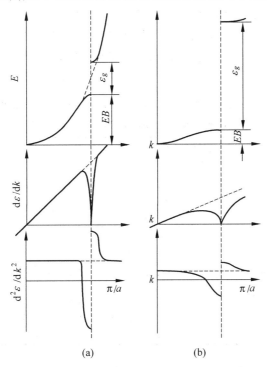

图 5.22　能带、有效速度和有效质量倒数的示意图
(a) 价电子;(b) 紧束缚的内壳层电子(Bums,1985)

层电子的能带 $\varepsilon(k)$、有效速度 $v(k) \propto d\varepsilon/dk$ 和有效质量倒数 $(m^*)^{-1} \propto d^2\varepsilon/dk^2$。当波矢 $k$ 不靠近 FBZ 的边界时,弱晶格势近似下的价电子能带接近于自由电子的能量色散关系 $\varepsilon_v(k) \propto k^2$,这已在 5.3.3 节中讨论过了;因此在这个范围内的有效质量 $m^*$ 几乎都是常数。在接近 FBZ 边界的区域,能带 $\varepsilon(k)$ 向下弯曲,并且趋于一个常数,此时有效质量可以是负的!

如果使用"金属 A 的有效质量"这么一个词组,多数是指费密面附近的有效质量 $m_F^*$,在电导率的公式中则经常是指价电子能带中的平均有效质量 $m^*$。在索末菲模型的 5.2.1 节中,讨论过实验测量的比热容与自由电子模型预言的差别问题。实验测量的低温比热容系数 $\gamma$ 是确定有效质量的直接的甚至是最好的方法:

$$\frac{m_F^*}{m_e} = \frac{\sum_n \hbar^2 \langle (d^2\varepsilon_n/dk)^{-1}_{\varepsilon_F} \rangle}{m_e} = \frac{\gamma/(mJ/(mol \cdot K^2))}{0.0705\,Z} \left(\frac{a_B}{r_s}\right)^2 \quad (5.115)$$

其中 $Z$ 和 $r_s$ 是表 5.1 中列出的每个原子中的价电子数和自由电子费密气体中的电子平均占有半径。

通过低温比热容系数测量的金属的有效质量数据在表 5.7 中分别列出了。可以看到,在大多数金属中,费密面上的有效质量 $m_F^*$ 在 $1 \sim 1.5 m_e$ 之间。过渡金属 Mn,Fe 中很大的有效质量来自于多个能带的贡献之和,所有这些能带都与费密面 $\varepsilon = \varepsilon_F$ 有交点,就像图 5.20 中铁的能带的情形。在有些金属 Zn,Cd,Sb,Bi 中,$m_F^*$ 比 1 小,这也是多个能带的贡献互相抵消的结果,其中有的能带贡献一个正的曲率 $(d^2\varepsilon_n/dk)^{-1}_{\varepsilon_F} > 0$,但其他能带在费密面上却有负的曲率。

**表 5.7** 实验测量的常见金属的低温比热容系数 $\gamma/(mJ/(mol \cdot K^2))$ 和费密面上的有效质量 $m_F^*/m_e$(Ashcroft,Mermin,1976;Martin,1965;Martin,1973)

| 元素 | Li | Na | K | Rb | Cs | Cu | Ag | Au |
|---|---|---|---|---|---|---|---|---|
| $\gamma$ | 1.63 | 1.38 | 1.96 | 2.41 | 3.19 | 0.67 | 0.67 | 0.69 |
| $r_s/a_B$ | 3.24 | 3.92 | 4.85 | 5.19 | 5.62 | 2.66 | 3.02 | 3.00 |
| $m_F^*/m_e$ | 2.20 | 1.27 | 1.18 | 1.27 | 1.43 | 1.34 | 1.04 | 1.09 |
| 元素 | Be | Mg | Ca | Sr | Ba | Zn | Cd | Hg |
| $\gamma$ | 0.21 | 1.33 | 2.72 | 3.64 | 2.72 | 0.59 | 0.71 | 2.09 |
| $r_s/a_B$ | 1.87 | 2.66 | 3.26 | 3.40 | 3.70 | 2.30 | 2.58 | 2.64 |
| $m_F^*/m_e$ | 0.42 | 1.34 | 1.81 | 2.23 | 1.41 | 0.79 | 0.75 | 2.12 |
| 元素 | Mn | Fe | Al | Ga | Sn | Pb | Sb | Bi |
| $\gamma$ | 16.7 | 5.00 | 1.25 | 0.63 | 1.84 | 2.83 | 0.63 | 0.084 |
| $r_s/a_B$ | 2.14 | 2.12 | 2.07 | 2.19 | 2.21 | 2.30 | 2.13 | 2.25 |
| $m_F^*/m_e$ | 25.9 | 7.89 | 1.38 | 0.62 | 1.33 | 1.90 | 0.39 | 0.047 |

在外加电磁场中,能带电子服从一个半经典的运动方程:

$$\hbar\frac{dk_\alpha}{dt} = m_{\alpha\beta}^* \frac{dv_\beta}{dt} = -e(\boldsymbol{E} + \boldsymbol{v} \times \boldsymbol{B})_\alpha \quad (5.116)$$

其中使用了洛伦兹力(Lorentz force)。在外加的 $+x$ 方向的电场中,能带电子的运动可以用 FBZ 中波矢往 $-x$ 方向的"漂移"来形象地描述。如果要计算电导率,弛豫时间近似还是必须的:即费密球中的波矢 $k$ 往 $E$ 方向的漂移,在弛豫时间(relaxation time)$\tau$ 以后就全部回到原位,再重新开始漂移。

在本章中,对经典的金属自由电子模型,量子的金属自由电子费密气体模型,能带论以及密度泛函能带计算理论的讨论,给出了一幅广阔而丰富的固体电子理论的画卷,当然,这还是很不完全的。固体的输运性质将在第 6 章讨论,那是能带理论真正取得很大成功的领域。

# 本章小结

本章介绍了固体电子结构的基本理论。从经典电子气体的德鲁德模型,到量子力学的索莫菲模型和能带论,确实是固体物理中的非常精彩的部分。能带的准确计算则需要科恩引入的密度泛函理论,这个理论与第 2 章中讨论的哈特里-福克理论有密切的关系。

1. 德鲁德模型:金属中电子气的概念是物理学中的重要图像之一。在经典物理的框架内,德鲁德模型成功地解释了金属的电导率和热导率之间的关系。德鲁德模型中首先引入的电子浓度和弛豫时间等概念在后续的所有固体理论中依然有效。

2. 索莫菲模型:当量子物理中的波粒二象性原理和费密-狄拉克统计确立以后,索莫菲修正了德鲁德模型,并引入了费密电子气体的概念,由此理清了金属中价电子的能量分布。很多物理量都可以根据索莫菲模型计算出来,比如自由电子的比热容、电导率、热导率、热电子发射、霍尔效应等。

3. 能带论:1928 年,布洛赫首次提出了在周期电势中运动的电子的能带理论。在能带论开始发展的时候,只有紧束缚近似和弱晶格势近似这两个极端有解析解。科恩的密度泛函理论与计算科学的发展使得计算与实验测量的能带可比的结果成为可能。

4. 半经典模型:从真实能带的多体电子态推出的等效的单电子运动图像,其中真空电子质量变成了与电子波矢有关的有效电子矩阵。在费密面上的平均有效质量对解释固体的电性质尤其重要。

# 本章参考文献

1. 冯端、金国钧. 凝聚态物理学. 北京:高等教育出版社,2003
2. 黄昆,韩汝奇. 固体物理学. 北京:高等教育出版社,1988

3. Laue M V. 物理学史. 范岱年，戴念祖译. 北京：商务印书馆，1978

4. Ashcroft N W，Mermin N D. Solid State Physics. New York：Holt，Rinehart and Winston，1976

5. Bloch F. Uber die quantenmechanik der electronen in kristallgittern. Z Physik，52，555，1928

6. Brener N E. Correlated Hartree-Fock Energy Bands for Diamond. Phys Rev，B11，929-934，1975

7. Burns G. Solid State Physics. Orlando：Academic Press，1985

8. Callaway J. Electronic Energy Bands in Iron. Phys Rev，99，500-509，1955

9. Callaway J，Wang C S. Energy bands in ferromagnetic iron. Phys Rev，B16，2095，1977

10. Choy T-S，Naset J，Chen J，Hershfield S，Stanton C. A database of fermi surface in virtual reality modeling language（ vrml）. Bulletin of The American Physical Society，45（1）：L36，42,2000

11. Coles B R. Electronic structure and Superconductivity of Transition Metals and Their Alloys Rev Mod Phys，36，139-145，1964

12. Condon J H，Marcus J A. Fermi Surface of Calcium by the de Haas-van Alphen Effect. Phys Rev，134，A446-452，1964

13. Dushman S. Thermionic emission. Rev Mod Phys，2，381-476，1930

14. Eastman D E，Himpsel F J，Knapp J A. Experimental Exchange-split Energy-band Dispersions for Fe，Co，and Ni. Phys Rev Lett，44，95-98，1980

15. Fermi E. Sulla Deduzione Statisticá di Alcune Proprietá dell atomo. Applicazione alla Teoria del Sistema Periodico Degli Elementi. Z Physik，48，73,1928

16. Friedberg S A，Estermann I，and Goldman J E. The Electronic Specific Heat in Chromium and Magnesium. Phys Rev，85，375-376，1952

17. Heer C V，Erickson R A. Hyperfine Coupling Specific Heat in Cobalt Metal. Phys Rev，108，896-898，1957

18. Jan J P，Skriver H L J. The Electronic Structure of Calcium. Phys F：Met Phys，11，805-820，1981

19. Kahn A H，Leyendecker A J. Electronic Energy Bands in Strontium Titanate. Phys Rev，135，1321-1325，1964

20. Kohn W，Becke A D，Parr R G. Density Functional Theory of Electronic Structure. J Phys Chem，100，12974-12980，1996

21. Kohn W，Sham L J. Self-consistent Equations including Exchange and Correlation Effects. Phys Rev，A 140，1133，1965

22. Martin D L. Analysis of Alkali-Metal Specific-Heat Data. Phys Rev，139，150-160，1965

23. Martin D L. Specific Heat of Copper，Silver，and Gold below 30 K. Phys Rev，B 8，5357-5360，1973

24. Moruzzi V L，Janak J F，Williams A R. Calculated Electronic Properties of Metals. New

York：Pergamon,1978

25. Seitz F. The modern theory of solids. New York, London：McGraw-Hill Book Co，Inc，1940

26. Singhal S P and Callaway J. Self-consistent Energy Bands in Aluminum：an Improved Calculation. Phys Rev，B 16，1744，1977

27. Slater J C. An Augmented Plane Wave Method for Periodic Potential Problem. Phys Rev，81，385-390，1951；Phys Rev，92，603-608，1953

28. Thomas L H. The calculation of atomic fields. Proc Camb Phil Soc，23，542，1927

29. Nobel Laureates for physics. Nobel Prize Organization，City of Stockholm，Sweden. 14 November 2005

　　<http://nobelprize. org/>

30. Electronic Structure of Copper. Department of Physics，Nara Women's University. City of Kitauoyahigashi-machi，Japan. 27 February 2006

　　<http：//www. phys. nara-wu. ac. jp/in-kamoku//suzuki//electronic_structre. html>

31. WebElements Periodic Table. University of Sheffield and WebElements Ltd，City of Sheffield，UK. 1 May 2005

　　<http://www. webelements. com/>

# 本章习题

1. 使用德鲁德模型计算均匀外磁场中的交流电导率。假设一块金属被放在均匀的沿 $z$ 轴的磁场 $\boldsymbol{H}=H_z\hat{e}_z$ 中。外加交流电场与磁场垂直，并且电场是旋转偏振的 $\boldsymbol{E}=(E_x\hat{e}_x+E_y\hat{e}_y)\exp(\mathrm{i}\omega t)(E_y=\pm\mathrm{i}E_x)$。那么：

(1) 证明交流电流密度为：

$$j_x=\frac{\sigma_0}{1-\mathrm{i}(\omega\mp\omega_c)\tau}E_x,\quad j_y=\pm\mathrm{i}j_x,\quad j_z=0 \tag{5.117}$$

其中，$\sigma_0=ne^2\tau/m$ 是德鲁德直流电导率，$\omega_c=eH_z/mc$ 是磁回旋频率。

(2) 根据麦克斯韦方程(5.1)～(5.4)，证明金属中的色散关系为 $k^2c^2=\varepsilon\omega$，其中的介电常数为 $\varepsilon(\omega)=1+\mathrm{i}\dfrac{4\pi\sigma}{\omega}$；并且证明电场有一个波动解：$E_x=E_0\mathrm{e}^{\mathrm{i}(kz-\omega t)}$，$E_y=\pm\mathrm{i}E_x$，$E_z=0$。

(3) 画出介电常数 $\varepsilon(\omega)$ 的实部和虚部的与频率的关系图。

(4) 证明：当 $\omega\ll\omega_c$ 时，低频的 Helicon 波的色散关系为 $\omega=\omega_c(k^2c^2/\omega_p^2)$，其中 $\omega_p$ 是等离子体频率。假设波长为 1 cm，磁场为 1 T，估算 Helicon 波的频率。

2. 金属锂具有体心立方结构，晶格常数为 3.5 Å，求锂的软 X 射线发射宽度。

3. 在索末菲模型中，证明有 $N$ 个电子的金属中，自由电子气体在绝对零度时

的动能为 $\frac{3}{5}N_{\varepsilon_F}$；由此导出压强 $P$ 和体积弹性模量 $B=-V(\partial P/\partial V)$ 的表达式。求出锂(体心立方结构,晶格常数为 3.5 Å)的体积弹性模量值,并与杨氏模量的量级 $10^{11}$ N/m² 比较。

4. 在二维自由电子费密气体中,(1)求密度与费密波矢的关系:$n-k_F$。(2)求费密波矢和电子平均占有半径的关系 $k_F-r_s$。(3)求能态密度 $g(\varepsilon)$。(4)证明二维电子气中密度的索末菲展开只有零温项。

5. 自旋为 $\frac{1}{2}\hbar$ 的 He³ 原子是氦元素的同位素。He³ 是费密子。在绝对零度附近,液 He³ 的密度为 0.081 g/cm³。如果使用索末菲模型来进行近似的分析,求液 He³ 的费密能量 $\varepsilon_F$ 和费密温度 $T_F$。

6. 碱金属的实验低温比热容系数 $\gamma$ 在表 5.2 中分别列出了。比较用 $\gamma$ 计算的费密面上的态密度 $g'(\varepsilon_F)$ 和自由电子费密气体的计算结果 $g(\varepsilon_F)$。

7. 金属银的宏观密度为 10.5 g/cm³,银的原子量为 107.87。如果用索末菲模型分析银中的价电子,(1)计算费密能量 $\varepsilon_F$,费密温度 $T_F$,费密波矢 $k_F$ 和费密速度 $v_F$；(2)如果银的电阻率在 295 K 和 20 K 时分别是 1.61 $\mu\Omega\cdot$cm 和 0.038 $\mu\Omega\cdot$cm,计算在 295 K 和 20 K 时电子在费密面上的平均自由程。

8. 在很高的温度下,只有钨丝可以用来进行电子的热发射,是什么物理量使得其他的金属不能在很高的温度下使用?

9. 莫塞莱公式说,X 射线的 $K_\alpha$ 谱线的频率正比于 $(Z-1)^2$,钼靶的 $K_\alpha$ 谱线宽度在图 3.25(b)中已给出。据此粗略估计钼(BCC,晶格常数 $a=3.15$ Å)的紧束缚系数 $J^1_{2p}$。

10. 在一维点阵中,如果晶格常数是 $a$,单个电子感受到的"糕模"周期势为

$$V(x) = \begin{cases} \frac{1}{2}m\omega^2[b^2-(x-na)^2] & |x-na|\leqslant b \\ 0 & 其他 \end{cases} \tag{5.118}$$

其中非零的势只在点阵中每个原子周围的 $2b=a/2$ 范围内出现。用弱晶格近似计算第一、第二能隙。

11. 在二维点阵中,如果晶格常数是 $a$,单个电子感受到的周期势为

$$U(x,y) = -4U\cos(2\pi x/a)\cos(2\pi y/a) \tag{5.119}$$

用弱晶格近似计算在 FBZ 的 $(\pi/a,\pi/a)$ 点处的第一个能隙。

12. 一个沿着 FBZ 的 [100] 方向的紧束缚的能带具有如下形式:

$$\varepsilon(k) = \frac{\hbar^2}{ma^2}\left(\frac{7}{8}-\cos(ka)+\frac{1}{8}\cos(2ka)\right) \tag{5.120}$$

(1)计算并画出电子在这个方向的群速度。(2)计算简单立方 FBZ 的中心 $\Gamma$ 点和面心 $X$ 点处的有效质量。

13. 二价金属的弱晶格近似分析。(1)在二维系统中,证明简单立方 FBZ 的顶角 $C$ 处的能量是边心 $X$ 处能量的两倍。(2)在三维系统中,简单立方 FBZ 的顶角 $C$ 处的能量是面心 $X$ 处能量的几倍?(3)对简单立方二价金属 $4s$ 能带,按照(2)的结果,什么是恰当填充的 $4s$ 能带的方式?

14. 证明碱金属中费米波矢 $k_F = \dfrac{(6\pi^2)^{1/3}}{\sqrt{2}\pi} k_N \approx 0.8773 k_N$,其中 $N$ 为正十二面体 FBZ 的面心。

15. 证明贵金属中,费米波矢 $k_F = \dfrac{(12\pi^2)^{1/3}}{\sqrt{3}\pi} k_L \approx 0.9025 k_L$,其中 $L$ 为切割八面体 FBZ 在[111]方向的面心。

16. 在铜锌合金 $Cu_x Zn_{1-x}$ 中,什么是合适的原子系数 $x$,使得铜锌合金的费密球 $k = k_F$ 恰好与纯铜的 FBZ 中的 $k_L$ 相同?

17. 图 5.18(a)显示了钙的价电子能带,定性解释为什么钙的有效质量 $m_F^* / m_e = 1.8$ 比 1 大?

18. 在图 5.20(a)中,FBZ 的 $H-\Gamma$ 方向缺了一条自旋向上电子的能带、两条自旋向下电子的能带。铁的有效质量 $m_F^* / m_e$ 大约为 8,那么 $H-\Gamma$ 方向缺的能带大致性状是什么?

# 第6章 固体的电性质：输运过程

## 本 章 提 要

- 导体：能带论中的弛豫时间（6.1）
- 半导体：固体电子器件基础（6.2）
- 超导体：传统与高温超导材料（6.3）

电性质也许是应用最广泛的固体性质了。在19世纪中期，伟大的电磁实验发明家法拉第（Michael Faraday）有一次曾经给英国国王威廉四世演示他发明的第一台电机。国王被他的发明迷住了，可他对法拉第说："但是，这个到底有什么用呢"？法拉第回答说："陛下，我不知道，但是有一点我能肯定，有朝一日您能从它身上得到税收呢"。法拉第的预言是千真万确的：从那时到现在，150年过去了，全球社会已经从机械时代演进到了信息时代。

信息工业（information industry）包含了4个要素：处理（processing）、存储（storage）、传输（transmission）和输入输出（input/output）。以1959年基尔比（Jack Kilby）的专利为标志，信息处理的核心——集成电路（integrated circuits）开始兴起。集成电路中的电子元件（electronic components）可分为无源器件（passive devices）和有源器件（active devices）两类。无源器件——电阻、电容和电感——是从19世纪初期法拉第的时代继承下来的。有源器件——二极管和三极管——最初是用真空管的形式实现的，后来，经过1947年肖克莱（William Shockley）、巴丁（John Bardeen）和布拉顿（Walter Brattain）的革命性贡献，真空管被固体电子器件（solid-state devices）（见图6.1）所代替。在历史上，正是通过20世纪40年代贝尔实验室的巴丁等人对纯净和掺杂硅晶体的电性质研究，半导体（semiconductor）能带结构的典型特性才首先被人了解；后来，经过大量实验研究和密度泛函理论的计算，其能带的分布细节才最终确定。

超导体是另一个有趣的固体电输运问题，这也许是因为超导体中的电流可以

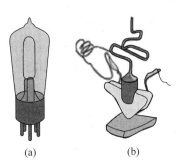

图 6.1　晶体管——能放大信号的"智能"器件

（a）真空管晶体管；（b）第一个锗晶体管

"永动"的特性。1911 年，超导体由昂尼斯（Heike Kamerlingh-Onnes）首次在低温区的汞中发现。传统超导体（traditional superconductors）在常温下都是导体。但是，高温超导体（high-Tc superconductors）在室温下可能是绝缘体或半导体，这是在 1986 年由贝德诺兹（Georg Bednorz）和穆勒（Alex Muller）在钙钛矿陶瓷中发现的。超导体在某个临界温度以下电阻为零，因此其最重要的应用是提供稳定电流，例如，在加速器中通过超导线圈产生均匀的强大磁场之类的应用。

　　在本章中，固体电输运性质将统一地用固体电子能带论加以解释。导体中的弛豫时间近似、半导体的基本性质和重要的固体电子器件、传统和高温超导体将是本章讨论的重点。

# 6.1　导体

　　导体、半导体和超导体的严格分类必须由固体中所有电子贡献的总电流密度 $j$ 来判定。在第 5 章的索莫菲模型中已经讨论论过，要分析金属中的任何输运性质，必须使用非平衡统计（non-equilibrium statistics）。在电子的能带理论中，固体中的总电流密度 $j$ 也必须通过所有电子能带中的非平衡统计 $g_n(\boldsymbol{r}, \boldsymbol{k}, t)$ 进行计算：

$$\boldsymbol{j} = \frac{1}{V} \iiint \mathrm{d}^3 \boldsymbol{r} \sum_n \iiint \frac{\mathrm{d}^3 \boldsymbol{k}}{4\pi^3} g_n(\boldsymbol{r}, \boldsymbol{k}, t)[-e\boldsymbol{v}_n(\boldsymbol{k})] \tag{6.1}$$

$$g_n(\boldsymbol{r}, \boldsymbol{k}, t) \approx f_{\mathrm{F-D}}[\varepsilon_n(\boldsymbol{k})] - \left(-\frac{\mathrm{d}f}{\mathrm{d}\varepsilon}\right)(e\boldsymbol{E}(\boldsymbol{r}, t) \cdot \boldsymbol{v}_n(\boldsymbol{k})\tau_e(\boldsymbol{k})) \tag{6.2}$$

其中，$V$ 是晶体体积；$\boldsymbol{E}(\boldsymbol{r}, t)$ 是外加电场；$\boldsymbol{v}_n(\boldsymbol{k})$ 和 $\tau_e(\boldsymbol{k})$ 分别是第 $n$ 条能带中波矢为 $\boldsymbol{k}$ 的布洛赫电子的速度和弛豫时间。

　　在有 $N_L$ 个原胞的晶体中，如果每个原胞中有 $n_a$ 个原子，每个原子平均有 $Z$ 个电子，固体中的总电子数是 $Zn_aN_L$。所有电子的量子态将由低能到高能填充到各条能带中去；也就是说，$1s$ 能带最早被填满，然后由内层电子能带逐步填充到价电子能带。在非铁磁的固体中(自旋上下的能带不分裂),一条能带总共可以填充 $2N_L$ 个电子的量子态,因此总能带数约为 $Zn_a/2$ 条,由于外层能带的交叠,这个数是不准的。在晶体中,内层电子的大多数能带都是满带(fully-filled band),但是有一条或几条价电子的能带是半满带(half-filled band)。

在满带中,在均匀外场 $\boldsymbol{E}$ 中的非平衡分布 $g_n(\boldsymbol{r},\boldsymbol{k},t)$ 就是费密统计 $f_{F-D}(\varepsilon_n)$。在第 5 章的半经典模型中已经讨论过,电子的波矢一定是沿着外加电场的反方向运动的:$\mathrm{d}\boldsymbol{k}\propto-\boldsymbol{E}$;但是,考虑到能带的周期性 $\varepsilon_n(\boldsymbol{k})=\varepsilon_n(\boldsymbol{k}+\boldsymbol{G})$,所有电子态的波矢 $\{\boldsymbol{k}\}$ 的均匀运动意味着满带中总的统计是不变的,如图 6.2 所示。因此,满带中所有电子贡献的总电流密度为:

$$\boldsymbol{j}_n = \iiint \frac{\mathrm{d}^3\boldsymbol{k}}{4\pi^3} f_{F-D}[\varepsilon_n(\boldsymbol{k})](-e\boldsymbol{v}_n(\boldsymbol{k})) \equiv 0 \tag{6.3}$$

上述积分为零可以简单地用对称性来解释:在定义能带的第一布里渊区的积分区域内,费密-狄拉克统计 $f_{F-D}(\varepsilon_n)$ 是 $\boldsymbol{k}$ 的偶函数,而电子的群速度 $\boldsymbol{v}_n(\boldsymbol{k})=\hbar^{-1}\nabla_{\boldsymbol{k}}\varepsilon_n(\boldsymbol{k})$ 是 $\boldsymbol{k}$ 的奇函数。一句话,满带对固体电导没有贡献。

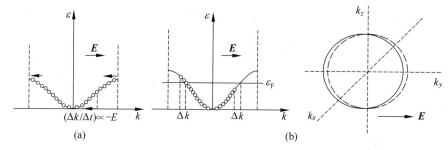

图 6.2  外加电场中的非平衡统计
(a) 满带;(b) 半满带

在绝缘体和半导体中,接近 0K 时所有的能带都是满带或空带(empty bands)。常温下,受到热能 $k_B T$ 或其他外场的作用,半导体中能量最高的满带——价带(valence band)中的少量电子会被激发到能量最低的空带——导带(conduction band)中,这样半导体的价带和导带同时都变成了"半满"能带,自然就有了一定的导电能力。在绝缘体中,价带和导带之间的能隙(energy gap)太大以至于外力无法把价带电子激发到导带中,因此没有可观测的电导。可见,半导体和绝缘体的界限是有一定的模糊性的。

在半满能带中,非平衡统计 $g_n(\boldsymbol{r},\boldsymbol{k},t)$ 确实会偏离费密统计,因为在费密面附近 $g_n$ 存在着不对称性,如图 6.2(b)所示。这个不对称性是非常微小的,而且不会随着时间持续扩大,因为从统计上说,经过弛豫时间 $\tau_F$,非平衡统计 $g_n(\boldsymbol{r},\boldsymbol{k},t)$ 会回到平衡态的费密-狄拉克统计 $f_{F-D}(\varepsilon_n)$:

$$eEl_F \ll \varepsilon_F \quad \Leftrightarrow \quad \Delta k \approx eE\tau_F / \hbar \ll k_F \tag{6.4}$$

其中，$l_F = v_F \tau_F$ 是位于费密面上的电子的平均自由程，$E$ 为外加电场。

在 5.3.5 节中曾经显示了典型金属元素的真实能带。金属中的能带有一个共同的特点：其中一定至少存在一个半满能带。这个特点是解释金属导电能力的关键。在半满能带中的所有布洛赫电子贡献的总电流密度是：

$$\boldsymbol{j}_n = e^2 \tau_F \iiint \frac{\mathrm{d}^3 \boldsymbol{k}}{4\pi^3} \left( -\frac{\mathrm{d}f}{\mathrm{d}\varepsilon} \right) \boldsymbol{v}_n(\boldsymbol{k}) \boldsymbol{v}_n(\boldsymbol{k}) \cdot \boldsymbol{E} \tag{6.5}$$

在金属中 $\boldsymbol{j}_n$ 不再为零，因为在 FBZ 中，半满带中的统计涨落 $\Delta g_n(\boldsymbol{r}, \boldsymbol{k}, t) = g - f$ 和速度 $\boldsymbol{v}_n(\boldsymbol{k})$ 都是 $\boldsymbol{k}$ 的奇函数。可见，固体中总电流 $\boldsymbol{j}$ 都是由半满能带（标记为 $n'$）贡献的。在能带论中，总的电导率矩阵（conductivity matrix）是：

$$\begin{aligned}
\sigma_{\alpha\beta} &= e^2 \tau_F \sum_{n'} \iiint \frac{\mathrm{d}^3 \boldsymbol{k}}{4\pi^3} \left( -\frac{\mathrm{d}f}{\mathrm{d}\varepsilon} \right) v_{n'}^{\alpha}(\boldsymbol{k}) v_{n'}^{\beta}(\boldsymbol{k}) \\
&= e^2 \tau_F \sum_{n'} \iiint \frac{\mathrm{d}^3 \boldsymbol{k}}{4\pi^3} \left( -\frac{\mathrm{d}f}{\mathrm{d}\varepsilon} \hbar^{-1} \frac{\partial \varepsilon_{n'}}{\partial k_\alpha} \right) v_{n'}^{\beta}(\boldsymbol{k}) \\
&= e^2 \tau_F \sum_{n'} \iiint \frac{\mathrm{d}^3 \boldsymbol{k}}{4\pi^3} f_{\mathrm{F-D}}[\varepsilon_{n'}(\boldsymbol{k})] \hbar^{-2} \frac{\partial^2 \varepsilon_{n'}}{\partial k_\alpha \partial k_\beta} \\
&= e^2 \tau_F \sum_{n'} \iiint \frac{\mathrm{d}^3 \boldsymbol{k}}{4\pi^3} f_{\mathrm{F-D}}[\varepsilon_{n'}(\boldsymbol{k})] (m^*)_{\alpha\beta}^{-1}(n', \boldsymbol{k}) \\
&\approx \frac{ne^2}{m^*} \tau_F, \qquad m^* = \langle (m^*)_{\alpha\beta}^{-1}(n', \boldsymbol{k}) \rangle^{-1}
\end{aligned} \tag{6.6}$$

方程(6.6)中的结果非常接近方程(5.12)中德鲁德电导率的形式，只是对载流子浓度 $n$ 和平均有效质量 $m^*$ 的物理意义在能带论中做了一些修改。在金属中，载流子就是价电子，总的导电电子的密度是个常数：

$$n = \frac{N}{V} = \sum_{n'} \iiint \frac{\mathrm{d}^3 \boldsymbol{k}}{4\pi^3} f_{\mathrm{F-D}}[\varepsilon_n(\boldsymbol{k})] \tag{6.7}$$

其中 $N$ 是在所有半满能带中费密面以下的价电子总数或量子态总数。值得注意的是，方程(6.6)中对应于电导率的价电子平均有效质量 $m^*$ 与费密面上的有效质量 $m_F^*$ 是不同的：

$$g(\varepsilon_F) = \sum_{n'} \iiint \frac{\mathrm{d}^3 \boldsymbol{k}}{4\pi^3} \delta(\varepsilon - \varepsilon_F) \approx \frac{3n}{2\varepsilon_F} \quad \Rightarrow \quad \varepsilon_F = \frac{\hbar^2}{2m_F^*} (3\pi^2 n)^{2/3} \tag{6.8}$$

其中，在接近金属费密面的地方，电子能谱被展开成 $\varepsilon \approx \hbar^2 k^2 / 2m_F^*$ 的形式（在所有半满能带的费密面上的平均）。可见 $m_F^*$ 更依赖于费密面的具体特性，而平均有效质量 $m^*$ 体现了半满能带的整体性质，更接近于自由电子质量 $m_e$。

金属的维德曼-弗兰茨定律（Wiedemann-Franz law）也可以在能带论中进行证明，只不过证明过程与索莫菲模型中方程(5.35)～方程(5.41)的推导非常类似，因此就不在这里重复了。导体的特征物理量显然是电阻率（resistivity），图 6.3 中分别显示了不同金属的电阻率-温度曲线。虽然 $\rho(T)$ 曲线不是 $\eta T$ 形式的绝对的直线,仍然可以根据式(6.6)说金属中费密面上电子的平均弛豫时间 $\tau_F$ 近似与温度成反比。在极低温下,电阻率或是趋于一个常数、或突然变成零(超导)。

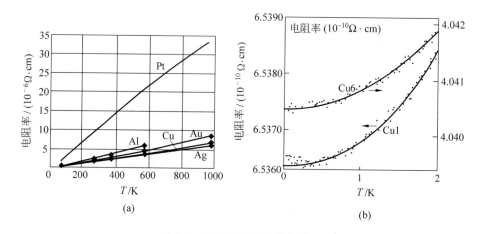

图 6.3 电阻率的温度依赖关系

(a) 常见金属(来自 www.npl.co.uk);(b) 两种金属铜的 0~2K 区间

(Khoshenevisan,Pratt,Schroeder,Steenwyk,1979)

材料中的弛豫时间的物理解释包含两个部分:①在绝大多数多晶材料中缺陷的贡献;②在单晶区域中原子振动的贡献,即电-声相互作用(见图 6.4)或电子-声子散射(electron-phonon scattering)。根据麦特海森规则(Matthiessen's rule),①、②两部分对总电阻率的贡献可以直接求和,也就是说,总弛豫时间可以写为

$$\rho = \frac{m^*}{ne^2\tau} = \frac{m^*}{ne^2\tau_F} + \frac{m^*}{ne^2\tau_d} = \rho_c + \rho_d \quad \Rightarrow \quad \tau^{-1} = \tau_F^{-1} + \tau_d^{-1} \quad (6.9)$$

在一般导体中,晶粒尺度一般要大于平均自由程 $l_F \sim 1 \sim 10$ nm,满足 $\tau_d \gg \tau_F$ 的条件,因此由电-声相互作用引起的电阻率 $\rho_c$ 在室温时是主要的贡献;但是,在接近 0K 时,$\tau_F$ 变得很大,电阻率 $\rho \sim 10^{-3} \sim 10^{-4} \mu\Omega \cdot$ cm 主要是由材料缺陷贡献的 $\rho_d$ 决定的,在不同材料中此数值会改变,如图 6.3(b)所示。

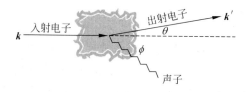

图 6.4 固体中的电子-声子相互作用

与金属晶体结构的缺陷相关的弛豫时间 $\tau_d$ 随着材料的成分、热处理方式等因素而变化;但是,与电-声相互作用有关的弛豫时间 $\tau_F$ 则可以通过分析非平衡统计

$g(\boldsymbol{k})$ 与费密-狄拉克统计的偏差来进行计算：

$$\Delta g / \tau_{\rm F} = \iiint \frac{{\rm d}^3 \boldsymbol{k}'}{4\pi^3} P_{k,k'} \big[ g(\boldsymbol{k}) - g(\boldsymbol{k}') \big] \quad \Rightarrow \quad \tau_{\rm F}^{-1} = \iiint \frac{{\rm d}^3 \boldsymbol{k}'}{4\pi^3} P_{k,k'} (1 - \hat{k} \cdot \hat{k}')$$

(6.10)

其中散射几率 $P_{k,k'}$ 与入、出射电子统计和散射过程（服从动量守恒定律 $\boldsymbol{k}' - \boldsymbol{k} = \boldsymbol{q}$）中的声子统计都有关：

$$P_{k,k'} \propto f_{\rm F-D}\big[\varepsilon_n(\boldsymbol{k})\big]\{1 - f_{\rm F-D}\big[\varepsilon_n(\boldsymbol{k}')\big]\} f_{\rm B-E}\big[\hbar\omega(\boldsymbol{q})\big] \tag{6.11}$$

入射电子和出射电子的费密-狄拉克统计保证了只有费密面附近的电子才能参与电子-声子散射，即 $k = k' = k_{\rm F}$；低能声子（$\hbar\omega \ll k_{\rm B}T$）服从的玻色-爱因斯坦统计：

$$f_{\rm B-E}\big[\hbar\omega(\boldsymbol{q})\big] = \frac{1}{{\rm e}^{\beta\hbar\omega(q)} - 1} \approx \big[\beta\hbar\omega(\boldsymbol{q})\big]^{-1} \propto T \tag{6.12}$$

在德拜声子模型中已经讨论过，在温度不太高的时候，对固体的热性质的主要贡献来自低能声子，这些声子在电-声相互作用过程中也起到主要的作用，这就是为什么可以认为 $P_{k,k'}$ 几率正比于温度，即弛豫时间 $\tau_{\rm F}$ 反比于温度（Ashcroft，Mermin，1976）。因此在 1000 K 以下绝大多数金属的电阻率与温度成正比，如图 6.3 所示，只有铁磁性金属是例外。

在本节结束之前，再次重复一下导体的电阻率 $\rho$、弛豫时间 $\tau_{\rm F}$ 和平均自由程 $l_{\rm F}$ 的数量级。室温时，绝大多数金属的电阻率 $\rho$ 在 $1 \sim 100~\mu\Omega \cdot {\rm cm}$ 的范围内；在费密面上的弛豫时间 $\tau_{\rm F}$ 的量级为 $10^{-14} \sim 10^{-15}~{\rm s}$、平均自由程 $l_{\rm F}$ 的量级为 $10 \sim 1~{\rm nm}$。除了在 0 K 附近的低温区，金属中与电-声相互作用相关的 $\rho_{\rm c}$ 与温度 T 成正比，因为 $\tau_{\rm F}$ 和 $l_{\rm F}$ 都以 $T^{-1}$ 的规律随温度改变。

# 6.2 半导体

对半导体材料的研究可追溯到 1830 年左右，那时电磁学刚开始发展。与金属相比，半导体材料的电阻率有些"异常"：随着温度的升高，$\rho(T)$ 不是上升，而是快速下降。此外，有些半导体材料的电导率可以因外界刺激而快速变化，例如在用光照样品的时候电阻率减小。至 1874 年，电力不仅用来传输能量，而且用来传输信息，最早的电子器件是电报、电话，还有广播。阴极射线管的发明者德国人布劳恩（Karl Ferdinand Braun）在硫化铅（PbS）晶体中发现了单向传导的电流，这就是第一个半导体器件。1926 年，美国人 L. O. Grondahl 和 P. H. Geiger 发现了铜-氧化铜（Cu-CuO）金属-半导体结，这是二极管的前身。1938 年，德国人肖脱基（Walter Schottky）给出了金属-半导体结的理论解释。

"二战"以后，贝尔实验室让肖克莱组建一个新的固体放大器（solid state amplifier）研究组，此时巴丁（John Bardeen）、布拉顿（Walter Brattain）和肖克莱

(William Shockley)相遇了(见图 6.5)。在这个研究组中,布拉顿做实验,巴丁解释实验结果,肖克莱则是监督者。1947 年 12 月底,他们完成了第一个固体晶体管,当时的名称叫"point-contact transistor,其测试台见图 6.5。1949 年,肖克莱给出了对 pn 二极管或 pn 结的完整描述;巴丁则通过研究掺杂硅晶体的电性质分析了半导体的能带结构。在这个重要的发明完成以后没多久,他们 3 个人就各奔东西了。1955 年,肖克莱在加州建立了肖克莱半导体实验室(Shockley Semiconductor Laboratories),这是硅谷最早的成功故事之一;巴丁则转到了学术界,后来因超导理论的研究获得了他的第二个诺贝尔奖,相关理论将在 6.3 节讨论。

图 6.5　肖克莱、巴丁和布拉顿,以及他们在贝尔实验室的测试台

在 1959 年之前,所有的电子器件——电阻、电容、电感、二极管和三极管——都是分立的(discrete)。就在这一年,新的电子器件制备技术发明了,集成电路在德州仪器公司(Texas Instruments)诞生。同年,在一家由离开肖克莱实验室的 8 个工程师于 1957 年建立的仙童半导体公司(Fairchild Semiconductor)中,新的集成电路平面制备技术用单质的硅代替了锗,这就使得商业化生产 IC 芯片成为可能。到 1960 年底,近 90% 的电子元件都是以集成电路的形式制造的。

对半导体的研究和开发是 20 世纪科学和技术方面最重要的进展之一。在半导体时代到来之前,布劳恩因真空管获 1909 年的诺贝尔奖。在晶体管发明之后 9 年,巴丁、布拉顿和肖克莱获得了诺贝尔物理学奖;基尔比(Jack Kilby)则在 2000 年因他在德州仪器(TI)公司参与集成电路的发明获得了诺贝尔物理学奖。

在仙童(Fairchild)半导体的工程师 Jean Hoerni 和诺埃斯(Robert Noyce)发展了基于硅晶片(silicon wafer)的平面技术(planar technology)以后,硅就成为使用最广泛的半导体材料。硅可以从沙子里获得,因此并不昂贵。硅晶片需要通过 CZ 过程进行制备(见图 6.6)。CZ 过程是单晶体生长方法——筹克劳斯基过程(Czochralski process)的简称,这个液相原子的单晶固化生长方法是波兰化学家筹克劳斯基(Jan Czochralski)在 1916 年发明的。集成电路都是在缺陷很少的单晶硅基底上制造的。因此,与机械时代(1623—1945)或钢铁时代(iron-and-steel era)对应,信息时代也称为硅的时代(silicon era)。

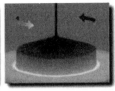

图 6.6　制备硅单晶片的 CZ 过程（来自 www. engr. sjsu. edu）

### 6.2.1　半导体的特性

元素周期表中 ⅡB 族到 ⅥA 族的一系列元素和化合物都可以归类为半导体材料，它们的基本性质分别列在表 6.1 中。绝大多数半导体材料具有金刚石结构（Ⅳ族元素）或闪锌矿结构（Ⅲ-Ⅴ族化合物或 Ⅱ-Ⅵ族极化半导体）。在金刚石/闪锌矿结构中，$A$ 位和 $B$ 位原子分别由相同/不同的原子占据。在窄能带半导体（semiconductors with narrow band gap），红外光学材料 HgCdTe 中，$A$ 位以一定几率 $x$ 由 Hg 或 Cd 原子以替代方式占据。在宽能带半导体（semiconductors with wide gaps），三代半导体 SiC 或蓝光激光材料 GaN 中，则可能存在 2～5 个不同结构的相。表 6.1 中的缩写 W 和 ZB 分别表示纤锌矿（Wurtzit）和闪锌矿（Zinc Blende）结构，图 6.7 显示了其具体结构。

表 6.1　主要半导体材料的基本物理特性：$k/(\mathrm{W}/(\mathrm{cm}\cdot\mathrm{K}))$ 为室温热导率、$\varepsilon$ 为室温低频介电常数、$\rho/(\Omega\cdot\mathrm{cm})$ 为室温电阻率、$E_{\mathrm{g}}/\mathrm{eV}$ 为价带和导带之间的室温能隙（semi1source.com；Chu，2005）

| 类型 | 材料名 | 结构与晶格常数 | $k$ | $\varepsilon$ | $\rho$ | $E_{\mathrm{g}}$ |
|---|---|---|---|---|---|---|
| Ⅳ | 6H-SiC | HEX，$a=3.08\text{Å}$ | 4.90 | 9.7 | $\sim10^{10}$ | 3.03 |
| Ⅳ | 3C-SiC | CUB，$a=4.36\text{Å}$ | 3.60 | 9.7 | $10^{5}\sim10^{10}$ | 2.30 |
| Ⅳ | Si | DIA，$a=5.43\text{Å}$ | 1.30 | 11.7 | $2.3\times10^{5}$ | 1.12 |
| Ⅳ | Ge | DIA，$a=5.65\text{Å}$ | 0.58 | 16.2 | 47 | 0.66 |
| Ⅲ-Ⅴ | GaN | HCP(W)，$a=3.19\text{Å}$ | 1.30 | 8.9 | $>10^{10}$ | 3.40 |
| Ⅲ-Ⅴ | GaN | ZB，$a=5.19\text{Å}$ | 1.10 | 9.7 | $>10^{10}$ | 3.20 |
| Ⅲ-Ⅴ | GaP | ZB，$a=5.45\text{Å}$ | 1.10 | 11.1 | $\sim10^{9}$ | 2.26 |
| Ⅲ-Ⅴ | GaAs | ZB，$a=5.65\text{Å}$ | 0.55 | 12.9 | $3.3\times10^{8}$ | 1.43 |
| Ⅲ-Ⅴ | InP | ZB，$a=5.86\text{Å}$ | 0.68 | 12.1 | $10^{6}\sim10^{8}$ | 1.35 |
| Ⅲ-Ⅴ | InSb | ZB，$a=6.47\text{Å}$ | 0.18 | 18.0 | $7\times10^{-3}$ | 0.18 |
| Ⅱ-Ⅵ | ZnSe | ZB，$a=5.66\text{Å}$ | — | 8.1 | $10^{8}\sim10^{12}$ | 2.58 |
| Ⅱ-Ⅵ | $\mathrm{Hg}_{1-x}\mathrm{Cd}_x\mathrm{Te}$ | ZB，$a=6.46\text{Å}$ | — | 15.2～7.5 | — | 0～1.5 |

半导体的热导率 $k$ 几乎与良导体的热导率同量级，却与陶瓷绝缘体很不相同。在金属中，热导率 $k^{\mathrm{m}}$ 取决于电子的输运，其数量级可以通过维德曼-弗兰茨定律

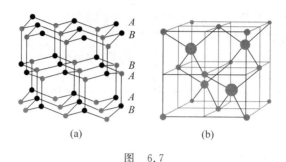

图 6.7

（a）纤锌矿（Wurtzit)结构；（b）闪锌矿（Zinc Blende)结构

（Wiedemann-Franz law)进行估计；在半导体和绝缘体中，热导率 $k$ 则取决于声子的输运：

$$k^m = L_\sigma T \approx \frac{2.45 \times 10^{-8}\ \text{W} \cdot \Omega / \text{K}^2 \times 300\ \text{K}}{\rho / (\mu\Omega \cdot \text{cm}) \times 10^{-8}\ \Omega \cdot \text{cm}} \approx 10^2 - 10^0\ \text{W}/(\text{m} \cdot \text{K})$$

$$k = C_V v_x^2 \tau = \frac{1}{3} C_V v (v\tau) = \frac{1}{3} \frac{C_{\text{mole}}}{V_{\text{mole}}} vl \approx 10^2 - 10^0\ \text{W}/(\text{m} \cdot \text{K}) \tag{6.13}$$

非金属的热导率推导使用了方程(5.15)。式(6.13)中 $C_{\text{mole}}$ 为摩尔热容、$V_{\text{mole}}$ 为摩尔体积、$v$ 为声速、$l$ 为声子平均自由程。表 6.1 中列出的半导体的热导率 $k$ 很大，原因是具有 DIA 或 ZB 结构的单晶半导体缺陷比一般的非金属陶瓷材料少得多，因此半导体中声子的平均自由程 $l$ 很大，热导率也就自然很高。硅单晶的高热导率保证了集成电路中数量巨大的电子器件的焦耳热能很快传走，保证电路的正常运行。

半导体与导体的区别主要是能隙（band gap)的存在与否；与绝缘体的区分则是靠电阻率的不同量级进行粗略划分(不考虑低温超导相)，如表 6.2 所示。半导体与绝缘体的界限是有些模糊的。例如，SiC 或 GaN 的能带都超过了 3 eV，因此这两种材料可以当成半导体；有时也被归类为半绝缘体(semi-insulators，电阻率范围 $10^9 \sim 10^{16}\ \mu\Omega \cdot \text{cm}$)，常用于蓝光激光器和航天芯片中。

表 6.2　根据带隙、低温和室温时的电阻率 $\rho$ 对导体、半导体和超导体进行分类

| 固体类型 | $\varepsilon_F$ 的位置 | $E_g$/eV | $\rho$(4 K) | $\rho$(300 K)/$(\mu\Omega \cdot \text{cm})$ |
|---|---|---|---|---|
| 导体 | 在价带中 | $\approx 0$ | $\approx 0$ | $1 \sim 100$ |
| 半导体 | 两能带之间 | $0 \sim 3$ | $\infty$ | $10^3 \sim 10^{15}$ |
| 绝缘体 | 两能带之间 | $> 3$ | $\infty$ | $10^{16} \sim 10^{28}$ |

在 5.3.5 节中已经介绍了金属和绝缘体的能带；在这里，图 6.8 中显示了 4 种重要半导体的能带：锗、硅、砷化镓和 3C-碳化硅。如果导带边（conduction band edge)$k_c$ 正好与价带边（valence band edge)$k_v$ 相同，这就叫直接半导体（direct semiconductors），标记为 d；如果 $k_c$ 与 $k_v$ 不同，这就叫间接半导体（indirect

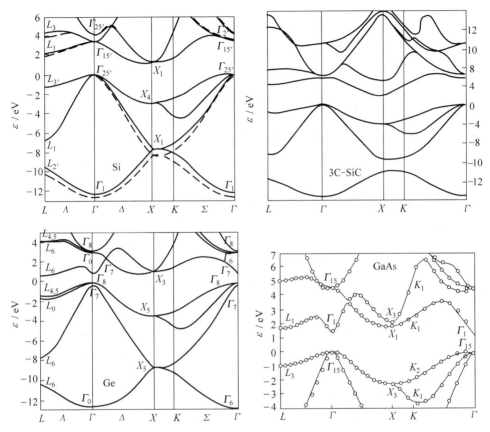

图 6.8　半导体的能带：Si，Ge，GaAs，3C-SiC(Chelikowsky，Cohen，1976；Burns，1985)

semiconductors)，标记为 i。直接、间接半导体以及部分绝缘体的带隙在表 6.3 中
分别列出了。

表 6.3　绝缘体和直接(d)、间接(i)半导体的零温带隙(Chu，2005；

Burns，1985；Dexter et. al.，1956)[5,6,10]

|  |  | $E_g/\mathrm{eV}$ |  |  | $E_g/\mathrm{eV}$ |  |  | $E_g/\mathrm{eV}$ |
|---|---|---|---|---|---|---|---|---|
| C | i | 5.48 | 6H-SiC | i | 3.03 | ZB-GaN | d | 3.20 |
| ZnS | d | 3.85 | 3C-SiC | i | 2.30 | GaP | i | 2.26 |
| ZnO | d | 3.44 | Si | i | 1.17 | GaAs | d | 1.52 |
| AgCl | i | 3.25 | Ge | i | 0.74 | InP | d | 1.42 |
| AgI | i | 3.02 | $\alpha$Sn | d | 0.092 | InAs | d | 0.42 |
| TiO$_2$ | d | 3.03 | Te | d | 0.33 | InSb | d | 0.24 |
| Cu$_2$O | d | 2.17 | Hg$_x$Cd$_{1-x}$Te | d | 0~1.5 | Al$_x$Ca$_{1-x}$As | d | 1.4~2.2 |

能隙 $E_g$ 是导带中的最低能量即导带边 $\varepsilon_c(\boldsymbol{k}_c)$ 与价带中的最高能量即价带边

$\varepsilon_v(\boldsymbol{k}_v)$的能量差。在绝对零度附近,绝缘体或半导体的导带(conduction band)是空的、价带(valence band)则是被价电子的量子态填满的;此时导带或价带都不能导电。在室温下,假如带隙不是非常大,价带中的电子有可能通过热激发进入导带;根据热力学中的玻耳兹曼因子(Boltzmann factor) $\exp(-\varepsilon/k_B T)$,半导体的电阻率 $\rho$ 一定与带隙 $E_g$ 存在指数依赖关系,如表 6.1 所示。其中锑化铟(InSb)的能隙只有 0.18 eV;其室温电阻率 $7\times10^3\,\mu\Omega\cdot\mathrm{cm}$ 确实也已接近金属-半导体的边界。

只有直接半导体可以用做光学半导体材料,因为在载流子-光子相互作用的过程中必须满足动量守恒定律 $\hbar|\boldsymbol{k}_c-\boldsymbol{k}_v|=h/\lambda$,在可见光波长 $\lambda=300\sim700$ nm 区间,波矢差 $|\boldsymbol{k}_c-\boldsymbol{k}_v|\sim10^4\,\mathrm{cm}^{-1}$ 比第一布里渊区的尺度 $a^*/2=2\pi/a\sim10^8\,\mathrm{cm}^{-1}$ 要小好几个量级,因此在用光子激发电子时导带边和价带边必须是"直接"对准的。

半导体中的载流子(carrier)可以分为导带中的电子(electron)和价带中的空穴(hole)。在绝对零度附近,价带是能量最高的满带,导带是能量最低的空带;因此费密能量 $\varepsilon_F$ 一定是在导带和价带之间。根据费密-狄拉克统计在 $E=\varepsilon_F$ 附近的阶梯函数特性,在一般温度下,导带中的 $2N_L$ 个量子态一定只有带边附近的很小一部分被激发的电子占据,因此半导体的电阻率很高。

空穴的概念是为方便描述有很少空缺的价带而提出的。从价带激发走一个电子,可以看成一个粒子-反粒子的湮灭过程,如表 6.4 所示。在被填满的价带中,总晶格动量 $\sum\hbar\boldsymbol{k}$ 一定是零;那么,缺了一个电子的价带(即空穴)动量 $\boldsymbol{k}_h$ 一定与被激发电子的波矢 $\boldsymbol{k}_e$ 是反号的。若价带边能量设为 $\varepsilon_e=0$,一般把空穴能量定义为 $\varepsilon_h=-\varepsilon_e$,也就是说空穴的能带与电子的能带是上下颠倒的。

表 6.4　真空中的电子-正电子湮灭与固体中的电子-空穴复合的类似性

| 物 理 性 质 | 电子-正电子 | 电子-空穴 |
|---|---|---|
| 湮灭过程 | $e+p\rightarrow2\gamma,\gamma$ 是光子 | $e+h\rightarrow$ 满带 |
| 能量守恒 | $\varepsilon_e+\varepsilon_p=2h\nu$ | $\varepsilon_e(\boldsymbol{k}_e)+\varepsilon_h(\boldsymbol{k}_h)=0$ |
| 动量守恒 | $\boldsymbol{p}_e+\boldsymbol{p}_p=0$ | $\hbar\boldsymbol{k}_e+\hbar\boldsymbol{k}_h=0$ |
| 群速度 | $\boldsymbol{v}_e=-\boldsymbol{v}_p$ | $\boldsymbol{v}_e=\boldsymbol{v}_h=\hbar^{-1}\mathrm{d}\varepsilon_e/\mathrm{d}\boldsymbol{k}_e$ |
| 质量与电荷 | $(m_e,-e)(m_e,e)$ | $(m_e^*,-e)(-m_e^*,e)$ |

半导体的有效质量比金属的有效质量更复杂。在 5.2 节、5.3.6 节和 6.1 节中,常用费密面上的有效质量 $m_F^*$ 和价电子能带中的平均有效质量 $m^*$ 分析金属能带及各种物理性质。在半导体中则常用有效质量矩阵中的一些矩阵元,以及这些矩阵元的平均值来分析载流子浓度等重要物理特性。在带边 $\varepsilon_c(\boldsymbol{k}_c)$ 和 $\varepsilon_v(\boldsymbol{k}_v)$ 附近,分别有一条导带和 $2\sim3$ 条价带;因此,自然要在导带中定义一个有效质量矩阵 $m_c^*$,在价带中至少定义两个有效质量矩阵 $m_{lh}^*$ 和 $m_{hh}^*$。

价带顶 $\varepsilon_v(\boldsymbol{k}_v)$ 总是位于 FBZ 的中心 $\Gamma$ 点。轻空穴(light hole)和重空穴

(heavy hole)的有效质量矩阵 $m_{lh}^*$ 和 $m_{hh}^*$ 都是对角化的，因为在这两条价带中，带边附近的等能面都是球面。在 $\boldsymbol{k}_v = 0$ 附近，轻空穴和重空穴的能带可以分别展开为：

$$\varepsilon_e^{lh}(\boldsymbol{k}) = \varepsilon_v(\boldsymbol{k}_v) - \frac{\hbar^2 \boldsymbol{k}^2}{2m_{lh}^*}, \quad \varepsilon_e^{hh}(\boldsymbol{k}) = \varepsilon_v(\boldsymbol{k}_v) - \frac{\hbar^2 \boldsymbol{k}^2}{2m_{hh}^*} \qquad (6.14)$$

图 6.9(a)中分别示意了这两个展开函数。需要强调的是，电子图像中的能带 $\varepsilon_e(\boldsymbol{k})$ 与空穴图像中的能带 $-\varepsilon_h(-\boldsymbol{k})$ 等价；因此，轻空穴质量 $m_{lh}^*$ 和重空穴质量 $m_{hh}^*$ 可以分别用 $\hbar^2 (d^2 \varepsilon_{lh}/d^2 k)^{-1}$ 和 $\hbar^2 (d^2 \varepsilon_{hh}/d^2 k)^{-1}$ 计算出来。

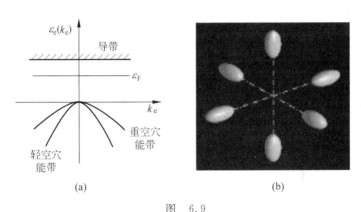

图　6.9
(a) 重空穴和轻空穴能带示意思；(b) 硅的 $\varepsilon_c(\boldsymbol{k}_c)$ 附近的等能面

在硅晶体能带的 $\varGamma - K$ 方向，能看到第三条劈裂空穴(split-off hole)能带，其最高能量比轻、重空穴的带边 $\varepsilon_v(\boldsymbol{k}) = 0$ 要低 $\varepsilon_{so}(0)$。劈裂空穴的有效质量矩阵是非对角化的，一般把 $\varGamma - K$ 方向的矩阵元记为 $m_{so}^*$。在 GaAs 中的劈裂空穴在红外皮秒光学器件(infrared pico-second devices)中有很重要的实际应用，因为劈裂空穴的产生速度非常快。

在导带中，有效质量矩阵 $m_c^*$ 在直接半导体中是对角化的，但在 Si，Ge，SiC，GaP 等间接半导体中是非对角化的。以直接半导体 GaAs 为例，导带底 $\varepsilon_c(\boldsymbol{k}_c)$ 就位于 $\varGamma$ 点；因此，可以用有效质量 $m_c$ 来描述导带边 $\boldsymbol{k}_c = 0$ 附近的等能面：

$$\varepsilon_e(\boldsymbol{k}) = \varepsilon_c(\boldsymbol{k}_c) + \frac{\hbar^2 \boldsymbol{k}^2}{2m_c} \qquad (6.15)$$

但是，在间接半导体 Si 中，在任何一个带边点 $\boldsymbol{k}_c = 0.85\boldsymbol{k}_X$(在 FBZ 中有 6 个等价的带边 $\boldsymbol{k}_c$)，能带 $\varepsilon_e(\boldsymbol{k})$ 都是不对称的；所以，需要定义两个有效质量矩阵元 $m_L^*$(沿着 $\varGamma - X$ 方向)和 $m_T^*$(垂直于 $\varGamma - X$ 方向)来描述在导带底 $\boldsymbol{k}_c = (0.85k_X, 0, 0)$ 附近的等能面：

$$\varepsilon_e(\boldsymbol{k}) = \varepsilon_c(\boldsymbol{k}_c) + \frac{\hbar^2 \left[ (\boldsymbol{k} - \boldsymbol{k}_c) \cdot \hat{e}_x \right]^2}{2m_L^*} + \frac{\hbar^2 \left[ (\boldsymbol{k} - \boldsymbol{k}_c) \times \hat{e}_x \right]^2}{2m_T^*} \qquad (6.16)$$

在砷化镓中，室温时价带和导带之间的 $\varGamma - \varGamma$ 带隙是 1.42 eV，$\varGamma - L$ 和 $\varGamma - X$ 带隙

分别是 $1.71\ \mathrm{eV}$ 和 $1.90\ \mathrm{eV}$；在十四面体 FBZ 的 $L$ 点和 $X$ 点附近的能带显然是不对称的，此时也得用纵向和横向有效质量 $m_{\mathrm{L}}^{*}$ 和 $m_{\mathrm{T}}^{*}$ 来描述能带。

硅的导带底 $\boldsymbol{k}_{\mathrm{c}}=0.85\boldsymbol{k}_{X}$ 附近的六个"能谷"中，等能面 $\varepsilon=\varepsilon_{\mathrm{c}}(\boldsymbol{k}_{\mathrm{c}})+\Delta\varepsilon$ 都是椭球面，见图 6.9(b)。锗的导带底 $\boldsymbol{k}_{\mathrm{c}}=\boldsymbol{k}_{L}$ 附近的 8 个"能谷"中，等能面是半椭球面，就像 8 朵郁金香的形状，导带底能谷的总简并度是 $4=8/2$。3C-碳化硅和磷化镓的 6 个导带底 $\boldsymbol{k}_{\mathrm{c}}=\boldsymbol{k}_{X}$ 附近，等能面也是半椭球面，因此其导带底能谷的总简并度是 $3=6/2$。主要半导体的电子和空穴的带边、导带边能谷、有效质量分别列在了表 6.5 中。

表 6.5　主要半导体的导带和价带的带边、导带简并度和有效质量（以真空电子质量 $m_{\mathrm{e}}$ 为单位）(引自 Dexter，Zeiger，Lax，1956；www.ioffe.rssi.ru)

| 物 理 性 质 | 3C-SiC | Si | Ge | GaP | GaAs | InSb |
|---|---|---|---|---|---|---|
| 导带边 $\boldsymbol{k}_{\mathrm{c}}$ 位置 | $\boldsymbol{k}_{X}$ | $0.85\boldsymbol{k}_{X}$ | $\boldsymbol{k}_{L}$ | $\boldsymbol{k}_{X}$ | $\Gamma$ | $\Gamma$ |
| 导带边能谷数目 | 6 | 6 | 8 | 6 | 1 | 1 |
| 导带边能谷简并度 $M_{\mathrm{c}}$ | 3 | 6 | 4 | 3 | 1 | 1 |
| 纵向有效质量 $m_{\mathrm{L}}^{*}$ 或 $m_{\mathrm{c}}$ | 0.68 | 0.98 | 1.59 | 1.12 | 0.063 | 0.014 |
| 横向有效质量 $m_{\mathrm{T}}^{*}$ | 0.25 | 0.19 | 0.082 | 0.22 | | |
| 价带边 $\boldsymbol{k}_{\mathrm{v}}$ 位置 | $\Gamma$ | $\Gamma$ | $\Gamma$ | $\Gamma$ | $\Gamma$ | $\Gamma$ |
| 重空穴有效质量 $m_{\mathrm{hh}}^{*}$ | 1.01 | 0.46 | 0.28 | 0.79 | 0.51 | 0.43 |
| 轻空穴有效质量 $m_{\mathrm{lh}}^{*}$ | 0.34 | 0.16 | 0.043 | 0.14 | 0.082 | 0.015 |
| 劈裂空穴有效质量 $m_{\mathrm{so}}^{*}$ | 0.51 | 0.23 | 0.084 | — | 0.15 | 0.19 |
| 劈裂能隙 $\varepsilon_{\mathrm{so}}(0)/\mathrm{eV}$ | 0.01 | 0.044 | 0.028 | 0.08 | 0.34 | 0.80 |

半导体有效质量的测量可以用舒布尼科夫-德哈斯振荡(Shubnikov-de Haas oscillation)即回旋共振(cyclotron resonance)方法进行测量(Shockley，1953；Dexter et. al.，1956)。舒布尼科夫-德哈斯振荡测量的是载流子在磁场 $\boldsymbol{B}=H_{z}\hat{e}_{z}$ 以及与之垂直的射频电场 $\boldsymbol{E}=E_{x}(\hat{e}_{x}\pm\mathrm{i}\hat{e}_{y})\mathrm{e}^{\mathrm{i}\omega t}$ 中的回旋共振频率 $\omega_{\mathrm{c}}=eB/m^{*}c$，这种实验装置的物理机制在第 5 章习题 1 中已经做了初步分析，还将在第 7 章作进一步的介绍。回旋共振法只能在低温下很纯的半导体中使用，因为在测量过程中载流子不能从圆周运动的轨道上被声子散射，这就要求在弛豫时间 $\tau\sim10^{-11}\ \mathrm{s}$ 内载流子能做多次圆周运动。

表 6.6 中分别列出了实验测量的主要半导体的力、热、声、光、电性质。在前面已经讨论过，金属的电性质应该用电导率 $\sigma$ 或电阻率 $\rho$ 来表征。但是，在半导体中，更常用的物理量是电子迁移率(mobility) $\mu_{\mathrm{e}}$ 和空穴迁移率 $\mu_{\mathrm{h}}$，因为电子浓度 $n$ 和空穴浓度 $p$ 会随着外加条件有很大的改变。根据电导率表达式(6.6)，在半导体中，电子电流密度 $\boldsymbol{j}_{n}$、空穴电流密度 $\boldsymbol{j}_{p}$、电导率 $\sigma$、以及载流子迁移率分别为

**表 6.6　主要半导体的物理性质**（Burns，1985；Dexter，Zeiger，Lax，1956）

| 物 理 性 质 | 3C-SiC | Si | Ge | GaP | GaAs | InSb |
|---|---|---|---|---|---|---|
| 密度/(g/cm$^3$) | 3.17 | 2.33 | 5.33 | 4.13 | 5.31 | 5.77 |
| 体弹性模量/(10 GPa) | 25 | 10.2 | 7.7 | 8.8 | 7.5 | 4.7 |
| 热膨胀系数/($10^{-6}$/K) | 2.77 | 2.6 | 5.8 | 4.65 | 6.4 | 5.37 |
| 熔点/(℃) | 2830 | 1412 | 937 | 1457 | 1238 | 536 |
| 德拜温度/K | 1200 | 650 | 370 | 450 | 340 | 200 |
| 光学声子能$\hbar\omega(0)$/meV | 102.8 | 64.2 | 37.4 | 45～50 | 33～36 | 22～24 |
| 声速/($10^5$ cm/s) | 2.9～10 | 4.7～9.4 | 2.8～5.5 | 3.1～6.6 | 2.5～5.4 | 1.6～3.9 |
| 击穿电场/($10^5$ V/cm) | 10 | 3 | 1 | 10 | 4 | 0.01 |
| e 扩散系数/(cm$^2$/s) | 20 | 36 | 100 | 6.5 | 200 | 2000 |
| h 扩散系数/(cm$^2$/s) | 8 | 12 | 50 | 4.0 | 10 | 22 |
| e 迁移率/[$10^3$ cm$^2$/(s·V)]，300 K | 0.8～0.9 | 1.50 | 3.9 | 0.25 | 8.5 | 77 |
| e 迁移率/[$10^3$ cm$^2$/(s·V)]，77 K | ～1 | 25 | 35 | 3 | 200 | 2000 |
| h 迁移率/[$10^3$ cm$^2$/(s·V)]，300 K | 0.2～0.3 | 0.50 | 1.9 | 0.15 | 0.4 | 0.85 |
| h 迁移率/[$10^3$ cm$^2$/(s·V)]，77 K | ～1 | 6 | 15 | 2 | 7 | 10 |
| 带隙 $E_g$/eV，300 K | 2.360 | 1.124 | 0.663 | 2.267 | 1.424 | 0.180 |
| 带隙 $E_g$/eV，77 K | 2.393 | 1.167 | 0.738 | 2.338 | 1.510 | 0.228 |
| 带隙 $E_g$/eV，0 K | 2.396 | 1.170 | 0.744 | 2.350 | 1.519 | 0.235 |
| 导带边简并度 | 3 | 6 | 4 | 3 | 1 | 1 |
| 态密度有效质量 $m_c^0$/(每个能谷) | 0.35 | 0.33 | 0.22 | 0.38 | 0.067 | 0.014 |
| 密度有效质量 $m_c$/(导带总平均) | 0.73 | 1.08 | 0.56 | 0.79 | 0.067 | 0.014 |
| 态密度有效质量 $m_v$ | 0.6 | 0.81 | 0.34 | 0.83 | 0.53 | 0.43 |

$$\boldsymbol{j}_n = -ne\,\boldsymbol{v}_n = ne\mu_e\boldsymbol{E}, \quad \boldsymbol{j}_p = pe\,\boldsymbol{v}_n = pe\mu_h\boldsymbol{E} \tag{6.17}$$

$$\sigma = e(n\mu_e + p\mu_h), \quad \mu_e = e\tau_e/m_e^*, \quad \mu_h = e\tau_h/m_h^* \tag{6.18}$$

其中，$m_e^*$ 和 $m_h^*$ 分别是电导率方程(6.6)中定义的电子和空穴分别在导带和价带
中的平均有效质量 $m^*$。在室温下，电子的弛豫时间 $\tau_e = \mu_e m_e^*/e$ 和空穴的弛豫时
间 $\tau_h = \mu_h m_h^*/e$ 的量级为 $10^{-13}$ s，约为金属中弛豫时间的 10 倍，因为半导体中的声
子速度大，能量高，在室温时声子数少，电子-声子散射也就比较弱。

## 6.2.2　载流子浓度和迁移率

在半导体中，电导率正比于载流子浓度 $n, p$ 和迁移率 $\mu_e, \mu_h$，因此载流子浓度
和迁移率是控制电性质的最重要的物理量。在受到温度、杂质浓度、声音和光等外
界刺激(stimulus)的时候，半导体中的载流子浓度可以有数个量级的改变，这就是
为什么半导体是温敏、声敏、光敏器件中的核心功能材料。

更重要的是，集成电路中的有源器件可以通过在硅晶片的相邻区域掺杂不同
的杂质原子制备而成。6.2.1 节中介绍的半导体特性，都是纯净的半导体的性质，

也就是半导体的本征性能(intrinsic properties)。掺杂半导体的载流子浓度一般被称为外延性质(extrinsic properties),在固体电子器件中外延性质是更重要的。

### 1. 载流子浓度守恒定律

固体中的物理性质的计算必须遵循电子的统计规律。在导带中,电子的费密-狄拉克统计为 $f_c(\varepsilon_e) = f_{F-D}(\varepsilon_e)$,能态密度一般记为 $g_c(\varepsilon_e)$;在价带中,空穴的费密-狄拉克统计为 $f_v(\varepsilon_e) = 1 - f_{F-D}(\varepsilon_e)$,能态密度一般记为 $g_v(\varepsilon_e)$:

$$f_c(\varepsilon_e) = \frac{1}{e^{\beta(\varepsilon_e - \mu)} + 1} \approx e^{-\beta(\varepsilon_e - \mu)}, \quad g_c(\varepsilon_e) = \frac{1}{2\pi^2}\left(\frac{2m_c}{\hbar^2}\right)^{3/2}\sqrt{\varepsilon_e - \varepsilon_c}$$

$$f_v(\varepsilon_e) = \frac{1}{e^{\beta(\mu - \varepsilon_e)} + 1} \approx e^{-\beta(\mu - \varepsilon_e)}, \quad g_v(\varepsilon_e) = \frac{1}{2\pi^2}\left(\frac{2m_v}{\hbar^2}\right)^{3/2}\sqrt{\varepsilon_v - \varepsilon_e} \quad (6.19)$$

图 6.10 中分别画出了 $f_c, f_v, g_c, g_v$ 与电子能量 $E = \varepsilon_e$ 依赖关系。在多数情形下,半导体是符合"非简并条件" $\varepsilon_c - \mu > 3k_B T$ 和 $\mu - \varepsilon_v > 3k_B T$ 的;因此统计分布 $f_c(\varepsilon_e)$ 和 $f_v(\varepsilon_e)$ 可以用上述指数形式表示,与经典的麦克斯韦-玻耳兹曼统计形式类似。

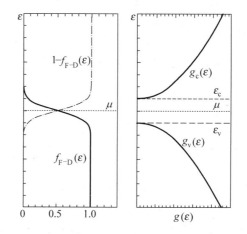

图 6.10　半导体中的费密-狄拉克统计,以及导带和价带中的能态密度

在接近价带和导带的带边处,$g_c(\varepsilon_e)$ 和 $g_v(\varepsilon_e)$ 显然与自由电子气体的能态密度 $C\sqrt{\varepsilon}$ 的形式类似,如图 6.11 所示,因为电子能带 $\varepsilon_e(\boldsymbol{k})$ 可以在极值点附近展开成 $\varepsilon_0 \pm C(\boldsymbol{k} - \boldsymbol{k}_0)^2$ 的形式。表 6.5 中的态密度有效质量(DOS effective mass)$m_c$ 和 $m_v$ 与表 6.5 中描述能带结构的更细节的有效质量之间的关系为

$$g_c(\varepsilon) = M_c g_c^0 = C'M_c((m_L^* m_T^* m_T^*)^{1/3})^{3/2}\sqrt{\Delta\varepsilon},$$
$$m_c = (M_c^2 m_L^* m_T^* m_T^*)^{1/3} \tag{6.20}$$

$$g_v(\varepsilon) = g_v^{lh} + g_v^{hh} = C'(m_{lh}^{*\,3/2} + m_{hh}^{*\,3/2})\sqrt{-\Delta\varepsilon},$$
$$m_v' = (m_{lh}^{*\,3/2} + m_{hh}^{*\,3/2})^{2/3} \tag{6.21}$$

其中,$g_c^0$ 是对应于导带边的一个能谷的态密度,$M_c$ 是相应能谷的简并度;$g_v^{lh}$ 和

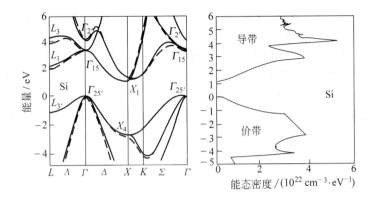

图 6.11　硅的导带和价带中的能态密度

$g_v^{hh}$ 分别是轻空穴和重空穴能带的态密度。如果包含劈裂能带的贡献,那么空穴的态密度有效质量 $m_v = (m_{lh}^{*\,3/2} + m_{hh}^{*\,3/2} + m_{so}^{*\,3/2})^{2/3}$ 会变得更大一些。

半导体中的电子浓度 $n$ 和空穴浓度 $p$ 可以根据方程(6.19)计算出来:

$$n = \int_{\varepsilon_c}^{\infty} d\varepsilon_e g_c(\varepsilon_e) f_c(\varepsilon_e) = \frac{1}{2\pi^2}\left(\frac{2m_c}{\hbar^2}\right)^{3/2} \int_{\varepsilon_c}^{\infty} d\varepsilon_e \ \sqrt{\varepsilon_e - \varepsilon_c}\, e^{-(\varepsilon_e - \varepsilon_F)/k_B T}$$

$$p = \int_{-\varepsilon_v}^{\infty} d\varepsilon_h g_c(\varepsilon_h) f_c(\varepsilon_h) = \frac{1}{2\pi^2}\left(\frac{2m_v}{\hbar^2}\right)^{3/2} \int_{-\varepsilon_v}^{\infty} d\varepsilon_h \ \sqrt{\varepsilon_v + \varepsilon_h}\, e^{-(\varepsilon_F + \varepsilon_h)/k_B T} \quad (6.22)$$

然后,很容易通过积分计算出载流子浓度 $n$ 和 $p$ 的普遍表达式:

$$n = N_c \exp(-(\varepsilon_c - \varepsilon_F)/k_B T), \quad N_c = 2\left(\frac{m_c k_B T}{2\pi\, \hbar^2}\right)^{3/2}$$

$$p = N_v \exp(-(\varepsilon_F - \varepsilon_v)/k_B T), \quad N_v = 2\left(\frac{m_v k_B T}{2\pi\, \hbar^2}\right)^{3/2} \quad (6.23)$$

载流子浓度 $n$ 和 $p$ 的这个公式(6.23)实际上是对所有非简并半导体都普遍适用的。常数 $N_c$ 和 $N_v$ 是在重掺杂到金属极限 $\varepsilon_F \rightarrow \varepsilon_c$ 或 $\varepsilon_F \rightarrow \varepsilon_v$ 时导带和价带中电子和空穴的极限浓度。$N_c$ 和 $N_v$ 可以很简洁地用下列公式表达:

$$N_c = 2.50\left(\frac{m_c}{m_e}\right)^{3/2}\left(\frac{T}{300\ \text{K}}\right)^{3/2} \times 10^{19}\ \text{cm}^{-3}$$

$$N_v = 2.50\left(\frac{m_v}{m_e}\right)^{3/2}\left(\frac{T}{300\ \text{K}}\right)^{3/2} \times 10^{19}\ \text{cm}^{-3} \quad (6.24)$$

载流子的浓度守恒定律(law of mass action)是非简并半导体的重要性质,它可以直接由方程(6.23)中电子浓度和空穴浓度的普遍表达式导出:

$$np = N_c N_v e^{-E_g/k_B T} = 6.25\left(\frac{m_c m_v}{m_e^2}\right)^{3/2}\left(\frac{T}{300\ \text{K}}\right)^{3} e^{-E_g/k_B T} \times 10^{38}\,\text{cm}^{-6} \quad (6.25)$$

其中,$E_g = \varepsilon_c - \varepsilon_v$ 为能隙。在含有杂质的外延半导体(extrinsic semiconductor)中, $n$ 与 $p$ 的乘积只依赖于温度 $T$ 和高纯本征半导体(intrinsic semiconductor)的能带

结构;也就是说,当 $n$ 因掺杂升高 $10^6$ 倍时,$p$ 一定会同时下降至其百万分之一。载流子浓度守恒定律对非简并的本征和外延半导体都是成立的。

半导体中载流子的综合有效质量包括计算 $g_c(\varepsilon)$ 和 $g_v(\varepsilon)$ 时使用的态密度有效质量 $m_c$ 和 $m_v$,以及可用红外反射(infrared reflection)的方法测量的电导率平均有效质量(conductivity effective mass)$m_e^*$ 和 $m_h^*$(Lyden,1964)。表 6.7 比较了硅、锗和砷化镓的态密度有效质量 $m_c$,$m_v'$,$m_v$(其中 $m_v'$ 不考虑劈裂能带),电导率平均有效质量 $m_e^*$,$m_h^*$,也列出了室温下的极限载流子密度 $N_c$,$N_v$ 和原子浓度 $N$ 的相关数据,相关的室温弛豫时间 $\tau_e$,$\tau_h$ 为:

$$\tau_{e,h} = \frac{\mu_{e,h} m_{e,h}^*}{e} = \frac{\mu_{e,h}}{10^3 \text{ cm}^2/(\text{V} \cdot \text{s})} \frac{m_{e,h}^*}{m_e} \times 5.69 \times 10^{-13} \text{ s} \quad (6.26)$$

**表 6.7** 综合有效质量(单位:$m_e$)、室温极限载流子浓度 $N_c$,$N_v$ 及作为对比的原子浓度 $N_0$(单位:$10^{19} \text{ cm}^{-3}$)以及载流子弛豫时间 $\tau_e$,$\tau_h$(单位:$10^{-13} \text{ s}$)

| 半导体 | $m_c$ | $m_v'$ | $m_v$ | $N_c$ | $N_v$ | $N$ | $m_e^*$ | $m_h^*$ | $\tau_e$ | $\tau_h$ |
|---|---|---|---|---|---|---|---|---|---|---|
| Si | 1.08 | 0.52 | 0.81 | 2.81 | 1.82 | 5.00E3 | 0.26 | 0.37 | 2.1 | 0.95 |
| Ge | 0.56 | 0.29 | 0.34 | 1.05 | 0.39 | 4.44E3 | 0.12 | 0.21 | 2.7 | 2.3 |
| GaAs | 0.067 | 0.53 | 0.53 | 0.043 | 0.95 | 4.42E3 | 0.067 | 0.34 | 3.2 | 0.77 |

### 2. 本征和外延载流子浓度

在本征半导体中,任何一个被激发到导带的电子一定对应于一个留在价带中的空穴。因此电子浓度 $n$ 一定等于空穴浓度 $p$;这样本征载流子浓度(intrinsic carrier density)$n_i$ 就很容易通过式(6.25)中的载流子守恒定律导出:

$$n_i = n = p = \sqrt{np} = \sqrt{N_c N_v} \exp(-E_g/2k_B T)$$

$$= 2.50 \left( \frac{\sqrt{m_c m_v}}{m_e} \right)^{3/2} \left( \frac{T}{300 \text{ K}} \right)^{3/2} e^{-E_g/2k_B T} \times 10^{19} \text{ cm}^{-3} \quad (6.27)$$

其中能隙与温度的依赖关系 $E_g(T)$ 分别是(ioffe. rssi. ru;Pearson,Bardeen,1949):

$$E_g(T) = 2.396 - 6.0 \times 10^{-4} T^2/(T+1200)(\text{eV}) \quad \text{3C-SiC}$$

$$E_g(T) = 1.17 - 4.73 \times 10^{-4} T^2/(T+636)(\text{eV}) \quad \text{Si}$$

$$E_g(T) = 0.744 - 4.80 \times 10^{-4} T^2/(T+235)(\text{eV}) \quad \text{Ge}$$

$$E_g(T) = 1.519 - 5.405 \times 10^{-4} T^2/(T+204)(\text{eV}) \quad \text{GaAs} \quad (6.28)$$

表 6.8 中分别列出了 4 种主要半导体在 $200 \sim 1000$ K 区间的 4 个不同温度下的本征载流子浓度 $n_i(T)$。图 6.12 中则分别画出了相应的 $n_i(T)$ 曲线(实线),它们都大约按照 $\log_{10} n_i = -a(1000 \text{ K}/T) + b$(虚线)的规律变化,其中斜率 $a$ 大约与能隙成正比,而截距 $b$ 在所有半导体材料中有类似的值,相应数值也在表 6.8 中。

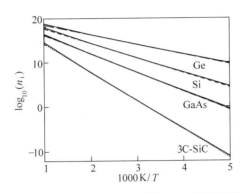

图 6.12　本征半导体浓度与温度的关系（虚线是线性拟合）

表 6.8　主要半导体的本征载流子浓度 $n_i$（ioffe. rssi. ru）

| 物 理 性 质 | 3C-SiC | Si | Ge | GaAs |
|---|---|---|---|---|
| 态密度有效质量 $m_c/m_e$ | 0.73 | 1.08 | 0.56 | 0.067 |
| 态密度有效质量 $m_v/m_e$ | 0.55 | 0.81 | 0.34 | 0.53 |
| 本征浓度 $n_i/(\mathrm{cm}^{-3})$, 1000 K | 3.47E+14 | 0.83E+18 | 0.56E+19 | 2.52E+16 |
| 本征浓度 $n_i/(\mathrm{cm}^{-3})$, 500 K | 0.65E+08 | 2.09E+14 | 1.84E+16 | 0.92E+12 |
| 本征浓度 $n_i/(\mathrm{cm}^{-3})$, 300 K | 1.99E−01 | 0.84E+10 | 1.97E+13 | 2.39E+06 |
| 本征浓度 $n_i/(\mathrm{cm}^{-3})$, 200 K | 0.78E−11 | 0.45E+05 | 0.61E+10 | 4.06E−01 |
| 斜率 $a/(\log_{10}\mathrm{cm}^{-3})$ | 6.4 | 3.3 | 2.2 | 4.2 |
| 截距 $b/(\log_{10}\mathrm{cm}^{-3})$ | 20.64 | 20.93 | 20.65 | 20.35 |

　　在实际的半导体材料中，只有当杂质浓度远低于 $n_i$ 时，其本征特性才会出现。因此，在本征的 Ge，Si，GaAs，3C-SiC 中，杂质原子的浓度比例一定要分别低于 $n_i/N \sim 10^{-9}, 10^{-13}, 10^{-16}, 10^{-23}$。这就是为什么最容易提纯的锗是第一代半导体。

　　外延半导体浓度的规律要复杂得多。图 6.13(b)中显示了两种外延半导体，分别通过在本征半导体中掺杂 V 族和 III 族杂质制成。当在硅中掺杂 V 族原子(P，As，Sb)、而且 V 族原子(以一定的几率)替代一个位于 4 个共价键中心的硅原子时，一个额外的电子会进入 $n$ 型半导体的导带，这就是为什么 V 族杂质原子被称为施主杂质(donor)。当在硅中掺杂 III 族原子(B，Al，Ga，In)，而且 III 族原子替代了一个硅原子时，一个额外的空穴会进入 p 型半导体的价带，这就是为什么 III 族杂质原子被称为受主杂质(acceptor)。

　　在 n 型或 p 型半导体中，新的施主能级(donor level)$\varepsilon_D$ 或受主能级(acceptor level)$\varepsilon_A$ 会加入到本征半导体的能带结构中，如图 6.14 所示。

$$\varepsilon_D = \varepsilon_c - E_d, \quad \varepsilon_A = \varepsilon_v + E_a \tag{6.29}$$

其中 $E_d$ 和 $E_a$ 分别是对应于施主能级和受主能级的浅电离能。在本征半导体，导

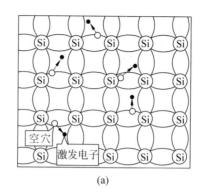

(a)

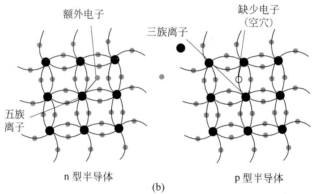

n 型半导体 (b) p 型半导体

图 6.13　半导体中的化学键

（a）本征的高纯硅；（b）外延的 n 型和 p 型半导体

图 6.14　外延半导体中的施主能级（donor level）和受主能级（acceptor level）示意图

带中的所有电子都来自价带；但是，在外延半导体中，施主杂质会在导带中贡献额外的电子，受主杂质则会在价带中贡献额外的空穴。

　　在施主杂质和受主杂质周围，电子-V 族离子或空穴-III 族离子的束缚态是类氢的（类似于氢原子的一个"奇异"原子态），如图 6.13（b）所示；但是，由于电介质屏蔽效应的存在，与氢原子的束缚能数值比，电离能（ionized energy）$E_d$，$E_a = E_1$ 要小得多，轨道半径 $r_1$ 则要大得多（里德伯单位 $\mathrm{Ry} = 2\pi^2 me^4/h^2$，玻尔半径 $a_B = \hbar^2/me^2$，相应的变换为 $e^2 \rightarrow e^2/\epsilon_r$ 和 $m \rightarrow m^*$）。表 6.9 中给出了施主和受主两类外延硅和锗中的类氢原子电离能 $E_d$ 和 $E_a$。

表 6.9　通过类氢原子态(hydrogenic state)分析施主能级和受主能级

| 物理性质 | 施 主 能 级 | 受 主 能 级 |
|---|---|---|
| 类氢原子态 | $e^- + (V\ \text{ion})^+ \sim$ 原子 | $h^+ + (\text{III ion})^- \sim$ 原子 |
| 类氢原子能级 | $E_n = -\dfrac{E_d}{n^2}(n=1,\cdots,\infty)$ | $E_n = -\dfrac{E_a}{n^2}(n=1,\cdots,\infty)$ |
| 载流子电离能 | $E_d \approx 13.6\ \text{eV}(m^*/m_e)/\epsilon_r^2$ | $E_a \approx 13.6\ \text{eV}(m^*/m_e)/\epsilon_r^2$ |
| 硅 $E_d, E_a$ (eV) | P：0.045，As：0.054，Sb：0.043 | B：0.045，Al：0.072，Ga：0.074 |
| 锗 $E_d, E_a$ (eV) | P：0.013，As：0.014，Sb：0.010 | B：0.011，Al：0.011，Ga：0.011 |
| 载流子轨道半径 | $r_n = a_B n^2 \epsilon_r /(m^*/m_e)$ | $r_n = a_B n^2 \epsilon_r /(m^*/m_e)$ |

在 0 K 附近，n 型半导体中的施主能级和 p 型半导体中的受主能级都是半满的，因为只有一个载流子(自旋向上或向下)填充在某个杂质离子周围的类氢原子中。在室温或更高的温度下，杂质贡献的绝大多数载流子都进入导带或价带，因为量级为 $0.01 \sim 0.1$ eV 的电离能 $E_d, E_a$ 还是很小的。一般地来说，施主/受主能级上的电子/空穴占有率为

$$1 - \frac{N_D^+}{N_D} = \frac{1}{g_c^{-1} \exp[(\epsilon_D - \epsilon_F)/k_B T] + 1} = f_d$$

$$1 - \frac{N_A^+}{N_A} = \frac{1}{g_v^{-1} \exp[(\epsilon_F - \epsilon_A)/k_B T] + 1} = f_a \tag{6.30}$$

其中，$N_D^+/N_A^+$ 是杂质类氢原子周围的电子/空穴分别电离进入导带/价带的杂质离子浓度；费密能量 $\epsilon_F$ 在 n/p 型半导体中分别位于能隙的上半/下半部；$g_c = 2$ 和 $g_v = 4$(包括重空穴和轻空穴)是载流子的自旋简并度，这是要从原始的费密-狄拉克统计公式中去除掉的。

本征和外延半导体中的载流子浓度可以通过方程(6.25)中的浓度守恒定律以及下列载流子、杂质离子的电荷守恒定律(charge conservation law)来确定：

$$n + N_A^- = p + N_D^+ \tag{6.31}$$

式(6.30)中的杂质能级占有率在求解下列载流子浓度时也必须使用：

$$n = \frac{1}{2}\left[\Delta N + \sqrt{\Delta N^2 + 4n_i^2}\right], \quad p = \frac{1}{2}\left[-\Delta N + \sqrt{\Delta N^2 + 4n_i^2}\right] \tag{6.32}$$

$$\rho = e^{-1}(n\mu_e + p\mu_h)^{-1}, \quad \Delta N = N_D(1 - f_d) - N_A(1 - f_a) \tag{6.33}$$

其中，费密能级 $\epsilon_F$ 要结合式(6.23)中载流子浓度的表达式进行自洽求解。

在外延半导体的 $n(T)$ 或 $p(T)$ 曲线中一定有 3 个不同的区间：高温区或本征区(intrinsic range)、室温左右的饱和区(saturation range)或外延区(extrinsic range)、低温区或冻结区(freeze-out range)。以图 6.15(a)中掺杂原子浓度 $N_D = 10^{15}\ \text{cm}^{-3}$ 的 n 型半导体为例，冻结区的范围是 $0 \sim 100$ K，饱和区的范围是 $150 \sim 450$ K，本征区的范围是 500 K 以上。当 n 型硅的温度高到 $n_i \gg N_D > N_A$ 时，本征区的电子浓度 $n$ 和费密能级 $\epsilon_F$ 是：

$$n = n_i = \sqrt{N_c N_v} \exp(-E_g/2k_BT) = N_c \exp[-(\varepsilon_c - \varepsilon_F)/k_BT] \quad (6.34)$$

$$\varepsilon_F = \frac{1}{2}(\varepsilon_c + \varepsilon_v) + \frac{3}{4}k_BT\ln(m_v/m_c) \quad (6.35)$$

当温度在室温左右时,几乎所有的施主杂质类氢原子中的电子都已被激发到导带中($N_D^+ \approx N_D$);施主杂质浓度 $N_D$ 一般来说比本征浓度 $n_i(T)$(在硅中,300 K 时为 $10^{10}$ cm$^{-3}$,500 K 时为 $10^{14}$ cm$^{-3}$)大得多,因此在饱和区的 $n$ 和 $\varepsilon_F$ 为

$$n \approx \Delta N = N_c \exp[-(\varepsilon_c - \varepsilon_F)/k_BT] \quad (6.36)$$

$$\varepsilon_F = \varepsilon_c - k_BT\ln(N_c/\Delta N), \quad \Delta N = N_D - N_A \approx N_D \quad (6.37)$$

在室温时,电阻率 $\rho = 1/(n\mu_e)$ 应与杂质浓度 $N_D$ 的倒数成正比,如图 6.16 所示。

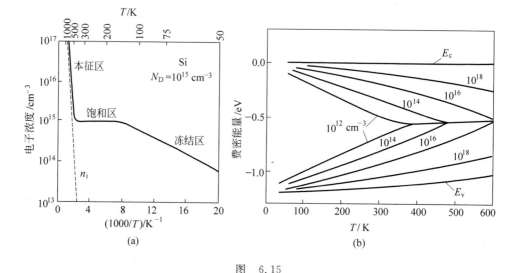

图 6.15

(a) n 型硅半导体中电子浓度 n 与温度的关系(Burns,1985);(b) 不同掺杂浓度的
n,p 型硅中的费密能量与温度的关系(Grove,1967)

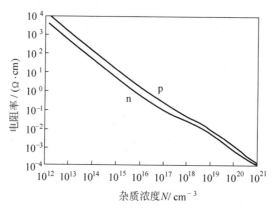

图 6.16　n,p 型硅中电阻率 $\rho$ 与杂质离子浓度 $N = N_D, N_A$ 的关系(ioffe. rssi. ru)

当温度比室温低得很多时，只有部分施主杂质类氢原子中的电子被激发到导带中（$N_D^+ < N_D$），因此费密能级就被限制在施主能级附近（traps）；对应于不同的（次要）受主杂质浓度 $N_A$，在冻结区的 $n$ 和 $\varepsilon_F$ 有两种略微不同的形式：

$$n \approx \sqrt{N_c N_D / 2} \exp(-E_d / 2k_B T) \qquad (N_D > n \gg N_A) \qquad (6.38)$$

$$\varepsilon_F = \varepsilon_D + \frac{1}{2} E_d - \frac{1}{2} k_B T \ln(2N_c / N_D) \qquad (N_D > n \gg N_A) \qquad (6.39)$$

$$n \approx \left[(N_D - N_A)/2N_A\right] N_c \exp(-E_d / k_B T) \qquad (N_D > N_A \gg n) \qquad (6.40)$$

$$\varepsilon_F = \varepsilon_D + k_B T \ln\left[(N_D - N_A)/2N_A\right] \qquad (N_D > N_A \gg n) \qquad (6.41)$$

总结 3 个区域的结果，器件中半导体应处于饱和区，图 6.15(b) 中分别显示了 n，p 型半导体中的费密能量随着温度的变化规律（$\varepsilon_F$ 分别位于能隙的上半/下半区）。

### 3. 霍尔系数、迁移率和电阻率

半导体的电性质必须结合载流子浓度性质以及载流子迁移率的特性来进行解释。半导体的电导率也可以用方程（6.6）中使用的能带论语言来进行计算。例如，在 n 型半导体中，电导率 $\sigma$（测量电流 $\boldsymbol{j} = j_x \hat{\boldsymbol{e}}_x$ 在 $x$ 方向）与载流子浓度 $n$ 的比为：

$$\frac{\sigma}{n} = \frac{\int_{\varepsilon_c}^{\infty} d\varepsilon_e \, g_c(\varepsilon_e) \left(-\dfrac{df_c}{d\varepsilon_e}\right) e^2 v_x v_x \tau}{\int_{\varepsilon_c}^{\infty} d\varepsilon_e \, g_c(\varepsilon_e) f_c(\varepsilon_e)} = \frac{\int_0^{\infty} d\varepsilon \sqrt{\varepsilon} \left(-\dfrac{d}{d\varepsilon} e^{-\varepsilon/k_B T}\right) \dfrac{e^2}{3} \sqrt{\dfrac{2\varepsilon}{m_c}} \, l(\varepsilon)}{\int_0^{\infty} d\varepsilon \sqrt{\varepsilon} \, e^{-\varepsilon/k_B T}}$$

$$= \frac{\dfrac{e^2}{3k_B T} \sqrt{\dfrac{2}{m_c}} (k_B T)^2 \Gamma(2) \langle l(\varepsilon) \rangle}{(k_B T)^{3/2} \Gamma\left(\dfrac{3}{2}\right)} = \frac{4e^2 l_c}{3\sqrt{2\pi m_c k_B T}} = e\mu_e \qquad (6.42)$$

其中 $l_c = \langle l(\varepsilon) \rangle$ 是电子的平均自由程（mean free path），这在半导体中是当作一个独立变量来处理的。式（6.42）中半导体的电导率表达最早是由荷兰物理学家洛伦兹（Hendrik Antoon Lorentz）得到的。

载流子浓度 $n$ 和 $p$ 可以用霍尔系数（Hall coefficient）来测量。金属中的霍尔系数在 5.2.4 节中已经根据自由电子费密气体的索莫菲模型分析过了。在 n 型（或 p 型）半导体中的霍尔系数也可以用纵向电导率 $\sigma_{11}$ 和横向电导率 $\sigma_{12}$ 的比来进行计算，其中使用了 $\omega_c \tau = eH_z \tau / m^* \ll 1$ 的条件（cgs 制；Seitz，1940）：

$$R_H = \frac{E_y}{j_x H_z} = \frac{1}{\sigma H_z} \frac{E_y}{E_x} = \frac{1}{\sigma H_z} \left(-\frac{\sigma_{12}}{\sigma_{11}}\right)$$

$$= \frac{-1}{\sigma H_z} \frac{\int_{\varepsilon_c}^{\infty} d\varepsilon_e \, g_c(\varepsilon_e) \left(-\dfrac{df_c}{d\varepsilon_e}\right) (\omega_c \tau) e^2 v_x v_x \tau}{\int_{\varepsilon_c}^{\infty} d\varepsilon_e \, g_c(\varepsilon_e) \left(-\dfrac{df_c}{d\varepsilon_e}\right) e^2 v_x v_x \tau}$$

$$=\frac{-\omega_c}{\sigma H_z}\frac{\displaystyle\int_0^\infty d\varepsilon\sqrt{\varepsilon}\,e^{-\varepsilon/k_BT}l^2(\varepsilon)}{\displaystyle\int_0^\infty d\varepsilon\sqrt{\varepsilon}\,e^{-\varepsilon/k_BT}\sqrt{\frac{2\varepsilon}{m_c}}l(\varepsilon)}$$

$$=\frac{-\omega_c}{\sigma H_z}\frac{(k_BT)^{3/2}\Gamma\left(\frac{3}{2}\right)l_c^2}{\sqrt{\frac{2}{m_c}}(k_BT)^2\Gamma(2)l_c}=-\frac{\omega_cl_c}{\sigma H_z}\frac{1}{4}\sqrt{\frac{2\pi m_c}{k_BT}}=-\frac{3\pi}{8}\frac{1}{nec}\qquad(6.43)$$

$$\sigma=\frac{j_x}{E_x}=\frac{\sigma_{11}^2+\sigma_{12}^2}{\sigma_{11}}=\frac{4}{3}\frac{ne^2l_c}{\sqrt{2m_ck_BT}}\qquad(6.44)$$

因此,半导体的霍尔系数与金属的霍尔系数$-1/nec$比多了一个系数$3\pi/8$。

在 6.1 节已经证明了金属中费密面上电子的弛豫时间$\tau_F$与温度的关系是$T^{-1}$。在半导体中,载流子速度$v_{c,v}(k)$在带边附近不确定而且很小,因此,是平均自由程(mean free path)$l_c$和$l_v$,而不是弛豫时间$\tau_e$和$\tau_h$按照$T^{-1}$变化。$\tau_e$和$\tau_h$分别是电子和空穴在导带边$k_c$和价带边$k_c$的弛豫时间,它们都比金属中的$\tau_F$长得多。在半导体中,根据麦特海森规则(Matthiessen's rule),载流子-缺陷散射(carrier-defect scattering)导致的$\tau_d$(低温主要贡献,与晶体质量相关)和载流子-声子散射(carrier-phonon scattering)导致的$\tau_{cr}$(高温主要贡献)都对电子平均自由程$l_c$和空穴平均自由程$l_v$有影响。与半导体中的载流子-声子散射对应的平均自由程$l_{cr}$可以按下列公式进行估算:

$$\frac{g-f_{F-D}}{l_{cr}}=\iiint\frac{d^3k'}{4\pi^3}P_{k,k'}\frac{g(k)-g(k')}{\hbar|k-k_c|/m_c}\quad\Rightarrow\quad\frac{1}{l_{cr}}\propto\iiint\frac{d^3k'}{4\pi^3}P_{k,k'}\propto T$$

$$(6.45)$$

其中跃迁几率$P_{k,k'}$与声子的 B-E 统计直接相关,因此在高温下一定是正比于温度的。在饱和区和本征区(载流子-缺陷散射可忽略,且温度在室温区以上的情形下)电子和空穴的迁移率可以用方程(6.42)进行计算:

$$\mu_{e,h}=\frac{e}{m_{e,h}^*}\tau_{e,h}=\frac{4el_{c,v}}{3\sqrt{2\pi m_{c,v}k_BT}}\propto\frac{1}{T^{3/2}}\qquad(6.46)$$

上述迁移率的规律$\mu_{e,h}\propto T^{-3/2}$已经由本征区的迁移率实验证实,其中载流子-声子散射是决定性的因素。在外延半导体中,如果掺杂浓度$N_D$和$N_A$很大,载流子-缺陷散射会使得迁移率降低,本征区的边界温度也会上升。图 6.17 中的迁移率实验结果证实了本征区的普适斜率$\log(\mu/\mu_0)/\log(T/T_0)$确实接近预期数值$-3/2$。

外延半导体的电阻率-温度$\rho(T)$曲线可以通过综合载流子浓度$n,p$以及迁移率$\mu_e,\mu_h$随着温度的变化规律得到。在 n 型半导体中,本征、饱和、冻结区的$n$和$\rho$随着温度的变化规律分别为

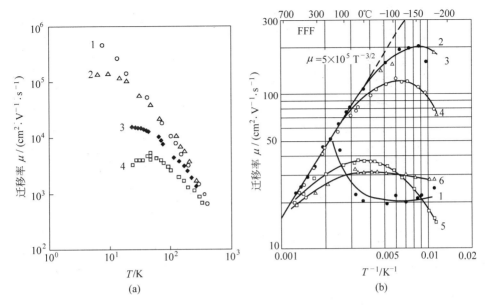

图 6.17　具有不同杂质浓度/(cm$^{-3}$)的硅晶体中迁移率与温度的关系

(a) 电子迁移率(ioffe. rssi. ru)：$N_D$ 分别为① <1E12，② <4E13，

③ 1.75E16($N_A$=1.48E15)，④ 1.3E17($N_A$=2.2E15)；

(b) 空穴迁移率(Pearson, Bardeen 1949)：$N_A$ 分别为① 1.5E16($N_D$=0.9E16)，

② 6.0E17，③ 1.3E18，④ 2.2E18，⑤ 5.3E18，⑥ 1.4E19

$$\ln n = -\frac{E_g}{2k_B T} + b_i, \quad \ln \rho \approx \frac{E_g}{2k_B T} + \ln A \qquad \text{（本征区）} \qquad (6.47)$$

$$\ln n = \ln N_D, \qquad\qquad \ln \rho = -\frac{3}{2}\ln \frac{T_0}{T} + \ln B \qquad \text{（饱和区）} \qquad (6.48)$$

$$\ln n = -\frac{E_d}{k_B T} + b_f, \quad \ln \rho \approx \frac{E_d}{k_B T} + \ln C \qquad \text{（冻结区）} \qquad (6.49)$$

在低温的冻结区,(除极重的掺杂外)电阻率随温度升高下降的规律是 $\exp(E_d/k_B T)$；在中温的饱和区,电阻率反而会随着温度有 $T^{3/2}$ 形式的温和增长,这是由方程(6.46)中分析过的硅的迁移率 $\mu_e = 3\mu_h = 1500\,\text{cm}^2/(\text{V}\cdot\text{s})(300\,\text{K}/T)^{3/2}$ 决定的；在高温的本征区,电阻率总是按照 $\exp(E_g/2k_B T)$ 的规律迅速下降,这是对任何掺杂都普适的曲线,图 6.18 中 G. L. Pearson 和巴丁(John Bardeen)的实验证实了这个的结果。除饱和区外,半导体电阻率随温度的变化完全取决于载流子浓度。

在半导体的工业应用中,外延半导体饱和区的电性质是最常用的,其中载流子浓度相对来说比较稳定,有利于做器件设计。在本节结束之前,表 6.10 中列出了外延半导体饱和区电性质物理量与温度的关系的定量表达式。

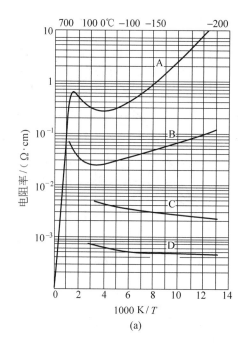
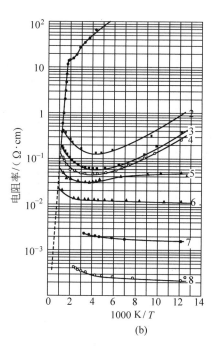

图 6.18　外延硅的电阻率与温度的关系

(a) n 型硅,从上到下,杂质磷的浓度 $N_D(\mathrm{cm}^{-3})$ 分别为 A：1.2E17$(N_A=1.5\mathrm{E}16)$,

B：1.25E18, C：1.7E19, D：2.6E20;

(b) p 型硅,从上到下,杂质硼的浓度 $N_A(\mathrm{cm}^{-3})$ 分别为 ① 1.5E16$(N_D=0.9\mathrm{E}16)$,

② 6.0E17, ③ 1.3E18, ④ 2.2E18, ⑤ 5.3E18, ⑥ 1.4E19, ⑦ 1.2E20,

⑧ 4.8E20 (Pearson, Bardeen, 1949)

表 6.10　外延半导体在饱和区的电性质

| 物 理 性 质 | n/p 型(n,p 记为 $n$; $m_c m_v$ 记为 $m^*$; $l_c l_v$ 记为 $l$) |
|---|---|
| 载流子浓度/$\mathrm{cm}^{-3}$ | $n \approx N_D, N_A \in (10^{14}, 10^{18})$ |
| 霍尔系数/$(\mathrm{cm}^3/\mathrm{C})$ | $R_H = \mp 7.36 \times 10^{18}(n/\mathrm{cm}^{-3})^{-1} \in (10^4, 10^0)$ |
| 迁移率/$[\mathrm{cm}^2/(\mathrm{V}\cdot\mathrm{s})]$ | $\mu = 1.39 \times 10^8 \left(\dfrac{l}{\mathrm{cm}}\right)\left[\dfrac{m^*}{m_e}\dfrac{T}{300\ \mathrm{K}}\right]^{-1/2}$, $\quad l \sim 10^{-5}\ \mathrm{cm}$ |
| 电阻率/$(\Omega \cdot \mathrm{cm})$ | $\rho \approx \dfrac{|R_H|}{\mu} = 5.29 \times 10^{10}\left(\dfrac{n}{\mathrm{cm}^{-3}}\right)^{-1}\left(\dfrac{l}{\mathrm{cm}}\right)^{-1}\left[\dfrac{m^*}{m_e}\dfrac{T}{300\ \mathrm{K}}\right]^{1/2}$ |

　　在历史上,巴丁(John Bardeen)对分析清楚半导体性质与能带之间的关系贡献很大,他的人生经历是非常丰富的。1928 年,他从 University of Wisconsin 的电子系本科毕业;此后又继续在此读了两年研究生,正是在这个时期,他受到范夫列克(John H. Van Vleck)教授的影响,开始学习量子理论,范夫列克也是科恩

（Walter Kohn）的学术引路人。1928—1933 年,巴丁主要研究一系列实用的数学-物理问题,例如地球物理、天线辐射、磁和重力的石油勘探等等。1933—1936 年,受到对纯粹物理学的兴趣驱动,巴丁成为普林斯顿大学维格纳（Eugene Paul Wigner）教授的博士生,实际上在他博士毕业以前,他已经在哈佛大学跟范夫列克教授一起工作了。1935—1938 年,巴丁分别在 University of Minnesota 和华盛顿的海军实验室（NOL）工作。1945—1951 年,巴丁加入了贝尔实验室的固体物理研究组。1951 年以后,他一直在 University of Illinois 工作。从巴丁的经历中可以看到,工业界和学术界的经验对半导体的研究都是很重要的。

## 6.2.3　半导体器件的基本概念

最重要的固体电子器件——二极管和三极管——是通过 n 型和 p 型半导体区域互相接触制备而成的,如图 6.19 所示,其中绝缘体（白色区域）和金属（黑色区域）的辅助对构成一个集成电路中的有源器件是必不可少的。在工业生产中,硅晶片一般已经是 n 型或 p 型的了,这样比较容易快速地、大规模地制备有源器件。pn 结是在光刻（photolithography）掩膜后留出一系列窗口中,加重掺杂制备而成的。

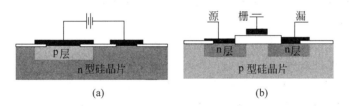

图 6.19　硅晶片上的二极管和三极管

（a）pn 结二极管；（b）npn 三极管或 n 隧道 MOS 场效应管

（metal-on-semiconductor field-effect-transistor）

要制备 n 型晶片,一个氧化物 $LnP_5O_{14}$ 源晶片与单晶硅晶片压在一起,经过 850° 的烧结处理,经化学反应 $2P_2O_5 + 5Si \rightarrow 4P + 5SiO_2$ 磷就会被掺杂到硅晶片中。要制备 p 型晶片,一个氧化的 BN 源晶片与单晶硅晶片压在一起,经过 935° 的烧结处理,经化学反应 $2B_2O_3 + 3Si \rightarrow 4B + 3SiO_2$ 硼就会被掺杂到硅晶片中。

现代集成电路芯片（IC chip）的制备一般需要几百个工艺流程。第一个大步骤叫做"前端工序"（front end processing）,指的是在硅晶片上直接形成晶体管。下一个大步骤叫做"后端工序"（back end processing）,指的是用 Al 或 Cu 导线连接半导体器件,并最终形成所需的电子线路的过程。硅晶片相关工艺技术的 4 个主要类型（category）分别列在表 6.11 中。在制备好集成电路以后,一个硅晶片被切割成很多小片（dies）,经过测试,每个小片被分别封装（packaging）成为最后的 IC 芯片。

固体物理(第 2 版)

表 6.11　制备现代电子器件的晶片工序技术(Wafer processing techniques)

| 技术类型 | 工序技术 |
| --- | --- |
| 去除(removal) | 湿法清洁(wet clean),湿法蚀刻(wet etching),干法蚀刻(dry etching);以及在后端工序中对导线和绝缘体的蚀刻工艺,化学机械平整化(chemical-mechanical planarization,CMP) |
| 修饰(modification) | 在掩膜窗口(opening of masks)掺杂并制备 pn 结或晶体管:用扩散烧结(diffusion furnace)法掺杂,继以烧结热处理工艺(furnace anneal),或用离子注入(ion implantation)法,继以快速热退火工艺(rapid thermal anneal,RTA);另外还包括紫外曝光(ultra-violet exposure,UV)法,目的是降低导线之间的低 k 绝缘层的介电常数 |
| 沉积(deposition) | 物理气相沉积(PVD),化学气相沉积(CVD),电化学沉积(ECD),分子束外延(MBE)及原子层沉积(atomic layer deposition,ALD) |
| 图案化(patterning) | 光刻(photolithography),其中光刻胶(photoresist)经曝光获得掩膜(masks),剩余的光刻胶用离子束灰化(plasma ashing)法去除 |

需要强调的是,在掺杂Ⅲ,Ⅴ族杂质的修饰工序中,为制备 pn 结或晶体管而掺杂的杂质浓度在晶片表面以下是逐渐下降的,杂质浓度与深度 $y$ 的关系大致服从高斯分布 $\exp(-y^2/\sigma^2)$,$[\sigma\in(10^0\sim10^2)\,\mu\mathrm{m}]$。因此,真实的 pn 结必然是渐变结(graded junction),其中杂质浓度随着深度而逐渐改变。

**1. pn 结**

本节以图 6.19(a)中在 n 型硅晶片上制备的 pn 结为例进行分析,为简洁起见,将讨论理想的阶梯结(step junction)或陡峭结(abrupt junction),而不是实际的渐变结。针对图 6.19(a)中的三极管,在晶片中的Ⅴ族杂质浓度是 $N_D$;而后掺杂的 p 型层中有更高的Ⅲ族杂质浓度 $N_A$。pn 结的能带结构(band structure)可以用 p 区和 n 区接触"之前和之后"的办法来分析。在接触之前,带边 $E_c,E_v$ 在 p 区和 n 区是一样的,因为两区都是掺杂硅;但是费密能量却是不同的:在 n/p 区的 $\varepsilon_F$ 分别位于能隙的上半/下半部,如图 6.20(b)所示,n/p 区之间化学势的差为:

$$n_n = N_c e^{-(\varepsilon_c-\mu_n^0)/k_B T} \approx N_D$$
$$p_p = N_v e^{-(\mu_p^0-\varepsilon_v)/k_B T} \approx N_A - N_D \quad\Rightarrow\quad \mu_n^0 - \mu_p^0 = k_B T \ln\left(\frac{N_D(N_A-N_D)}{n_i^2}\right)$$

$$(6.50)$$

其中假设 n 区和 p 区半导体区在室温下都处于饱和区(saturation range),而且多数载流子(majority carrier)浓度 $n_n$ 和 $p_p$ 都是常数。

在两区接触以后,n 区电子和 p 区空穴分别扩散(diffusion)到对方区域中,并且互相复合(recombination);然后一个耗尽层(depletion layer)或空间电荷区(space charge region)就会出现在狭义的 pn 结上,如图 6.20(a)所示。这个扩散-复合过程最后会达到平衡,此时 n 区和 p 区之间的耗尽层内会建立起一个足够大的内禀电场 $E(x)$,阻挡了载流子的继续扩散,如图 6.20(b)所示。到达平衡后,pn

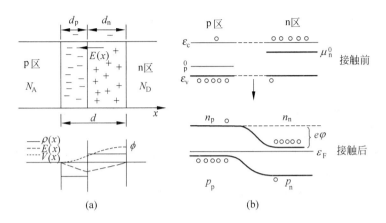

图 6.20　pn 结

(a) 在真实空间中,两区接触面和空间电荷密度示意图;

(b) 在与位置 $x$ 相关的能量空间中,接触前后的能带结构

结内的化学势-费密面 $\varepsilon_F$ 都相同;那么 p 区的带边 $\varepsilon_c$,$\varepsilon_v$ 一定会比 n 区高一个能量差 $e\phi = \mu_n^0 - \mu_p^0$;$\phi$ 是内禀势(build-in voltage)或接触势,它与载流子浓度的关系为

$$0 = j_{\text{diffusion}} + j_{\text{drift}}$$

$$0 = -eD_e\left(-\frac{\mathrm{d}n}{\mathrm{d}x}\right) + ne\mu_e E \quad \Rightarrow \quad E(x) = -\frac{k_B T}{e}\frac{1}{n}\frac{\mathrm{d}n}{\mathrm{d}x} = +\frac{k_B T}{e}\frac{1}{p}\frac{\mathrm{d}p}{\mathrm{d}x}$$

$$0 = +eD_h\left(-\frac{\mathrm{d}p}{\mathrm{d}x}\right) + pe\mu_h E \qquad \phi = -\int \mathrm{d}x E = \frac{k_B T}{e}\ln\left(\frac{n_n}{n_p}\right) = \frac{k_B T}{e}\ln\left(\frac{p_p}{p_n}\right)$$

$$(6.51)$$

其中 $p_p$,$n_p$ 分别是 p 区的多数、少数载流子浓度;$n_n$,$p_n$ 分别是 n 区的多数、少数载流子浓度;扩散系数(diffusion coefficient)$D_e$,$D_h$ 与迁移率 $\mu_e$,$\mu_h$ 的比一定满足爱因斯坦关系(Einstein relation)$D_e/\mu_e = D_h/\mu_h = k_B T/e$。

在耗尽层中,两区的空间电荷密度分别是 $\rho(x<0) = \rho_- = e(N_A - N_D)$ 和 $\rho(x>0) = \rho_+ = eN_D$,那么空间电场 $E(x)$ 和电势 $V(x)$ 分别为

$$\frac{\mathrm{d}E}{\mathrm{d}x} = 4\pi\rho(x)/\epsilon_r$$

$$-\frac{\mathrm{d}V}{\mathrm{d}x} = E(x) \quad \Rightarrow \quad E_{\mp}(x) = \mp\frac{4\pi\rho_{\mp}}{\epsilon_r}(x \pm d_{\mp}) \qquad (-: x<0;\ +: x>0)$$

$$V_{\mp}(x) = V_{\mp} \pm \frac{2\pi\rho_{\mp}}{\epsilon_r}(x \pm d_{\mp})^2 \quad (d_- = d_p, d_+ = d_n)$$

$$V_- = 0, V_+ = \phi$$

$$(6.52)$$

耗尽层宽度(depletion width)$d = d_p + d_n$ 可以通过电场的连续条件 $E(0^-) = E(0^+)$ 和电势的连续条件 $V(0^-) = V(0^+)$ 计算出来(cgs 制):

$$+ \rho_- \, d_p = + \rho_+ \, d_n$$

$$0 + \frac{2\pi\rho_-}{\epsilon_r} d_p^2 = \phi - \frac{2\pi\rho_+}{\epsilon_r} d_n^2 \quad \Rightarrow \quad d = d_p + d_n = \left(\frac{\epsilon_r \phi}{2\pi} \frac{\rho_- + \rho_+}{\rho_- \rho_+}\right)^{1/2}$$

$$d_p = d\rho_+ / (\rho_- + \rho_+) = dN_D/N_A$$

$$d_n = d\rho_- / (\rho_- + \rho_+) = d(N_A - N_D)/N_A$$

$$(6.53)$$

无外场时，单位面积的耗尽层电容（depletion capacitance）$C_0/A = \epsilon_0 \epsilon_r/d$ 可以通过耗尽层宽度 $d$ 求出。表 6.12 中分别列出了 3C-SiC，Si，Ge，GaAs 和 InP 晶片上制备的 pn 结的内禀势 $\phi$、耗尽层宽度 $d$ 和耗尽层电容 $C_0/A$ 的室温数值表达式。需要强调的是，本征和外延浓度 $n_i, n, p$ 随着温度 $T$ 的变化很剧烈，如图 6.12 和图 6.15(a) 所示；因此 $\phi, d$ 和 $C_0$ 肯定不是温度的常数。

**表 6.12　pn 结的室温基本参数（假设 n 型晶片上的掺杂浓度**
**$N_A \gg N_D$、p 型晶片上的掺杂浓度 $N_D \gg N_A$）**

| 晶片 | $E_g$/eV | 内禀势 $\phi$/V | $\epsilon$ | 耗尽层厚度 $d$/μm | $C_0/A/(\mathrm{nF/cm^2})$ |
|---|---|---|---|---|---|
| 3C-SiC | 2.30 | $0.0258\ln\dfrac{N_A N_D}{3.69 \times 10^{-2}\,\mathrm{cm^{-6}}}$ | 9.7 | $1.04\sqrt{\dfrac{e\phi}{\mathrm{eV}}\dfrac{(N_A + N_D)10^{15}\,\mathrm{cm^{-3}}}{N_A N_D}}$ | $8.6\,\dfrac{\mu\mathrm{m}}{d}$ |
| Si | 1.12 | $0.0258\ln\dfrac{N_A N_D}{0.70 \times 10^{20}\,\mathrm{cm^{-6}}}$ | 11.7 | $1.14\sqrt{\dfrac{e\phi}{\mathrm{eV}}\dfrac{(N_A + N_D)10^{15}\,\mathrm{cm^{-3}}}{N_A N_D}}$ | $10.3\,\dfrac{\mu\mathrm{m}}{d}$ |
| Ge | 0.66 | $0.0258\ln\dfrac{N_A N_D}{3.88 \times 10^{26}\,\mathrm{cm^{-6}}}$ | 16.2 | $1.34\sqrt{\dfrac{e\phi}{\mathrm{eV}}\dfrac{(N_A + N_D)10^{15}\,\mathrm{cm^{-3}}}{N_A N_D}}$ | $14.3\,\dfrac{\mu\mathrm{m}}{d}$ |
| GaAs | 1.43 | $0.0258\ln\dfrac{N_A N_D}{5.71 \times 10^{12}\,\mathrm{cm^{-6}}}$ | 12.9 | $1.19\sqrt{\dfrac{e\phi}{\mathrm{eV}}\dfrac{(N_A + N_D)10^{15}\,\mathrm{cm^{-3}}}{N_A N_D}}$ | $11.4\,\dfrac{\mu\mathrm{m}}{d}$ |
| InP | 1.35 | $0.0258\ln\dfrac{N_A N_D}{2.10 \times 10^{14}\,\mathrm{cm^{-6}}}$ | 12.1 | $1.16\sqrt{\dfrac{e\phi}{\mathrm{eV}}\dfrac{(N_A + N_D)10^{15}\,\mathrm{cm^{-3}}}{N_A N_D}}$ | $10.7\,\dfrac{\mu\mathrm{m}}{d}$ |

　　pn 结的主要应用都与它的单向导电特性有关，实际上就对应于电子学中的二极管（diode）或整流器（rectifier）。若要研究 pn 结的导电特性，一定要对 pn 结进行偏置（bias），也就是要在 pn 结上加一个电压 $V$。在加上偏置以后，总的电势差由两项贡献：内禀势与外加电压（一般 $V > 0$ 定义为 p 区加正电压）：

$$V_+ (d_n) - V_- (-d_p) = \phi - V, \quad d = d_p + d_n = \left(\frac{\epsilon_r (\phi - V)}{2\pi} \frac{N_A + N_D}{N_A N_D}\right)^{1/2}$$

$$(6.54)$$

因此，耗尽层厚度 $d_p$ 和 $d_n$ 都随外加电压按 $\sqrt{\phi - V}$ 的形式变化；也就是说，在加上正/负偏置电压 $V$ 以后，pn 结总电势差 $\phi - V$ 会变低/变高，因此耗尽层会变薄/变厚。偏置的耗尽层电容与耗尽层宽度和偏置电压的关系为

$$\frac{C}{A} = \frac{\epsilon_0 \epsilon_r}{d} = \frac{C_0}{A}\sqrt{\frac{\phi}{\phi - V}} \tag{6.55}$$

偏置以后的电容依然在 $\mathrm{nF/cm^2}$ 的量级，$C$ 在硅中较高，在 GaAs 中较低。

通过 pn 结的电压是由两个过程实现的：载流子越过能垒 $e(\phi-V)$ 的扩散，以及越过能垒以后电子-空穴的复合：

$$j = eD_e \frac{n_n e^{-e(\phi-V)/k_B T} - n_p}{d} - eD_h \frac{p_n - p_p e^{-e(\phi-V)/k_B T}}{d}$$

$$I = \left[ (n_n e^{-e(\phi-V)/k_B T} - n_p)\bar{v}_e + (p_p e^{-e(\phi-V)/k_B T} - p_n)\bar{v}_h \right] eA$$

$$= 1.6 \times \frac{n_p \bar{v}_e + p_n \bar{v}_h}{10^6 \, \text{cm}^{-3} \cdot 10^7 \, \text{cm/s}} \frac{A}{\text{cm}^2} [\exp(eV/k_B T) - 1] (\mu A) \tag{6.56}$$

其中，按照玻耳兹曼因子 $\exp(-\beta\varepsilon)$，只有比例为 $\exp[-e(\phi-V)/k_B T]$ 的多数载流子可以克服能垒扩散进入对方的区域，并通过复合实现湮灭。电子和空穴的漂移速度（drift velocity）分别是 $\bar{v}_e \approx D_e/d$ 和 $\bar{v}_h \approx D_h/d$，都在 $10^7 \, \text{cm/s}$ 的量级。

方程(6.56)中的 $I$-$V$ 曲线是载流子电荷为 $e$ 的理想整流器特性，如图 6.21(c) 所示，其中反向偏置的饱和电流 $I = -I_0 = -(n_p \bar{v}_e + p_n \bar{v}_h)eA$（pn 结在"断开"状态的电流）是少子电流（minority current）。$I$-$V$ 曲线在很大的反向偏置电压作用下会被击穿（breakdown），图 6.21(c) 中标记的 $-50$ V 就是击穿电压 $V_b$。如果掺杂浓度 $N_A$ 和 $N_D$ 不是非常高，那么击穿机制主要是雪崩效应（avalanche effect）：$eE_b d \approx 10^5 \, \text{eV/cm} \cdot 10^{-5} \, \text{cm} \approx 1 \, \text{eV}$。当反向电压 $|V|$ 非常高，少子在穿过耗尽层以后被加速到 1 eV 的能量量级，那么一个载流子就会"碰撞并激发"另一个载流子，这样载流子浓度会突然增加，pn 结也就被击穿了。击穿电压 $V_b$ 随着掺杂浓度 $N_A$ 或 $N_D$ 的增加而减少，因为，根据表 6.12，pn 结的耗尽层厚度 $d \propto \sqrt{N_D^{-1}}$ 是随着掺杂浓度的增加而减薄的。击穿场 $E_b$ 只是随着掺杂浓度的升高有微弱的上升，如图 6.22(a) 所示。

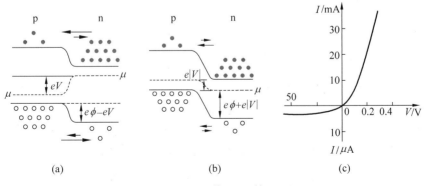

图 6.21　偏置 pn 结

(a) 正向偏置 $V>0$；(b) 反向偏置 $V<0$；(c) $I$-$V$ 曲线

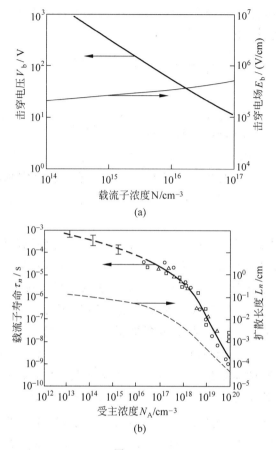

图　6.22

(a) 击穿电压 $V_b$ 和击穿场 $E_b$ 与掺杂浓度 $N$ 之间的关系(Sze, 1981);

(b) 电子的寿命和扩散长度与 p 区掺杂浓度 $N_A$ 的关系(del Alamo, Swanson, 1987)

载流子的扩散系数 $D$ 可以通过爱因斯坦关系来计算:

$$D = \frac{k_B T}{e} \mu = 26 \times \frac{T}{300 \text{ K}} \frac{\mu}{10^3 \text{ cm}^2/(\text{V} \cdot \text{s})} (\text{cm}^2/\text{s}) \tag{6.57}$$

这证明了在硅晶片中漂移速度确实是在 $\bar{v} = D/d \sim 10^7$ cm/s 的量级。载流子的弛豫时间(relaxation time)也可以通过迁移率 $\mu = e\tau/m^*$ 来计算,其中 $\tau$ 在绝大多数半导体(3C-SiC, Si, Ge, GaAs)中都在 $10^{-13}$ s 的量级。pn 结中的载流子有另一个时间尺度:寿命 $\tau_n$ 和 $\tau_p$,这大约是电子-空穴复合的时间:

$$\frac{\partial n}{\partial t} = D_e \frac{\partial^2 n}{\partial x^2} - \frac{n}{\tau_n} + G \quad \Rightarrow \quad n = G\tau_n e^{-x/L_n} \tag{6.58}$$

上式为少子扩散方程(零场),$G$ 是 p 区产生速率,$R = n/\tau_n$ 是复合速率。图 6.22(b) 中画出了 p 型半导体中电子的寿命 $\tau_n$ 和扩散长度 $L_n$ 与掺杂浓度 $N_A$ 的关系。只要硅晶体中的掺杂不是特别重,电子寿命 $\tau_n$ 和空穴寿命 $\tau_p$ 都在 $10^{-3} \sim 10^{-5}$ s 的量级,这比弛豫时间 $\tau_e$ 或 $\tau_h$ 要长 $10^{10} \sim 10^8$ 倍;扩散长度 $L_n$ 和 $L_p$ 在 $0.1 \sim 0.01$ cm 的范围内,显然比耗尽层宽度 $d \sim 1$ μm 要长得多,这样 pn 结才能正确地运行。

**2. 金属-半导体结**

在历史上,金属-半导体结的研究比 pn 结的研究还要早。1938 年,德国物理学家肖脱基(Walter Schottky)发展了一套理论,以解释金属-半导体结。肖脱基是普朗克(Max Planck)的博士生。在他 1920 年获得柏林大学的博士学位以后,开始他在两个大学工作,自 1927 年起他进入西门子(Siemens AG)公司工作,直到他去世前的 89 岁。1919 年,他发明了四极管(tetrode),这是第一个多栅极的真空管。在他 1929 年的著作 *Thermodynamik* 中,他指出在半导体的价带结构中存在与电子对应的空穴载流子,他是最早认识到空穴的重要性的人之一。肖脱基在德国和世界的半导体研究发展中扮演了很重要的角色。

金属-半导体结在 IC 电路的实际制备过程中很重要,因为其中有成百万、上亿个导线和有源器件的接触点。金属-半导体结可以分为 3 类:①肖脱基势垒(Schottky barrier),它的 *I-V* 曲线与 pn 结类似;②欧姆接触(Ohmic contact),它的 *I-V* 曲线与电阻类似;③MOS 接触(metal-oxide-semiconductor),这将在下面分析 MOSFET 器件时再详细讨论。

图 6.23(a)中显示的是一个金属-n 型半导体肖脱基势垒。在金属-半导体接触之前,金属的费密能量 $\varepsilon_F^m$ 在 n 型半导体的费密能量 $\varepsilon_F$ 和价带边 $\varepsilon_v$ 之间。在金属-半导体接触以后,整个空间中的费密能量 $\varepsilon_F$ 是统一的:在边界附近的半导体变成了 p 型,因为局域的费密面 $\varepsilon_F$ 在能隙的下半部;同时在深处的半导体仍然是 n 型的。与半导体相比,金属中的电子浓度以及"空穴浓度"都是巨大的,因此通过表面扩散,金属-n 型半导体肖脱基势垒就变成了金属-(p)-n 结。

图 6.23(b)中显示的是一个金属-p 型半导体肖脱基势垒。在金属-半导体接触之前,金属的费密能量 $\varepsilon_F^m$ 在 p 型半导体的导带边 $\varepsilon_c$ 和费密能量 $\varepsilon_F$ 之间。在金属-半导体接触以后,费密能量 $\varepsilon_F$ 是统一的:在边界附近的半导体变成了 n 型,因为局域的费密面 $\varepsilon_F$ 在能隙的上半部;同时在深处的半导体仍然是 p 型的。金属中的巨大的电子浓度扩散到半导体中,金属-p 型半导体肖脱基势垒就变成了金属-(n)-p 结。

图 6.23(c)中显示的是一个金属-n 型半导体欧姆接触。在接触之前,金属的费密能量 $\varepsilon_F^m$ 比导带边 $\varepsilon_c$ 要高。在接触以后,费密能量 $\varepsilon_F$ 是统一的:在边界附近的半导体变成了金属的,因为局域的费密面 $\varepsilon_F$ 位于导带内;同时在深处的半导体仍然是 n 型的。金属中的巨大的电子浓度扩散到半导体中,因此金属-n 型半导体欧姆接触实际上是金属-(金属)-n 连接,电子可以比较自由地通过这个结,这与电阻中的情形是类似的。

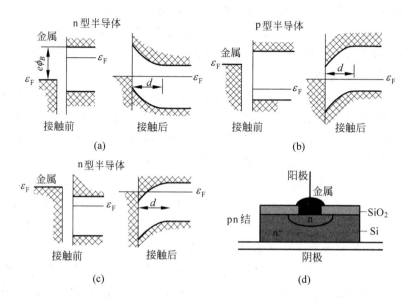

图 6.23　金属-半导体结

(a) 金属-(n 型半导体)肖脱基势垒；(b) 金属-(p 型半导体)肖脱基势垒；

(c) 金属-(n 型半导体)欧姆接触（Burns，1985）；(d) 肖脱基二极管

（Schottky diode）示意图（来自 www.at-mix.de）

图 6.23(d)中显示的肖脱基二极管（Schottky diode）是集成电路中的典型器件之一，它的 *I-V* 曲线是：

$$I = I_s \left[ \exp\left( \frac{eV - IR_s}{k_B T} \right) - 1 \right] \tag{6.59}$$

其中 $R_s$ 是串联电阻。肖脱基二极管中有两种金属，金属 Ⅰ-GaAs 构成肖脱基势垒，而金属 Ⅱ-GaAs 则是一个欧姆接触（其中金属 Ⅱ 的 $\varepsilon_F^m > \varepsilon_c$）。

集成电路中的金属导线过去用铅，现在则用铜来制备。Al 与 Si 具有很相近的原子量，因此很可能 Al-Si 结是一个肖脱基势垒，引起额外的电路设计问题。如果在电路中需要金属-半导体欧姆接触，原子序数大、或价电子多的中间层（interlayer）必须加到导线和半导体之间，目的是使得这个中间层的费密面 $\varepsilon_F^m$ 大于半导体的导带边 $\varepsilon_c$。硅半导体与金属的欧姆接触一般使用硅合金中间层 $Si_{1-x}M_x$（元素 M＝Co，Ti，W，Ta，Pt，Al）；GaAs 半导体与金属的欧姆接触一般使用金合金中间层 $Au_{1-x}M_x$（元素 M＝Zn，In，Ge，Si，Sn，Te）。

**3. MOS 晶体管**

在 IC 设计中使用最多的基本元件就是晶体管（transistor）。自 1960 年以来，现代晶体管演变为金属-氧化物-半导体场效应管（metal-oxide-semiconductor field effect transistor，MOSFET）。这些晶体管中在源（source）和漏（drain）之间都含有

两个 pn 结：n 型硅晶片上的 pnp 结构，或 p 型硅晶片上的 npn 结构；更重要的是，控制信号放大的门（gate）——即真空三极管中的栅极（grid）——通常沉积在硅晶片的氧化层上，如图 6.24(a)所示。二氧化硅是非常好的绝缘材料，因此在金属和半导体之间的绝缘层一般可以减薄到只有几百个分子的厚度。

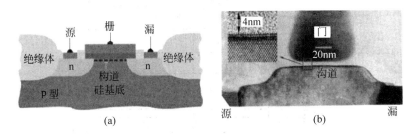

图 6.24　MOS 晶体管

(a) n 沟道 MOS；(b) TEM 图片（chem. wisc. edu）

npn 或 pnp 型的结构是不允许电流在源漏之间传输的，因为无论电流在什么方向，总会遇到一个反向偏置的 pn 结。当门电压（gate voltage）$V_G > V_t$ 加到 npn 结构上的时候，门下方 p 区的多数载流子空穴被排斥，表面区域的 $\varepsilon_c - \varepsilon_F$ 能量差减小，这样就形成了一个允许电子电流流动的 n 沟道（n-channel）；当门电压 $V_G < -V_t$ 加到 pnp 结构上的时候，门下方 n 区的多数载流子电子被排斥，表面区域的 $\varepsilon_F - \varepsilon_v$ 能量差减小，这样就形成了一个允许空穴电流流动的 p 沟道（p-channel），晶体管工作时能带的弯曲状况如图 6.25 所示。

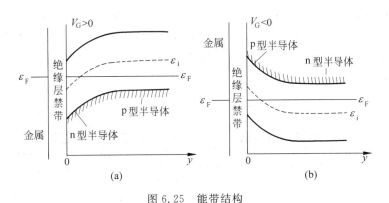

图 6.25　能带结构

(a) $V_G > 0$，n 沟道 MOS 晶体管；(b) $V_G < 0$，p 沟道 MOS 晶体管

图 6.26 中显示了 MOSFET 最典型的放大特性。在不同的门电压 $V_{GS}$ 下，源漏之间测量的 $I_{DS} - V_{DS}$ 曲线都表现为两个区间：①线性区（linear region）或三极管区（triode region），其中 MOSFET 的行为与电阻类似，电导 $G = I/V$ 随着 $V_{GS}$ 线

固体物理（第 2 版）

性增长；②饱和区（saturation region），其中饱和电流 $I$ 也随着 $V_{GS}$ 增加。

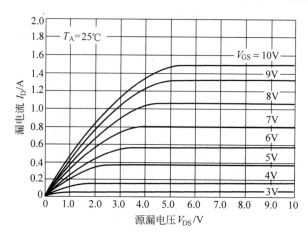

图 6.26　MOSFET 放大器：不同门电压下的 $I$-$V$ 曲线（chem. wisc. edu）

MOSFET 的源漏电流 $I_{DS} = dQ/dt$ 与源漏电压 $V_{DS}$ 在 $I_{DS} - V_{DS}$ 曲线的饱和区和线性区的具体表达式为：

$$I_{DS} = \beta\left(V_{GS} - V_t - \frac{1}{2}V_{DS}\right)V_{DS} \quad (V_{DS} < V_0 \text{线性区}) \tag{6.60}$$

$$I_{DS} \frac{1}{2}\beta(V_{GS} - V_t)^2 \quad\quad (V_{DS} > V_0 \text{饱和区}) \tag{6.61}$$

其中，参数 $\beta = \mu C_{ox} W/L$ 由迁移率、氧化层介电性和器件的几何形状决定。在 nMOS 的线性（三极管）区，门下方的 p 区表面全部变成 n 型半导体，如图 6.27(a) 所示；在饱和区中，则因 $V_{DS}$ 很大，以至于使部分门下方的区域不是 n 型的，这样电流就不会再随电压增加了。pMOS 的性质也是类似的。对 MOSFET 的分析引领我们结束了对半导体的讨论。

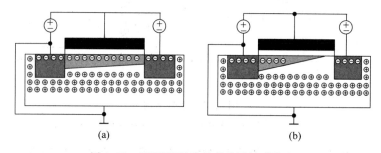

图 6.27　MOSFET 中的载流子浓度分布

(a) 线性区；(b) 饱和区（deas. harvard. edu）

# 6.3　超导体

超导体(superconductor)就是对电流移动没有阻力的固体,这也是科学发现的最新前沿之一。这不仅是因为超导性的实际应用,而且来自于超导性的理论解释尚未完善,仍然是活跃的研究领域。在本章前两节中,已经分析过物质的电阻主要是源于载流子-声子散射;在晶体中,声子总是存在的,因此根据一般的输运理论是无法理解超导性(superconductivity)的出现的。

物理学家在很多年前就已经知道,金属电阻随着温度是线性下降的,但是不清楚在绝对零度附近电阻的极限值到底为何。1908 年,荷兰莱顿大学的物理学家昂尼斯(Heike Kamerlingh-Onnes) 成功地液化了氦气;在液氦的协助下,物质的极低温性质研究成为可能。昂尼斯在这个新的 4.2 K 以下的温区测量了大量纯金属的电阻;1911 年,他发现了固体汞中的超导电性,汞的电阻在临界温度(critical temperature)$T_c \sim 4$ K 以下突然消失了,如图 6.28(a)所示。在超导体中,电流的流动竟可以不损失能量！ 这是一个激动人心的结果。1913 年,昂尼斯因液氦的制备和对低温物理的贡献获得诺贝尔物理学奖。

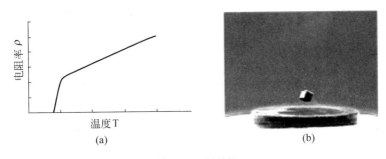

图 6.28　超导性
(a) 低温区的零电阻；(b) 完美的抗磁体(diamagnet)

1933 年,德国物理学家迈斯纳(Walther Meissner)和 R. Ochsenfeld 发现超导体还不仅仅是完美的导体。它们观察到,超导体实际上还是完美的抗磁体,其内部没有磁场($\boldsymbol{B}=0$);因此,临近超导体的磁铁会感受到一个排斥力,如果这个排斥力足够强,超过了重力,这块磁铁竟然可以在超导体上悬浮起来,如图 6.28(b)所示。但是,如果外场太大,超过了临界磁场(critical field)$H_c$,超导性会被破坏掉,电阻不再是零。这个强抗磁效应后来被称为迈斯纳效应(Meissner effect)。

超导理论可以大致分为唯象理论(phenomenological theory)和微观理论(microscopic theory)两类。唯象理论源于 1934 年的郭特-卡西米尔模型(Gorter-Casimir model),也叫二流体模型(two-fluid model)。1935 年,伦敦兄弟(Fritz and

固体物理(第 2 版)

Heinz London)提出了一个方程,这个方程能解释迈斯纳效应,并能预测超导体表面内磁场的穿透深度(penetration depth)。1950 年,前苏联物理学家金兹伯格(Vitaly Ginzburg)和伟大的理论物理学家朗道(Lev Landau)在超导理论方面有了新的进展,金兹伯格-朗道理论(Ginzburg-Landau theory)可以全面地解释超导性,也可以推导出伦敦方程。朗道的学生阿布列科索夫(Alexei Abrikosov)简化了金兹伯格-朗道理论,因之解释了在二类超导体中外加磁场大到一定程度时穿透超导体内部的磁通管(flux tube)的三角点阵排列,这在后来被称为阿布列科索夫涡旋点阵(Abrikosov lattice of vortices),如图 6.29(b)所示。1962 年,朗道主要是因普遍的二级相变理论获得了诺贝尔物理学奖;2003 年,金兹伯格和阿布列科索夫因他们对超导理论的贡献获得了诺贝尔物理学奖。

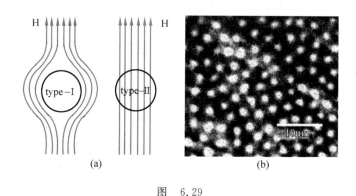

图　6.29

(a) 一类(Type-Ⅰ)超导体中的迈斯纳效应和二类(Type-Ⅱ)超导体中的
磁通管穿透效应;(b) 阿布列科索夫涡旋点阵(nobelprize.org)

1957 年,美国物理学家巴丁(John Bardeen)和他的合作者库珀(Leon Cooper)、施里弗(Robert Schrieffer)发展了超导体的微观理论,这个理论确定了超导体内的载流子(carrier)实际上是一对电子,被称为库珀对,库珀对的束缚能来自于电子-声子相互作用。经过很多年的实验验证,BCS 理论(BCS theory)证明对于所有金属类别的传统超导体(traditional superconductor)都是成立的,因此他们三位共同获得了 1972 年的诺贝尔物理学奖,这是巴丁的第二次获奖。

1962 年,超导理论的下一个进展来自一个英国的年轻人约瑟夫森(Brian Josephson),他预言超导电流在压阈值 $\Delta$ 之上可以穿过超导-金属-超导结(S-M-S junction)或超导-绝缘-超导结(S-I-S junction)。这种隧穿现象后来被命名为约瑟夫森现象,它不仅在电子仪器(SQUID)中获得应用,而且对测量 BCS 理论预言的能隙的存在和尺度是非常关键的。约瑟夫森与人分享了 1973 年的诺贝尔物理学奖。

超导电性的最新进展发生在 1986 年,两位在 IBM 瑞士苏黎世实验室工作的物理学家贝德诺兹(Georg Bednorz)和穆勒(Alex Muller)发现非金属氧化物陶瓷

LaBaCuO 竟然有超导性,而且临界温度很高(30 K)。这类超导体被命名为高温超导体(High-Tc superconductor),其超导性依赖于晶体结构细节,因此基于金属费密面的 BCS 理论似乎不再适合了。贝德诺兹和穆勒获得了 1987 年的诺贝尔物理学奖。

## 6.3.1　超导体的特性

超导体又可以分为一类(Type-Ⅰ)和二类(Type-Ⅱ),从表 6.13 中可以看到这两类超导体的临界磁场 $H_c$ 差别很大。一类超导体是纯金属,其临界磁场 $H_c$ 较低;二类超导体是合金,其中迈斯纳效应只在较低的临界场 $H_{c1}$ 以下存在,在 $H_{c1} < H < H_{c2}$ 区间,外加磁场会以阿布列科索夫磁通管点阵的形式穿透超导体。最新发现的高温超导体都是二类超导体。

**表 6.13　超导体在零磁场下的临界温度 $T_c/K$,以及零温下的临界磁场 $H_c$/Tesla**
**(www. superconductor.org；Kittel, 1986)**

| 类型 | 物质 | $T_c$ | $H_c$ | 物质 | $T_c$ | $H_c$ | 物质 | $T_c$ | $H_c$ |
|------|------|-------|-------|------|-------|-------|------|-------|-------|
| Ⅰ (2-4B) | Zn | 0.85 | — | Sc | 0.05 | — | Ti | 0.40 | — |
| Ⅰ (2-4B) | Cd | 0.56 | — | Y | 1.30 | — | Zr | 0.61 | — |
| Ⅰ (2-4B) | Hg | 3.95 | .04 | La | 6.00 | .10 | Hf | 0.13 | — |
| Ⅰ (5-8B) | V | 5.40 | .14 | Mo | 0.92 | — | Tc | 7.80 | .14 |
| Ⅰ (5-8B) | Nb | 9.25 | .20 | W | 0.015 | — | Re | 1.70 | .02 |
| Ⅰ (5-8B) | Ta | 4.47 | .08 | Ru | 0.49 | — | Os | 0.66 | — |
| Ⅰ (3-4A) | Al | 1.18 | .01 | In | 3.41 | .03 | Sn | 3.72 | .03 |
| Ⅰ (3-4A) | Ga | 1.08 | — | Tl | 2.38 | .02 | Pb | 7.20 | .08 |
| Ⅱ | $Nb_3Ge$ | 23.2 | 38 | $Nb_3Al$ | 18.7 | 32 | $V_3Si$ | 16.7 | 2.4 |
| Ⅱ | $Nb_3AlGe$ | 20.7 | 44 | NbN | 15.7 | 1.5 | $V_3Ga$ | 14.8 | 2.1 |
| Ⅱ | $Nb_3Sn$ | 18.0 | 24 | NbTi | 10.0 | 15 | PbMoS | 14.4 | 6.0 |
| 高温 | LaBaCuO | 30 | — | YBaCuO | 92 | 50 | TlBaCuO | 125 | |

表 6.13 中的实用超导体都是二类的,这样超导体才能承载很大的电流而不失去超导性。1941 年发现 NbTi 合金的超导性。1953 年发现 VSi 合金的超导性。1962 年,西屋电子研发出了第一批商用的钕钛超导线。20 世纪 60 年代,强大的超导线圈开始在粒子加速器中使用,例如英国的 Rutherford-Appleton 实验室和美国的费密实验室。近年高温超导的 YBaCuO 线开始趋于实用化。

高温超导体的发现是 20 世纪末物理学中最激动人心的事件之一。1972 年,德国年轻的物理学家贝德诺兹(Georg Bednorz)开始制备和表征晶体锶钛酸(SrTiO₃),他的导师是 H. J. Scheel。1982 年,贝德诺兹完成了钙钛矿结构(perovskite-type)的固溶体制备及相关结构、介电和铁电研究,正式加入瑞士苏黎世的 IBM 实验室。自 1983 年起,贝德诺兹与资深的瑞士物理学家穆勒(Alex

Muller)合作研究高温超导氧化物。1986 年,两人意识到发现 LaBaCuO 超导体的重要性,一年以后他们就获得了诺贝尔物理学奖。

图 6.30(a)中显示了 LaSrCuO 高温超导体的相图。镧锶铜氧是钙钛矿结构的固溶体,通过对 $La_2CuO_4$ 绝缘体掺杂 Sr 原子制备而成。$La_2CuO_4$ 本身是反铁磁绝缘体;当 3%～21%的镧原子被锶原子替代以后,$(La_{1-x}Sr_x)_2CuO_4$ 在临界温度 $T_c$ 以下成为超导体。LaBaCuO 的相图与图 6.30(a)中镧锶铜氧的相图类似,只是超导相会在 5%～13% 和 13%～24% 这两个钡杂质的掺杂区域内分别出现(当钡掺杂比 $x=0.13$ 时 $T_c=0$)。

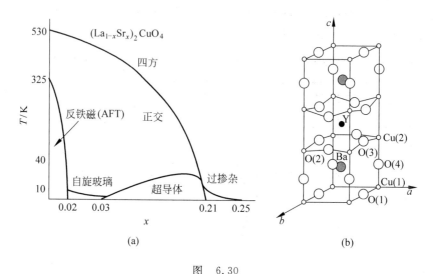

图　6.30
(a) $(La_{1-x}Sr_x)_2CuO_4$ 的相图；(b) $YBa_2Cu_3O_{7-\delta}$ 的原子结构(韩汝珊,1998)

高温超导性的机制分析或理论还不成熟。但是有一个结论是多数学者都认可的:高温超导体中的载流子是空穴,而不是电子。在 $(La_{1-x}Ba_x)_2CuO_4$ 中,镧是ⅢB族元素,而钡是ⅡA族元素;因此每个镧-锶原子替代都会导致一个空穴的产生。在 $YBa_2Cu_3O_{7-\delta}$ 中,图 6.30(b)中显示的一个单胞内,正电荷总数是 $3+2\times2+3\times2=13$,而负电荷总数是 $-2\times(7-\delta)=-14+2\delta$;因此必然存在带正电荷的空穴以平衡固体内的总电荷。对这些材料的更好理解还要留待将来。

对超导电性的基本理解是从 1934 年建立的郭特-卡西米尔模型(Gorter-Casimir model)开始的。在 1933 年德国人迈斯纳和 Ochsenfeld 发现超导体排斥磁场以后,荷兰人 Cornelis Gorter 和 Hendrik Casimir 构筑了超导热力学。在这个二流体模型中,$x$ 是处于正常金属相中的电子比例,其余的电子则处于超导相中。临界磁场 $H_c$ 和超导比热容 $C_s$ 可以由超导体的平衡态总自由能计算出来,归一化的临界磁场 $H_c$ 即图 6.31(a)中的点线 $h_c^0(T)$:

$$\mathscr{F}(x,T) = x^{1/2} f_n(T) + (1-x) f_s(T) = x^{1/2}\left[-\frac{1}{2}\gamma T^2\right] + (1-x)[-\beta]$$

$$0 = \left.\frac{\partial \mathscr{F}(x,T)}{\partial x}\right|_{x=x_0} \quad \Rightarrow \quad x_0(T) = \left(\frac{\gamma T^2}{4\beta}\right)^2 = \left(\frac{T}{T_c}\right)^4 \tag{6.62}$$

$$\frac{H_c^2(T)}{8\pi} = \overline{\mathscr{F}}_n - \overline{\mathscr{F}}_s = -\frac{1}{2}\gamma T^2 - \mathscr{F}(x_0,T) = \beta\left[1-\left(\frac{T^2}{T_c}\right)\right]^2 \tag{6.63}$$

$$C_s = -T\frac{\mathrm{d}^2\mathscr{F}(x_0,T)}{\mathrm{d}T^2} = \frac{3\gamma^2 T}{4\beta} = 3\gamma T_c\left(\frac{T}{T_c}\right)^3 \tag{6.64}$$

其中 $C_n = \gamma T$ 是第 5 章中已经讨论过的低温区"正常"金属的比热容；$-\gamma T^2/2$ 和 $-\beta$ 分别是正常流体和超流体的特征自由能。

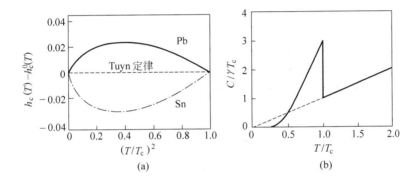

图　6.31

(a) 锡（点划线）和铅（实线）的 $H_c$-$T$ 相图曲线与二流体模型（虚线）的偏差；(Schrieffer, 1983)

(b) 比热容与温度的关系

图 6.31 中画出了真实超导体中的 $H_c(T)$ 和 $C(T)$ 曲线，分别与二流体模型的结果式(6.63)和式(6.64)有些差别：

$$h_c(T) = \frac{H_c(T)}{H_c(0)} \approx 1 - \left(\frac{T}{T_c}\right)^{2+\eta} \quad (\text{二流体模型中 } \eta = 0) \tag{6.65}$$

$$C_s(T) \approx a\exp(-\Delta(0)/k_B T) \quad (T \ll T_c, \Delta(0) \approx 1.76 k_B T_c) \tag{6.66}$$

其中铅和锡中的参数 $\eta$ 分别为 $+0.13$ 和 $-0.16$；郭特-卡西米尔模型预测的 $h_c^0(T)$ 也叫 Tuyn 定律；实验测出的绝对零度附近的 $C_s(T)$ 预示了能隙 $\Delta(0)$ 的存在，这与爱因斯坦模型中指数趋于零的比热容与声子能级 $\hbar\omega$ 的关系是类似的。

超导相中存在的能隙 $\Delta$ 可以用几种实验方法直接测量。一种方法是使超导体与交流电磁场相互作用。在绝对零度附近，实验发现超导电流只在外加电磁场的频率小于临界频率 $\omega_g$ 的时候存在：

$$\hbar\omega_g = 3.5 k_B T_c = 2\Delta(0) \tag{6.67}$$

也就是说，如果电磁频率高于 $\omega_g$，超导体的电阻就不再是零，这个现象是由载流子-光子散射引起的。类似地,超声波也可以用来测量 $\Delta(0)$。

　　超导能隙测量的另一个方法是 SIN 隧穿结(超导体-绝缘体-正常金属结),如图 6.32(a)、(b)所示。当一个正电压 $V$ 加到 SIN 结的超导区域,正常区域的电子能量就被抬高了 $eV$,若抬高的能量 $eV > \Delta(0)$,正常区域中费密面上的电子就可以隧穿进入超导区域,使得电流迅速增长。这样能隙 $\Delta(0) = eV_t$ 就可以测量出来了。SIN 结实际上与 SIS(超导体-绝缘体-超导体)类型的约瑟夫森结是类似的,如图 6.32(c)、(d)所示,约瑟夫森结的 $I$-$V$ 曲线在零电压附近有个极快速的跃变,这也是它在实用器件中使用的主要特性。

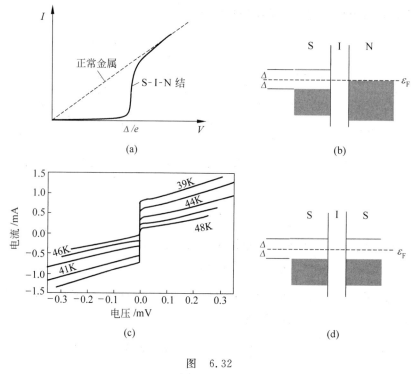

图　6.32

(a) SIN 结的 $I$-$V$ 曲线(de Gennes, 1989);(b) SIN 结的能带结构;
(c) 约瑟夫森结的 $I$-$V$ 曲线(www.ifp.fxk.de);(d) 约瑟夫森结的能带结构

## 6.3.2　唯象理论

　　郭特-卡西米尔模型或二流体模型实际上是第一个超导体的唯象理论。一年以后的 1935 年,伦敦兄弟(Fritz London and Heinz London)建立了伦敦理论以解释迈斯纳效应,并给出了磁场进入超导体的穿透深度。

　　伦敦理论的基本图像是从二流体模型继承下来的。超导体的总自由能包含两项：超导电子的动能及磁场能量：

$$\mathscr{F} = F_0 + K + E_{em} = F_0 + \iiint d^3\boldsymbol{r}\left[\frac{1}{2}m\boldsymbol{v}^2 n_s + \frac{\boldsymbol{H}^2}{8\pi}\right] \quad (6.68)$$

其中 $n_s$ 是超导浓度（superconducting density）。基于麦克斯韦方程中的安培定律，上面两项能量可以联系在一起（cgs 制）：

$$\nabla \times \boldsymbol{H} = \frac{4\pi}{c}\boldsymbol{j}_s = \frac{4\pi}{c}(-n_s e\boldsymbol{v}) \quad \Rightarrow \quad n_s\boldsymbol{v} = \frac{c}{4\pi e}\nabla \times \boldsymbol{H} \quad (6.69)$$

$$\mathscr{F} = F_0 + \frac{1}{8\pi}\iiint d^3\boldsymbol{r}[\lambda_L^2(\nabla \times \boldsymbol{H})^2 + \boldsymbol{H}^2], \quad \lambda_L^2 = \frac{mc^2}{4\pi n_s e^2} \quad (6.70)$$

$\lambda_L$ 后来被称为伦敦长度（London length）。超导体中磁场 $\boldsymbol{H}(\boldsymbol{r})$ 的微分方程可以通过对自由能 $\mathscr{F}$ 的变分获得

$$\delta\mathscr{F} = \iiint \frac{d^3\boldsymbol{r}}{4\pi}[\lambda_L^2(\nabla \times \boldsymbol{H}) \cdot (\nabla \times \delta\boldsymbol{H}) + \boldsymbol{H} \cdot \delta\boldsymbol{H}] \quad \Rightarrow$$

$$\lambda_L^2\nabla \times \nabla \times \boldsymbol{H} + \boldsymbol{H} = 0, \quad \nabla \times \boldsymbol{j}_s = -\frac{n_s e^2}{mc}\boldsymbol{H}, \quad \boldsymbol{j}_s = -\frac{n_s e^2}{mc}\boldsymbol{A} \quad (6.71)$$

式（6.71）就是著名的伦敦方程（London equation）。伦敦理论最杰出的成就是对迈斯纳效应的解释。如果使用 $\nabla \cdot \boldsymbol{H} = 0$ 条件，伦敦方程可以写为

$$-\lambda_L^2\nabla^2\boldsymbol{H} + \boldsymbol{H} = 0 \quad \rightarrow \quad d^2\boldsymbol{H}/dz^2 = \boldsymbol{H}/\lambda_L^2 \quad \rightarrow$$

$$\boldsymbol{H}(z) = \boldsymbol{H}(0)\exp(-z/\lambda_L) \quad (6.72)$$

因此，在超导体表面 $z = 0$ 附近，磁场随着进入超导体的深度而指数下降，这实际上就是迈斯纳效应。伦敦长度就是穿透深度（penetration depth），在伦敦理论中 $\lambda_L$ 与 $n_s^{-1/2}$ 成比例，随超导载流子浓度的升高而下降。

若将在二流体模型中超导相的比例 $1-x$ 与超导浓度 $n_s$ 联系起来，就可以得到伦敦长度的温度依赖关系：

$$\frac{n_s}{n} = 1 - x = 1 - \left(\frac{T}{T_c}\right)^4 \quad \rightarrow \quad \lambda_L(T) = \frac{\sqrt{mc^2/4\pi n e^2}}{\sqrt{1-(T/T_c)^4}} = \frac{\lambda_L(0)}{\sqrt{1-(T/T_c)^4}} \quad (6.73)$$

因此，当温度 $T \rightarrow T_c^-$ 时，伦敦长度 $\lambda_L \rightarrow \infty$ 而超导浓度 $n_s \rightarrow 0$。

伦敦（Fritz London）为伦敦方程（6.71）给出了量子力学的解释，根据这个解释可以推理出很有趣的超导体中有磁通量子化的结论。根据量子力学的原理，电流 $\boldsymbol{j} \sim -en\boldsymbol{p}/m$ 可以由多电子波函数 $\Psi(\boldsymbol{r}, \boldsymbol{r}_2, \cdots, \boldsymbol{r}_N)$ 推导出来：

$$\boldsymbol{j} = -\frac{e}{2m}\sum_{j=1}^{N}\int d\tau[\Psi^*(-i\hbar\nabla_j)\Psi + \Psi(i\hbar\nabla_j)\Psi^*]\delta(\boldsymbol{r}_j - \boldsymbol{r}) \quad (6.74)$$

伦敦方程（6.71）给出了超导电流 $\boldsymbol{j}_s$ 和磁矢势 $\boldsymbol{A}$（定义 $\nabla \times \boldsymbol{A} = \boldsymbol{B}$）之间的关系，那么在超导相中的多电子波函数 $\Psi_s$ 一定与磁矢势有一定的关系：

$$j_s = -\frac{e}{2m}\sum_{j=1}^{N}\int d\tau [\Psi_s^*(-i\hbar\nabla_j)\Psi_s + \Psi_s(i\hbar\nabla_j)\Psi_s^*]\delta(r_j - r) = -\frac{n_s e^2}{mc}A$$

$$\tag{6.75}$$

$$\Psi_s = e^{i\sum_j \phi_j}\Psi_0, \quad \nabla_j\phi_j(r_j) = \frac{e}{\hbar c}A(r_j) \tag{6.76}$$

因此,在有磁场的波函数 $\Psi_s$ 与无磁场的波函数 $\Psi_0$ 之间,一定存在一个规范变换 (gauge transformation)。若考虑均匀磁场 $B$ 穿过圆柱形超导体中半径为 $r$ 的一个孔洞,那么磁矢势与磁通量 $\Phi$ 之间的关系为

$$\Phi = \iint d^2 s\, B = \oint dl \cdot A \quad \rightarrow \quad A_\theta = \frac{\Phi}{2\pi r}, \quad A_r = A_z = 0 \tag{6.77}$$

$$\phi_j = \frac{e\Phi}{2\pi\hbar c}\theta_j = \frac{\Phi}{\Phi_0'}\theta_j \quad \rightarrow \quad \Phi = n\Phi_0', \quad \Phi_0' = \frac{hc}{e} = 2\Phi_0 \tag{6.78}$$

超导体中穿过的磁通 $\Phi$ 一定是磁通量子(flux quantum)$\Phi_0'$ 的整数倍($n$ 倍),因为超导波函数 $\theta_j \rightarrow \theta_j + 2\pi$ 在 $\Psi_s$ 的变换下必须是不变的。

1951 年,昂萨格(Lars Onsager)指出真正的磁通量子是 $\Phi_0'$ 的一半;1962 年,磁通量子 $\Phi_0 = hc/2e \approx 2 \times 10^{-7}$ G·cm² 被实验证实,具体实验方法是测量临界温度 $T_c$ 随着外场 $H/(\Phi_0/A)$ 的周期性,如图 6.33(b)所示。

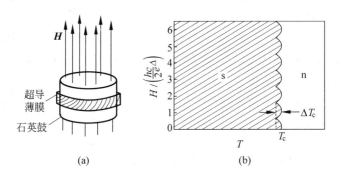

图　6.33

(a) 测量磁通量子的实验装置示意图;

(b) 通过相图中临界温度的量子化证明 $\Phi_0 = hc/2e$ 确是磁通量子(Little, Parks, 1962)

实际上,伦敦方程不是对所有超导体都适用的,只是对缺陷很少的二类超导体、即合金类的超导体才比较准确。在一类超导体中,穿透深度 $\delta$ 与一个关联长度 $\xi_0$ 有关。1953 年,匹帕(Alfred Brian Pippard)给出了对 $\xi_0$ 的解释,匹帕理论是对伦敦理论的非局域拓展。匹帕方程和匹帕长度(Pippard length)分别为(Landau, Liftshitz, Pitaevskii, 1980):

$$\boldsymbol{j}_{\mathrm{s}}(\boldsymbol{r}) = -\frac{3n_{\mathrm{s}}e^2}{4\pi mc\xi_0}\iiint \mathrm{d}^3\boldsymbol{r}'\,\frac{[\boldsymbol{A}(\boldsymbol{r}')\cdot(\boldsymbol{r}-\boldsymbol{r}')]\cdot(\boldsymbol{r}-\boldsymbol{r}')}{|\boldsymbol{r}-\boldsymbol{r}'|^4}\mathrm{e}^{-|\boldsymbol{r}-\boldsymbol{r}'|/\xi} \tag{6.79}$$

$$\xi^{-1} = \xi_0^{-1} + \eta l^{-1}, \quad \xi_0 = \frac{\hbar v_{\mathrm{F}}}{\pi\Delta} \qquad (\text{完美晶体中}\ l = \infty) \tag{6.80}$$

其中匹帕关联长度 $\xi_0 \approx \hbar\delta p = \hbar v_{\mathrm{F}}/\delta E$ 可以看成金属的费密面附近的能量区间 $(\varepsilon_{\mathrm{F}} - \Delta, \varepsilon_{\mathrm{F}} + \Delta)$ 内自由电子波包的尺度；而 $l$ 是与杂质相关的平均自由程。

在一类超导体中，伦敦长度 $\lambda_{\mathrm{L}} \sim 100\ \text{Å}$ 较短，而匹帕长度 $\xi_0 \sim 1\ \mu\mathrm{m}$ 则很长（费密速度 $v_{\mathrm{F}} \sim 10^8\ \mathrm{cm/s}$）；此时，迈斯纳效应的穿透深度是 $\delta = (\lambda_{\mathrm{L}}^2\xi_0)^{1/3}$，比伦敦长度 $\lambda_{\mathrm{L}}$ 长。在二类超导体中，匹帕长度 $\xi_0 \sim 100\ \text{Å}$ 较短（在复杂能带中费密速度下降为 $v_{\mathrm{F}} \sim 10^6\ \mathrm{cm/s}$），而伦敦长度 $\lambda_{\mathrm{L}} \sim 1000\ \text{Å}$ 则比较长（有效质量 $m^*/m_{\mathrm{e}} \gg 1$）；此时在纯净超导体样品中迈斯纳效应的穿透深度是 $\delta = (\lambda_{\mathrm{L}}^2\xi_0)^{1/3}$，在不纯净样品中的穿透深度是 $\delta = \lambda_{\mathrm{L}}(\xi_0/l)^{1/2}$，其中 $l$ 为杂质平均自由程。

唯象理论的最终表述是 1950 年由金兹伯格（Vitaly Ginzburg）和朗道（Lev Landau）建立的金兹伯格-朗道理论（Ginzburg-Landau theory）以及阿布列科索夫（Alexei Abrikosov）在 1957 年建立的磁通涡旋理论。图 6.34(b) 中显示的是二类超导体的相图，在 $H_{c1}$ 和 $H_{c2}$ 之间，磁场逐渐穿透超导体，并形成很细的磁通线，周围围绕有涡旋电流，此时超导体处于 s/n 混合相；在 $H_{c2}$ 和 $H_{c3}$ 之间，只有超导体表面的一薄层处于超导相，临界磁场比为 $H_{c3} : H_{c2} = 1.7 : 1$。

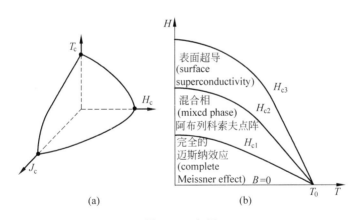

图 6.34　相图

(a) 一类超导体或匹帕超导体；(b) 二类超导体或伦敦超导体

金兹伯格-朗道理论是建立在朗道的二级相变理论基础上的，超导序参量（order parameter）与超导载流子浓度直接相关：

$$|\Psi(\boldsymbol{r})|^2 = n_{\mathrm{s}}/n, \quad \Psi(\boldsymbol{r}) = \sqrt{n_{\mathrm{s}}/n}\,\mathrm{e}^{\mathrm{i}\Phi} \tag{6.81}$$

$\Psi$ 可以看作超导电子的波函数。总自由能是 $\Psi$ 的泛函：

固体物理(第 2 版)

$$\mathscr{F} = F_{n0} + \int dv \left\{ \frac{1}{2m^*} \left| \left( -i\hbar\nabla - \frac{e^*}{c}\bm{A} \right)\bm{\Psi} \right|^2 + a \mid \bm{\Psi} \mid^2 + \frac{1}{2}b \mid \bm{\Psi} \mid^4 + \frac{\bm{B}^2}{8\pi} \right\}$$

(6.82)

其中第一项是电子在磁场中的量子力学动能(这个具体形式将在第 7 章中作进一步讨论);有效质量 $m^* = 2m$ 和有效电荷 $e^* = 2e$ 的取值是受到微观的 BCS 理论影响的。超导体中波函数和电流满足的金兹伯格-朗道方程(Ginzburg-Landau equation)可以根据标准的变分法求得:

$$\frac{1}{2m^*} \left( -i\hbar\nabla - \frac{e^*}{c}\bm{A} \right)^2 \bm{\Psi} + a\bm{\Psi} + b \mid \bm{\Psi} \mid^2 \bm{\Psi} = 0,$$

$$\bm{j}_s = \frac{e^*\hbar}{m^*} \mid \bm{\Psi} \mid^2 \nabla\Phi - \frac{(e^*)^2}{m^* c} \mid \bm{\Psi} \mid^2 \bm{A}$$

(6.83)

这是一个复杂的非线性微分方程。当磁矢势 $\bm{A} = 0$,而且超导浓度 $n_s$ 在空间均匀的时候,与动能相关的项消失,方程(6.83)可以简化,参数 $a$ 和 $b$ 分别可以与二流体模型和伦敦理论联系起来:

$$a + b \mid \bm{\Psi}_e \mid^2 = 0 \quad \Rightarrow \quad \mid \bm{\Psi}_e \mid^2 = -\frac{a}{b} = \frac{\lambda_L^2(0)}{\lambda_L^2(T)};$$

$$\overline{\overline{\mathscr{F}}}_S - F_{n0} = -\frac{1}{2}\frac{a^2}{b} = -\frac{H_c^2}{8\pi} \quad \Rightarrow \quad a(T) = -\frac{H_c^2}{4\pi}\frac{\lambda_L^2(T)}{\lambda_L^2(0)},$$

$$b(T) = -\frac{H_c^2}{4\pi}\frac{\lambda_L^4(T)}{\lambda_L^4(0)}; \quad \delta = \left( \frac{m^* c^2 b}{8\pi e^* \mid a \mid} \right)^{1/2}$$

(6.84)

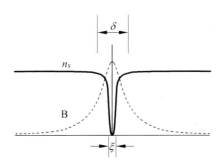

图 6.35　二类超导体中磁通管的特性(Landau, Liftshitz, Pitaevskii, 1980)

在临界温度 $T_c$ 附近,按朗道二级相变理论,参数 $a \sim \alpha(T - T_c)$。假设波函数在原点 $\bm{r} = 0$ 附近有小的涨落 $\psi = \bm{\Psi} - \bm{\Psi}_e$ 的前提下,阿布列科索夫把金兹伯格-朗道方程线性化了:

$$-\frac{\hbar^2}{2m^*}\nabla^2\psi + 2b \mid \bm{\Psi}_e \mid^2 \psi = 0 \quad \Rightarrow \quad \frac{\hbar^2}{2m^*}\nabla^2\psi + 2a\psi = 0$$

(6.85)

若 $\psi$ 只是依赖于柱坐标中的半径 $\rho$,上述方程的解就是贝塞耳函数 $K_0(\rho/\xi)$,它在 $\rho$ 较大时是指数下降的:

$$\psi \sim \mathrm{e}^{-\rho/\xi}, \quad \xi = \left(-\frac{\hbar^2}{4m^*a}\right)^{1/2} = \left(\frac{\pi\hbar^2}{m^*H_c^2}\right)^{1/2} \frac{\lambda_L(0)}{\lambda_L(T)} \sim \frac{\xi_0}{(1-T/T_c)^{1/2}}$$

$$(6.86)$$

这样，阿布列科索夫发现图 6.35 中的磁通管（flux tube）的尺度就是关联长度 $\xi$ 的量级。磁通量子 $hc/e^*$ 可以通过方程 $\oint \mathrm{d}\boldsymbol{l} \cdot \boldsymbol{j}_s = 0$ 求得。

### 6.3.3  微观 BCS 理论

BCS 理论是在 1957 建立的，此时距巴丁（John Bardeen）离开贝尔实验室 6 年，距肖克利、巴丁和布拉顿因晶体管获诺贝尔奖仅一年。1954 年库珀（Leon Cooper）获得哥伦比亚大学的博士学位，1957 年时他是伊利诺伊大学的副研究员；同年施里弗（John Robert Schrieffer）刚从 MIT 本科毕业，他的本科毕业论文是在斯莱特（John C. Slater）教授的研究组完成的，毕业后他到伊利诺伊跟巴丁教授读博士。

BCS 理论源于库珀在 1956 年的一个发现，库珀建议一对"束缚"电子对理解材料在绝对零度附近的基态是重要的。这些电子对就是库珀对（Cooper pair），一个库珀对含有两个金属超导体的费密面附近的布洛赫电子 $|\boldsymbol{k}\rangle$ 和 $|-\boldsymbol{k}\rangle$。在超导电流中，这两个电子则分别位于 $|\boldsymbol{k}+\boldsymbol{q}/2\rangle$ 和 $|-\boldsymbol{k}+\boldsymbol{q}/2\rangle$ 量子态中，库珀对质心的净漂移速度为 $\boldsymbol{v}_d = \hbar\boldsymbol{q}/m^*$（$m^* = 2m$）。电子确实总是与声子发生相互作用。但是，库珀对的漂移速度 $\boldsymbol{v}_d$ 在超导相中却是守恒的：一个电子会使得周围的原子发生畸变，并在周围感应出一个正电荷区；在某个距离之外的另一个电子必然会受到这个正电荷吸引，这样就与第一个电子之间通过声子有了吸引力，如图 6.36 所示。

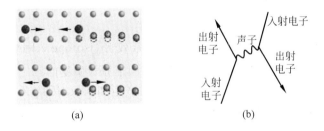

(a)                              (b)

图 6.36  具有相反速度的两个电子构成的库珀对

(a) 在电子-声子相互作用下，电子的漂移速度依然守恒；

(b) 抽象的费曼图（hyperphysics. phyastr. gsu. edu）

库珀对的凝聚是 BCS 理论的基础。首先研究一个库珀对，相应的薛定谔方程为：

$$\left(-\frac{\hbar^2}{2m}\nabla_1^2 - \frac{\hbar^2}{2m}\nabla_2^2 + V(\boldsymbol{r}_1, \boldsymbol{r}_2)\right)\Psi(\boldsymbol{r}_1, \boldsymbol{r}_2) = (2\varepsilon_F + E)\Psi(\boldsymbol{r}_1, \boldsymbol{r}_2) \quad (6.87)$$

其中 $\varepsilon_F = \hbar^2 k_F^2/2m$ 是费密能量；$E$ 是原初能量为 $2\varepsilon_F$ 的库珀对的束缚能。在质心

固体物理(第 2 版)

静止的一个库珀对中,波函数可以写为

$$\Psi(\boldsymbol{r}_1,\boldsymbol{r}_2) = \sum_k a_k \exp[\mathrm{i}\boldsymbol{k} \cdot (\boldsymbol{r}_1 - \boldsymbol{r}_2)] = \sum_k a_k \exp[\mathrm{i}\boldsymbol{k} \cdot \boldsymbol{R}] \quad (6.88)$$

那么库珀对的薛定谔方程可以重新写为如下形式:

$$(E + 2\varepsilon_F - 2\varepsilon_k)a_k = \frac{1}{\Omega} \iiint \mathrm{d}^3 \boldsymbol{R} V(\boldsymbol{r}_1,\boldsymbol{r}_2)\Psi(\boldsymbol{r}_1,\boldsymbol{r}_2)\mathrm{e}^{-\mathrm{i}k \cdot R} = \sum_{k'} V_{kk'}a_{k'} \quad (6.89)$$

$$V_{kk'} = \frac{1}{\Omega} \iiint \mathrm{d}^3 \boldsymbol{R}\, \mathrm{e}^{\mathrm{i}k' \cdot R} V(\boldsymbol{r}_1,\boldsymbol{r}_2)\mathrm{e}^{-\mathrm{i}k \cdot R} = \begin{cases} -\dfrac{V}{\Omega} & \varepsilon_k,\varepsilon_{k'} - \varepsilon_F \in \hbar\omega_D(-1,1) \\ 0 & \text{其他} \end{cases}$$

$$(6.90)$$

其中 $\Omega$ 是超导体总体积。根据上述方程,可以找到一个自洽方程:

$$C_k = \sum_{k'} V_{kk'}a_{k'} = \sum_{k'} V_{kk'} \frac{C_k}{E + 2\varepsilon_F - 2\varepsilon_k} \quad \Rightarrow \quad 1 \approx g(\varepsilon_F) \int_{-\hbar\omega_D}^{\hbar\omega_D} \mathrm{d}\zeta \frac{V}{2\zeta + |E|}$$

$$(6.91)$$

其中 $\zeta = \varepsilon - \varepsilon_F$ 是与费密能量的偏差,$g(\varepsilon_F)$ 就是自由电子在费密面上的态密度。相互作用势 $V_{kk'}$ 和束缚能 $E$ 都小于零,因此在上式中用了 $|E|$,以简化问题。那么,零温能隙(energy gap) $\Delta(0)$ 可以计算出来:

$$1 \approx 2g(\varepsilon_F)V \int_0^{\hbar\omega_D} \frac{\mathrm{d}\zeta}{2\zeta + |E|} = g(\varepsilon_F)V \ln\left(\frac{2\hbar\omega_D + |E|}{+|E|}\right)$$

$$\Delta(0) = |E| = \frac{2\hbar\omega_D}{\exp[1/g(\varepsilon_F)V] - 1} \approx 2\hbar\omega_D \exp\left(-\frac{1}{g(\varepsilon_F)V}\right) \quad (6.92)$$

然后,图 6.34(b)中的零温 $H_{c1}$ 即完美的迈斯纳效应消失的临界磁场(critical magnetic field)也可以计算出来:

$$F_n - F_s = \frac{1}{2}g(\varepsilon_F)\Delta^2(0) = \frac{H_c^2(0)}{8\pi} \quad \Rightarrow \quad H_c(0) = 2[\pi g(\varepsilon_F)]^{1/2}\Delta(0)$$

$$(6.93)$$

可以看到,零温能隙 $\Delta(0) \propto \hbar\omega_D$,因此同位素效应(isotope effect)自然地包含在 BCS 理论中,因为德拜频率 $\omega_D \propto \sqrt{1/M}$ 是依赖于原子质量的。

计算临界温度的理论需要处理库珀对的产生和消灭,因此必须使用二次量子化的理论。这对于本书的读者来说太复杂了,因此我们直接写出最后对临界温度 $T_c$ 的表达式:

$$\frac{1}{g(\varepsilon_F)V} = \int_0^{\hbar\omega_D} \frac{\mathrm{d}\zeta}{\zeta}\tanh\left(\frac{\zeta}{2k_B T_c}\right) \quad \Rightarrow \quad k_B T_c = 1.14\hbar\omega_D \exp\left(-\frac{1}{g(\varepsilon_F)V}\right)$$

$$(6.94)$$

与能隙 $\Delta(T)$ 相关的推导也很复杂。能隙 $\Delta(T)$ 与温度的依赖关系如图 6.37 所示,这是由 SIN 隧穿结测量出来的。一类超导体的实测能隙 $2\Delta(0)$、临界温度 $T_c$ 和归一化的相互作用参数 $[g(\varepsilon_F)V]_{\exp}$ 分别列在表 6.14 中。BCS 理论的预言 $2\Delta(0) = 3.52k_B T_c$ 和根据方程(6.94)计算出来的 $[g(\varepsilon_F)V]_{BCS}$ 与表 6.14 中的实验数据符合得相当好,这是 BCS 理论成功的重要证据。

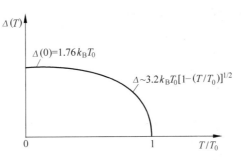

图 6.37　BCS 理论中能隙与温度的关系

表 6.14　一类超导体与 BCS 理论相关的参数

|  | $2\Delta(0)/k_B/K$ | $T_c/K$ | $2\Delta(0)/T_c$ | $\Theta_D/K$ | $[g(\varepsilon_F)V]_{BCS}$ | $[g(\varepsilon_F)V]_{exp}$ |
|---|---|---|---|---|---|---|
| Zn | 3.17 | 0.85 | 3.72 | 235 | 0.174 | 0.18 |
| Cd | 1.8 | 0.56 | 3.21 | 164 | 0.172 | 0.18 |
| Hg | 18.2 | 3.95 | 4.61 | 70 | 0.333 | 0.35 |
| V | 18 | 5.40 | 3.33 | 390 | 0.227 | — |
| Nb | 32 | 9.25 | 3.47 | 275 | 0.284 | — |
| Al | 4.3 | 1.18 | 3.64 | 375 | 0.170 | 0.18 |
| In | 12 | 3.41 | 3.52 | 109 | 0.284 | 0.29 |
| Tl | 8.45 | 2.38 | 3.55 | 100 | 0.258 | 0.27 |
| Sn | 13 | 3.72 | 3.49 | 195 | 0.244 | 0.25 |
| Pb | 29 | 7.20 | 4.02 | 96 | 0.367 | 0.39 |

　　汞和铅的实验测量 $2\Delta(0)/T_c$ 值与 BCS 理论预测的值 3.52 有系统偏差,因为汞和铅都是强关联(strong-correlated)超导体。但是,汞中的超导同位素效应依然存在,如图 6.38 所示。实际上,在量子场论基础上发展而来的强关联凝聚态理论可以很精确地解释汞和铅的超导特性。

　　这就到了本章该结束的时候了。实际上,还有很多有趣的输运现象在本章中来不及作详细讨论。例如,根据传统能带理论被确定为半满填充的导体,但实际上又是绝缘的莫特绝缘体(Mott insulator),就是有趣的课题。在高温超导材料制备过程中使用的基底 $La_2CuO_4$ 就是莫特绝缘体。这个现象部分由莫特

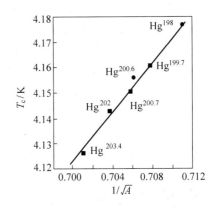

图 6.38　同位素效应：临界温度与 $1/\sqrt{A}$ 成正比,其中 $A$ 是原子量(Maxwell, 1950；Reynolds et al, 1950)

爵士(Nevill Francis Mott)作出了解释,莫特绝缘体的能隙与电子-电子排斥有关,这种强关联的电子排斥在能带论或密度泛函理论中都没有恰当地考虑进去。这是另一个与强关联凝聚态物理学相关的例子。

# 本章小结

本章根据第 5 章介绍的能带理论分析了导体、半导体和超导体的电输运性质。此外,也根据能带理论对二极管和三极管等固体电子器件的结构、加工和电性质进行了介绍。

1. 导体:电流是由半满能带中的电子贡献的。因此,导体、半导体和绝缘体的分类可以由费密面附近的能隙来判定。在一般温度下,金属的电导率主要由电子-声子散射决定;在极低温度下,电导率主要由杂质的分布决定。

2. 半导体基础:半导体一般都具有金刚石或闪锌矿结构,能隙一般在 $0 \sim 3\,\text{eV}$ 的范围内。半导体中的载流子包括电子和空穴,载流子的有效质量一般在真空电子质量的 $0.01 \sim 1.1$ 倍的范围内。本征或外延半导体的电阻率由多数载流子浓度和迁移率共同决定。在室温附近,外延半导体中的多数载流子浓度几乎不随温度变化,但是迁移率会以 $T^{-3/2}$ 的规律变化。

3. 半导体器件:在 pn 结中,存在一个载流子浓度为零的耗尽层,其中施主和受主杂质离子的电荷构成类似电容的结构。pn 结的 $I$-$V$ 曲线会受到多数载流子浓度($V>0$)和少数载流子浓度($V\ll 0$)的共同影响。金属-半导体结既可能表现为一个欧姆电阻,也可以是一个 pn 结,这取决于金属和半导体两者的能带结构。金属-氧化物-半导体(MOS)晶体管是一个放大器,其中门电压控制了载流子的流动。

4. 超导体:超导现象的基本表现是零电阻、零内部磁场或存在内部磁通管。传统半导体都是金属,其中钕合金是最出色的实用超导材料。高温超导是掺杂钙钛矿类型的陶瓷,相应的理论还不成熟。最有名的超导理论有二流体模型、伦敦理论、金兹伯格-朗道(G-L)理论和巴丁-库珀-施里弗(BCS)理论。传统超导体的行为可以由 G-L 理论和 BCS 理论解释得很好,费密面上的电子对是超导体中的载流子,它可以在存在电子-声子散射的情况下还是无阻力地通过超导相的内部。

# 本章参考文献

1. 冯端,金国钧. 凝聚态物理学. 北京:高等教育出版社,2003.
2. 韩汝珊. 高温超导物理. 北京:北京大学出版社,1998

3. 黄昆，韩汝奇. 固体物理学. 北京：高等教育出版社，1988

4. 褚君浩. 窄能带半导体. 北京：科学出版社，2005

5. Ashcroft N W，Mermin N D. Solid State Physics. New York：Holt，Rinehart and Winston，1976

6. Burns G. Solid State Physics. Orlando：Academic Press，1985

7. Chelikowsky R，Cohen M L. Nonlocal pseudopotential calculations for the electronic structure of eleven diamond and zinc-blende semiconductors. Phys Rev，B14，556-582，1976

8. del Alamo J A and Swanson R M. Modeling of minority carrier transport in heavily doped silicon emitters. Solid State Electron，30，1127-1136，1987

9. de Gennes P G. Superconductivity of Metals and Alloys. New York：Addison-Wesley，1989

10. Dexter R N，Zeiger H J and Lax B. Cyclotron resonance experiments in silicon and germanium. Phys Rev，104，637-644，1956

11. Grove A S. Physics and Technology of Semiconductor Devices. New York：Wiley，1967

12. Khoshenevian M，Pratt Jr W P，Schroeder P A，Steenwyk S D. Low-Temperature Resistivity and Thermoelectric Ratio of Copper and Gold. Phys Rev，B Vol 19，3873-3878，1979

13. Kittel C. Introduction to solid State Physics. New York：Wiley，1986

14. Landau L D，Liftshitz E M，Pitaevskii L P，Translated by Sykes J B，Kearsley M J. Statistical Physics，Part 2. Pergamon Press，1980

15. Little W A，Parks R D. Observation of quantum periodicity in the transition temperature of a superconducting cylinder. Phys Rev Lett，9，9-12，1962

16. Lyden H A. Measurement of the conductivity effective mass in semiconductors using infrared reflection. Phys Rev，134，A1106-A1112，1964

17. Maxwell E. Isotope Effect in Superconductivity of Mercury. Phys Rev，78，477，1950

18. Pearson G L，Bardeen J. Electrical properties of pure silicon and silicon alloys containing boron and phosphorus. Phys Rev 75，865-883，1949

19. Persson C，Lindefelt U. Detailed band structure for 3C-，2H-，4H-，6H-SiC，and Si around the fundamental band gap. Phys Rev，B 54，10257-10260，1996

20. Reynolds C A，Serin B，Wright W H，Nesbitt L B. Superconductivity of Isotopes of Mercury. Phys Rev，78，487，1950

21. Schrieffer J R. Theory of Superconductivity. New York：Addison-Wesley，1983

22. Seitz F. The modern theory of solids. New York，London：McGraw-Hill Book Co，Inc，1940

23. Shockley W. Cyclotron Resonances，magnetoresistance，and Brillouin zones in semiconductors. Phys Rev，90，491，1953

24. Sze S M. Physics of Semiconductor Devices. New York：John Wiley and Sons，1981

25. Cooper Pairs. Nave C R. Department of Physics and Astronomy，Georgia State University，City of Atlanta，USA. 8 April 2006

&lt;http://hyperphysics. phyastr. gsu. edu/hbase/solids/coop. html&gt;

26. The Nobel Prize in Physics 2003. Nobel Prize Organization，City of Stockholm，Sweden. 31 March 2006

&lt;http://nobelprize. org/nobel_prizes/physics/laureates/2003/public. html&gt;

27. Nanostructures in our Daily Life. Breitzer J. Department of Chemistry，University of Wisconsin，City of Madison，USA. 25 March 2006

&lt;http://www. chem. wisc. edu/courses/801/Spring00/Ch1_3. html&gt;

28. Electronic Devices and Circuits. Yang W. Department of EECS，Harvard University，City of Boston，USA. 25 March 2006

&lt;http://www. deas. harvard. edu/courses/es154/&gt;

29. Exploring Materials Engineering：Semiconductor Materials. Pizzo P P. Department of Chemical and Materials Engineering，San Jose State University，City of San Jose，USA. 20 March 2006

&lt;http://www. engr. sjsu. edu/WofMatE/Semiconductors. htm&gt;

30. Semiconductors on NSM. Physico-Technical Institute of the Russian Academy of Sciences，City of St Petersburg，Russia. 3 February 2006

&lt;http://www. ioffe. rssi. ru/SVA/NSM/Semicond/&gt;

31. Semiconductor Materials. Ruzyllo J. Department of Electrical Engineering and Materials Research Institute，Pennsylvania State University，City of University Park，USA. 15 January 2006

&lt;http://www. semilsource. com/materials/&gt;

32. Superconductor. Eck J. electronics engineer，USA. 15 April 2006

&lt;http://www. superconductors. org/&gt;

33. Hotline Applied Superconductivity. Institut für Festkörperphysik，Technische Universitat München，City of München，Germany. 28 March 2006

&lt;http://wwwifp. fzk. de/ISAS/Hottline/oct98/jj_hts_other. htm&gt;

# 本章习题

1. 根据麦特海森规则，金属电阻主要由电子-声子散射和缺陷两部分贡献而成。查出金属铜在绝对零度和室温的电阻率，并据此给出室温、0K 这两个温度下，与缺陷相关的平均自由程 $l_d$ 和与声子相关的平均自由程 $l_F$ 的大致数值。

2. 根据第 5 章中紧束缚近似的能带表达式以及式(6.6)，(1)计算一维半满能带的平均有效质量 $m^*$；(2)分析平均有效质量与能带宽度之间的关系。

3. 根据表 6.1 中的热导率数据、表 6.6 中德拜温度数据，以及式(6.13)，计算 Si，Ge，GaAs 中的声子平均自由程 $l$。

4. 假设半导体的价带顶附近的电子能带可以用 $E=-10^{-37}(k/m^{-1})^2$ J 的形式表示。若从填满的价带的 $k=10^9$ m$^{-1}\hat{e}_x$ 量子态中移走一个电子，计算(1)空穴的有效质量；(2)空穴的有效波矢；(3)空穴的速度；(4)空穴的能量。

5. $Cu_2O$ 材料的能隙与 GaP 或 3C-SiC 相当，为什么 GaP 或 3C-SiC 是半导体材料，而 $Cu_2O$ 就不是？

6. 半导体电导率公式(6.18)中的电导率有效质量与表 6.6 中列出的态密度有效质量哪个大？根据图 6.8 中的能带图解释你的结论。

7. 表 6.8 中给出了本征半导体浓度的规律，其中参数 $a$ 与什么物理量有关？$b$ 又与什么物理量有关？

8. 表 6.9 中给出了硅中掺杂 III，V 族杂质以后的杂质电离能，根据表 6.9 中的电离能表达式，计算出其中的有效质量 $m^*$，这个有效质量与什么有关？并与硅的其他有效质量进行对比。

9. 根据表 6.1 和表 6.6 中列出的 InSb 的基本性质，估算其(1)施主电离能；(2)基态轨道半径；(3)基态轨道开始重叠时候的施主浓度，这个浓度与本征浓度的比是多少？与原子浓度的比是多少？

10. 若在 n 型硅半导体中只含有一种 V 族杂质，其浓度为 $N_D=10^{15}$ cm$^{-3}$。在 40 K 的时候，测得载流子浓度为 $n=10^{12}$ cm$^{-3}$，估算这个 n 型硅半导体的电离能 $E_d$。

11. (1)将含有杂质 P 的硅晶体提纯到杂质浓度 $N_D=10^{12}$ cm$^{-3}$，估算此半导体中本征区和饱和区、饱和区与冻结区的交界温度。(2)将含有杂质 P 的硅晶体重掺杂到 $N_D=10^{19}$ cm$^{-3}$，估算此半导体中本征区和饱和区、饱和区与冻结区的交界温度。

12. 现有三个掺杂砷的 n 型锗半导体(电离能 $E_d=0.0127$ eV)，其杂质浓度 $N_D$/cm$^{-3}$ 分别为 5.5E16，1.7E15，1.4E14，画出三者的 $\log n$-$1/T$ 曲线。

13. 图 6.18 中，n 型硅的掺杂浓度 $N_D$/cm$^{-3}$ 分别为 1E17，1.25E18，1.7E19，2.6E20，计算前两个浓度下室温的载流子浓度 $n$、霍尔系数 $R_H$、电子平均自由程 $l_c$，以及电阻率 $\rho$。

14. 在室温下，若 n 型硅晶片的杂质浓度为 $N_D=10^{16}$ cm$^{-3}$，后来加重掺杂的 p 区杂质浓度为 $N_A=10^{18}$ cm$^{-3}$，计算其接触势 $\phi$、耗尽层厚度 $d$，以及耗尽层电容 $C_0/A$。

15. pn 结中的反向偏置电压为 0.15 V 时，反向电流为 3 $\mu$A，计算同样大小正向偏置电压下的电流值。

16. 根据图 6.22 中给出的半导体材料中载流子的寿命，估算 Si，Ge，GaAs 半导体中载流子的扩散长度 $L_n$，$L_p$。这个扩散长度对 pn 结器件设计有什么影响？

17. 根据式(6.58)画出肖脱基二极管的 $I$-$V$ 曲线，并标注图中的特征值。

18. 晶体管的 $I$-$V$ 信号放大曲线为什么会有阈值电压 $V_b$？也就是说，这个电压的物理意义是什么？

19. 在超导体的二流体模型，一般是考虑自由电子比热容和超导相比热容的平衡。但是，金属铅的情形有点不同：(1)用表 5.7 中的数据估算铅在 $T_c$ 附近的自由电子比热容；(2)用德拜模型估计铅在 $T_c$ 附近的原子振动比热容；(3)上述(a)、(b)两项哪项更大？铅的二流体模型能否直接用式(6.62)？

20. 根据表 5.1 中给出的金属电子浓度 $n$ 的数值，(1)写出金属铅的伦敦长度 $\lambda_L$ 与归一化的超导浓度 $|\Psi|^2 = n_s/n$ 之间的关系式，其中所有的参数要给出具体数值和单位。(2)当伦敦长度在 $100 \sim 1000$ Å 的范围内时，$n_s/n$ 在什么范围内？

21. 根据表 6.14 中给出的金属铝的数值，以及第 5 章自由电子费密气体模型的结果，计算铝的费密面上电子之间的吸引势 $V$ 的大小。

# 第7章 固体的磁性

## 本 章 提 要

- 自旋:磁性的量子力学来源(7.1)
- 朗道能级:磁场中的电子气体(7.1.2)
- 磁性:根据自旋取向对磁性进行分类研究(7.2)
- 相互作用:基本粒子与自旋的相互作用(7.3)

物质的磁性在东西方早期历史中已为人知。在古代中国的战国时代,$Fe_3O_4$磁性铁矿石被称为"慈石",意思是有吸引力的石头。在古希腊,$Fe_3O_4$矿被命名为磁铁矿(magnetite),因为希腊的 Magnesia 省同时出产几种矿石,包括磁铁矿、镁土和锰土(earth of Magnesium and Manganese)。

指南针(compass)最早出现于中国的汉代(约 100BC),见图 7.1,它被用到远洋海船上的时间大约是在 12 世纪。16 世纪后期,吉尔伯特(Sir William Gilbert)写了第一本有关磁学的书,名为 *De Magnete*,其中叙述了通过指南针实验发现地球本身是个大磁体。1832 年,伟大的数学家高斯(Carl Friedrich Gauss)在研究作用于指南针上的地磁力的时候,提出了单位制(system of units)的概念。高斯制(cgs 制)在基础科学研究中是非常重要的。

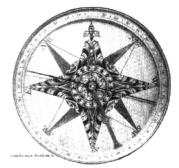

图 7.1 最早的中国指南车以及西方海船上使用的罗盘

到 19 世纪初为止,电和磁还被认为是互不相干的物理现象。1820 年,哥本哈根大学教授奥斯特(Hans Christian Oersted)在他的家里为朋友和学生准备做一个科学实验演示。结果发现没有预料到的现象,在电流导线附近的指南针竟然会转到垂直于导线的方向;就这样,电和磁现象之间的重要联系就被发现了,奥斯特现象的数学表达就是 1822 年确立的安培定律。1831 年,法拉第(Michael Faraday)发现电流可以由变化的磁场感应出来。库仑定律、安培定律和法拉第电磁感应定律最后在 1864 年建立的麦克斯韦方程中统一了起来,并在 1890 年由赫兹(Heinrich Hertz)写成了优美的对称微分方程的形式。

物质的磁性(magnetism)是一个非常复杂的现象。1778 年,荷兰物理学家布鲁格曼斯(Anton Brugmans)发现金属铋会被磁铁推开,这就发现了抗磁性(当时这个名词还没有使用)。1845 年,法拉第研究了金属非金属和生物质的磁性,并定义了顺磁性(paramagnetism)和抗磁性(diamagne-tism)这两个名词来区分它们与磁铁之间的吸引和排斥作用。法拉第经过长期的实验,发现在当时已知的所有元素中,只有铁、钴、镍 3 种元素是铁磁性(ferromagntism)的,这是第一次对物质磁性的分类。大约 100 年以后,法国物理学家奈尔(Louis Néel)清晰地区分了铁磁性、反铁磁性和亚铁磁性(antiferro- and ferri-magnetism),完成了对物质磁性的区分,奈尔因此获得 1970 年的诺贝尔物理学奖。

1895 年,居里(Pierre Curie)发现抗磁性与温度基本是无关的;但是,在顺磁体或铁磁体的顺磁相中,磁化率的倒数 $\chi^{-1}$ 却是正比于温度变化的,这就是著名的居里定律,见图 7.2。1905 年,在法拉第的磁性分类确立 50 年后,朗之万(Paul Langevin)根据统计力学发展了顺磁性和抗磁性的理论,他认为抗磁性是环形电流在外磁场中的响应造成的,顺磁性是由"分子永久磁子"的混乱排列引起的,这就解释了居里定律。1907 年,外斯(Pierre-Ernest Weiss)提出了一个内禀磁场的假设,用以解释铁磁性;外斯假设看上去十分随意,没有根据,但是后来的历史发展证明,这个假设与固体中的电子自旋轨道是相关的。

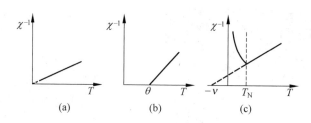

图 7.2 磁化率与温度的关系

(a) 顺磁性;(b) 铁磁性;(c) 反铁磁性

磁性的量子力学解释是建立在自旋(spin)概念的基础上的。1896 年,荷兰莱顿大学(Leyden University)昂尼斯和洛伦兹的年轻助手塞曼(Pieter Zeeman)发现了光谱在磁场中的分裂现象。1916 年,索莫菲(Arnold Sommerfeld)将玻尔模型中的圆形轨道改为一系列椭圆轨道,这样就解释了塞曼分裂,并为磁量子数 $l, m$ 的定义开辟了道路。1921 年,斯特恩(Otto Stern)和盖拉赫(Walther Gerlach)的实验发现原子自旋的量子就是普朗克常数 $\hbar$。1925 年,哥德斯密特(Samuel Goudsmit)和乌伦贝克(George Eugene Uhlenbeck)根据光谱实验发现电子的自旋实际上是 $\hbar/2$;同年,泡利(Wolfgang Pauli)提出了不相容原理,并居此解释了元素周期表中一个周期中的元素数目。1928 年,海森伯(Werner Heisenberg)借用 1927 年建立的海特勒-伦敦化学键理论,用交换相互作用解释了铁磁体的外斯场;同年,狄拉克(Paul Dirac)建立了相对论量子力学。塞曼、海森伯、狄拉克、斯特恩、泡利分别于 1902、1932、1933、1943、1945 年获得了诺贝尔物理学奖。

　　量子力学磁性的另一重要基础是强磁场中自由电子的朗道能级(Landau levels),这是由朗道(Lev Landau)在 1930 年提出的理论。磁场中的输运问题,例如磁阻效应、舒布尼科夫-德哈斯共振、德哈斯-范阿尔文效应、量子霍尔效应等一系列问题都得用朗道能级来解释,这些都是固体物理中的前沿问题。

　　磁学的另一分支着重于研究基本粒子与电子自旋和原子自旋的相互作用。1944 年,前苏联中亚塔尔斯坦(Tatarstan)共和国喀山(Kazan)州立大学的匝弗伊斯基(E. K. Zavoisky)和他的同事一起发明了电子自旋共振(electron spin resonance,ESR)技术。1945 年,已到斯坦福大学工作的布洛赫(Felix Bloch)和哈佛大学的普赛尔(Edward Mills Purcell)研究组分别发现了用电磁共振研究固体、液体、气体中的核子磁矩的方法。核磁共振(nuclear magnetic resonance,NMR)是物理学中最精确的实验之一,布洛赫和普赛尔因此获得了 1952 年的诺贝尔物理学奖。另外,第 3 章已经介绍过的由舒尔(Clifford G. Shull)和布洛克豪斯(Bertram N. Brockhouse)分别发展起来的中子弹性散射和非弹性散射实验则是研究磁性物质的原子结构和低温自旋波-磁振子激发的基本方法。

　　在工业应用中,铁磁性材料一般简称为磁性材料(magnetic materials),主要类别包括永磁材料(permanent magnets)、软磁材料(soft magnetic materials)和磁记录材料(magnetic recording materials),分别可以提供静磁场、磁路和以磁矩来存储声音、图像或数字信号。微磁学(micromagnetic theory)对解释磁畴、磁滞回线、磁性器件特性是非常重要的,也几乎是唯一的方法。微磁学理论是朗道在 1935 年首先提出的,这个理论将不在本书中讨论,有兴趣的读者请参见《材料的电磁基础》(韦丹著,科学出版社,2005)。

## 7.1　磁性的量子力学根源

　　磁性的量子力学理论始于玻尔模型(Bohr model)中的基本磁子。1821—1822
年,安培提出了"分子电流"的观点,用以解释铁磁体的磁矩。1905 年,朗之万指
出,环形电流在外加磁场中会是抗磁性或无磁性的,因此铁磁性的永磁子不可能是
分子电流。1916 年,索莫菲通过引进量子数 $l$ 将圆形的玻尔轨道修改为一系列椭
圆轨道,其中 $l\hbar=mvr$ 是角动量;这样,量子轨道的磁矩可以根据安培分子电流的
思想计算出来(cgs 制):

$$\mu=\frac{IA}{c}=\frac{\pi r^2}{c}\frac{-e}{2\pi r/v}=-\frac{e(mvr)}{2mc}=-\frac{e\hbar}{2mc}l=-\mu_{\mathrm{B}}l \tag{7.1}$$

其中玻尔磁子(Bohr magneton) $\mu_{\mathrm{B}}=9.27\times10^{-21}$ erg/G 是磁矩的量子。在外加
磁场中,原子的量子能级会按照下列塞曼能量进一步分裂:

$$E=-\boldsymbol{\mu}\cdot\boldsymbol{H}=\mu_{\mathrm{B}}Hl_z \quad (l_z=l,l-1,\cdots,-l) \tag{7.2}$$

因此,光谱的塞曼分裂(Zeeman splitting)必然正比于 $\mu_{\mathrm{B}}H$;有趣的是,既发现了对
应于整数量子数 $l$、奇数分裂能级的正常(normal)塞曼效应,也发现了对应于半整
数量子数 $l$、偶数分裂能级的反常(anomalous)塞曼效应,如图 7.3 所示。

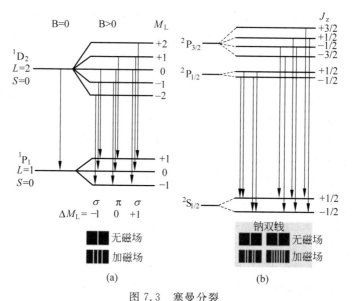

图 7.3　塞曼分裂

(a) 正常塞曼效应 $l=$ 整数;(b) 反常塞曼效应 $l=$ 半整数

　　塞曼效应中的量子数只能由磁场中的薛定谔方程来解释。单个带电粒子薛定
谔方程中的哈密顿量可以通过在电磁场($\phi,\boldsymbol{A}$)中相对论协变的能量导出:

$$(E - q\phi)^2 = m^2 c^4 + c^2 \left( \boldsymbol{p} - \frac{q}{c} \boldsymbol{A} \right)^2 \tag{7.3}$$

在非相对论极限下,电子的能量可以通过泰勒展开表达为较为简单的形式:

$$E \approx mc^2 \left[ 1 + \frac{\left( \boldsymbol{p} + \frac{e}{c} \boldsymbol{A} \right)^2}{2m^2 c^2} \right] - e\phi = mc^2 + \frac{\left( \boldsymbol{p} + \frac{e}{c} \boldsymbol{A} \right)^2}{2m} - e\phi \tag{7.4}$$

与电子自旋相关的塞曼能量则是由 1928 年狄拉克(Paul Dirac)的相对论量子力学自然导出的:

$$\Delta E = -\boldsymbol{\mu}_s \cdot \boldsymbol{H} = g_0 \mu_B \boldsymbol{s} \cdot \boldsymbol{H} = g_0 \mu_B H s_z \quad (g_0 = 2.002319304386) \tag{7.5}$$

电子自旋在磁场方向的分量 $s_z = \pm 1/2$,$g_0$ 因子是最精确的物理量之一。

那么,多电子系统在电磁场中的总哈密顿量可以根据式(7.4)和式(7.5)导出:

$$\mathcal{H} = \sum_i \left[ \frac{\left( \boldsymbol{p}_i + \frac{e}{c} \boldsymbol{A}(\boldsymbol{r}_i) \right)^2}{2m} + v(\boldsymbol{r}_i) + \frac{1}{2} \sum_{j \neq i} \frac{e^2}{r_{ij}} + g_0 \mu_B \boldsymbol{s}_i \cdot \boldsymbol{H} \right] \tag{7.6}$$

式(7.6)可称为泡利哈密顿量(Pauli Hamiltonian),有时候也叫薛定谔-泡利哈密顿量。这是 1927 年由泡利(Wolfgang Pauli)提出的。泡利哈密顿量本身的求解很复杂,对它在不同极限下的应用,正是解释磁性的量子力学根源的关键。

### 7.1.1　单原子近似:原子磁矩

固体中的原子或离子磁矩可以由泡利哈密顿量的单原子近似求得。单原子的总哈密顿量可以表达为均匀外加磁场 $\boldsymbol{H} = H\hat{e}_z$ 的零级、一级和二级展开:

$$
\begin{aligned}
\mathcal{H} &= \sum_i \left[ \frac{\left( \boldsymbol{p}_i - \frac{e}{2c} \boldsymbol{r}_i \times \boldsymbol{H} \right)^2}{2m} + v(\boldsymbol{r}_i) + \frac{1}{2} \sum_{j \neq i} \frac{e^2}{r_{ij}} + g_0 \mu_B \boldsymbol{s}_i \cdot \boldsymbol{H} \right] \\
&= \sum_i \left[ \frac{\boldsymbol{p}_i^2}{2m} + v(\boldsymbol{r}_i) + \frac{1}{2} \sum_{j \neq i} \frac{e^2}{r_{ij}} \right] + \sum_i \mu_B (\boldsymbol{l}_i + g_0 \boldsymbol{s}_i) \cdot \boldsymbol{H} + \sum_i \frac{e^2}{8mc^2} (\boldsymbol{r}_i \times \boldsymbol{H})^2 \\
&= \mathcal{H}^{(0)} + \Delta \mathcal{H}^{(1)} + \Delta \mathcal{H}^{(2)}
\end{aligned}
\tag{7.7}
$$

在上式中使用了与均匀外加磁场 $\boldsymbol{H} = H\hat{e}_z$ 对应(即满足定义 $\boldsymbol{\nabla} \times \boldsymbol{A} = \boldsymbol{H}$)的朗道磁矢势(Landau vector potential):

$$\boldsymbol{A} = -\frac{1}{2} \boldsymbol{r} \times \boldsymbol{H}, \quad (\boldsymbol{\nabla} \times \boldsymbol{A})_\alpha = \varepsilon_{\alpha\beta\gamma} \partial_\beta A_\gamma = -\frac{1}{2} \varepsilon_{\alpha\beta\gamma} \varepsilon_{\gamma\kappa\eta} \partial_\beta (r_\kappa H_\eta) = H_\alpha \tag{7.8}$$

在式(7.7)中,$v(\boldsymbol{r}_i) = -e\phi(\boldsymbol{r}_i)$ 是单电子感受到的电势能,$\boldsymbol{l}_i = \boldsymbol{r}_i \times \boldsymbol{p}_i / \hbar$ 是第 $i$ 个电子的轨道角动量算符;$\mathcal{H}^{(0)}$ 是无外加磁场时的原子总哈密顿量;$\Delta \mathcal{H}^{(1)}$ 是磁场引起的一级微扰,在 $H = 1$ T 外场中它的量级约为 $\mu_B H \sim 10^{-4}$ eV;$\Delta \mathcal{H}^{(2)}$ 是磁场引起的二级微扰,在 $H = 1$ T 外场中它的量级约为 $(\mu_B H)^2 / (e^2 / a_B) \sim 10^{-9}$ eV。

哈密顿量的一级微扰 $\Delta \mathcal{H}^{(1)}$ 直接与原子磁矩算符 $\boldsymbol{\mu}_J = -\mu_B \sum_i (\boldsymbol{l}_i + g_0 \boldsymbol{s}_i)$ 相

固体物理(第 2 版)

关。在基态中,若原子磁矩不为零,二级微扰 $\Delta \mathscr{H}^{(2)}$ 显然可以忽略;但是,在某些原子或离子中,$\langle \boldsymbol{\mu}_J \rangle$ 确实会消失,此时二级微扰 $\Delta \mathscr{H}^{(2)}$ 对磁性会起到决定性的作用。一级微扰 $\Delta \mathscr{H}^{(1)}$ 的本征能量应该就是方程(7.2)中的塞曼能量:

$$\Delta E^{(1)} = \langle 0 | \Delta \mathscr{H}^{(1)} | 0 \rangle = -\langle 0 | \boldsymbol{\mu}_J | 0 \rangle \cdot \boldsymbol{H} = g_J \mu_B H J_z \qquad (7.9)$$

其中 $|0\rangle$ 代表 $H=0$ 时原子的多电子基态,相应的波函数具有第 2 章式(2.3)中的斯莱特行列式(Slater determinant)的形式。$\langle 0 | \boldsymbol{\mu}_J | 0 \rangle$ 就是 1905 年第一次由朗之万(Paul Langevin)提出的永久原子磁矩。

若要决定原子磁矩和玻尔磁子之间的关系因子 $g_J$,可利用如下对应关系:

$$\boldsymbol{J} = \boldsymbol{L} + \boldsymbol{S}, \quad \boldsymbol{L} = \sum_i \boldsymbol{l}_i; \quad \boldsymbol{S} = \sum_i \boldsymbol{s}_i \qquad (7.10)$$

$$\langle 0 | (\boldsymbol{L} + 2\boldsymbol{S}) \cdot \boldsymbol{J} | 0 \rangle = \langle 0 | g_J \boldsymbol{J} \cdot \boldsymbol{J} | 0 \rangle = g_J J(J+1)$$

$$\langle 0 | (\boldsymbol{J} + \boldsymbol{S}) \cdot \boldsymbol{J} | 0 \rangle = \langle 0 | \boldsymbol{J}^2 + \frac{1}{2}[\boldsymbol{S}^2 + \boldsymbol{J}^2 - (\boldsymbol{J} - \boldsymbol{S})^2] | 0 \rangle$$

$$= J(J+1) + \frac{1}{2}[S(S+1) + J(J+1) - L(L+1)]$$

$$\Rightarrow \qquad g_J = 1 + \frac{S(S+1) + J(J+1) - L(L+1)}{2J(J+1)} \qquad (7.11)$$

这个旋磁比(gyromagnetic factor)$g_J$ 也被称为朗德 $g$ 因子(Landé g-factor),是由朗德(Alfred Landé)在 1921 年分析光谱塞曼效应的过程中首次提出的。当原子或离子的 $L=0$ 时,朗德 $g$ 因子达到最大值 $g_J = g_0 = 2$;当总自旋 $S=0$ 时,朗德 $g$ 因子 $g_J = 1$;当 $L > S = J$ 时,朗德 $g$ 因子最小($g_J < 1$)。

原子或离子的基态量子数 $L, S, J$ 可以由洪特规则(Hund's rule)决定。1926 年,德国物理学家洪特(Friedrich Hund)将海森伯的新量子力学用到分子上。洪特最大多重性(maximum multiplicity)规则一般简称为洪特规则,它认为总轨道角动量量子数 $L$ 最大的时候,原子或分子最稳定,也就是能量更低。洪特规则成立的理由是,多个电子尽量占有不同的空间 $\{l_i\}$ 轨道会使得电子之间的平均距离更远,这样就能降低电子-电子库仑排斥能量。因此,根据洪特规则,电子排入原子亚壳层 $|n, l\rangle$ 的次序为:

$$s_z = -\frac{1}{2}; \quad l_z = -l, -l+1, \cdots, 0, \cdots, l-l, l \qquad (7.12)$$

$$s_z = +\frac{1}{2}; \quad l_z = -l, -l+1, \cdots, 0, \cdots, l-l, l \qquad (7.13)$$

在原子或离子基态,总轨道和自旋量子数分别为 $L = \left| \sum_i l_z^i \right|$ 和 $S = \left| \sum_i s_z^i \right|$,原子的自旋量子数 $J$ 可以由下列规则决定:

$$J = |L - S|, \quad (m \leqslant 2l+1), \quad J = |L + S|, \quad (m > 2l+1) \qquad (7.14)$$

其中 $m$ 是第 $l$ 亚壳层中的电子总数。在满壳层中,量子数 $L = S = J = 0$ 是自然的;

在半满壳层中,原子或离子的光谱符号是$^{2S+1}X_J$,其中当 $L=0,1,2,3,4,5,6$ 时 $X$ 符号分别记做 S,P,D,F,G,H,I。原子的磁矩是由半满壳层决定的。

在绝缘体中,所有的阴离子和 1A,2A,3A,1B,2B 族的阳离子都具有满壳层,因此他们都有零(电子)磁矩;过渡金属和稀土元素的阳离子则分别具有半满的 $d$ 壳层和 $f$ 壳层,因此它们是固体中原子磁矩的主要贡献者,如表 7.1 所示。

### 表 7.1　过渡金属和稀土离子的光谱符号

$d$ 壳层($l=2$)

| 电子数 | $m_1=2$, | 1, | 0, | $-1$, | $-2$, | $S$ | $L$ | $J$ | 符号 | 离子 |
|---|---|---|---|---|---|---|---|---|---|---|
| 1 | ↓ | | | | | 1/2 | 2 | 3/2 | $^2D_{3/2}$ | $Ti^{3+}$ |
| 2 | ↓ | ↓ | | | | 1 | 3 | 2 | $^3F_2$ | $V^{3+}$ |
| 3 | ↓ | ↓ | ↓ | | | 3/2 | 3 | 3/2 | $^4F_{3/2}$ | $Cr^{3+}$ |
| 4 | ↓ | ↓ | ↓ | ↓ | | 2 | 2 | 0 | $^5D_0$ | $Cr^{2+}$ |
| 5 | ↓ | ↓ | ↓ | ↓ | ↓ | 5/2 | 0 | 5/2 | $^6S_{5/2}$ | $Fe^{3+}, Mn^{2+}$ |
| 6 | ↓↑ | ↑ | ↑ | ↑ | ↑ | 2 | 2 | 4 | $^5D_4$ | $Fe^{2+}$ |
| 7 | ↓↑ | ↓↑ | ↑ | ↑ | ↑ | 3/2 | 3 | 9/2 | $^4F_{9/2}$ | $Co^{2+}$ |
| 8 | ↓↑ | ↓↑ | ↓↑ | ↑ | ↑ | 1 | 3 | 4 | $^3F_4$ | $Ni^{2+}$ |
| 9 | ↓↑ | ↓↑ | ↓↑ | ↓↑ | ↑ | 1/2 | 2 | 5/2 | $^2D_{5/2}$ | $Cu^{2+}$ |
| 10 | ↓↑ | ↓↑ | ↓↑ | ↓↑ | ↓↑ | 0 | 0 | 0 | $^1S_0$ | |

$f$ 壳层($l=3$)

| 电子数 | $m_1=3$, | 2, | 1, | 0, | $-1$, | $-2$, | $-3$ | $S$ | $L$ | $J$ | 符号 | $g_J$ | 离子 |
|---|---|---|---|---|---|---|---|---|---|---|---|---|---|
| 0 | | | | | | | | 0 | 0 | 0 | $^1S_0$ | 0 | $La^{3+}$ |
| 1 | ↓ | | | | | | | 1/2 | 3 | 5/2 | $^2F_{5/2}$ | 6/7 | $Ce^{3+}$ |
| 2 | ↓ | ↓ | | | | | | 1 | 5 | 4 | $^3H_4$ | 4/5 | $Pr^{3+}$ |
| 3 | ↓ | ↓ | ↓ | | | | | 3/2 | 6 | 9/2 | $^4I_{9/2}$ | 8/11 | $Nd^{3+}$ |
| 4 | ↓ | ↓ | ↓ | ↓ | | | | 2 | 6 | 4 | $^5I_4$ | 3/5 | $Pm^{3+}$ |
| 5 | ↓ | ↓ | ↓ | ↓ | ↓ | | | 5/2 | 5 | 5/2 | $^6H_{5/2}$ | 2/7 | $Sm^{3+}$ |
| 6 | ↓ | ↓ | ↓ | ↓ | ↓ | ↓ | | 3 | 3 | 0 | $^7F_0$ | — | $Eu^{3+}$ |
| 7 | ↓ | ↓ | ↓ | ↓ | ↓ | ↓ | ↓ | 7/2 | 0 | 7/2 | $^8S_{7/2}$ | 2 | $Gd^{3+}$ |
| 8 | ↓↑ | ↑ | ↑ | ↑ | ↑ | ↑ | ↑ | 3 | 3 | 6 | $^7F_6$ | 3/2 | $Tb^{3+}$ |
| 9 | ↓↑ | ↓↑ | ↑ | ↑ | ↑ | ↑ | ↑ | 5/2 | 5 | 15/2 | $^6H_{15/2}$ | 4/3 | $Dy^{3+}$ |
| 10 | ↓↑ | ↓↑ | ↓↑ | ↑ | ↑ | ↑ | ↑ | 2 | 6 | 8 | $^5I_8$ | 5/4 | $Ho^{3+}$ |
| 11 | ↓↑ | ↓↑ | ↓↑ | ↓↑ | ↑ | ↑ | ↑ | 3/2 | 6 | 15/2 | $^4I_{15/2}$ | 6/5 | $Er^{3+}$ |
| 12 | ↓↑ | ↓↑ | ↓↑ | ↓↑ | ↓↑ | ↑ | ↑ | 1 | 5 | 6 | $^3H_6$ | 7/6 | $Tm^{3+}$ |
| 13 | ↓↑ | ↓↑ | ↓↑ | ↓↑ | ↓↑ | ↓↑ | ↑ | 1/2 | 3 | 7/2 | $^2F_{7/2}$ | 8/7 | $Yb^{3+}$ |
| 14 | ↓↑ | ↓↑ | ↓↑ | ↓↑ | ↓↑ | ↓↑ | ↓↑ | 0 | 0 | 0 | $^2S_0$ | 0 | $Lu^{3+}$ |

在原子或离子中,塞曼分裂能量分别受到基态 $|0\rangle$ 和第一激发态 $|1\rangle$ 的影响。光子的角动量为 $\pm\hbar$;因此在 $|0\rangle$ 和 $|1\rangle$ 之间必然存在选择定则(selection rule),以满足角动量守恒定律。光谱的塞曼分裂和选择定则分别为

$$\Delta E = g_J^1 \mu_B H J_z^1 - g_J^0 \mu_B H J_z^0 = \left(\frac{g_J^1 J_z^1 - g_J^0 J_z^0}{2}\ \frac{H}{1\ \mathrm{T}}\right) \times 0.11\ \mathrm{meV} \quad (7.15)$$

$$\Delta J = 0, \pm 1; \quad \Delta J_z = 0, \pm 1; \quad \Delta S = 0; \quad \Delta L = \pm 1 \quad (7.16)$$

其中,当入射光束平行于磁场 $\boldsymbol{H}$ 时,$\Delta J_z = 0$ 是不允许的。在图 7.3(a)中显示的正常塞曼分裂中,基态和激发态都有 $S=0$ 以及 $J=L$,因此选择定则为 $\Delta J_z = \Delta L_z = 0, \pm 1$,正常塞曼分裂只有 3 条谱线:

$$\Delta E_n = 0, \pm 0.06(H/1\ \mathrm{T})\ \mathrm{meV} \quad (7.17)$$

在图 7.3(b)中的反常塞曼分裂中,基态和激发态都有 $S=1/2$,但是受自旋-轨道相互作用的影响,激发态 $S=1/2, L=1$ 分裂为 $J=L+S$ 和 $J=|L-S|$ 两个态;相应的选择定则为 $\Delta L = \pm 1, \Delta J_z = 0, \pm 1$。注意此时 $g_J^1 \neq g_J^0$,因此 $J^1 = J^0 = 1/2$ 的跃迁对应的反常塞曼分裂有 $(2J^1+1)(2J^0+1) = 4$ 条谱线,而 $J^1 = 3/2, J^0 = 1/2$ 的跃迁对应的反常塞曼分裂有 $(2J^1+1)(2J^0+1) - 2 = 6$ 条谱线(注意"$-2$"是因为 $\Delta J_z = 0, \pm 1$ 的选择定则的要求)。钠原子的量子态见表 7.2。

**表 7.2    孤立钠原子基态和第一激发态的量子数和 $g$ 因子**

| 量子态 | $S$ | $L$ | $J$ | $g_J$ | 在磁场 $H$ 中的能级/meV | $2J+1$ |
|---|---|---|---|---|---|---|
| $^2 S_{1/2}$ | 1/2 | 0 | 1/2 | 2 | $J_z^0 (H/1\mathrm{T}) \times 0.11$ | 2 |
| $^2 P_{1/2}$ | 1/2 | 1 | 1/2 | 2/3 | $J_z^1 (H/1\mathrm{T}) \times 0.04$ | 2 |
| $^2 P_{3/2}$ | 1/2 | 1 | 3/2 | 4/3 | $J_z^1 (H/1\mathrm{T}) \times 0.08$ | 4 |

需要强调的是,原子核(以及其中的质子和中子)也有磁矩:

$$\mu_z^n = g(e\hbar/2m_p c) J_z = g\mu_n J_z \quad (7.18)$$

核磁子(nuclear magneton)$\mu_n$ 是玻尔磁子 $\mu_B$ 的 $1/1863$ 倍。质子和中子都有 $1/2$ 自旋,其 $g$ 因子分别等于 $5.5856912$ 和 $-3.8260837$,这两个数值目前只是通过强子物理的量子色动力学(quantum chromo-dynamics,QCD)有部分的理解。

## 7.1.2　自由电子近似:朗道能级

在绝缘体中,泡利哈密顿量的单原子近似应该可以比较好地解释原子磁矩;但在金属中,价电子气体在磁场中的行为显然不能用单原子近似来解释。这就需要泡利哈密顿量的另一个极限特性:自由电子近似。在磁场中,自由电子费密气体的能量与索莫菲模型会有所区别,相关的基本物理图像是朗道能级(Landau levels),这是伟大的苏联物理学家朗道(Lev Landau)在 1930 年首次提出的。

根据式(7.7),自由电子在均匀磁场中的薛定谔方程是:

$$\left[\frac{\boldsymbol{p}^2}{2m}+\frac{\mu_{\mathrm{B}}H}{\hbar}(xp_y-yp_x)+\frac{e^2H^2}{8mc^2}(x^2+y^2)+g_0\mu_{\mathrm{B}}Hs_z\right]\psi=E\psi \quad (7.19)$$

若把三维单电子波函数 $\psi$ 重新写为新的形式：

$$\psi(x,y,z)=\phi(x,y,z)\exp\left(\mathrm{i}\frac{eH}{2c}\frac{1}{\hbar}xy\right) \quad (7.20)$$

方程(7.19)可以简化为如下形式：

$$\left[\frac{\boldsymbol{p}^2}{2m}+2\frac{\mu_{\mathrm{B}}H}{\hbar}xp_y+\frac{e^2H^2}{2mc^2}x^2+g_0\mu_{\mathrm{B}}Hs_z\right]\phi=E\phi \quad (7.21)$$

修正的波函数 $\phi$ 只感受到 $x$ 方向的势，因此它在 $y$ 方向和 $z$ 方向都具有平面波的形式：

$$\phi(x,y,z)=\lambda(x)\exp(\mathrm{i}(k_y y+k_z z)) \quad (7.22)$$

方程(7.19)最终可以简化为如下一维薛定谔方程的形式：

$$\left[\frac{p_x^2}{2m}+\frac{1}{2m}\left(\hbar k_y+\frac{eH}{c}x\right)^2+\frac{\hbar^2 k_z^2}{2m}+g_0\mu_{\mathrm{B}}Hs_z\right]\lambda(x)=E\lambda(x) \quad (7.23)$$

显然这与中心位于 $x_0=-(\hbar c/eH)k_y$ 的谐振子薛定谔方程完全类似。那么，磁场中自由电子的本征能量和本征波函数一定可以写成：

$$E_n(k_z)=\left(n+\frac{1}{2}+s_z\right)\hbar\omega_{\mathrm{c}}+\frac{\hbar^2 k_z^2}{2m}, \quad \omega_{\mathrm{c}}=\frac{eH}{mc} \quad (7.24)$$

$$\lambda_n(x)=\frac{1}{\pi^{1/4}(2^n n!\,a_H)^{1/2}}\exp\left(-\frac{(x-x_0)^2}{2a_H^2}\right)H_n\left(\frac{x-x_0}{a_H}\right) \quad (7.25)$$

其中，$\omega_{\mathrm{c}}$ 是经典的均匀磁场中带电离子的回旋频率；$\hbar\omega_{\mathrm{c}}=g_0\mu_{\mathrm{B}}H$；$a_H=\sqrt{\hbar/m\omega_{\mathrm{c}}}$。需要注意的是，若选取不同的规范 $\boldsymbol{A}$，波函数的形式会略有差别。

在二维电子气体中，垂直方向的动量 $\hbar k_z=0$，因此本征能量确实变成了分立的能级：

$$E_n=\left(n+\frac{1}{2}+s_z\right)\hbar\omega_{\mathrm{c}} \qquad \left(s_z=\pm\frac{1}{2}\right) \quad (7.26)$$

朗道能级与磁场 $H$ 的关系可以形象地画成"朗道风扇"(Landau fan)，如图 7.4(a) 所示。在一个朗道能级中，总量子态数 $N_{\mathrm{L}}$ 和填充因子 $\nu$ 为

$$N_{\mathrm{L}}=\frac{L_x}{\Delta x_0}=\frac{L_x}{(\hbar c/eH)\Delta k_y}=L_x L_y\frac{eH}{hc}, \quad \nu=\frac{N}{N_{\mathrm{L}}}=\frac{Nhc}{eHL_x L_y} \quad \left(\Delta k_y=\frac{2\pi}{L_y}\right)$$

$$(7.27)$$

其中 $L_x$ 和 $L_y$ 为薄膜尺度。当磁场逐渐增高的时候，自由电子气中的价电子可填满…，4，3，2，1 个朗道能级，因此电阻率会有周期性的起伏，如图 7.4(c) 所示，因此电阻率 $\rho_{xx}$ 会周期性地依赖于填充因子 $\nu$。这就是舒布尼科夫-德哈斯振荡 (Shubnikov-de Haas oscillation)，曾在第 6 章讨论半导体载流子有效质量的测量方法时提及：

$$\varepsilon_{\mathrm{F}}=\left(n+\frac{1}{2}+s_z\right)\hbar\omega_{\mathrm{c}} \quad\rightarrow\quad m^*=\frac{e\hbar H}{c(\varepsilon_{\mathrm{F}}^n-\varepsilon_{\mathrm{F}}^{n-1})} \quad\text{或}\quad \frac{e\hbar}{\varepsilon_{\mathrm{F}}c(H_n^{-1}-H_{n-1}^{-1})}$$

$$(7.28)$$

固体物理(第 2 版)

被测量的有效质量 $m^*$ 依赖于晶向与外场 $\boldsymbol{H}$ 的取向关系。在半导体中,费密能量 $\varepsilon_F$ 可由 MOS 器件中的门电压或载流子浓度控制,如图 7.4(b)所示,这样 $\boldsymbol{H}$ 的有效质量 $m^*$ 就可以测出来。在金属中,$\varepsilon_F$ 是固定的,因此必须改变磁场 $H$。

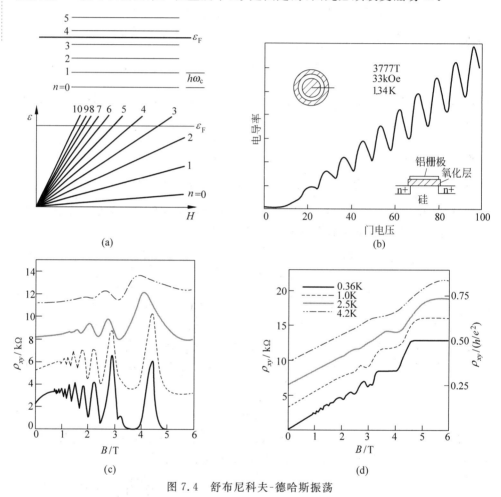

图 7.4　舒布尼科夫-德哈斯振荡

(a)"朗道风扇";(b)外磁场中 MOS 电导率与门电压或 $\varepsilon_F$ 的周期关系(Fowler, Fang, Howard, Stiks, 1966);(c)、(d)在金属中,高磁场中的 $\rho_{xx}$ 和 $\rho_{xy}$(Knobel, Sarnarth, Harris, Awschalom, 2002)

图 7.4(d)中的横向霍尔电阻率 $\rho_{xy}$ 显示出一系列霍尔平台,这就是著名的量子霍尔效应(quantum Hall effect),也是与朗道能级的填充有关的现象。1978 年,德国物理学家克里青(Klaus von Klitzing)与 T. Englert 在霍尔系统中不测量霍尔电流,改为测量霍尔电压,这就发现了这一系列霍尔平台。霍尔电导率的量子 $e^2/h$ 在 1980 年被实验证实;5 年以后,克里青因量子霍尔效应的发现获得了诺贝尔物理学奖。一个被填满的朗道能级对横向电导率的贡献恰好为一个电导量子:

$$G_{xy} = \frac{\partial}{\partial H} \frac{j_x H}{E_y} = \frac{\partial}{\partial H} \frac{-1}{R_H} = ec \frac{\partial}{\partial H} \frac{N_L}{L_x L_y} = ec \frac{e}{ch} = \frac{e^2}{h} \qquad (7.29)$$

电导量子(conductance quantum)在量子系统中普遍存在,它在 IBM 的兰道尔(Rolf Landauer)1957 年提出的介观电导的兰道尔公式(Landauer formula)中首次出现。

1982 年,崔琦(Daniel C. Tsui)、斯都末(Horst L. Stoermer)和 A. C. Gossard 发现了对应于分数填充因子 $\nu = p/q$ 的霍尔台阶,即分数量子霍尔效应:

$$G = \frac{p}{q} \frac{e^2}{h}, \quad \nu = \frac{p}{q} \qquad (7.30)$$

崔琦、斯都末和提出 FQHE(fractional quantum Hall effect)理论的拉夫林(Robert B. Laughlin)分享了 1997 年的诺贝尔物理学奖。拉夫林的理论超出了本课程的内容,但它的形式与方程(7.25)中的朗道能级波函数十分类似。

# 7.2 磁性的类别

磁性(magnetism)的类别包括抗磁性、顺磁性、铁磁性、反铁磁性和亚铁磁性,相关研究可追溯到 1778 年布拉格曼斯对反铁磁性的研究以及 1845 年法拉第对磁性的分类。

固体磁性的机制可以统一地由式(7.6)中的多电子哈密顿量来进行分析;实际上,由于很难用量子力学精确求解这个哈密顿量,固体的磁性只能由一系列离子或自由电子近似来解释。抗磁性在具有零自旋的原子或离子中出现;顺磁性和铁磁性都与非零原子磁矩在空间的不同分布形式有关;另外,价电子气体也会对磁性有贡献。

## 7.2.1 抗磁性

抗磁体是具有负磁化率的物质,它会被磁铁排斥。在一般的抗磁体中,所有原子或离子都具有零磁矩;但是,在"完美"的抗磁体——超导体中,抗磁性的机制是完全不同的,这在第 6 章已经讨论过了。具有饱和电子壳层结构的离子晶体,共价晶体和原子分子固体都是抗磁的。

在外加磁场 $\boldsymbol{H} = H \hat{e}_z$ 中,处于基态的满壳层离子的二级微扰能量可由式(7.7)得出:

$$\Delta E_0^{(2)} = \frac{e^2}{8mc^2} \langle 0 | \sum_i (x_i^2 + y_i^2) | 0 \rangle H^2 + \sum_{n \neq 0} \frac{|\langle n | L_z + g_0 S_z | 0 \rangle|^2}{E_0 - E_n} H^2$$

$$(7.31)$$

式(7.31)中的第二项在本节暂不考虑。在弱磁场中,抗磁体的基态能量不依赖于外磁场 $\boldsymbol{H}$;因此可以导出抗磁磁矩的拉摩定理(Larmor theorem):

$$\mu_d = -\frac{\partial \Delta E_0^{(2)}}{\partial H} = -\eta H, \quad \eta = \frac{e}{2mcH} m \omega_L \langle 0 | \sum_i (x_i^2 + y_i^2) | 0 \rangle, \quad \omega_L = \frac{eH}{2mc}$$

$$(7.32)$$

固体物理(第 2 版)

其中 $\omega_L$ 被称为拉摩频率(Larmor frequency),是回旋频率 $\omega_c$ 的一半。那么,原子浓度为 $n = N/V$ 的物质的抗磁磁化率可以由式(7.31)导出:

$$\chi_d = \frac{n\mu_d}{H} = -\frac{ne^2}{4mc^2}\langle 0 | \sum_i (x_i^2 + y_i^2) | 0 \rangle \approx -\frac{ne^2}{6mc^2}\langle 0 | \sum_i r_i^2 | 0 \rangle \quad (7.33)$$

在基态中,被填满的电子壳层总的来看是具有旋转对称性的;这样上述 $\sum_i x_i^2 + y_i^2$ $\rightarrow \sum_i 2r_i^2/3$ 替换就是合理的。每摩尔原子或离子的拉摩抗磁磁化率为:

$$\chi_d^{mole} = -\frac{N_A a_B^3}{6}\left(\frac{e^2}{\hbar c}\right)^2 Z\langle (r/a_B)^2\rangle = -0.79 Z\langle (r/a_B)^2\rangle \times 10^{-6} \text{ cm}^3/\text{mol}$$

$$(7.34)$$

抗磁磁化率 $\chi_d^{mole}$ 大约正比于原子序数 $A \approx Z$,一般在 $10^{-6} \sim 10^{-5}$ cm$^3$/mol 的量级,相关数据分别列在表 7.3 中。在同周期的相邻元素之间,更重的阳离子/阴离子具有较小的抗磁磁化率,因为相应的阳离子/阴离子平均半径更小。

表 7.3 估计的离子摩尔抗磁磁化率(Myers,1952)

| 碱金属/贵金属离子 | Li$^+$ | Na$^+$ | K$^+$ | Rb$^+$ | Cs$^+$ | Cu$^+$ | Au$^+$ |
|---|---|---|---|---|---|---|---|
| $\chi_d^{mole}/(10^{-6}$ cm$^3$/mol) | $-0.7$ | $-8.2$ | $-15.9$ | $-23.6$ | $-34.8$ | $-14$ | $-48$ |
| 卤族/氧离子 | F$^-$ | Cl$^-$ | Br$^-$ | I$^-$ | | O$^{2-}$ | |
| $\chi_d^{mole}/(10^{-6}$ cm$^3$/mol) | $-8.6$ | $-22.6$ | $-32.9$ | $-47.7$ | | $-12$ | |
| 碱土金属离子 | | Mg$^{2+}$ | Ca$^{2+}$ | Sr$^{2+}$ | Ba$^{2+}$ | | |
| $\chi_d^{mole}/(10^{-6}$ cm$^3$/mol) | | 7.4 | $-10.5$ | $-18.8$ | $-29.9$ | | |

需要强调的是,在不同的离子晶体中,同一个离子附近的电子浓度是不同的;因此,表 7.3 中的数据在不同固体中实际是有涨落的。例如,氟离子的 $-\chi_d^{mole}/$ $(10^{-6}$ cm$^3$/mol)可在 $7 \sim 17$ 之间浮动;钠离子的 $-\chi_d^{mole}/(10^{-6}$ cm$^3$/mol)可在 $3.7 \sim 12.5$ 之间浮动;镁离子的 $-\chi_d^{mole}/(10^{-6}$ cm$^3$/mol)可在 $3 \sim 14$ 之间浮动。

**自由电子气体的抗磁性**

前面对抗磁性的讨论只是适用于分立的满壳层离子。在金属中,价电子气体跟内壳层离子的行为是完全不同的。实际上,自由电子气体既有抗磁性,又有顺磁性。自由电子气体的顺磁性将在后面讨论。

在方程(7.24)中,三维自由电子气体的朗道能级 $E_n(k_z)$ 是沿着磁场的波矢 $k_z$ 的函数。那么,具有 $N$ 个电子的自由电子费密气体的配分函数是(Seitz,1940):

$$\ln Z = 2\sum_{n=0}^{n_L} N_d \int_{-\infty}^{\infty} dk_z \ln[1 + e^{-(\varepsilon-\mu)/k_B T}], \qquad \varepsilon = \left(n + \frac{1}{2}\right)\hbar\omega_c + \frac{\hbar^2 k_z^2}{2m^*}$$

$$\approx 2\sum_{n=0}^{n_{\mathrm{L}}} N_{\mathrm{d}} \int_{-k_z^0}^{k_z^0} \mathrm{d}k_z \left\{ \frac{\mu}{k_{\mathrm{B}}T} - \frac{1}{k_{\mathrm{B}}T}\left(\left(n+\frac{1}{2}\right)\hbar\omega_{\mathrm{c}} + \frac{\hbar^2 k_z^2}{2m^*}\right)\right\}$$

$$= 2\sum_{n=0}^{n_{\mathrm{L}}} N_{\mathrm{d}} \frac{4}{3h}\sqrt{2m^* k_{\mathrm{B}}T}\left(\frac{\mu}{k_{\mathrm{B}}T} - \frac{\hbar\omega_{\mathrm{c}}}{k_{\mathrm{B}}T}\left(n+\frac{1}{2}\right)\right)^{3/2}$$

$$\approx \frac{n_{\mathrm{L}}N_{\mathrm{d}}}{k_{\mathrm{B}}T}\left[\frac{2\pi\,\hbar^2 k_{\mathrm{F}}^2}{5m^*} - \frac{\hbar^2\omega_{\mathrm{c}}^2}{8\,\hbar^2 k_{\mathrm{F}}^2/m^*}\right] \tag{7.35}$$

其中 $\mu$ 为化学势或费密能量，$k_z^0$ 为使被积函数大于零的区间。上式的推导中使用了 $(\mu-\varepsilon)/k_{\mathrm{B}}T \gg 1$ 关系；$N_{\mathrm{d}} = N_{\mathrm{L}} = L_x L_y(eH/hc)$ 是一个朗道能级的简并度或量子态总数；$n_{\mathrm{L}} = \mathrm{int}(\mu/\hbar\omega_{\mathrm{c}})$ 是被填满的朗道能级数。自由电子气体的抗磁性为：

$$\chi_{\mathrm{d}}^{\mathrm{e}} = \frac{\partial^2(k_{\mathrm{B}}T\ln Z)}{\partial H^2} = -n_{\mathrm{L}}N_{\mathrm{d}}\frac{(\hbar\omega_{\mathrm{c}}/2H)^2}{\hbar^2 k_{\mathrm{F}}^2/m^*} = -n_{\mathrm{L}}N_{\mathrm{d}}\left(\frac{m_{\mathrm{e}}}{m^*}\right)^2\frac{\mu_{\mathrm{B}}^2}{2\varepsilon_{\mathrm{F}}} \tag{7.36}$$

自由电子的抗磁性 $-\chi_{\mathrm{d}}^{\mathrm{e}}$ 的量级也在 $N_{\mathrm{A}}\mu_{\mathrm{B}}^2/\varepsilon_{\mathrm{F}} \sim 10^{23-40+11} \sim 10^{-6}\ \mathrm{cm^3/mol}$ 左右。在 7.2.2 节中，可以看到自由电子的顺磁性比式(7.36)中的抗磁性要来得强。

## 7.2.2　顺磁性

1905 年，朗之万(Paul Langevin)基于经典的麦克斯韦-玻耳兹曼统计计算了顺磁体中随机取向的永磁子 $\boldsymbol{\mu}_{\mathrm{a}}$ 贡献的磁化率：

$$\boldsymbol{\mu} = \frac{\int \mathrm{d}\phi \int \mathrm{d}\theta\, \sin\theta\mu_{\mathrm{a}}\cos\theta\exp(\mu_{\mathrm{a}}H\cos\theta/k_{\mathrm{B}}T)}{\int \mathrm{d}\phi \int \mathrm{d}\theta\, \sin\theta\exp(\mu_{\mathrm{a}}H\cos\theta/k_{\mathrm{B}}T)}$$

$$= \mu_{\mathrm{a}}\frac{\int_{-1}^{1} \mathrm{d}u\, u\, \exp[(\mu_{\mathrm{a}}H/k_{\mathrm{B}}T)u]}{\int_{-1}^{1} \mathrm{d}u\, \exp[(\mu_{\mathrm{a}}H/k_{\mathrm{B}}T)u]} = \mu_{\mathrm{a}}\mathscr{L}\left(\frac{\mu_{\mathrm{a}}H}{k_{\mathrm{B}}T}\right) \tag{7.37}$$

其中 $\mathscr{L}(x) = \coth(x) - x^{-1}$ 被称为朗之万函数(Langevin function)。在低磁场和高温极限下，朗之万函数可展开为 $\mathscr{L}(x) \approx x/3\,(x \ll 1)$，此时磁化强度为

$$M = n\bar{\mu} \approx \frac{n\mu_{\mathrm{a}}^2}{3k_{\mathrm{B}}T}H, \quad \chi = \frac{n\mu_{\mathrm{a}}^2}{3k_{\mathrm{B}}T} \tag{7.38}$$

这就解释了顺磁磁化率的居里定律(Curie's law) $\chi^{-1} \propto T$。

1927 年，布里渊(Léon Brillouin)基于量子化的塞曼能量 $\Delta E^{(1)} = g_J\mu_{\mathrm{B}}HJ_z$ 和量子统计对朗之万理论做了修正，其中顺磁体中每摩尔原子/离子的配分函数为

$$Z = \sum_{J_z=-J}^{J} \exp(-g_J\mu_{\mathrm{B}}HJ_z/k_{\mathrm{B}}T)$$

$$= \frac{\sinh[g_J\mu_{\mathrm{B}}H(2J+1)/(2k_{\mathrm{B}}T)]}{\sinh[g_J\mu_{\mathrm{B}}H/(2k_{\mathrm{B}}T)]} \tag{7.39}$$

若顺磁体中有 $N$ 个原子或离子，其平均磁矩服从图 7.5 中的函数形式：

$$M = \frac{N}{V} \frac{\partial(k_{\mathrm{B}} T \ln Z)}{\partial H} = n g_J \mu_{\mathrm{B}} J\, B_J(x), \quad x = \frac{g_J \mu_{\mathrm{B}} J H}{k_{\mathrm{B}} T} \qquad (7.40)$$

$$B_J(x) = \frac{2J+1}{2J} \coth\left(\frac{2J+1}{2J} x\right) - \frac{1}{2J} \coth\left(\frac{1}{2J} x\right) \qquad (7.41)$$

其中，$M_s = n g_J \mu_{\mathrm{B}} J$ 是饱和磁化强度；$B_J(x)$ 是布里渊函数(Brillouin function)，这实际上是朗之万函数 $\mathscr{L}(x)$ 的量子修正版本。

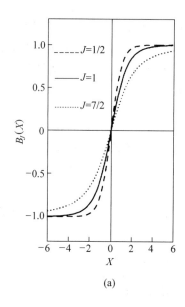
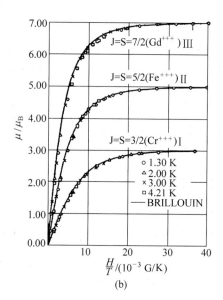

(a)                (b)

图 7.5

(a) 不同量子数 $J$ 对应的布里渊函数 $B_J(x)$；

(b) 测量的离子磁矩 $M/n$ 与 $H/T$ 的关系，以及与布里渊函数 $B_J(x)$ 的比较(Henry, 1953)

为获得更清楚的物理图像，布里渊函数可以在低场-高温区($|x| \ll 1$)展开：

$$B_J(x) \approx \frac{2J+1}{2J}\left(\frac{2J}{(2J+1)x} + \frac{1}{3}\frac{2J+1}{2J}x\right) - \frac{1}{2J}\left(\frac{2J}{x} + \frac{1}{3}\frac{1}{2J}x\right) = \frac{J+1}{3J}x$$

$$(7.42)$$

那么经布里渊理论的量子力学修正以后得到的顺磁磁化率为

$$\chi = \frac{M}{H} = n g_J \mu_{\mathrm{B}} J\, \frac{B_J(x)}{H} \approx n g_J \mu_{\mathrm{B}} J\, \frac{J+1}{3J}\frac{g_J \mu_{\mathrm{B}} J}{k_{\mathrm{B}} T} = \frac{n(g_J \mu_{\mathrm{B}})^2 J(J+1)}{3 k_{\mathrm{B}} T}$$

$$(7.43)$$

对比式(7.38)与式(7.43)，量子的原子顺磁磁矩为 $\mu_{\mathrm{a}} = g_J \mu_{\mathrm{B}} \sqrt{J(J+1)}$，这与由饱和磁化强度推出的原子磁矩 $M_s/n = g_J \mu_{\mathrm{B}} J$ 在形式上是有区别的。

原子顺磁磁矩 $\mu_{a}=g_{J}\mu_{B}\sqrt{J(J+1)}$ 可以通过顺磁磁化率进行测量；因此就有可能检查布里渊顺磁量子理论和洪特规则的正确性。物质的顺磁行为主要是由具有半满轨道的离子贡献的。表 7.4 对理论和实验的过渡金属和稀土离子顺磁磁矩做了比较。在稀土离子中，除了 $Pm^{3+}$、$Sm^{3+}$ 和 $Eu^{3+}$ 以外，实验测量的 $\mu_{a}^{exp}/\mu_{B}$ 与布里渊理论预测的 $g_{J}\sqrt{J(J+1)}$ 符合得很好。在过渡金属离子中，实验测量的 $\mu_{a}^{exp}/\mu_{B}$ 与 $2\sqrt{S(S+1)}$ 符合得较好，也就是说轨道角动量 $L$ 的贡献似乎消失了，只是 $Fe^{2+}$、$Co^{2+}$ 和 $Ni^{2+}$ 的实验测量值在 $g_{J}\sqrt{J(J+1)}$ 和 $2\sqrt{S(S+1)}$ 之间，原因是这 3 种铁磁性离子之间的耦合与一般的顺磁性离子不同。

表 7.4　计算和实验测量的原子顺磁磁矩（Kittel，1986；Henry，1953）

| 离　　子 | $\lvert 0\rangle$ | $g_{J}$ | $g_{J}\sqrt{J(J+1)}$ | $2\sqrt{S(S+1)}$ | $\mu_{a}^{exp}/\mu_{B}$ |
|---|---|---|---|---|---|
| $Ti^{3+}$，$V^{4+}$ | $^{2}D_{3/2}$ | 0.80 | 1.55 | 1.73 | 1.7 |
| $V^{3+}$ | $^{3}F_{2}$ | 0.67 | 1.63 | 2.83 | 2.8 |
| $V^{2+}$，$Cr^{3+}$，$Mn^{4+}$ | $^{4}F_{3/2}$ | 0.40 | 0.77 | 3.87 | 3.8 |
| $Cr^{2+}$，$Mn^{3+}$ | $^{5}D_{0}$ | — | 0 | 4.90 | 4.9 |
| $Mn^{2+}$，$Fe^{3+}$ | $^{6}S_{5/2}$ | 2.00 | 5.92 | 5.92 | 5.9 |
| $Fe^{2+}$ | $^{5}D_{4}$ | 1.50 | 6.71 | 4.90 | 5.4 |
| $Co^{2+}$ | $^{4}F_{9/2}$ | 1.33 | 6.63 | 3.87 | 4.8 |
| $Ni^{2+}$ | $^{3}F_{4}$ | 1.25 | 5.59 | 2.83 | 3.2 |
| $Cu^{2+}$ | $^{2}D_{5/2}$ | 1.20 | 3.55 | 1.73 | 1.9 |
| $La^{3+}$ | $^{1}S_{0}$ | — | 0 | 0 | 0 |
| $Pr^{3+}$ | $^{2}F_{5/2}$ | 0.86 | 2.54 | 1.73 | 2.4 |
| $Pr^{3+}$ | $^{3}H_{4}$ | 0.80 | 3.58 | 2.83 | 3.6 |
| $Nd^{3+}$ | $^{4}I_{9/2}$ | 0.73 | 3.63 | 3.87 | 3.6 |
| $Pm^{3+}$ | $^{5}I_{4}$ | 0.60 | 2.68 | 4.90 | 1.7 |
| $Sm^{3+}$ | $^{6}H_{5/2}$ | 0.28 | 0.83 | 5.92 | 1.5 |
| $Eu^{3+}$ | $^{7}F_{0}$ | — | 0 | 6.93 | 3.4 |
| $Gd^{3+}$ | $^{8}S_{7/2}$ | 2.00 | 7.94 | 7.94 | 8.0 |
| $Tb^{3+}$ | $^{7}F_{6}$ | 1.50 | 9.72 | 6.93 | 9.5 |
| $Dy^{3+}$ | $^{6}H_{15/2}$ | 1.33 | 10.64 | 5.92 | 10.6 |
| $Ho^{3+}$ | $^{5}I_{8}$ | 1.25 | 10.61 | 4.90 | 10.4 |
| $Er^{3+}$ | $^{4}I_{15/2}$ | 1.20 | 9.58 | 3.87 | 9.5 |
| $Tm^{3+}$ | $^{3}H_{6}$ | 1.17 | 7.56 | 2.83 | 7.3 |
| $Yb^{3+}$ | $^{2}F_{7/2}$ | 1.14 | 4.53 | 1.73 | 4.5 |

轨道角动量的淬灭（quenching of orbital angular momentum）是由自旋-轨道耦合（spin-orbit coupling）引起的，此时离子的总角动量量子数 $L$ 不再是一个"好"量子数。当 $L$ 是一个好量子数的时候，基态 $\lvert 0\rangle$ 一定能在多电子波函数的旋转下

固体物理(第 2 版)

保持轨道不变。在自由离子中,同一个亚壳层的电子可以在各个轨道之间移动,因为这些轨道的能量是简并的,但是,由于各个轨道中的电子几率密度不同,仍然会出现部分轨道角动量的淬灭。在过渡金属中,$d_{xy}$,$d_{yz}$,$d_{zx}$,$d_{x^2-y^2}$,$d_{z^2}$ 轨道中的电子不一定能通过旋转在不同轨道之间转换,因为在不同填充状态下,电子—电子排斥能会因轨道而异,导致旋转对称破缺。这个过程就叫做 $L$ 量子数的淬灭。

**1. 自由电子气体的泡利顺磁性**

在抗磁性部分的讨论中,已经提及自由电子气体同时具有抗磁性和顺磁性。自由电子费密气体的抗磁性是由一系列朗道能级贡献的;顺磁性则是因自旋向上和向下的自由电子费密海的塞曼分裂造成的,这是首先由泡利指出的,因此自由电子的顺磁性被称为泡利顺磁性(Pauli paramagnetism)。

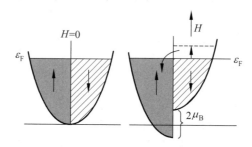

图 7.6　自由电子能量的塞曼分裂(能带中的箭头指电子的磁矩方向)

电子的磁矩与自旋是反向的。在磁场 $\boldsymbol{H}=H\hat{e}_z$ 中,自由电子的总能量为

$$E = K - \boldsymbol{\mu} \cdot \boldsymbol{H} = \frac{\hbar^2 \boldsymbol{k}^2}{2m} + 2\mu_B H s_z \quad \left(s_z = \pm \frac{1}{2}\right) \tag{7.44}$$

因此,自旋向上的电子能量被抬高了 $\mu_B H$,磁矩向下的电子总数必然减少;同时,自旋向下的电子能量则被降低了 $\mu_B H$,磁矩向上的电子总数必然增加,如图 7.6 所示。泡利顺磁性的来源于费密能量 $\varepsilon_F$ 以下更多的自旋向下的电子:

$$\chi_p^e = V\frac{M}{H} = V\frac{\mu_B \times (2\mu_B H)g(\varepsilon_F)/2}{H} = N\frac{3\mu_B^2}{2\varepsilon_F} \tag{7.45}$$

综合式(7.45)中泡利顺磁性的磁化率,以及式(7.36)中被填满的朗道能级中电子贡献的抗磁磁化率(需要强调的是,若磁场不是非常强,$n_L N_d \approx N$ 总是成立的),价电子气体的总磁化率为

$$\chi_e = \frac{\chi_p^e + \chi_d^e}{V} = \left[1 - \frac{n_L N_d}{3N}\left(\frac{m_e}{m^*}\right)^2\right]\frac{n/N_A}{\varepsilon_F/10\,\text{eV}} \times 4.85 \times 10^{-6} \tag{7.46}$$

若使用上式分析固体的磁化率(实际上,基于自由电子假设的结果不完全准确),在一般金属中,价电子气体是顺磁的;在半导体中,载流子"气体"则可能是抗磁的,因为在化合物半导体 $m^*/m_e$ 的数值可能很小。

简单金属的总磁化率包含价电子贡献的自由电子气体的总磁化率 $\chi_e$ 和式(7.34)中离子贡献的抗磁磁化率：

$$\chi_{\text{tot}} = \chi_e + \chi_i = \chi_e + \frac{n_a}{N_A}\chi_d^{\text{mole}} \tag{7.47}$$

如果我们使用表5.1中的自由电子费密能量数据,并令 $m^* = m_e$,碱金属、贵金属和部分碱土金属的磁化率就能计算出来,结果分别列在表7.5中。

表 7.5　金属的计算和实验磁化率(Seitz,1940;Stapleton,Jeffries,1961;Bitter,1930)

| 金属 | $\chi_e/(10^{-6})$ | $\chi_i/(10^{-6})$ | $\chi^{\exp}/(10^{-6})$ | 金属 | $\chi_e/(10^{-6})$ | $\chi_i/(10^{-6})$ | $\chi^{\exp}/(10^{-6})$ |
|---|---|---|---|---|---|---|---|
| Li | 0.53 | $-0.05$ | $0.27 \sim 2.04$ | Cu | 0.64 | $-1.9$ | $-0.76$ |
| Na | 0.44 | $-0.36$ | $0.49 \sim 0.63$ | Ag | 0.57 | $-3.0$ | $-2.1$ |
| K | 0.35 | $-0.37$ | $0.35 \sim 0.55$ | Au | 0.57 | $-4.7$ | $-2.9$ |
| Rb | 0.33 | $-0.45$ | $0.14 \sim 0.34$ | Mg | 0.65 | $-0.22$ | 0.95 |
| Cs | 0.31 | $-0.53$ | $-0.19 \sim 0.41$ | Ca | 0.53 | $-0.43$ | 1.7 |

很显然,将价电子/内层电子贡献的磁化率分别考虑的理论不会与实验完全符合,因为电子-电子库仑排斥和交换相互作用没有考虑进去。就碱金属和碱土金属来说,内壳层离子的贡献似乎"淬灭"了,只有价电子的贡献是重要的。在贵金属中,内壳层电子的贡献是重要的,这样总的磁化率就是抗磁的。

**2. 德哈斯-范阿尔文效应**

在低温和高磁场极限 $k_B T \leqslant \omega_c$ 下,金属磁化率的振荡被称为德哈斯-范阿尔文效应(de Haas-van Alphen effect),此效应是1931年首次在金属铋中发现的。这是一个很重要的现象,可以据此测量金属费密面的特性。实验发现,磁化率的振荡频率与磁场的倒数 $H^{-1}$ 成正比,这显然是与朗道能级有关的：

$$\varepsilon_F = i_{\text{dHvA}}\hbar\omega_c \quad \to \quad i_{\text{dHvA}} = \frac{\varepsilon_F}{\hbar\omega_c} = \frac{\varepsilon_F c}{\hbar e}m_\perp^* H^{-1} \tag{7.48}$$

当 $i_{\text{dHvA}}$ 恰好为整数时,金属磁化率最低。德哈斯-范阿尔文效应在晶体中是各向异性的,因为垂直于磁场方向的有效质量 $m_\perp^* = \sqrt{m_1^* m_2^*}$ 会随着 $\boldsymbol{H}$ 的取向而改变。

德哈斯-范阿尔文效应一般只有一个振荡周期,但有时也会有两个振荡周期,如图7.7所示,这两个振荡周期可以用来确定费密面的结构细节,例如贵金属 Cu,Ag,Au 费密面的"瓶颈",或过渡金属的复杂费密面。

实际上,在高磁场和低温极限下,除了会发生电阻振荡(舒布尼科夫-德哈斯振荡)、磁化率振荡(德哈斯-范阿尔文效应)以外,其他的物理量如比热容等也会发生振荡。所有这些效应都与朗道能级的填充有关。

**3. 范夫列克顺磁性**

实验测量的稀土离子 $Pm^{3+}$、$Sm^{3+}$ 和 $Eu^{3+}$ 的顺磁磁化率与布里渊理论和居里

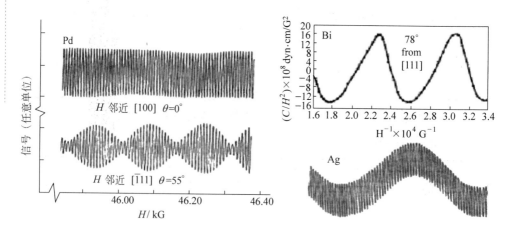

图 7.7　德哈斯-范阿尔文效应：一般振荡（Bi,Pd）和具有两个周期的振荡（Pd,Ag）（Weiner,
　　　　1962；Vuillemin,1966）

定律有一定偏差。美国物理学家范夫列克（John H. Van Vleck）用 $\Delta\mathcal{H}^{(1)}$ 的二级
微扰解释此现象：

$$M_z = -\frac{\partial \Delta E}{\partial H} = -N\frac{\partial}{\partial H}\frac{|\langle 0\mid \mu_z H\mid 1\rangle|^2}{E_0 - E_1} = 2N\frac{|\langle 0\mid \mu_z\mid 1\rangle|^2}{E_1 - E_0}H = \chi_v H$$

$$(7.49)$$

可以看到，上述顺磁磁化率 $\chi_v$ 与温度无关。根据范夫列克顺磁性（Van Vleck
paramagnetism）的修正，$Sm^{3+}$ 和 $Eu^{3+}$ 稀土离子的顺磁磁化率偏差解释可以得很
好，如图 7.8 所示。

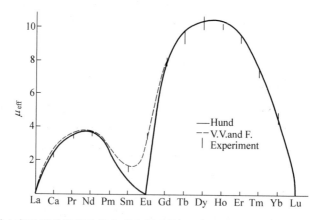

图 7.8　稀土离子顺磁磁矩及范夫列克顺磁修正（来自 1977 年范夫列克诺贝尔演讲）

## 7.2.3　铁磁性

铁磁现象在人类早期历史中已被发现,但是直到 20 世纪才被逐渐理解。值得注意的是,铁磁性是物理学至今还未完全解释的问题。

在铁磁晶体中,电子自旋会自发地沿某个方向取向,这个方向叫容易轴(easy axis)$\hat{k}$。图 7.9 中分别显示了铁、钴、镍晶体中沿着不同晶向的磁化过程,其容易轴 $\hat{k}$ 分别沿着[100],[0001],[111]晶向。单晶铁和镍都有立方三轴各向异性(分别具有正和负的各向异性能),而六角晶系的单晶钴具有沿 $c$ 轴的单轴各向异性。

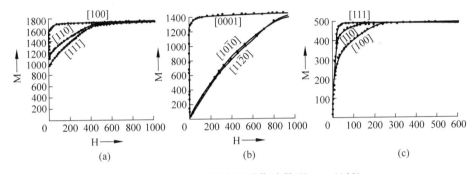

图 7.9　单晶铁磁体中的磁化过程(Kaya,1928)

在铁磁材料中,容易轴在不同区域或不同晶粒中是会变化的;因此铁磁性质会相当复杂。微磁学(micromagnetics)是唯一可以解释铁磁材料的磁滞回线、磁性器件特性以及顺磁性的样品形状修正的理论。不过,微磁学不是“经典”的固体物理理论,而是一种“扩展”的材料物理理论,因此在本章将不做讨论。

铁磁性的经典理论是外斯(Pierre-Ernest Weiss)在 1907 年提出的,他用一个很大的(未知来源)的内禀磁场来解释自旋的自发取向。这是一种平均场理论(mean field theory)。在量子力学建立以后,1928 年,海森伯(Werner Heisenberg)用交换相互作用解释外斯场;海森伯模型在凝聚态物理学中有广泛的应用。不过,经中子磁性衍射实验和低温磁化曲线验证(将在 7.3 节讨论),海森伯模型中的交换耦合参数在不同的实验中却不完全自洽,因此海森伯模型还不是完善的模型。

### 1. 外斯理论

在铁磁体中,外斯引进的内禀分子磁场 $H_E$ 在居里温度以下都能使得原子的自旋有序排列。外斯场 $H_E$ 是平均场;零温下 $H_E$ 场的塞曼能应该与居里温度 $T_c$ 处的热能等价:

$$H_E = \lambda_E M, \quad g S \mu_B H_E(0) = k_B T_c \tag{7.50}$$

其中使用自旋量子数 $S$ 而不是 $J$ 是考虑到过渡金属轨道量子数的淬灭现象。举例来说,金属铁的居里温度为 $T_c = 1043\,\mathrm{K}$,铁原子平均磁矩为 $\mu_a$,那么 0 K 时铁原

子感受到的外斯场为

$$H_E(0) = \frac{k_B T_c}{g S \mu_B} = \frac{8.62 \times 10^{-5}\,(\text{eV/K}) \times 1043\,\text{K}}{2.2 \times 5.79 \times 10^{-9}\,(\text{eV/G})} = 0.70 \times 10^7\,\text{Oe}$$

$$(7.51)$$

这个外斯场与原子磁矩产生的偶极磁场 $\mu_B/a^3 \approx 10^{-20+24-1} = 10^3\,\text{Oe}$ 相比是巨大的;因此,假设直接由原子磁矩之间的偶极相互作用造成铁磁体自发磁化的物理图像不可能是正确的。

外斯对式(7.38)中的朗之万顺磁理论做了修正,加入了外斯场,这样就得到了铁磁体居里点以上顺磁相的居里-外斯定律(Curie-Weiss law):

$$\frac{M}{H_{tot}} = \frac{M}{H_{ext} + H_E} = \frac{M}{H_{ext} + \lambda_E M} = \frac{n \mu_a^2}{3 k_B T}, \quad T > T_c$$

$$\chi = \frac{M}{H_{ext}} = \frac{n \mu_a^2}{3 k_B (T - \theta)}, \quad \theta = \lambda_E \frac{n \mu_a^2}{3 k_B} \tag{7.52}$$

其中 $\theta$ 是外斯温度(Weiss temperature),或称顺磁居里温度。重要铁磁材料的外斯温度和居里温度的数值分别列在表 7.6 中。

表 7.6　重要铁磁材料的特性(Seitz,1940;Kittel,1986)

| 物 理 量 | Fe | Co | Ni | Gd | Dy | Ni₃Fe | CoFe |
|---|---|---|---|---|---|---|---|
| $M_s/(\text{emu/cc})(0\,\text{K})$ | 1752 | 1446 | 512 | 2060 | 2920 | | |
| $M_s/(\text{emu/cc})(300\,\text{K})$ | 1707 | 1400 | 485 | — | — | 1007 | 1950 |
| $\mu_a/(\mu_B)(0\,\text{K})$ | 2.2 | 1.71 | 0.606 | 7.63 | 10.2 | 0.68/3 | 2.5 |
| 容易轴 | $\langle 100 \rangle$ | $[001]$ | $\langle 111 \rangle$ | — | — | $\langle 111 \rangle$ | $\langle 100 \rangle$ |
| $T_c/\text{K}$ | 1043 | 1388 | 627 | 293 | 85 | 890 | 1256 |
| $\theta/\text{K}$ | 1037 | 1504 | 634 | — | — | | |

外斯理论对解释铁磁物质的顺磁相磁化率是很成功的,如图 7.10 所示。在镍中,居里温度以上的磁化率倒数 $\chi^{-1} \propto (T - \theta)$ 是严格服从居里-外斯定律的;在铁中,居里温度以上有两个相变:$\beta - \gamma$ 相变和 $\gamma - \delta$ 相变,但是 $\beta$ 相和 $\delta$ 相的磁化率倒数 $\chi^{-1}$ 却位于同一条直线 $\xi(T - \theta)$ 上,这证明了外斯理论的正确性。需要强调的是,在居里温度以下,铁磁体的磁化率是多值的,因此是没有定义的;一般使用的相关物理量叫初始磁化率(initial permeability),即退磁状态 $M \approx 0$ 附近磁感应强度与磁场强度的比值 $\mu_i = B/H$。初始磁化率与化学成分、微结构、几何形状等因素有关,与居里-外斯定律描述的顺磁相磁化率是完全不同的。

在表 7.6 中,可以看到饱和磁化强度 $M_s$ 随着温度升高而降低,这个现象也可以用外斯理论解释。在布里渊顺磁性理论的方程(7.40)中,如果磁场 $H$ 就是外斯场 $H_E$,那么铁磁相的自发磁化强度 $M$ 可以自洽地解出来:

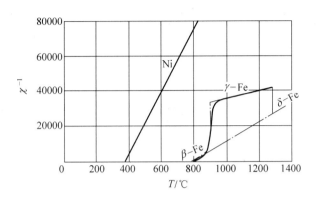

图 7.10  镍和铁的顺磁相磁化率(Kaya，1928)

$$M = (ng\mu_B J)B_J\left(\frac{g\mu_B J(\lambda_E M)}{k_B T}\right) \Rightarrow B_J(y) = \frac{k_B T}{n(g\mu_B J)^2 \lambda_E}y \quad (7.53)$$

当 $T < T_c$ 时，式(7.53)有非零解 $B_J(y_0) = (\eta T)y_0$，对应自发磁化的铁磁相，当 $T \geqslant T_c$ 时，式(7.53)只有零解 $y = 0$，对应顺磁相，如图 7.11(b)所示。

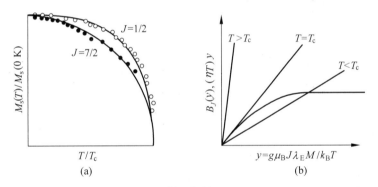

图   7.11

(a) $M(T)$磁化曲线与布里渊-外斯理论的对比：Fe，Co，Ni（$J=1/2$）和 Gd，Dy（$J=7/2$）；

(b) 由布里渊函数求解 $M(T)$(Burns，1985)

1930 年，F. Tyler 发现在温度区间 $T/T_c \in (0.1,1)$ 内，实验测量的铁、钴、镍的 $M(T)$ 曲线都符合由 $J=1/2$ 布里渊函数解出的 $M(T)$ 曲线；实验测量的 Gd，Dy 的 $M(T)$ 曲线则符合由 $J=7/2$ 布里渊函数解出的 $M(T)$ 曲线。原子自旋量子数也可以通过表 7.7 中实验测量的零温平均原子磁矩 $\mu_a^{exp}/\mu_B$ 拟合得出。可以看到，拟合的 Fe，Co，Ni 原子自旋量子数 $S$ 并不完全与由 $M(T)$ 曲线得到的量子数 $J=1/2$ 符合；不过，拟合的 Gd，Dy 原子自旋 $S$ 与 $J=7/2$ 相差不远。

固体物理(第 2 版)

表 7.7　铁磁元素中的原子自旋量子数 $S$(Seitz, 1940；Kittel, 1986)

| 物理量 | Fe | Co | Ni | Gd | Dy |
|---|---|---|---|---|---|
| $\mu_a^{exp}/\mu_B$(0 K) | 2.2 | 1.71 | 0.606 | 7.63 | 10.2 |
| $S$ | 1 | 1/2 | 1/2 | 7/2 | 5 |
| $2S$ | 2 | 1 | 1 | 7 | 10 |
| $2\sqrt{S(S+1)}$ | 2.83 | 1.73 | 1.73 | 7.93 | 10.95 |

在稀土铁磁元素 Fe，Gd，Dy 中，实验测量的原子磁矩介于两个数值 $2\mu_B S$ 和 $2\mu_B\sqrt{S(S+1)}$ 之间；在过渡金属元素 Co 中，$\mu_a^{exp}$ 则正好等于 $2\mu_B\sqrt{S(S+1)}$；在过渡金属元素 Ni 中，实际上没有任何整数或半整数的量子数 $S$ 可以把 $\mu_a^{exp}$ 拟合得很好，最接近的拟合是 $S=1/2$ 时的磁矩 $2S\mu_B$。

从理论与实验 $\mu_a$ 之间的差别，可以看到外斯理论的缺陷。如果以自旋相关的 DFT-LDA 理论计算的能带为基础，平均的镍原子磁矩可以解释得更好，其中磁矩 $\mu_a=0.54\mu_B$ 主要是由自旋向下的空穴贡献的，如图 7.12 所示。

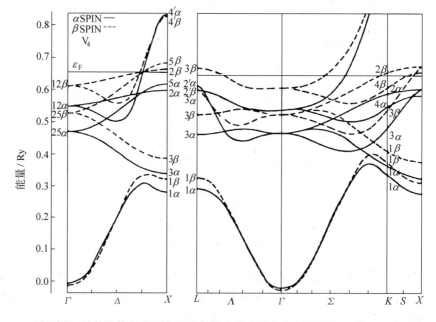

图 7.12　计算的镍能带，实/虚线分别代表自旋向上/向下(Connolly,1967)

## 2. 海森伯模型

1928 年，德国物理学家海森伯(Werner Heisenberg)使用第 2 章中讨论过的海特勒-伦敦理论(Heitler-London theory)中共价键双电子态的交换相互作用概念，来解释外斯场的量子力学根源。

一对电子的反对称本征态可以写作如下形式（Heisenberg，1928）：

$$| \Psi_\eta \rangle = \frac{1}{2}(| \alpha_1\beta_2 \rangle + \eta | \beta_1\alpha_2 \rangle)\sigma_{12} \tag{7.54}$$

其中 $\eta = 1$ 代表空间对称的态，$\eta = -1$ 代表空间反对称的态。与单电子零级哈密顿量 $h_l = p_l^2/2m - Ze^2/|r_l - R|$（$l = 1,2$；$R$ 为原子核位置）对应的微扰势能为：

$$V = \frac{Z^2e^2}{r_{\alpha\beta}} + \frac{e^2}{r_{12}} - \frac{Ze^2}{r_{1\beta}} - \frac{Ze^2}{r_{2\alpha}} \tag{7.55}$$

空间对称和反对称的量子态分别具有的本征能量为：

$$\varepsilon_+ = \langle \Psi_+ | \mathcal{H}_0 + V | \Psi_+ \rangle = \frac{1}{2}(\varepsilon_\alpha + \varepsilon_\beta) + \overline{V} + J_e; \quad S = 0, \quad S(S+1) = 0$$

$$\varepsilon_- = \langle \Psi_- | \mathcal{H}_0 + V | \Psi_- \rangle = \frac{1}{2}(\varepsilon_\alpha + \varepsilon_\beta) + \overline{V} - J_e; \quad S = 1, \quad S(S+1) = 2$$

$$\tag{7.56}$$

其中使用了海特勒-伦敦近似 $\langle \alpha_1\beta_2 | \beta_1\alpha_2 \rangle \approx 0$；交换相互作用为 $J_e = \langle \alpha_1\beta_2 | V | \beta_1\alpha_2 \rangle$ $= \langle \beta_1\alpha_2 | V | \alpha_1\beta_2 \rangle$。海森伯使用总自旋算符 $S = s_1 + s_2$ 的本征值将式（7.56）中的两项能量写成一个统一的形式：

$$\varepsilon = \frac{1}{2}(\varepsilon_\alpha + \varepsilon_\beta) + \overline{V} - J_e(S^2 - 1) = \varepsilon_0 - 2J_e s_1 \cdot s_2 \tag{7.57}$$

其中 $s_1$ 和 $s_2$ 是第一个和第二个电子归一化的自旋算符。在共价键中，交换相互作用 $J_e$ 是负的，因此基态时两个自旋是互相反平行的；在铁磁材料中，交换耦合 $J_e$ 是正的，因此基态时两个自旋互相平行。铁磁性元素的 $J_e$ 数值见表 7.8。

表 7.8　海森伯模型中的交换相互作用常数与 $k_B T_c$ 的关系

| 物理量 | Fe | Co | Ni | Gd | Dy |
|---|---|---|---|---|---|
| 结构 | BCC | HCP | FCC | HCP | HCP |
| $z$ | 8 | 12 | 12 | 12 | 12 |
| $S$ | 1 | 1/2 | 1/2 | 7/2 | 5 |
| $J_e/k_B T_c$ | 0.093 | 0.167 | 0.167 | 0.0079 | 0.0042 |

在金属中，如果每个原子有 $z$ 个近邻、自旋为 $S$，根据方程（7.57）计算的总交换能一定与 0 K 时的塞曼能量等价：

$$E_{ex} = -2zJ_e S^2 \approx -g\mu_B H_e(0)S \approx -g\mu_B S(\lambda_E n g\mu_B S) \tag{7.58}$$

那么海森伯交换常数 $J_e$ 可以与外斯温度或居里温度直接联系起来：

$$J_e = \lambda_E \frac{n(g\mu_B)^2}{2z} = \frac{3k_B T_c}{n(g\mu_B)^2 S(S+1)} \frac{n(g\mu_B)^2}{2z} = \frac{3k_B T_c}{2zS(S+1)} \tag{7.59}$$

如果使用由磁性中子衍射或自旋波得到的交换耦合常数 $J_e$，上述关系在定量上可能是不正确的。例如,在铁晶体中,由自旋波实验获得的 $J_e/k_B T_c$ 是 0.22;根据方程(7.59)计算的结果是 0.093($S=1, z=8$)或 0.25($S=1/2, z=8$)。可以看到,到目前为止,已有的铁磁理论都不能自洽地解释铁磁金属的所有性质。

## 7.2.4　反铁磁性和亚铁磁性

早在 1932 年,法国物理学家奈尔(Louis Néel)即已预测了反铁磁性的存在,当时他正在斯特拉斯堡外斯教授的实验室中工作;奈尔的预言要早于 1938 年实验发现反铁磁的氧化锰(MnO)。1954 年,奈尔提出亚铁磁性的理论,这解释了很丰富的一组物质的磁性,例如在传统上一直被当作铁磁材料的铁氧体和石榴石。基于这些贡献,奈尔获得了 1970 年的诺贝尔物理学奖。

在所有元素中,只有铬是反铁磁性的,见图 7.13,其反铁磁相的磁化率是各向异性的:平行于自旋的 $\chi_{//}$ 在 0 K 为零,但是垂直于自旋的 $\chi_\perp$ 在 0 K 附近是常数。在多晶铬中,磁化率是各向同性的,而且几乎不随着温度变化:在 80 K 时 $\chi = 3.4 \times 10^{-6}$ 在 300 K 时 $\chi = 3.7 \times 10^{-6}$。

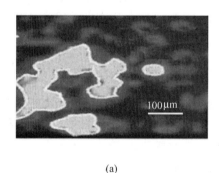

(a)

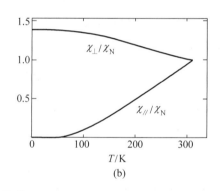

(b)

图　7.13

(a) X 射线衍射测量的铬的反铁磁磁畴;(b) 计算的单晶铬的平行/垂直于原子自旋的磁化率与温度的关系(Moyer, Arajs, Hedman, 1976)

在奈尔温度(Neél temperature)$T_N$ 以上,反铁磁材料的磁化率可以用外斯理论解释,此时一个负的"分子场"必须加入到式(7.38)的朗之万顺磁理论中:

$$\frac{M}{H_{tot}} = \frac{M}{H_{ext} - H_A} = \frac{M}{H_{ext} - \lambda_A M} = \frac{n\mu_a^2}{3k_B T}$$

$$\chi = \frac{M}{H_{ext}} = \frac{n\mu_a^2}{3k_B(T+\theta)}, \quad \theta = \lambda_A \frac{n\mu_a^2}{3k_B} \tag{7.60}$$

其中 $-\theta$ 是负的居里-外斯温度,在顺磁相中磁化率的倒数正比于 $\chi^{-1} \propto (T+\theta)$,如图 7.14。这个 $-\theta$ 可以用海森伯模型中负的交换常数 $J_e$ 来解释。

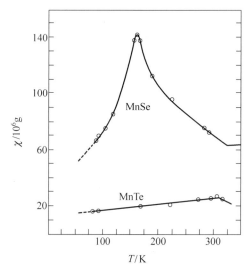

图 7.14　MnSe 和 MnTe 的磁化率与温度的关系（Squire，1939）

反铁磁材料是不太常见的，表 7.9 中列举的包括铬、FeMn 等合金、NiO 等氧化物。在硬盘的 GMR/TMR 读磁头中，反铁磁的 FeMn 或 IrMn 合金被用来"钉扎"住相邻的铁磁薄膜 NiFe 或 CoFe，这样才能获得线性的读出。这个实用的 FeMn/NiFe/Cu/NiFe 巨磁阻自旋阀（spin-valve）结构是由 B. Dieny 和 S. S. P. Parkin 等人于 1991 年在 IBM-Almaden 中心研究成功的，目前已经工业化。

表 7.9　反铁磁材料的奈尔温度 $T_N$ 和居里-外斯温度 $-\theta$（Kittel，1986；Squire，1939）

| 物质 | $T_N/K$ | $-\theta/K$ | 结构 | 物质 | $T_N/K$ | $-\theta/K$ | 结构 |
|---|---|---|---|---|---|---|---|
| NiO | 525 | $-2000$ | FCC | MnTe | 307 | $-690$ | HEX |
| Cr | 311 | — | BCC | MnSe | 160 | — | FCC |
| CoO | 293 | $-330$ | FCC | MnS | 140 | $-528$ | FCC |
| FeO | 198 | $-570$ | FCC | MnO | 116 | $-610$ | FCC |
| NiMn | 1070 | — | FCC | IrMn | 520 | — | FCC |
| FeMn | 500 | — | FCC | CrMn | 393 | — | FCC |

磁铁矿（magnetite）$Fe_3O_4$ 是最早为人所知的磁性材料；但是，只是在 1950 年奈尔的工作以后，人们才了解铁氧体不是处于一个"纯粹的"铁磁相，实际上它是亚铁磁的。图 7.15 中显示了铁氧体的结构，其中处于四配位 A 格点的 $Fe^{3+}$ 离子的磁矩为 $\mu_{3+}=gS\mu_B=5\mu_B$，处于八配位 B 格点的 $Fe^{2+}$ 离子的磁矩为 $\mu_{2+}=gS\mu_B=4\mu_B$（已考虑轨道角动量的淬灭）。每个 $Fe_3O_4$ 分子的实验测量平均磁矩为 $4.1\sim4.2\mu_B$；因此，唯一的可能性是 A 位的 $Fe^{3+}$ 离子是反平行排列的，而只有 B 位的 $Fe^{2+}$ 离子才是平行排列的，如图 7.15 所示。如果磁铁矿中 B 位的 $Fe^{2+}$ 离子被其

他金属 $M^{2+}$ 离子替代,获得的铁氧体(ferrite)还是亚铁磁的,如表 7.10 所示。不同的亚点阵中的铁磁或反铁磁耦合正是亚铁磁材料的特性。

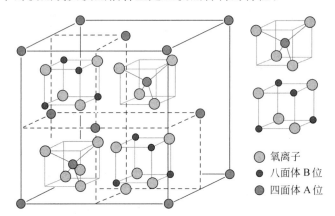

○ 氧离子
● 八面体 B 位
○ 四面体 A 位

图 7.15　磁铁矿的 $AB_2O_4$ 结构(www.tf.uni-kiel.de)

表 7.10　亚铁磁材料:$T_c$ 为居里温度;$M_s$ 为饱和磁化强度;$\mu$ 为铁离子磁矩

| 物质 | $T_c/K$ | $M_s/(emu/cm^3)$ | $\mu/\mu_B$ | 物质 | $T_c/K$ | $M_s/(emu/cm^3)$ |
|---|---|---|---|---|---|---|
| $Fe_3O_4$ | 848 | 484 | 4.2 | $\gamma\text{-}Fe_2O_3$ | 873 | $\sim300$ |
| $MnFe_2O_4$ | 573 | 410 | 5.0 | $CoFe_2O_4$ | 792 | $\sim400$ |
| $NiFe_2O_4$ | 858 | 270 | 2.4 | $Ba_{0.6}Fe_2O_3$ | 723 | 382 |
| $CuFe_2O_4$ | 728 | 290 | 1.3 | $Y_3Fe_5O_{12}$ | 560 | $\sim100$ |
| $MgFe_2O_4$ | 858 | 143 | 1.1 | $Fe_3S_4$ | 606 | $\sim100$ |

　　铁氧体和磁性石榴石都具有亚铁磁性。从一方面来说,亚铁磁材料很像反铁磁体,在奈尔温度 $T_N$ 以上就磁无序了;从另一方面来说,亚铁磁体又很像铁磁体,在居里温度 $T_c$ 以下就有自发磁化。居里温度一般要略高,在 $T_N < T < T_c$ 温度区间,亚铁磁体则具有超顺磁性(super-paramagnetism),此时自发磁化方向不稳定。在居里温度以上,磁铁矿是顺磁性的。磁铁矿中的类外斯场可以写为

$$H_A = -\lambda_{AA}M_A - \lambda_{AB}M_B, \qquad H_B = -\lambda_{BA}M_A + \lambda_{BB}M_B \qquad (7.61)$$

其中 $\lambda_{AB} = \lambda_{BA}$,所有的 $\lambda$ 参数本身都是正的。那么,顺磁相磁化率可以通过布里渊顺磁理论求得:

$$\frac{M_A}{H_{tot}} = \frac{M_A}{H_{ext} - \lambda_{AA}M_A - \lambda_{AB}M_B} = \frac{n_A\mu_A^2}{3k_BT}$$

$$\frac{M_B}{H_{tot}} = \frac{M_B}{H_{ext} - \lambda_{BA}M_A - \lambda_{BB}M_B} = \frac{n_B\mu_B^2}{3k_BT}$$

$$\chi = \frac{M_A + M_B}{H_{ext}} = \frac{(n_A\mu_A^2 + n_B\mu_B^2)(T - \theta_3)}{3k_B(T^2 + \theta_1 T - \theta_2^2)} \qquad (7.62)$$

当 $T \to T_c$ 时,式(7.62)确实具有 $\chi^{-1} \propto (T - T_c)$ 的形式。居里温度 $T_c$ 为

$$T_c = \frac{1}{2}\left[-\theta_1 + \sqrt{\theta_1^2 + 4\theta_2^2}\right], \quad T_c > \theta_3 \tag{7.63}$$

$$\theta_1 = \frac{n_A \mu_A^2}{3k_B}\lambda_{AA} - \frac{n_B \mu_B^2}{3k_B}\lambda_{BB}$$

$$\theta_2^2 = \frac{n_A \mu_A^2}{3k_B}\frac{n_B \mu_B^2}{3k_B}(\lambda_{AA}\lambda_{BB} + \lambda_{AB}^2)$$

$$\theta_3 = \frac{n_A \mu_A^2}{3k_B}\frac{n_B \mu_B^2}{3k_B}(2\lambda_{AB} - \lambda_{AA} + \lambda_{BB})\Big/\left(\frac{n_A \mu_A^2}{3k_B} + \frac{n_B \mu_B^2}{3k_B}\right)$$

其中交换作用常数的比例约为 $\lambda_{AB} : \lambda_{AA} : \lambda_{BB} = 22 : 11 : 3$,可见反铁磁耦合是主要的;磁铁矿的居里温度 $T_c = 575℃$,如图 7.16 所示。

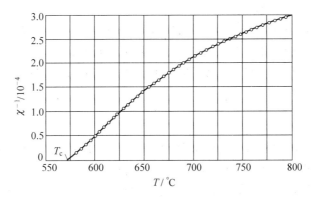

图 7.16　$Fe_3O_4$ 的磁化率倒数与温度的关系(Kittel,1986)

# 7.3　自旋与基本粒子的相互作用

本节将分析固体中的自旋对中子、光子等基本粒子的散射过程。中子磁性衍射、中子与磁振子的非弹性散射、核磁共振和自旋电子共振属于同一类的问题,其中原子磁矩或核磁矩可以直接通过自旋依赖的强相互作用来进行研究。

### 7.3.1　中子磁性衍射和磁结构

固体中的原子自旋取向可以直接通过弹性散射类型的中子磁性衍射(magnetic neutron diffraction)进行测量,这是舒尔(Clifford G. Shull)在 20 世纪 40 年代末发展的方法。本章前面已经讨论讨论,中子的磁矩为 $\mu_z^n = g_n \mu_n H \sigma_z$,其中 $g_n \approx -3.83$。中子磁性衍射的散射长度 $f_m$ 可以用 1939 年 O. Halpern 和 M. H. Johnson 给出的形式,在进行衍射的极化中子束中,所有中子磁矩都指向同一个方向 $\hat{\sigma}_n$:

$$I = |f_{non-m} + \eta f_m|^2, \quad f_{non-m} = f_0 \sum_i \exp(-is \cdot r_i) \tag{7.64}$$

$$f_{\mathrm{m}} = \sum_i (\hat{\sigma}_n \cdot \boldsymbol{\mu}_i)\exp(-\mathrm{i}\boldsymbol{s}\cdot\boldsymbol{r}_i), \quad \hat{\sigma}_n \cdot \boldsymbol{\mu}_i = \pm|\boldsymbol{p}_i| = \pm\mu_i\sin\theta_i \quad (7.65)$$

$f_{\mathrm{non-m}}$ 是由中子-核子强相互作用贡献的散射长度;$f_{\mathrm{m}}$ 则体现中子磁矩-原子磁矩之间的相互作用,其中 $\boldsymbol{p}_i = \boldsymbol{\mu}_i - \hat{s}(\hat{s}\cdot\boldsymbol{\mu}_i)$ 是垂直于衍射中子束的出射-入射波矢差 $\boldsymbol{s} = \boldsymbol{k} - \boldsymbol{k}_0 (\hat{s} = \boldsymbol{s}/|\boldsymbol{s}|)$ 的原子磁矩,原子磁矩的大小是 $\mu = g_J\mu_{\mathrm{B}}\sqrt{J(J+1)}$ 或 $\mu = 2\mu_{\mathrm{B}}\sqrt{S(S+1)}$;$\theta_i$ 是第 $i$ 个原子或离子的磁矩 $\boldsymbol{\mu}_i$ 和 $\boldsymbol{s}$ 之间的夹角。

如果对铁磁单晶(假设其中的原子磁矩 $\mu_0$ 是常数)进行磁性中子衍射,总的原子散射长度为

$$f = f_{\mathrm{non-m}} + \eta f_{\mathrm{m}} = \sum_i (f_0 + \eta\hat{\sigma}_n \cdot \boldsymbol{p}_0)\exp(-\mathrm{i}\boldsymbol{s}\cdot\boldsymbol{r}_i) = (f_0 + \eta\hat{\sigma}_n \cdot \boldsymbol{p}_0)FS$$

$$(7.66)$$

其中 $\boldsymbol{p}_0 = \boldsymbol{\mu}_0 - \hat{s}(\hat{s}\cdot\boldsymbol{\mu}_0)$;弹性散射的结构因子 $S$ 和 $F$ 已经在第 3 章中讨论过。因此,所有的衍射斑或衍射峰位置都与一般的衍射法相同。

在顺磁相中,磁矩角度 $\{\theta_i\}$ 是随机分布的,那么总的衍射强度为

$$I = |f_{\mathrm{non-m}} + \eta f_{\mathrm{m}}|^2 = f_0^2 S^2 F^2 + N\eta^2 \boldsymbol{\mu}^2 \langle\sin^2\theta_i\rangle = f_0^2 S^2 F^2 + \frac{2}{3}N\eta^2 \boldsymbol{\mu}^2$$

$$(7.67)$$

其中磁相互作用部分 $|f_{\mathrm{m}}|^2$ 只贡献弱的均匀漫散射;非磁的中子衍射强度 $|f_{\mathrm{non-m}}|^2$ 则仍然会贡献服从布拉格定律的衍射峰。

1951 年,舒尔和他的同事对具有氯化钠结构的 MnO 进行了磁性中子衍射,他们发现与 MnO 在室温下顺磁相的衍射峰相比,在低于奈尔温度的 80 K 温度下,反铁磁相贡献了"额外的"衍射峰,如图 7.17 所示。最重要的差别是在第一个布拉

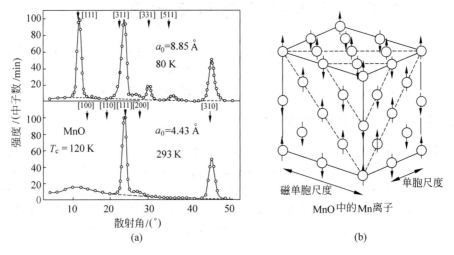

(a)　　　　　　　　　　　　　(b)

图 7.17　舒尔在橡树岭国家实验室的研究组对 MnO 的磁性中子散射

(a) 奈尔温度以上和以下的衍射峰;(b) 反铁磁相中的磁结构(Shull, Strauser, Wollan, 1951)

格角约一半的地方出现的一个额外的衍射峰,这是由相邻(111)晶面中反平行排列的磁矩贡献的:

$$I = | f_{non-m} + \eta f_m |^2 = f_0^2 S^2 F^2 + \eta^2 \boldsymbol{\mu}^2 \sin^2\theta \left| \sum_i \exp\left(-\mathrm{i}\left(\boldsymbol{s} + \frac{1}{2}\boldsymbol{G}'_{111}\right) \cdot \boldsymbol{r}_i\right) \right|^2$$

$$= f_0^2 F^2 S^2 + \eta^2 \boldsymbol{\mu}^2 \sin^2\theta \, F^2 S_m^2 \tag{7.68}$$

$$S \neq 0(\boldsymbol{s} = \boldsymbol{G}'_{hkl}), \qquad S_m \neq 0\left(\boldsymbol{s} = \boldsymbol{G}'_{hkl} - \frac{1}{2}\boldsymbol{G}'_{111}\right) \tag{7.69}$$

因此,磁性中子衍射的第一个衍射峰会出现在 $2k_0\sin\theta_{Bragg} = G_{111}/2$;同时,"正常"的衍射峰还是会在 $2k_0\sin\theta_{Bragg} = G_{111}$ 出现。这种弹性中子衍射可以准确地确定顺磁性、铁磁性、反铁磁性和亚铁磁性的磁结构。

### 7.3.2    自旋波与中子非弹性散射

1931 年,布洛赫(Felix Bloch)提出了自旋波(spin wave)的概念,当时的目的是为理解铁磁物质的能带结构。布洛赫关于交换相互作用与磁性关系的结论与海森伯模型类似。但是,他还得到了一个布洛赫公式(Bloch formula),把低温下的 $M_s(T)$ 曲线与交换相互作用耦合常数 $J_e$ 直接地联系了起来,这就为 1951 年布洛克豪斯(Bertram N. Brockhouse)对磁振子(自旋波对应的准粒子)进行的非弹性中子散射实验开辟了道路。

图 7.18    自旋波:磁矩取向在空间的涨落

图 7.18 显示了自旋波的示意图。在低温下,与零温自旋的偏差 $|S(\boldsymbol{R}_n) - S|$ 是小量($S$ 是原子的自旋量子数),布洛赫的自旋波和相应的能量为

$$S_k = \frac{1}{\sqrt{N\bar{S}_k}}\sum_n S_n \mathrm{e}^{\mathrm{i}\boldsymbol{k}\cdot\boldsymbol{R}_n}, \quad \boldsymbol{R}_n = \sum_\alpha n_\alpha \boldsymbol{a}_\alpha \tag{7.70}$$

$$\mathscr{H} = \varepsilon_0 + J_e \sum_{\langle i,j \rangle} (\boldsymbol{S}_i - \boldsymbol{S}_j)^2 \tag{7.71}$$

$$\varepsilon(\boldsymbol{k}) = \langle S_k | \mathscr{H} | S_k \rangle = \varepsilon_0 + 2J_e S \sum_d (1 - \mathrm{e}^{\mathrm{i}\boldsymbol{k}\cdot\boldsymbol{d}}) \tag{7.72}$$

其中 $\boldsymbol{d}$ 是近邻原子之间的位移;$\mathscr{H}$ 是海森伯模型的哈密顿量;$\langle i,j \rangle$ 意味着只对近邻原子对求和。自旋波能量 $\varepsilon(\boldsymbol{k})$ 的证明与式(5.75)中紧束缚近似能带的证明是类似的,在此处不再重复给出证明。

铁磁晶体中自旋波或磁振子(magnon)贡献的总能量和 $z$ 方向的总自旋为:

$$E_{\text{tot}} = \sum_k (\varepsilon(\boldsymbol{k}) - \varepsilon_0) \approx J_e S \sum_k \sum_d (\boldsymbol{k} \cdot \boldsymbol{d})^2 \approx J_e S \sum_k A(ka)^2 \quad (7.73)$$

$$S_{\text{tot}} = \sum_k N \bar{S}_k = S(N - 2f) \quad (7.74)$$

其中分别具有动量 $\hbar \boldsymbol{k}$ 的磁振子被看成是互相独立的准粒子，$A$ 为近邻原子个数；对 $\boldsymbol{k}$ 的求和是有限的，固体中一共有 $1, 2, \cdots, f$ 个激发磁振子。在铁磁物质中，交换耦合 $J_e > 0$，因此总能量 $E_{\text{tot}}$ 在没有磁振子（$f = 0$）的时候达到极小，这个结论与海森伯模型的平行自旋基态是一样的。

平均磁化强度可以用磁振子的玻色-爱因斯坦统计来进行计算：

$$g(\varepsilon) = \rho(k) \frac{\mathrm{d}k}{\mathrm{d}\varepsilon(\boldsymbol{k})} \approx \frac{1}{4\pi^2} \frac{1}{(J_e S A a^2)^{3/2}} \sqrt{\varepsilon} \quad (7.75)$$

$$\begin{aligned}
\Delta \bar{M} &= \int_0^\infty \mathrm{d}\varepsilon \, g(\varepsilon) \frac{1}{\exp(\varepsilon/k_B T) - 1} \\
&= \frac{1}{4\pi^2} \left( \frac{k_B T}{J_e S A a^2} \right)^{3/2} \int_0^\infty \mathrm{d}u \frac{u^{1/2}}{e^u - 1} \\
&= \frac{1}{4\pi^2} \left( \frac{k_B T}{J_e S A a^2} \right)^{3/2} (0.2348\pi^2) \quad (7.76)
\end{aligned}$$

因此低温区铁磁体饱和磁化强度随温度的变化可以写成布洛赫 3/2 幂次定律（Bloch 3/2-power law），或称布洛赫公式：

$$M_s(T) = M_s(0) \left[ 1 - \frac{0.0587}{S(AS)^{3/2} a^3 / \Omega_c} \left( \frac{k_B T}{J_e} \right)^{3/2} \right] = M_s(0) \left[ 1 - \left( \frac{T}{\Theta} \right)^{3/2} \right]$$

$$(7.77)$$

其中 $M_s(0) = S/\Omega_c$ 是具有布拉菲点阵的铁磁体的零温饱和磁化强度。如果选择 $S = 1/2$ 和 $A = 2$，特征温度 $\Theta$ 为：

$$\Theta = 10.5 \frac{J_e}{k_B} \quad (\text{FCC}), \quad \Theta = 6.6 \frac{J_e}{k_B} \quad (\text{BCC}) \quad (7.78)$$

1934 年，外斯（Pierre-Ernest Weiss）用实验测量了在 $20 \sim 70$ K 的温区内铁和镍的 $M(T)$，他证明布洛赫 3/2 幂次定律比由外斯理论给出的式（7.53）要更精确。图 7.19 中画出了实验测量的镍的低温磁化强度与 $T^{3/2}$ 的关系，可以看到布洛赫 3/2 幂次定律在 $T < 75$ K 时是准确的（除了在极低温下）。

自旋波的能谱可以由非弹性的磁性中子衍射进行测量，相关理论几乎与第 4 章介绍的声子的非弹性中子散射完全一样。中子衍射强度应该包括时间项，自旋波 $\boldsymbol{p}_i = \boldsymbol{P}_0 + \boldsymbol{A} \cos(\boldsymbol{q} \cdot \boldsymbol{R}_i - \omega t)$ 贡献的额外结构因子为

$$\Delta S = \left( \frac{1}{2} \hat{\sigma}_n \cdot \boldsymbol{A} \right) \sum_i \left[ e^{-\mathrm{i}(\boldsymbol{s} - \boldsymbol{q}) \cdot \boldsymbol{R}_i - \mathrm{i}(\Omega_0 + \omega)t} + e^{-\mathrm{i}(\boldsymbol{s} + \boldsymbol{q}) \cdot \boldsymbol{R}_i - \mathrm{i}(\Omega_0 - \omega)t} \right] \quad (7.79)$$

非弹性散射磁性中子衍射峰会出现在新的位置上，分别满足中子-磁振子散射过程的能量守恒定律和动量守恒定律：

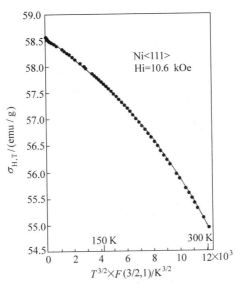

图 7.19　晶体镍中的布洛赫 3/2 幂次定律（Aldred，1975）

$$\boldsymbol{s} = \boldsymbol{k} - \boldsymbol{k}_0 = \boldsymbol{G}_{hkl} \pm \boldsymbol{q}, \quad \hbar\Omega - \hbar\Omega_0 = \pm\hbar\omega(\boldsymbol{q}) = \pm\varepsilon(\boldsymbol{q}) \tag{7.80}$$

为获得磁振子能谱，必须测量在弹性散射衍射斑附近不同能量的中子强度。

铁磁体和亚铁磁体的磁振子能谱分别由布洛赫和 H. Kaplan（1952）给出：

$$\varepsilon(\boldsymbol{k}) = \varepsilon_0 + 2J_e S \sum_{\boldsymbol{d}} (1 - \cos\boldsymbol{k} \cdot \boldsymbol{d}) \tag{7.81}$$

$$\varepsilon(\boldsymbol{k}) = \{[5.5J_{AB}S_A S_B + J_{AA}S_A^2 + 2J_{BB}S_B^2]/[4(S_A + 2S_B)]\}(ka)^2 \tag{7.82}$$

两者都分别为布洛克豪斯的非弹性中子衍射实验证实，如图 7.20 所示。实验测量的钴的交换耦合常数为 $J_e S = (1.47 \pm 0.15) \times 10^{-2}$ eV；如果令 $S = 1/2$，由中子衍射实验得到的钴的 $J_e/k_B T_c = 0.245$，与表 7.8 中海森伯模型的预测 $J_e/k_B T_c = 0.167$ 大致符合。这种差别还是体现了理论的不完整性。

**自旋波贡献的比热容**

在第 4 章已给出固体热性质的 3 个来源：①原子振动，决定了固体比热容的重要变化趋势；②金属中的传导电子，只在低温下重要；③铁磁、反铁磁、亚铁磁体中的自旋波，这也是在低温下才重要。

磁振子贡献的比热容也可以通过玻色-爱因斯坦统计计算出来：

$$\begin{aligned}
C_V^m &= \frac{\mathrm{d}}{\mathrm{d}T}\int_0^\infty \mathrm{d}\varepsilon\, g(\varepsilon) \frac{\varepsilon}{\exp(\varepsilon/k_B T) - 1} \\
&= \frac{5k_B}{8\pi^2}\left(\frac{k_B T}{J_e S A a^2}\right)^{3/2} \int_0^\infty \mathrm{d}u\, \frac{u^{3/2}}{e^u - 1} \\
&= 0.113 k_B \left(\frac{k_B T}{J_e S A a^2}\right)^{3/2}
\end{aligned} \tag{7.83}$$

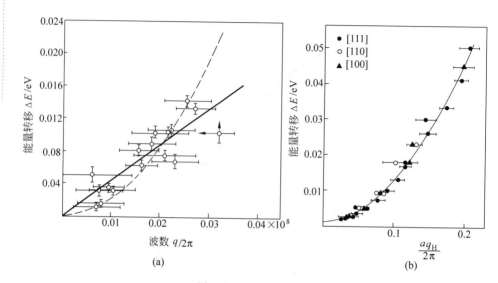

图 7.20　磁振子能谱

(a) 磁铁矿(Brockhouse, 1957)；(b) Co (Sinclair, Brockhouse, 1960)

这个自旋波贡献的服从 $T^{3/2}$ 规律的比热容,已经被绝缘的反铁磁体和亚铁磁体材料中的低温实验证实。实验测量的 $C_V$ 肯定会包含两项:

$$C_V = 0.113 k_B \left( \frac{k_B T}{J_e S A a^2} \right)^{3/2} + \frac{12\pi^4}{5} k_B \left( \frac{T}{\Theta_D} \right)^3 \tag{7.84}$$

这个公式已由图 7.21 中的实验结果证实。钇铁石榴石(YIG)的交换常数 $J_e/a = 0.192 \times 10^{-6}$ erg/cm;$\gamma$-$Fe_2O_3$ 的交换常数 $J_e/a = 0.232 \times 10^{-6}$ erg/cm,铁氧体的

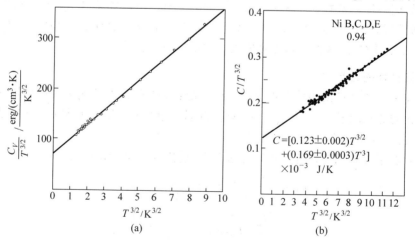

图 7.21　亚铁磁体的低温比热容

(a) YIG (Edmonds, Peterson, 1959)；(b) $NiFe_2O_4$ (Pollack, Atkins, 1962)

交换常数大约是金属 Fe,Co,Ni 中交换常数的 1/10。

### 7.3.3　电子自旋共振和核磁共振

1944 年,电子自旋共振(electron spin resonance,ESR)现象由前苏联喀山(Kazan)州立大学的匝弗伊斯基(E. K. Zavoisky)和他的同事们发展出来。电子自旋共振也叫电子顺磁共振(electron paramagnetic resonance,EPR),它通过分析顺磁离子或分子的塞曼分裂,提供了研究凝聚态物质中未成对电子的强大手段。ESR/EPR 在化学、物理学、生物学和医学中都有广泛的应用:它可以用来作为探针研究固体和液体的静态结构,在动态过程(例如化学反应)分析中也十分有用。

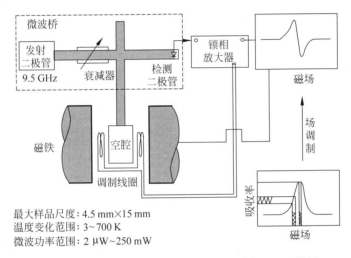

图 7.22　电子自旋共振(ESR)或电子顺磁共振(EPR)装置

ESR 系统中使用了 3 个电磁铁。主磁铁用来提供较大的磁场($10^3 \sim 10^5$ G),这需要很大的电流,必须水冷。第二磁铁是在主磁铁两个内侧的亥姆霍兹线圈,它们提供较小的磁场($10^1 \sim 10^2$ G)。第三磁铁是放置在空腔中样品附近的一组线圈,提供微弱的磁场($10^{-2} \sim 10^0$ G),可精确测定共振频率。

微波辐射(频率范围约为 100 MHz～100 GHz)则通过波导送到样品中。当入射微波的光子能量等于原子或离子的塞曼分裂能 $\Delta E = g\mu_B H \Delta J_z$ 时:

$$\hbar\omega = g\mu_B H_{tot} \quad \Rightarrow \quad \frac{f}{MHz} = g \times 1.40 \times \frac{H_z + H_{eff}}{Oe} \tag{7.85}$$

会发生微波的共振吸收。精确的共振吸收频率不仅依赖于外场 $H_z$,而且依赖于系统内部的局域有效磁场 $H_{eff}$(包括外斯场)。

图 7.23 中显示了测量的奈尔温度 $T_N = 67.3$ 上下反铁磁 $MnF_2$ 的 ESR 信号和磁化率。在 $T_N$ 以下,磁化率是各向异性的,在平行/垂直原子自旋的方向磁化

率不同；由于感受到反铁磁相的内禀外斯场，平行/垂直的 ESR 信号在外场 $H_z$ 为零的时候都不等于零。

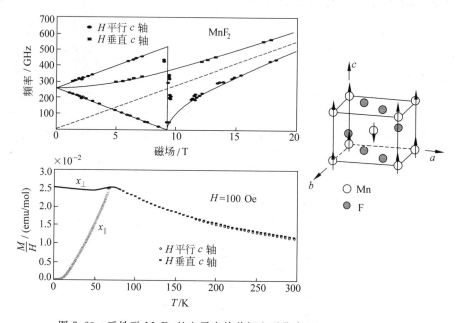

图 7.23　反铁磁 $MnF_2$ 的电子自旋共振和磁化率(Katsumata,2000)

　　1946 年，斯坦福大学的布洛赫(Felix Bloch)和哈佛大学的普赛尔(Edward Mills Purcell)与他研究组的 Torrey 和 Pound 发现了核磁共振现象，这也是一个电磁共振过程，可以用来研究固、液、气体中的核磁矩。核磁共振(nuclear magnetic resonance,NMR)是物理学中最精确的实验之一，布洛赫和普赛尔因此获得 1952 年的诺贝尔物理学奖。核磁共振设备的构成见图 7.24。核磁矩构成的系统是顺磁的，相应的磁化率服从居里定律

$$\chi = \frac{n(g\mu_n)^2 J(J+1)}{3k_B T} = \frac{291\,\text{K}}{T} \times 3.4 \times 10^{-10} \quad (\text{水}) \qquad (7.86)$$

在 $T=291$ K 的水中，上式中的常数 $J=1/2, n=6.9\times10^{22}\ \text{cm}^{-3}, \mu=g\mu_n J=1.4\times 10^{-23}$ erg/G。可见原子核的顺磁磁化率是很小的，一般很难观测到。

　　与 ESR 的思想类似，当入射波的光子能量与核的塞曼分裂 $\Delta E=g\mu_n H\Delta J_z$ 相同的时候，会发生无线电波的共振吸收(质子的旋磁比为 $g_p=5.5856912$)：

$$\hbar\omega = g\mu_n H_{\text{tot}} \quad \Rightarrow \quad \frac{f}{\text{kHz}} = 4.26 \times \frac{g^*}{g_p} \times \frac{H_z}{\text{Oe}} \qquad (7.87)$$

共振频率依赖于外场 $H_z$，以及离子的化学位移(chemical shift)$g\rightarrow g^*$。

　　如果不考虑电子的屏蔽效应，质子的核磁共振频率为 42.6 MHz($H_z=1$ T)。但是，1951 年布洛赫研究组的 W. G. Proctor 和中国物理学家虞福春发现，质子的

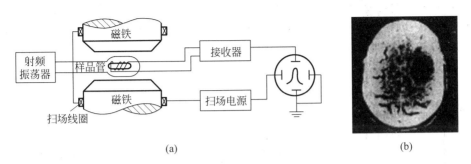

(a)　　　　　　　　　　(b)

图 7.24　核磁共振

(a) 仪器示意图；(b) 脑癌患者的大脑 MRI

核磁共振频率依赖于样品的化学结构，氢核周围电子云浓度越大，化学位移越大。图 7.25 给出的质子的化学位移$(g^* - g_p)/g_p$的量级只有 ppm，这么微小的位学位移对核磁共振在化学中的应用是非常重要的，化学团簇的分子式可以精确地用 NMR 来确定（徐光宪，1966）。

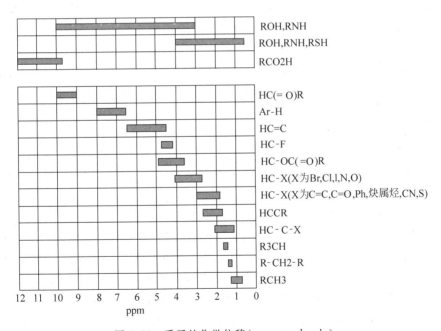

图 7.25　质子的化学位移（www.csub.edu）

　　在医学中，核磁共振被称为磁共振成像（magnetic resonance image，MRI）技术。在实际的 MRI 设备中，专门设计了一个随着空间位置线性变化，并且垂直于 $xy$ 平面的磁场 $H_z(x,y)$，这样，共振频率的分辨率就可以一一对应于空间位置的分辨率；计算机软件会将核磁共振的强度随频率的分布结果重整为二维平面上的共振强度。NMR 的强度正比于局域的质子密度,这样通过 MRI 图像就能研究人体、特别是大脑内的病变状态,如图 7.24(b)所示。劳特博(Paul C. Lauterbur)和曼斯菲得(Sir Peter Mansfield)因为磁共振成像技术的发明获得了 2003 年度的诺贝尔医学奖。

# 本章小结

本章以电磁场中多电子的哈密顿量为基础分析了固体中磁性的来源。磁性的分类则可以原子磁矩为基准。磁中子衍射、电子自旋共振和核磁共振是以自旋-粒子相互作用为基本原理的重要实验。

1. 多电子系统的哈密顿量:历史上寻找正确的电磁场中的多电子哈密顿量有很复杂的过程,最后由相对论量子力学确定。在固体物理学中,一般采用相对论性哈密顿量的低速极限。

2. 单原子近似:如果把多电子的哈密顿量用到一个原子或离子中,就可以定义总的原子自旋。如果总的原子自旋不是零,与磁场相关的自由能就是塞曼能量,原子磁矩与原子总自旋和朗德 $g$ 因子呈正比。

3. 在自由电子近似:如果把多电子哈密顿量用到二维自由电子气体中,可以证明单电子的本征能量是分立的,而且能级与谐振子类似,这就是朗道能级。朗道能级的能量差与磁场成正比,由此可以解释舒布尼科夫-德哈斯振荡。

4. 抗磁性:当原子或离子恰好具有满壳层结构、总自旋为零时,这个离子就是抗磁的。抗磁磁化率与离子中的总电子数成正比。金属中的自由电子气体既有抗磁性,又有顺磁性,其抗磁磁化率是由被填满的朗道能级中的电子贡献的。

5. 顺磁性:如果固体中某些原子或离子具有非零总自旋,那么它一定是顺磁的。顺磁磁化率的倒数与温度成正比,这就是著名的居里定律。根据实验测量的结果,稀土元素离子的磁矩与总原子自旋有关,但过渡金属离子的磁矩则与总电子自旋有关。某些稀土离子还具有范夫列克顺磁性,这是由哈密顿量的二级展开贡献的。自由电子气体的顺磁性则是由费密面的塞曼分裂贡献的,在低温、高磁场极限下,其顺磁磁化率会发生直接与朗道能级相关的德哈斯-范阿尔文振荡。

6. 铁磁性:铁磁性只在很少几个元素中出现,但是这是最重要的固体磁性质。铁磁性的理论也是不完善的:外斯理论和海森伯模型可以解释一些基本铁磁性,但是饱和磁化强度或交换相互作用常数都不能准确计算出来。

7. 抗磁性和亚铁磁性:铬是位移具有反铁磁性的元素。不过,在磁性氧化物或陶瓷的晶格中,大量存在具有反铁磁性的子点阵,也许其余的自点阵是具有铁磁性的,这样的固体叫亚铁磁体。抗磁性和亚铁磁性都是奈尔首先发现的。

8. 磁中子衍射:中子的弹性磁散射可以用来确定固体内部的磁结构;而中子的非弹性散射可以用来确定低温自旋波的能谱,或磁振子的色散关系。铁磁或亚铁磁性氧化物的低温比热容与 $T^{3/2}$ 呈正比,这与德拜 $T^3$ 律或自由电子的 $cT$ 类型的低温比热容都不一样。

9. ESR 和 NMR:原子磁矩可以直接用电子自旋共振来测量,其基本原理就是原子能量的塞曼分裂。在另一方面,核磁矩则必须用核磁共振来测量,其原理是原子核自旋的塞曼分裂。ESR 和 NMR 实验都很精确,在科学研究、工业和医学领域有广泛的应用。

# 本章参考文献

1. 徐光宪. 物质结构简明教程. 北京:高等教育出版社,1966

2. Laue M V. 物理学史. 范岱年,戴念祖译. 北京:商务印书馆, 1978

3. Aldred A T. Temperature Dependence of the Magnetization of Nickel. Phys Rev, B11, 2597-2601, 1975

4. Bitter F. On the Magnetic Properties of Metals. Phys Rev, 36, 978-983, 1930

5. Bloch F. Zur Theorie des Ferromagnetismus. Z Physik, 61, 206, 1931

6. Bloch F. Nuclear Induction. Phys Rev, 70, 460-474, 1946

7. Brockhouse B N. Scattering of Neutrons by Spin Waves in magnetite. Phys Rev, 106, 859-864, 1957

8. Burns G. Solid State Physics. Orlando:Academic Press, 1985

9. Connolly J W D. Energy Bands in Ferromagnetic Nickel. Phys Rev, 159, 415-426, 1967

10. de Haas W J, van Alphen P M. Leiden Comm A,Vol212,215,1931

11. Dieny B, Speriosu V S, Parkin S S P, Gurney B A, Wilhoit D R, Mauri D. Giant Magnetoresistance in Soft Ferromagnetic Multilayers. Phys Rev, B 43, 1297-1300, 1991

12. Edmonds D T, Petersen R G. Effective Exchange Constant in Yttrium Iron Garnet. Phys Rev Lett, 2, 499-500, 1959

13. Fowler A B, Fang F F, Howard W E, Stiles P J. Magnetooscillatory Conductance in Silicon Surfaces. Phys Rev Lett, 16, 901-903, 1966

14. Halpern O, Johnson M H. On the Magnetic Scattering of Neutrons. Phys Rev, 55, 898-923, 1939

15. Heisenberg W. Zur Theorie des Ferromagnetismus. Z Physik, 49, 619, 1928

16. Henry W E. Some Magnetization Studies of Cr +++ , Fe +++ ,Gd +++ ,and Cu ++  at Low Temperatures and in Strong Magnetic Fields. Rev Mod Phys, 25, 163-164, 1953

17. Kaplan H. A Spin-wave Treatment of the Saturation Magnetization of Ferrites. Phys Rev, 86, 121, 1952

18. Katsumata K. High-frequency electron spin resonance in magnetic systems. J Phys: Condens Matter, 12, 589-614, 2000

19. Kaya S. On the Magnetization of Single Crystals of Co. Science Repts Imp Tohoku Univ, 17, 1157, 1928

20. Kittel C. Introduction to solid State Physics. New York: Wiley, 1986

21. Knobel R, Samarth N, Harris J G E, Awschalom D D. Measurements of Landau-level crossings and extended states in magnetic twodimensional electron gases. Phys Rev, B, Vol65, 235-327, 2002

22. Landau L D, Liftshitz E M. Course of theoretical Physics, Vol3, Quantum Mechanics. New York: Pergamon Press, 1987

23. Moyer C A, Arajs S, Hedman L. Magnetic Susceptibility of Antiferromagnetic Chromium. Phys Rev, B 14, 1233-1238, 1976

24. Myers W R. The Diamagnetism of Ions. Rev Mod Phys, 24, 15-27, 1952

25. Pollack S R, Atkins K R. Specific Heat of Ferrites at Liquid Helium Temperatures. Phys Rev, 125, 1248-1254, 1962

26. Proctor W G and Yu F C. On the Nuclear Magnetic Moments of Several Stable Isotopes. Phys Rev, 81, 20-30, 1951

27. Purcell E M, Torrey H C and Pound R V. Resonance Absorption by Nuclear Magnetic Moments in a Solid. Phys Rev, 69, 37-38, 1946

28. Seitz F. The modern theory of solids. New York, London: McGraw-Hill Book Co, Inc, 1940

29. Squire C F. Antiferromagnetism in Some Manganous Compounds. Phys Rev, 56, 922-925, 1939

30. Stapleton H J, Jeffries C D. Paramagnetic Resonance of Trivalent Pm147 in Lanthanum Ethyl Sulfate. Phys Rev, 124, 1455-1457, 1961

31. Shull C G, Strauser W A, Wollan E O. Nucleon Isobars in Intermediate Coupling. Phys Rev, 83, 333-345, 1951

32. Sinclair R N, Brockhouse B N. Dispersion Relation for Spin Waves in a FCC Cobalt Alloy. Phys Rev, 120, 1638-1640, 1960

33. Tyler F. Magnetization-Temperature Curves of Iron, Cobalt, and Nickel. Phil Mag, Vol11, No7,596-602, 1931

34. Weiner D. De Haas-van Alphen Effect in Bismuth-Tellurium Alloy. Phys Rev, 125, 1226-1238, 1962

35. Vuillemin J J. De Haas-van Alphen Effect and Fermi Surface in Palladium. Phys Rev, 144, 396-405, 1966

36. Spectroscopic Structure Determination Strategy. Department of Chemistry, California State

University，City or Bakersfield，USA. 3 May 2006

　　&lt;http://www.csub.edu/Chemistry/332/Spectroscopy/Hl_shifts.gif&gt;

37. Ionic Crystals. Helmut Föll. Faculty of Engineering，University of Kiel，City of Kiel，Germany. 20 November 2007

　　&lt;http://www.tf.uni-kiel.de/matwis/amat/def_en/kap_2/basics/b2-1-6.html&gt;

# 本章习题

1. 图 7.3(b)中给出了孤立钠原子反常塞曼分裂的图像，不加磁场的时候两条 $3p3s$ 谱线的波长分别为 589.6 nm，589.0 nm，如果塞曼分裂导致的六重分裂的总宽度 $\Delta\lambda=0.1$ nm，计算相应的磁场。

2. 在沿着单晶硅[100]晶向的 33 kOe 外场中，根据第 6 章给出的单晶硅的有效质量($\perp H$)，低温舒布尼科夫-德哈斯振荡对应的费密能量周期 $\varepsilon_F^n - \varepsilon_F^{n-1}$ 是多大？实验中门电压改变与费密面改变的比例约为 100 V∶23 meV，相应的 MOS 器件的门电压的振荡周期是多少？

3. 根据表 7.3 中抗磁磁化率数据，估计碱金属的轨道平均半径 $\sqrt{\langle r^2\rangle}$，并与化学中给出的碱金属离子半径比较。

4. 氢原子的 $1s$ 波函数为 $\psi(r)=(\pi a_B^3)^{1/2}\exp(-r/a_B)$，证明 $\langle r^2\rangle=3a_B^2$，从而说明氢分子的摩尔抗磁化率为 $-2.36\times10^{-6}$ cm$^3$/mol。

5. 在苯环结构中，碳原子骨架构成的六边形边长为 1.4 Å。碳原子的 3 个价电子处于面内的 $sp^2$ 轨道，另一个价电子处于环绕苯环扩展的 $\pi$ 键中。粗略估计这些电子对液态苯(密度0.88 g/cm$^3$)抗磁化率的贡献。

6. 对硫酸铜顺磁性最重要的贡献来自于自旋 1/2 的铜离子。假设单位体积内的离子数为 $n$，求磁化强度 $M(T)$，并导出其高温极限形式。当磁场 $H=0.5$ T 时，所谓高温极限的下限温度的大约是多少？

7. 证明金属中满壳层离子贡献的抗磁化率 $\chi_d$ 和泡利顺磁化率 $\chi_p$ 之比为

$$\frac{\chi_d}{\chi_p}=-\frac{2}{9}\frac{Z_i}{Z_v}\langle(k_F r)^2\rangle \tag{7.88}$$

其中 $Z_i$ 是满壳层离子中的总电子数，$Z_v$ 是每个原子贡献的价电子数。

8. 证明总自旋不为零的离子中，未填满壳层贡献的顺磁化率 $\chi_p$ 和内壳层贡献的抗磁化率 $\chi_d$ 之比为

$$\frac{\chi_p}{\chi_d}=-\frac{g_J^2 J(J+1)}{2Zk_B T}\frac{\hbar^2}{\langle mr^2\rangle} \tag{7.89}$$

其中 $Z$ 是满壳层中的总电子数，$J$ 是原子自旋量子数。

9. 在磁场中，铋的费密面和有效质量都有很大变化。图 7.7 中铋的德哈斯-

范阿尔文振荡周期为 $\Delta H^{-1}=7.8\times10^{-5}$ $G^{-1}$,若等效"费密能量"为 0.00839 eV,等效磁子应为玻尔磁子的多少倍?电子的有效质量又是多少?

10. 根据表 7.6 中 $Ni_3Fe$ 的饱和磁化强度和原子磁矩($Ni$:0.68;$Fe$:3)的数据,计算晶格常数 $a$(立方单胞结构:Fe 在顶角位置;Ni 在面心位置)。

11. (1)证明布里渊函数 $B_{1/2}(x)=\tanh(x)$;(2)对自旋 $J=1/2$ 的铁磁体,外斯-布里渊理论给出的自洽方程为 $M=(N\mu_B/V)B_{1/2}(\mu_B\lambda_E M/k_B T)$,证明居里温度对应的能量 $k_B T_c=N\lambda_E\mu_B^2/V$;(3)在温度接近 $T_c$ 时,证明 $M=(3N\mu_B/V)(T_c/T-1)^{1/2}$。

12. (1)根据图 7.17 中 MnO 的中子衍射实验数据,计算 MnO 的晶格常数(中子波长1.057 Å)。(2)再根据表 7.9 中 MnO 的居里-外斯温度以及式(7.60),计算其平均场参数 $\lambda_A$。

13. 根据图 7.19 中的磁化强度 M(T)的数据,计算金属镍中的交换耦合常数 $J_e$(假设 $S=1/2$,$A=2$)。

14. 金属镝为六角结构。据信,其原子磁矩在(001)面上是铁磁排列的,但是层与层之间的磁矩夹角为 $40°$,问如何用磁性中子衍射的方法来证明这个磁结构?

15. $Y_3Fe_5O_{12}$ 的低温比热容可以表达为 $C/T^{3/2}=a+bT^{3/2}$,从参数 $a$ 和 $b$ 中分别能得到什么信息?

16. 根据图 7.25 中 $CH_3$ 组团的化学位移(最后一行),计算与化学位移相应的核磁共振频率漂移是多少?

# 第8章　固体的介电性质和光学性质

## 本 章 提 要

- 固体的光性质、电性质和磁性质的统一(8.1)
- 洛伦兹光学模型和电极化过程(8.2)
- 激光:爱因斯坦的受激辐射(8.3)

　　光学的基本知识,特别是几何光学的知识,早在古希腊时代已经为人所知,不晚于力学和原子论。在柏拉图学院(Plato's Academy)里,已经在教授入射角和反射角相等的原理,这是未知发明者的古老知识。公元前 300 年左右,埃及亚历山大城的欧几里得(Euclid of Alexandria)发表了一本名为《光学》的著作,他指出在凹面镜的焦点上会聚的太阳光可以将木条点燃。公元 139 年,还是在亚历山大城,托勒密(Ptolemy of Alexandria)已经知道入射角和折射角是成比例变化的。

　　1672 年,牛顿(Isaac Newton)发现的可见光光谱(light spectrum)是光学(optics)的又一个大突破,他证明各种颜色的可见光混合在一起就会变成白光,因此色光在本质上更简单更基本。1800 年,赫谢尔(Friedrich Wilhelm Herschel)在可见光的长波边界外发现了红外线。1801 年,李特(Johann Wilhelm Ritter)和渥拉斯顿(Willian Hyde Wollaston)通过光化学反应发现了紫外线。1885 年,赫兹(Heinrich Rudolf Hertz)发现了 10 Hz～100 GHz 无线电频率的电磁辐射。1895 年,德国医生和教授伦琴(Rector Wilhelm Conrad Roentgen)发现的 X 射线则是对光谱学的划时代的贡献。从极低频到极高频的完整的电磁波谱在 1949 年杜蒙特(Jesse DuMond)经由衍射法发现 γ 射线以后彻底完成。

　　完整的电磁波谱也称麦克斯韦彩虹(Maxwell rainbow),因为英国物理学家麦克斯韦(James Clerk Maxwell)在 1865 年预言了普遍的具有固定波速和任意波长的电磁波,见图 8.1,而且当时他就用七彩可见光作为电磁波的一个例子。麦克斯韦的伟大贡献来自于电学、磁学和光学的研究积累,此后则反过来统一并深刻地影响了电磁学和光学的发展。

　　麦克斯韦的原始理论给出了光在真空中传播的完整描述;但是,还没有很清楚

固体物理(第 2 版)

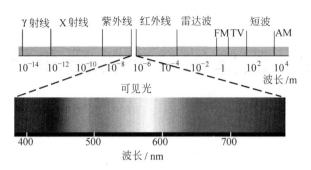

图 8.1　麦克斯韦彩虹:从 γ 射线到无线电波的电磁波谱
(来自 *The Joy of Visual Perception : A Web book*)

地讨论物质的光学性质。1870 年,欧洲大陆上最早接受麦克斯韦理论的亥姆霍兹
(Hermann von Helmholtz)根据麦克斯韦方程和恰当的边界条件推出了电磁波的
反射和折射定律。1880 年,伟大的荷兰物理学家洛伦兹(Hendrik Anton Lorentz)
也根据麦克斯韦方程分析了光在物质中的传播。洛伦兹发现,电子的运动与电磁
波的共振是解释固体色散(dispersion):即物质的与频率相关的光速和折射率现象
的关键。同一时期,英国剑桥大学的拉摩(Joseph Larmor)也得出了类似的结果。
1933 年,德鲁德(Paul Drude)和 Zener 针对金属的光学性质做了补充。洛伦兹于
1902 年因电子论和光的传播理论获得了诺贝尔奖。

固体的发光和激光发射是另一类极端重要的光学性质。1917 年,爱因斯坦
(Albert Einstein)提出了一个量子辐射理论,他认为一个激发原子对光子的吸
收或发射几率与原子周围的辐射能量密度是成正比的。在 20 世纪 50—60 年
代,基于爱因斯坦的理论,微波区、可见光区和无线电波区的激光技术分别由美
国的汤斯(Charles Hard Townes)、苏联的巴索夫(Nicolay Gennadiyevich Basov)
和普罗霍罗夫(Aleksandr Mikhailovich Prokhorov)发明,他们也因此共享了 1964
年的诺贝尔物理学奖。

压电性(piezoelectricity)和铁电性(ferroelectricity)是重要的介电性质,它们
和铁磁性一样,都是与对称破缺相关的物理性质。1880 年,法国的皮埃尔和雅克
居里兄弟(Pierre and Jacques Curie)发现加在晶体上的机械压力会感生出弱电势,
这就是晶体的压电性,随后居里夫妇还用压电秤测量镭的重量。1920 年法国物
理学家法拉塞克(Joseph Valasek)在罗息盐(Rochelle salt)中首先发现极化强度
的非线性回线,这就是与压电性是高度相关的铁电性。这些内容放在陶瓷材料
等课程中可能更合适,因此在本章中将不做讨论。

# 8.1　固体的光性质、电性质和磁性质的统一

固体光性质、电性质和磁性质经由连续介质中的麦克斯韦方程组统一起来。微观电磁场的麦克斯韦方程组已在方程(5.1)～(5.4)中给出；而下面列出的介质中的麦克斯韦方程组则是与 1 nm 以上尺度的"宏观"电磁场相关(cgs 单位制)：

$$\boldsymbol{\nabla} \cdot \boldsymbol{D} = 4\pi\rho_0 \tag{8.1}$$

$$\boldsymbol{\nabla} \cdot \boldsymbol{B} = 0 \tag{8.2}$$

$$\boldsymbol{\nabla} \times \boldsymbol{E} = -\frac{1}{c}\frac{\partial \boldsymbol{B}}{\partial t} \tag{8.3}$$

$$\boldsymbol{\nabla} \times \boldsymbol{H} = \frac{4\pi}{c}\boldsymbol{j}_0 + \frac{1}{c}\frac{\partial \boldsymbol{D}}{\partial t} \tag{8.4}$$

其中，$\rho_0$ 是自由电荷密度，$\boldsymbol{j}_0$ 是自由电流密度；式(8.4)中最后一项位移电流是麦克斯韦直接给出的。要求解上述麦克斯韦方程组，还必须有连续介质的电磁特征参数(cgs 制)：

$$\boldsymbol{D} = \boldsymbol{E} + 4\pi\boldsymbol{P} = \tilde{\varepsilon} \cdot \boldsymbol{E} \tag{8.5}$$

$$\boldsymbol{B} = \boldsymbol{H} + 4\pi\boldsymbol{M} = \tilde{\mu} \cdot \boldsymbol{H} \tag{8.6}$$

其中，$\tilde{\varepsilon}$ 是介电常数矩阵，$\tilde{\mu}$ 是磁导率矩阵。在介质中，外加 $\boldsymbol{E}$ 场中会感应出极化强度(polarization)$\boldsymbol{P}$；因此 $\boldsymbol{D}$ 场一般比 $\boldsymbol{E}$ 场来得大，它们之间的差别由 $\tilde{\varepsilon}$ 矩阵描述。类似地，$\boldsymbol{B}$ 场和 $\boldsymbol{H}$ 场之间的差别是由磁化强度(magnetization)$\boldsymbol{M}$ 引起的，它们之间的差别则可以由 $\tilde{\mu}$ 矩阵描述，如图 8.2 所示。

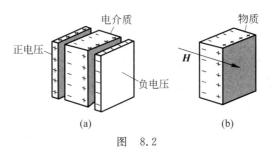

图　8.2

(a) 外加电场 $\boldsymbol{E}$ 中的电介质；(b) 外加磁场 $\boldsymbol{H}$ 中的物质

在多晶材料或立方晶体中，介电常数 $\tilde{\varepsilon}$ 和磁化率 $\tilde{\mu}$ 矩阵都是对角的，可分别由 $\varepsilon$ 和 $\mu$ 这两个常数替换。电磁波方程可由麦克斯韦方程组和欧姆定律 $\boldsymbol{j}_0 = \sigma\boldsymbol{E}$ 推导出来：

$$\begin{cases} \boldsymbol{\nabla} \times \boldsymbol{E} = -\left(\dfrac{1}{c}\mu\dfrac{\partial}{\partial t}\right)\boldsymbol{H} \\[3mm] \boldsymbol{\nabla} \times \boldsymbol{H} = \left(\dfrac{4\pi}{c}\sigma + \dfrac{1}{c}\varepsilon\dfrac{\partial}{\partial t}\right)\boldsymbol{E} \end{cases} \tag{8.7}$$

固体物理(第 2 版)

电磁波是横波,其中电磁场 $\boldsymbol{E}$ 和 $\boldsymbol{H}$ 矢量都与波矢 $\boldsymbol{k}$ 垂直;那么材料的波速 $v$ 和折射率 $n$ 都可以通过方程(8.7)计算出来:

$$
\begin{cases}
\boldsymbol{E} = \boldsymbol{E}_0 \mathrm{e}^{\mathrm{i}(\boldsymbol{k}\cdot\boldsymbol{r}-\omega t)} \\
\boldsymbol{H} = \boldsymbol{H}_0 \mathrm{e}^{\mathrm{i}(\boldsymbol{k}\cdot\boldsymbol{r}-\omega t)}
\end{cases}
\Rightarrow
\begin{cases}
\boldsymbol{k} \times \boldsymbol{E}_0 = \mu \dfrac{\omega}{c} \boldsymbol{H}_0 \\
\boldsymbol{k} \times \boldsymbol{H}_0 = -\left(\varepsilon + \mathrm{i}\dfrac{4\pi\sigma}{\omega}\right)\dfrac{\omega}{c}\boldsymbol{E}_0 = -\varepsilon^* \dfrac{\omega}{c}\boldsymbol{E}_0
\end{cases}
\tag{8.8}
$$

$$
\boldsymbol{k} \times \boldsymbol{k} \times \boldsymbol{E}_0 = -\mu\varepsilon^* \frac{\omega^2}{c^2}\boldsymbol{E}_0 = -k^2\boldsymbol{E}_0 \quad \Rightarrow \quad n = \frac{kc}{\omega} = \frac{c}{v} = \sqrt{\varepsilon^*\mu} \tag{8.9}
$$

其中 $\varepsilon^* = \varepsilon + \mathrm{i}\,4\pi\sigma/\omega$ 是半导体和导体中等效介电常数的普遍表达式,其中电导率和电磁波频率的效应已经包含在内。

折射率(refraction index)$n$ 也有实部 $n'$ 和虚部 $n''$,因为电导率可能不为零,介电常数 $\varepsilon = \varepsilon' + \mathrm{i}\varepsilon''$ 和磁导率 $\mu = \mu' + \mathrm{i}\mu''$ 也可能都有虚部:

$$
(n' + \mathrm{i}n'')^2 = \left(\varepsilon' + \mathrm{i}\varepsilon'' + \mathrm{i}\frac{4\pi\sigma}{\omega}\right)(\mu' + \mathrm{i}\mu'') = a + \mathrm{i}b
$$

$$
n' = \sqrt{\frac{1}{2}\left(\sqrt{a^2+b^2}+a\right)}, \quad a = \varepsilon'\mu' - \varepsilon''\mu'' - \frac{4\pi\sigma}{\omega}\mu''
$$

$$
n'' = \sqrt{\frac{1}{2}\left(\sqrt{a^2+b^2}-a\right)}, \quad b = \varepsilon''\mu' + \varepsilon'\mu'' + \frac{4\pi\sigma}{\omega}\mu' \tag{8.10}
$$

材料的另外两个重要的光学参数是吸收系数(absorption coefficient)$A$ 和反射率(reflection coefficient)$R$,这两者都与折射率 $n = n' + \mathrm{i}n''$ 有关。吸收系数可以由电磁波的能流密度矢量——玻印廷矢量(Poynting vector)$\boldsymbol{P} = \boldsymbol{E} \times \boldsymbol{H}^*$ 来计算:

$$
P_{\mathrm{av}} = \frac{1}{2}\mathrm{Re}(\boldsymbol{E} \times \boldsymbol{H}^*) = \frac{1}{2}E_0 H_0 \exp(-A\hat{k}\cdot\boldsymbol{r}) \quad \Rightarrow \quad A = 2k'' = 2n''\frac{\omega}{c} \tag{8.11}
$$

在非磁材料 1 和 2 界面上的反射率则可以通过垂直入射的菲涅耳公式(Fresnel formula)求得,菲涅耳公式可由材料界面上的边界条件结合电磁波方程(8.8)导出,如图 8.3(c)所示:

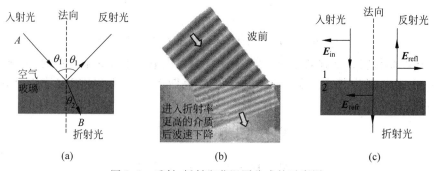

(a) (b) (c)

图 8.3 反射、折射和菲涅耳公式的示意图

$$\begin{cases} E_{\text{in}} + E_{\text{refl}} = E_{\text{refr}} \\ H_{\text{in}} + H_{\text{refl}} = H_{\text{refr}} \end{cases} \Rightarrow \begin{cases} E_{\text{in}} + E_{\text{refl}} = E_{\text{refr}} \\ \dfrac{k_1}{\mu_1}E_{\text{in}} - \dfrac{k_1}{\mu_1}E_{\text{refl}} = \dfrac{k_2}{\mu_2}E_{\text{refr}} \end{cases} (\mu_1 = \mu_2 = 1) \Rightarrow$$

$$E_{\text{refl}} = \frac{k_1 - k_2}{k_1 + k_2}E_{\text{in}} \Rightarrow R = \frac{P_{\text{av}}^{\text{refl}}}{P_{\text{av}}^{\text{in}}} = \left|\frac{E_{\text{refl}}}{E_{\text{in}}}\right|^2 = \frac{(n_1' - n_2')^2 + (n_1'' - n_2'')^2}{(n_1' + n_2')^2 + (n_1'' + n_2'')^2}$$

$$(8.12)$$

这样就通过麦克斯韦方程组证明了物质的光、电、磁性质的统一，也就是说折射率、吸收系数、反射率 $n, \alpha_0, R$ 直接依赖于介电常数、电导率和磁导率 $\varepsilon, \sigma, \mu$。

## 8.2　洛伦兹光学模型和电极化过程

非铁磁绝缘体的光学性质取决于介电常数 $\varepsilon = \varepsilon' - i\varepsilon''$。介电常数的频率特性取决于 3 个电极化过程（polarization process），如图 8.4 所示，从麦克斯韦材料的高频端到低频端分别为：①电子极化（electron polarization）或原子极化（atomic polarization），这是由原始的洛伦兹模型阐述的；②离子位移极化（ionic deviation polarization），这是光学支的声子与外来的光子发生共振的现象；③弛豫极化（relaxation polarization），这是由带电电缺陷的运动造成的极化效应。电介质的介电常数与频率的一般关系见图 8.4。

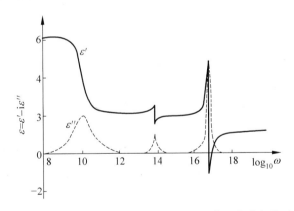

图 8.4　介电常数的实部和虚部随着电磁波频率的变化规律示意图

1880 年，洛伦兹提出了一个模型来解释绝缘体在可见光区的色散关系，这就是洛伦兹光学模型（Lorentz optical model），其中束缚电子在原子内的振动与电磁波的共振是极化的关键机制。宏观的介电常数与微观的电极化率之间的关系由洛伦兹-洛伦斯公式（Lorentz-Lorenz formula）给出，这是在 1869 年由丹麦科学家洛伦斯（Ludwig Valentine Lorenz）、1870 年由荷兰物理学家洛伦兹（Hendrik Anton Lorentz）分别独立提出的：

固体物理(第 2 版)

$$P = \sum_i n_i p_i = \sum_i n_i \alpha_i E^{\text{loc}} = \sum_i n_i \alpha_i (E + N_{xx} P), \quad N_{xx} = 4\pi/3$$

$$\sum_i n_i \alpha_i = \frac{3}{4\pi} \frac{\varepsilon - 1}{\varepsilon + 2}, \quad \varepsilon = 1 + 4\pi\chi = \frac{1 + (8\pi/3)\sum_i n_i \alpha_i}{1 - (4\pi/3)\sum_i n_i \alpha_i} \tag{8.13}$$

其中,$n_i$,$p_i$,$\alpha_i$ 分别是第 $i$ 类原子或离子的原子浓度、原子偶极矩和原子极化率;$E$ 是外场,$P$ 是极化强度,$\chi = P/E$ 是固体的宏观电极化率;$E^{\text{loc}}$ 是原子或离子感受到的局域场(local field),包括外加电场和退极化场(depolarizing field)两部分,其中退极化场可以写成平均场形式 $E_d = N_{xx} P$($\tilde{N}$ 是退极化矩阵,$x$ 是沿着外场的方向),如图 8.5 所示。洛伦兹-洛伦斯公式也常称为克劳修斯-莫索提关系(Clausius-Mossotti relation),这是在 1879 年由克劳修斯(Rudolf Clausius) 和他的同事独立提出的。

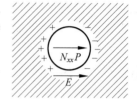

图 8.5　局域电场:外场和
退极化场之和

在洛伦兹光学模型中,绝缘体中束缚电子的运动方程为

$$m \frac{\mathrm{d}^2 x}{\mathrm{d}t^2} = -kx - \gamma m \frac{\mathrm{d}x}{\mathrm{d}t} - eE_0 e^{-i\omega t} \tag{8.14}$$

其中,$m$ 是电子质量;$x$ 是电子沿着外场方向的位移;$k$ 是描述电子束缚态的弹性系数;$\gamma$ 是阻尼系数;$E = E_0 \exp(-i\omega t)$ 是电磁波的电场分量。求解上述方程获得的束缚电子的极化率为

$$\alpha_e(\omega) = \frac{-ex(\omega)}{E} = \frac{e^2}{m} \frac{1}{(\omega_0^2 - \omega^2) - i\gamma\omega}, \quad \omega_0 = \sqrt{\frac{k}{m}} \tag{8.15}$$

因此,电子极化率是电磁波和电子振动在 $\omega = \omega_0$ 频率的共振。在量子力学中,$\hbar\omega_0$ 就是跃迁初态和终态之间的能量差,因此一定有不止一个频率 $\omega_0$ 可与电磁波发生共振。量子的极化率将在 8.3.1 节做进一步的讨论。

在非磁性的 $\mu' = 1$,$\mu'' = 0$,$\sigma = 0$ 的绝缘体或半导体中,介电常数、折射率和吸收系数可以根据电子极化率方程(8.15)和洛伦兹-洛伦斯公式(8.13)求出:

$$\varepsilon_e(\omega) = \frac{1 + (8\pi/3)n\alpha_e(\omega)}{1 - (4\pi/3)n\alpha_e(\omega)} = \varepsilon'(\omega) + i\varepsilon''(\omega)$$

$$\varepsilon'(\omega) = \frac{\left(\omega_0^2 + \frac{2}{3}\omega_p^2 - \omega^2\right)\left(\omega_0^2 - \frac{1}{3}\omega_p^2 - \omega^2\right) + \gamma^2\omega^2}{\left(\omega_0^2 - \frac{1}{3}\omega_p^2 - \omega^2\right)^2 + \gamma^2\omega^2}$$

$$\varepsilon''(\omega) = \frac{\omega_p^2 \gamma\omega}{\left(\omega_0^2 - \frac{1}{3}\omega_p^2 - \omega^2\right)^2 + \gamma^2\omega^2}, \quad \omega_p^2 = \frac{4\pi n e^2}{m} \tag{8.16}$$

$$n'(\omega) \approx \sqrt{\varepsilon'} = \sqrt{\frac{\left(\omega_0^2 + \dfrac{2}{3}\omega_p^2 - \omega^2\right)\left(\omega_0^2 - \dfrac{1}{3}\omega_p^2 - \omega^2\right) + \gamma^2\omega^2}{\left(\omega_0^2 - \dfrac{1}{3}\omega_p^2 - \omega^2\right)^2 + \gamma^2\omega^2}} \tag{8.17}$$

$$A(\omega) \approx \frac{\omega}{c}\sqrt{\frac{\varepsilon''^2}{\varepsilon'}} = \frac{\omega}{c}n'(\omega)\frac{\omega_p^2\gamma\omega}{\left(\omega_0^2 + \dfrac{2}{3}\omega_p^2 - \omega^2\right)\left(\omega_0^2 - \dfrac{1}{3}\omega_p^2 - \omega^2\right) + \gamma^2\omega^2} \tag{8.18}$$

其中 $\omega_p$ 是等离子体频率,一般在 $10^{16}\,\mathrm{s}^{-1}$ 的量级。图 8.6(a)中显示了晶体硅的折射率 $n'$ 和归一化的吸收系数(即折射率的虚部)$n'' = \alpha_e/(2\omega/c)$;图 8.6(b)中则显示了根据洛伦兹光学模型计算的 $\varepsilon'$,$\varepsilon''$,$n$,$k$ 与归一化频率 $\omega$ 之间的关系,洛伦兹模型对可见光附近光学性质的解释还是相当不错的(注意在真实固体中有几个 $\omega_0$,而不是一个)。

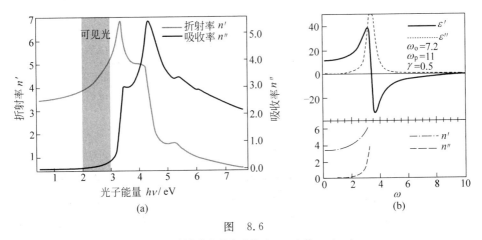

图 8.6

(a) 硅的折射率的实部和虚部 (www.ioffe.rssi.ru);

(b) 针对一个 $\omega_0$ 的数值计算的 $\varepsilon'$,$\varepsilon''$,$n$,$k$ 与归一化频率 $\omega$ 的关系

在共价的硅晶体中,不存在离子位移极化和缺陷的弛豫极化,因此介电常数 $\varepsilon(\omega)$ 在可见光频以下就等于静态的介电常数 $\varepsilon_s = \varepsilon(0)$:

$$\varepsilon(0) = \frac{\omega_0^2 + \dfrac{2}{3}\omega_p^2}{\omega_0^2 - \dfrac{1}{3}\omega_p^2} = 11.7, \quad \omega_0 = 0.653\omega_p \tag{8.19}$$

这就是为什么在图 8.6(b)中,给定系数 $\omega_0/\omega_p = 7.2/11 = 0.654$ 以后,计算结果与硅的折射率数据符合得很好。在图 6.8(a)显示了根据赝势法计算的硅的能带,硅的共振频率 $\omega_0$(在 $\Delta k \approx 0$ 的波数区域)大约等于 $\omega_1 \approx 3\,eV/\hbar$,$\omega_2 \approx 4\,eV/\hbar$ 以及更高的其他频率。量子力学对介电常数的解释将在本章后面给出;但是可以看出经典的 $\omega_0$ 和 $\omega_p$ 频率与量子的 $\omega_i = \Delta E_i/\hbar$ 频率不是完全等价的。

固体物理(第2版)

可见光的颜色与频率是对应的。因此,如果固体的折射率依赖于入射光的频率,这就意味着不同颜色的可见光在固体中有不同的折射率,这就是牛顿(Isaac Newton)发现的光的色散现象(dispersion of light)。在牛顿的实验中,白光通过棱镜以后,高频的紫光折射率大,偏折得更厉害,这叫做正常色散(normal dispersion),图8.6中硅的折射率在2~3 eV可见光区的行为就是正常色散。可是,某些固体的共振频率恰好落在可见光区内,甚至低于可见光区的光子能量,这些固体的折射率就有可能随着可见光频的升高而降低,这叫反常色散(abnormal dispersion),图8.7中砷化镓和锗的光学性质就是这样。

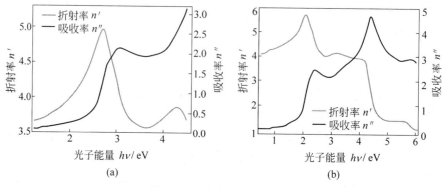

图 8.7 正常色散和反常色散

(a) GaAs;(b) Ge(www.ioffe.rssi.ru)

固体的颜色与可见光对吸收和反射系数有关。纯净的金刚石和 $Al_2O_3$ 是无色透明的,可见它们对可见光的吸收系数很小。但是,只要 $Al_2O_3$ 晶体中有一点杂质铬,那么铬就会在能隙中贡献一个杂质能级,这个新能级相关的吸收峰是绿色的,这就是为什么红宝石会显现红色。在金刚石中如果有杂质硼,晶体对红光有强烈吸收,金刚石则会呈现深蓝色。

洛伦兹光学模型也可以用来解释离子晶体或含有离子键的共价晶体中的离子位移极化,其运动方程为:

$$M \frac{\mathrm{d}^2 x}{\mathrm{d}t^2} = -Kx - \Gamma M \frac{\mathrm{d}x}{\mathrm{d}t} + qE_0 \mathrm{e}^{-\mathrm{i}\omega t} \tag{8.20}$$

$$\alpha_i(\omega) = \frac{-ex(\omega)}{E} = \frac{q^2}{M} \frac{1}{(\omega_{0i}^2 - \omega^2) - \mathrm{i}\Gamma\omega}, \quad \omega_{0i} = \sqrt{\frac{K}{M}} \tag{8.21}$$

离子位移极化的共振频率 $\omega_{0i}$ 就是第4章中讨论的光学支的长波频率 $\omega_j(0)$。在图8.8(b)中,氯化钠晶体的反射率 $R$ 在频率 $185\ \mathrm{cm}^{-1} = 5.55\ \mathrm{THz}$ 和 $265\ \mathrm{cm}^{-1} = 7.95\ \mathrm{THz}$ 处有极值,这与图4.13(b)中氯化钠声子谱光学支的 $\omega_i(0) = 4.8\ \mathrm{THz}$ 和 $7.5\ \mathrm{THz}$ 是基本吻合的。离子位移极化就是光子—声子碰撞的过程。

在氯化钠中,介电常数的实部 $\varepsilon'(\omega)$ 在微波频段 $0.4 \sim 4\ \mathrm{GHz}$ 大约是 $2.8 \sim 3.0$

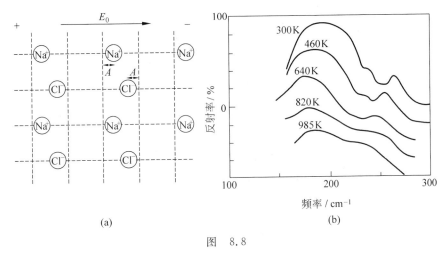

图    8.8

(a) 离子位移极化;(b) 氯化钠晶体的红外反射率 $R$(Hass,1960)

(Komarov,Mironov,Romanov,1999),但是其静态介电常数为 5.895(Andeen, Fontanella,Schuele,1970)。介电常数 $\varepsilon'(\omega)$ 在无线电频区间的下降一定是由缺陷的弛豫极化导致的。弛豫极化也叫偶极子取向极化(dipolar polarization),后者主要是描述气体或液体中的分子偶极转动的。在氧化纳中相应的高频介电常数可以根据极化强度 $P$ 的弛豫运动方程推出的德鲁德公式(Drude formula)描述:

$$\frac{\mathrm{d}P}{\mathrm{d}t} = -\frac{P}{\tau} + LE \quad \Rightarrow \quad \chi(\omega) = \frac{P(\omega)}{E(\omega)} = \frac{L\tau}{1 + \mathrm{i}\omega\tau}$$

$$\varepsilon'(\omega) = \varepsilon_{\mathrm{m.w.}} + \frac{\varepsilon_s - \varepsilon_{\mathrm{m.w.}}}{1 + \omega^2\tau^2}, \quad \varepsilon''(\omega) = (\varepsilon_s - \varepsilon_{\mathrm{m.w.}})\frac{\omega\tau}{1 + \omega^2\tau^2} \tag{8.22}$$

在频率 $\omega \sim \tau^{-1} \sim 10^{10}\ \mathrm{s}^{-1}$ 附近的介电常数色散关系如图 8.9 所示。

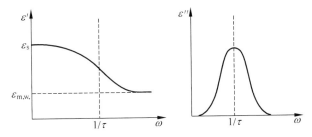

图 8.9    弛豫极化:实部和虚部介电常数的色散关系

金刚石或硅都是纯粹的共价晶体,它们的折射率在零频到红外频率之间几乎都是常数;但是,在离子晶体或含有离子键的共价晶体中,可见光频的折射率 $n_{\mathrm{opt}}$ 比静态折射率 $n_s$ 一定要低,相应晶体的折射率数据分别列在表 8.1 中。这个现象可以用第二和第三种电极化过程来解释:离子位移极化和缺陷的弛豫极化。尤其

固体物理(第 2 版)

重要的是,这两种极化方式只与离子键伴生,因此在共价晶体中是不存在的。

总结一下,根据洛伦兹模型,在半导体或绝缘体中,介电常数或折射率的显著变化发生在光子-电磁波与固体中的准粒子-物质波发生共振的频率区间。在可见光频附近,光子会与布洛赫电子的跃迁发生共振,能量尺度为 $1\sim10$ eV。在远红外频率附近,光子会与光学支的声子发生共振,能量尺度为 $10\sim100$ meV。在无线电频段,光子会与缺陷的运动或者分子偶极转动发生共振,能量尺度为 $0.1\sim10$ $\mu$eV,随材料的不同可能会有变化。

表 8.1 零频折射率 $n_s$ 和可见光频折射率 $n_{opt}$

| 物质 | $n_s$ | $n_{opt}$ | 物质 | $n_s$ | $n_{opt}$ | 物质 | $n_s$ | $n_{opt}$ |
|---|---|---|---|---|---|---|---|---|
| 金刚石 | 2.38 | $2.41\sim2.46$ | LiF | 3.006 | $1.39\sim1.40$ | CaF$_2$ | 2.60 | $1.43\sim1.44$ |
| SiC | 3.11 | $2.65\sim2.75$ | NaF | 2.252 | $1.45\sim1.46$ | BaF$_2$ | 2.71 | $1.47\sim1.48$ |
| Si | 3.42 | $3.80\sim5.20$ | KF | 2.345 | $1.49\sim1.51$ | 玻璃 | $3\sim10$ | $1.4\sim3$ |
| GaAs | 3.59 | $4.0\sim4.95$ | NaCl | 2.428 | $1.50\sim1.7$ | SiO$_2$ | 2.07 | $1.45\sim1.47$ |
| InSb | 4.24 | $4.1\sim3.3$ | KCl | 2.194 | $1.45\sim1.7$ | TiO$_2$ | 9.70 | $2.5\sim3.3$ |

## 8.2.1 德鲁德金属光学模型

1933—1934 年,德鲁德(Paul Drude),Zener 和 Kronig 将洛伦兹光学模型的应用范围拓展到金属中。在去掉洛伦兹模型中的电子本征振动一项以后,金属中自由电子的运动方程和极化率分别为

$$m\frac{d^2x}{dt^2} = -\gamma m\frac{dx}{dt} - eE_0 e^{-i\omega t} \quad \Rightarrow \quad \alpha_e = -\frac{e^2}{m}\frac{1}{\omega^2 + i\gamma\omega} \tag{8.23}$$

在 $\mu=1$ 的非铁磁金属中,介电常数、折射率和吸收系数可由上式解出:

$$\varepsilon_e(\omega) = 1 + 4\pi n\,\alpha_e(\omega) = \varepsilon'(\omega) + i\frac{4\pi\sigma}{\omega}, \quad \omega_p^2 = \frac{4\pi ne^2}{m}$$

$$\varepsilon'(\omega) = 1 - \frac{\omega_p^2}{\omega^2 + \gamma^2}, \quad \sigma(\omega) = \frac{\omega_p^2\gamma/4\pi}{\omega^2 + \gamma^2} \to \frac{ne^2}{m\gamma} \quad (\omega \to 0) \tag{8.24}$$

$$n'(\omega) \approx \sqrt{\varepsilon'} = \sqrt{\frac{\omega^2 + \gamma^2 - \omega_p^2}{\omega^2 + \gamma^2}} \tag{8.25}$$

$$A(\omega) \approx \frac{\omega}{c}\sqrt{\frac{(4\pi\sigma/\omega)^2}{\varepsilon'}} = \frac{\omega}{c}n'(\omega)\frac{\omega_p^2\gamma}{\omega(\omega^2 + \gamma^2 - \omega_p^2)} \tag{8.26}$$

其中参数 $\gamma^{-1}$ 应该是与第 5 章中讨论的电子弛豫时间 $\tau$ 类似的物理量。

德鲁德光学模型可以较合理地解释碱金属折射率的实部 $n=n'$ 和虚部 $k=n''$，如图 8.10(a)、(c) 所示；但是参数 $\gamma^{-1}$ 却只有自由电子德鲁德模型中弛豫时间 $\tau$ 的 1/100，数据分别列在表 8.2 中，这可能是与金属中光子-电子散射过程中极短的相互作用时间相关的：

$$\gamma^{-1} \approx \frac{\delta}{c} \approx \frac{300 \text{ Å}}{3 \times 10^8 \text{ m/s}} = 10^{-16} \text{ s}, \quad \delta = \frac{\lambda}{4\pi k} \approx 300 \text{ Å} \qquad (8.27)$$

其中 $\delta$ 是电磁波进入金属的穿透深度(penetration depth)。在贵金属中，根据德鲁德光学模型计算的 $n$ 和 $k$ 与实验测量值差别很大，如图 8.10(b)、(d) 所示，这可能与 $d$ 能带的存在有关，精确计算需要结合能带论或密度泛函理论。

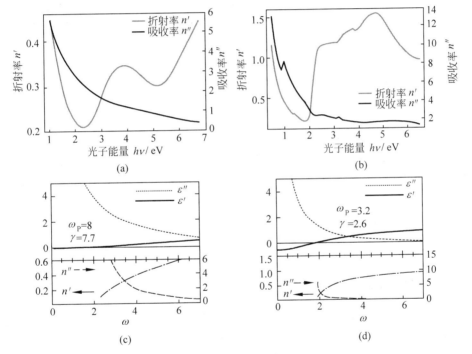

图 8.10　金属中折射率的实部与虚部的色散关系

(a) Li；(b) Cu；根据德鲁德金属光学模型计算的 $n$ 和 $k$；(c) Li；(d) Cu

表 8.2　德鲁德模型与德鲁德光学模型的比较；$n/(10^{22} \text{ cm}^{-3})$ 为自由电子密度，$\tau/(10^{-14} \text{ s})$ 和 $\gamma^{-1}/(10^{-14} \text{ s})$ 为弛豫时间，$\omega_p^0/(10^{16} \text{ s}^{-1})$ 和 $\omega_p/(10^{16} \text{ s}^{-1})$ 为等离子体频率

| 物质 | $n$ | $\tau$ | $\omega_p^0$ | $\hbar\gamma/(\text{eV})$ | $\gamma^{-1}$ | $\hbar\omega_p/(\text{eV})$ | $\omega_p$ |
|---|---|---|---|---|---|---|---|
| Li | 4.70 | 0.88 | 1.22 | 7.7 | $0.85 \times 10^{-2}$ | 8.0 | 1.21 |
| Cu | 8.37 | 2.66 | 1.63 | 2.6 | $2.53 \times 10^{-2}$ | 3.2 | 0.48 |

# 8.3 激光:爱因斯坦的受激辐射理论

1917 年,爱因斯坦(Albert Einstein)在普朗克和德拜的黑体辐射理论基础上研究了电磁波与量子系统的相互作用。爱因斯坦的结论是,在一个双能级量子系统($\Delta E = E_b - E_a > 0$)中,原子和分子实际上有可能对电磁能量进行放大(Townes,1964):

$$\frac{\mathrm{d}I}{\mathrm{d}t} = AN_b - BN_aI + B'N_bI \quad \Rightarrow \quad I = \frac{A}{B}\frac{N_b}{N_b - N_a}[e^{B(N_b - N_a)t} - 1] \quad (8.28)$$

方程(8.28)中的 $A, B, B'$ 这 3 项分别代表自发辐射(spontaneous emission)、自发吸收(spontaneous absorption)和受激辐射(stimulated emission);其中参数 $B = B' = \eta_0 |\langle b|\Delta H|a\rangle|^2$ 总是成立的;$N_a$ 和 $N_b$ 分别是在非简并的较低能级 $E_a$ 和较高能级 $E_b$ 上分布的微观粒子数。

在一般系统中,根据玻耳兹曼定律(Boltzmann's law),$N_b = N_a e^{-\beta\Delta E}$ 一定比 $N_a$ 要小,因此方程(8.28)的解最后会趋于一个稳定的辐射强度(Einstein,1917):

$$I \to \frac{A}{B}\frac{N_b}{N_a - N_b} = \frac{A}{B}\frac{e^{-\beta\Delta E}}{1 - e^{-\beta\Delta E}} = \Delta\nu\frac{8\pi h\nu^3}{c^3}\frac{1}{e^{\beta\Delta E} - 1} \quad (8.29)$$

如果用某种方法实现了粒子数分布的反转(population inversion),或称负温度态(negative temperature state),那么 $N_b > N_a$ 的情形就会出现,方程(8.28)的解呈现电磁能放大器的特性:

$$I = I_0(e^{ut} - 1), \quad I_0 = \frac{A}{B}\frac{N_b}{N_b - N_a}, \quad u = B(N_b - N_a) \quad (8.30)$$

这就是激光器工作的基本原理,其中粒子数反转是最关键的因素。

## 8.3.1 辐射的量子力学理论

爱因斯坦的受激辐射(见图 8.11(c))理论中的参数 $B$ 在量子力学建立以后才有恰当的解释。1926 年,薛定谔(Erwin Schroedinger)、克莱因(Oskar Klein)和戈登(Walter Gordon)分别给出了辐射量子理论的半经典处理方法。

与辐射相关的微扰哈密顿量可以第 7 章中已经讨论过的原子在外加电磁场($\phi, A$)中的哈密顿量导出:

$$\mathscr{H} = \sum_i \left[\frac{\left(p_i + \frac{e}{c}A(r_i)\right)^2}{2m} + v(r_i) + \frac{1}{2}\sum_{j\neq i}\frac{e^2}{r_{ij}} + g_0\mu_B s_i \cdot H\right] = \mathscr{H}_0 + \mathscr{H}_1$$

$$\mathscr{H}_0 = \sum_i \left[\frac{p_i^2}{2m} + v(r_i) + \frac{1}{2}\sum_{j\neq i}\frac{e^2}{r_{ij}} + g_0\mu_B s_i \cdot H\right] \quad (H:\text{均匀磁场})$$

$$\mathscr{H}_1 = \sum_i \left[\frac{e}{mc}p_i \cdot A(r_i) + \frac{e^2}{2mc^2}A^2(r_i)\right] \approx \sum_i \left[\frac{e}{mc}p_i \cdot A(r_i)\right] \quad (8.31)$$

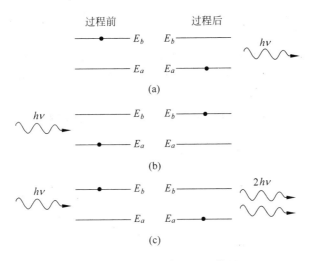

图 8.11　固体与辐射的相互作用

（a）自发辐射；（b）自发吸收；（c）受激辐射

其中使用了 $\nabla \cdot \boldsymbol{A} = 0$ 的规范。若考虑一个平面波型的电磁辐射，磁矢势可以选为：

$$\boldsymbol{A}(\boldsymbol{r}) = \frac{c}{\mathrm{i}\omega}\boldsymbol{E}(\boldsymbol{r}) = \frac{c}{\mathrm{i}\omega}\boldsymbol{E}_0\big[\mathrm{e}^{\mathrm{i}(\boldsymbol{k}\cdot\boldsymbol{r}-\omega t)} - \mathrm{e}^{-\mathrm{i}(\boldsymbol{k}\cdot\boldsymbol{r}-\omega t)}\big] \tag{8.32}$$

$$\nabla \times \boldsymbol{A} = \mu\boldsymbol{H}_0\big[\mathrm{e}^{\mathrm{i}(\boldsymbol{k}\cdot\boldsymbol{r}-\omega t)} + \mathrm{e}^{-\mathrm{i}(\boldsymbol{k}\cdot\boldsymbol{r}-\omega t)}\big] = \boldsymbol{B}(\boldsymbol{r}) \tag{8.33}$$

那么，原子在外加电磁场中的本征波函数和本征能量就可以用微扰论计算出来：

$$|\psi\rangle = \sum_{n=0}^{\infty} a_n \mathrm{e}^{-\mathrm{i}E_n t/\hbar}|n\rangle, \quad (a_0 \approx 1); \quad (\mathscr{H}_0 + \mathscr{H}_1)|\psi\rangle = \mathrm{i}\hbar\frac{\partial}{\partial t}|\psi\rangle \tag{8.34}$$

$$a_n \approx \langle n|\Delta H|0\rangle \frac{1-\mathrm{e}^{\mathrm{i}(E_n-E_0-\hbar\omega)t/\hbar}}{E_n-E_0-\hbar\omega} + \langle n|\Delta H^+|0\rangle \frac{1-\mathrm{e}^{\mathrm{i}(E_n-E_0+\hbar\omega)t/\hbar}}{E_n-E_0+\hbar\omega} \tag{8.35}$$

这样，在基态 $|0\rangle$ 和第 $n$ 激发态之间的跃迁几率应该为

$$P_n(t) \approx \int_0^\infty \frac{\mathrm{d}\omega}{2\pi}|\langle n|\Delta H|0\rangle|^2 \frac{2\pi t}{\hbar}\delta(E_n-E_0\pm\hbar\omega) \tag{8.36}$$

$$\langle n|\Delta H|0\rangle = \left\langle n\left|\frac{e}{mc}\frac{c}{\mathrm{i}\omega}\sum_i \boldsymbol{p}_i \cdot \boldsymbol{E}_0\mathrm{e}^{\mathrm{i}\boldsymbol{k}\cdot\boldsymbol{r}_i}\right|0\right\rangle$$

$$\approx \frac{E_n-E_0}{\hbar\omega}\left\langle n\left|\sum_i(-e\boldsymbol{r}_i)\cdot\boldsymbol{E}_0\right|0\right\rangle \tag{8.37}$$

$$\left|\frac{1-\mathrm{e}^{\mathrm{i}(E_n-E_0\pm\hbar\omega)t/\hbar}}{E_n-E_0\pm\hbar\omega}\right|^2 \approx \frac{2\pi t}{\hbar}\delta(E_n-E_0\pm\hbar\omega) \tag{8.38}$$

这个量子跃迁几率与爱因斯坦系数（Einstein coefficient）$B$ 之间的关系为

$$P(t) = B_{n0} \frac{E_0^2}{2\pi} t = B_{n0} I t, \quad B_{n0} = \frac{2\pi}{\hbar^2} \left| \left\langle n \left| \sum_i (-er_i) \cdot \hat{E} \right| 0 \right\rangle \right|^2 \quad (8.39)$$

其中，$I = E_0^2/2\pi$ 就是辐射强度；$\hat{E} = E_0/E_0$ 是极化方向（Einstein，1917；Schroedinger，1926；Gordon，1928；Klein，1926）。爱因斯坦系数 $B$ 与原子的电偶极矩的跃迁矩阵直接相关。

在电磁波中，量子力学的平均原子极化率也可以计算出来：

$$\alpha = \frac{1}{E_0} \int \frac{\mathrm{d}t}{T} \langle \psi | \sum_i (-er_i) \cdot \hat{E} | \psi \rangle$$

$$\approx \frac{1}{E_0} \int \frac{\mathrm{d}t}{T} \sum_n \left[ a_n \left\langle 0 \left| \sum_i (-er_i) \cdot \hat{E} \right| n \right\rangle + a_n^* \left\langle n \left| \sum_i (-er_i) \cdot \hat{E} \right| 0 \right\rangle \right]$$

$$\approx \sum_n \frac{E_n - E_0}{\hbar\omega} \left| \left\langle n \left| \sum_i (-er_i) \cdot \hat{E} \right| 0 \right\rangle \right|^2 \left[ \frac{1}{E_n - E_0 - \hbar\omega} - \frac{1}{E_n - E_0 + \hbar\omega} \right]$$

$$\approx \sum_n \frac{B_{n0} \, \hbar\omega_0/\pi}{\omega_0^2 - \omega^2}, \qquad \hbar\omega_0 = E_n - E_0 \quad (8.40)$$

这个量子极化率与洛伦兹光学模型给出电子极化率形式几乎完全一样，只是在式 (8.21) 还有与相互作用有关的耗散项。

### 8.3.2　微波激射器和激光器

各个电磁波频段的激光产生的临界条件几乎同时为汤斯（Charles Hard Townes）、巴索夫（Nicolay Gennadiyevich Basov）和普罗霍罗夫（Aleksandr Mikhailovich Prokhorov）所认识，为了保证受激辐射产生的增益（gain）比电路损耗（loss）大，必须通过某些共振电路实现正反馈。从原子或分子的受激辐射获得的增益功率可以根据方程 (8.39) 计算出来：

$$W_s = (N_b - N_a) P(t) h\nu = (N_b - N_a) \frac{p^2 E_0^2}{3 \hbar^2} \frac{h\nu}{\Delta\nu}, \quad p^2 = \left| \left\langle b \left| \sum_i (-er_i) \right| a \right\rangle \right|^2$$

$$(8.41)$$

其中 $p$ 是分子的偶极跃迁矩阵元，由此能导出跃迁的选择定则一般与式 (7.16) 的形式类似；$\Delta\nu = 1/t \sim 10^8$ Hz 是跃迁的频率宽度。

如果在微波激射器（maser）和激光器（laser）中有净增益，那么系统中下列条件一定是满足的：

$$W_s > W_c \quad \Rightarrow \quad (N_b - N_a) \frac{p^2 E_0^2}{3 \hbar^2} \frac{h\nu}{\Delta\nu} \geqslant \frac{E_0^2 V\nu}{4Q} \quad (8.42)$$

其中，$Q$ 是电路的 $Q$ 因数；$V$ 是分子系统的总体积。粒子数反转一定得满足以下的判据才能有激光产生：

$$N_\mathrm{b} - N_\mathrm{a} \geqslant \frac{3Vh\,\Delta\nu}{16\pi^2\,p^2\,Q} \qquad (8.43)$$

在第一个微波激射器中，氨分子在 $\nu = 23870$ MHz 的跃迁可以产生定向的微波辐射，如图 8.12 所示。室温的热能 $k_\mathrm{B}T \approx 260h\nu$ 与受激辐射能比起来是个巨大的噪音；因此，系统需要在极低温 $T \approx 300/260 = 1.15$ K 下工作，这样可以实现氨分子的热激发，同时可以获得很干净的信号。

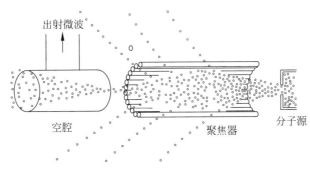

图 8.12　汤斯的微波激射器系统：定向微波辐射（Townes，1964）

1954 年，汤斯在哥伦比亚大学研究微波物理的时候发明了微波激射器。1961 年，巴索夫在莫斯科的 P. N. Lebedev 物理研究所研究量子辐射物理的时候发明了半导体激光器（semiconductor laser），他和他的同事发展了 3 种方法来获得直接半导体和间接半导体中的负温度态（粒子数反转）。

绝大多数的半导体激光器是以 pn 结为基础结构的，如表 8.3 列举的类型那样。基于半导体的 pn 结的物理机制已经在第 6 章中讨论过；不过，在激光器中使用的 pn 结却需要一些特殊的性质以实现电子或空穴的粒子数翻转。

表 8.3　半导体激光器：材料，结构和粒子数反转机制（Basov，1964）

| 材　料 | 波长 $\lambda$/nm | 结构和粒子数反转机制 |
|---|---|---|
| PbSe | 8500 | pn 结，电激发 |
| PbTe | 6500 | pn 结，电激发 |
| InSb | 5300 | pn 结和高速电子流 |
| InAs | 3200 | pn 结和高速电子流 |
| GaSb | 1600 | pn 结和高速电子流 |
| InP | 900 | pn 结，电激发 |
| GaAs | 850 | pn 结，电激发和光激发 |
| CdTe | 800 | 和高速电子流 |
| CdS | 500 | 和高速电子流 |
| GaAs—GaP | 650～900 | pn 结，电激发 |
| GaAs—InAs | 850～3200 | pn 结，电激发 |
| InAs—InP | 900～3200 | pn 结，电激发 |
| $Hg_{1-x}Cd_xTe$ | 828～$10^6$ | pn 结，电激发 |

在 pn 结中,为了获得电子或空穴的粒子数反转,很高的杂质掺杂浓度是必须的,这样才能产生比较大的载流子浓度。在 pn 结上加正向电压以后,电子的费密-狄拉克统计分布在电流的作用下就被扰动了。当电子流入具有很大空穴浓度的区域时,在电子-空穴湮灭之前,这些从 n 区注入到 p 区的高浓度的电子会产生局域(几个微米)的粒子数反转区域,此处导带边的电子浓度比价带边的空穴浓度高,如图 8.13 所示,在这个局域内,电磁波可以被放大,激光可以产生。

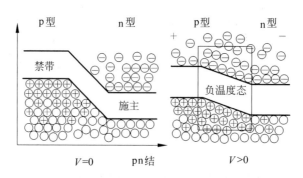

图 8.13 巴索夫的粒子数反转的 pn 结(Basov,1964)

在半导体激光器中一般会引入"镜子"来实现对系统的正反馈。在两面镜子之间共振腔(resonant cavity)中,光子数会不断增长,直至达到平衡。在平衡时,参与受激辐射的电子数恰好等于从系统出射的光子数。

1962 年,实用的 GaAs 激光二极管(laser diode)由通用电子、IBM 研究实验室、MIT 林肯实验室的 4 个小组几乎同时发现,其中通用电子的霍尔(Robert H. Hall)和宏龙雅克(Nick Holonyak)的贡献最大(Hall,Fenner,Kingsley,Carlson T J,Carlson R O,1962;Holonyak,Bevacqua,1962)。霍尔对反射镜的设计是通过打磨和腐蚀的方法在 GaAs 二极管表面形成宝石级的平面;而宏龙雅克的则通过劈开法布里-佩洛特镜(Fabry-Perot mirrors)的方法产生了 GaAs-GaP 的光学共振腔。法布里-佩洛特镜是 1899 年法国光学家法布里(Marie Fabry)和佩洛特(Jean Perot)为提高光谱的分辨率设计的器件。在激光二极管中使用的反射镜可以用 $SiO_2$ 和 n 型 GaAs 构成,如图 8.14 所示。

对激光的更多讨论属于光学的范畴。一般来说,激光系统包括工作物质(working substance)和泵浦系统(pump system)。激光系统的工作物质可以是固体、液体和气体;泵浦系统则可以基于电激发、光激发、热激发、化学激发和核能激发的原理进行设计。所有这些激光器都是基于爱因斯坦在 1917 年的辐射理论和 20 世纪 50—60 年代发明的微波激射器和激光器的原理基础上制造的。

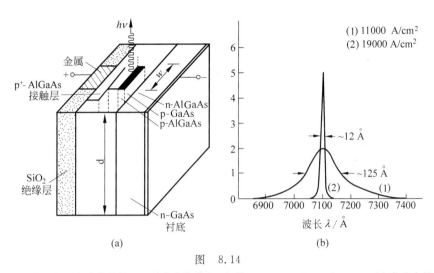

图　8.14

（a）含有法布里-佩洛特镜的Ⅲ-Ⅴ族化合物激光二极管（ocw.mit.edu）；（b）77 K 下宏龙雅克的
Ga$(As_{1-x}P_x)$二极管的谱线分布（Holonyak，Bevacqua，1962）

# 本章小结

　　本章根据光、电、磁性质统一的原理讨论固体的光性质和介电性质。洛伦兹-德鲁德模型定性地解释了光在固体中的反射和透射。微波激射器和激光器则是量子力学和统计物理综合而成的现代技术果实。

　　1. 折射率：折射率是最重要的光学参数，它是由固体的电导率和磁导率共同决定的，与介电常数直接相关。反射率可以根据界面两侧固体的折射率计算出来。

　　2. 洛伦兹光学模型：固体中的束缚电子会随着外加电磁场发生振动。洛伦兹光学模型使用阻尼振子的微分方程和等效场的处理手段，定性地解释了半导体和绝缘体的介电常数与频率的依赖关系。在微波频段，介电常数可以用德鲁德模型中类似的方法来解释。

　　3. 德鲁德金属光学模型：这个模型的基本方程与洛伦兹光学模型类似，只不过束缚弹性能被去掉了。计算得到的金属介电常数与实验粗略地符合，更多地细节则需要量子力学和能带的处理，在此未作讨论。

　　4. 激光和微波激射基础：1917 年爱因斯坦提出了与电磁波相互作用的量子系统的基本方程，其中考虑了自发辐射、自发吸收和受激辐射这 3 种情况。根据爱因斯坦的方程，如果在高能级上的粒子数比低能级上的粒子数还要多，电磁波的强度会指数增加。后来发展的量子力学证明了爱因斯坦的受激辐射系数与原子电偶极矩的跃迁矩阵元的模方成正比。

5. 激光器和微波激射器：在微波频段，美国人汤斯建立了一个以氨分子为工作物质的系统，实现了谐振辐射，即微波激射。可见光频段的激光器首先由苏联的巴索夫等人设计的一个特殊的 pn 结实现，其中掺杂浓度必须非常高，以实现所谓"负温度态"和激光发射。商用的激光二极管是由美国的宏龙雅克等人使用的 GaAsX 半导体器件推动实现的。

# 本章参考文献

1. Laue M V. 物理学史. 范岱年，戴念祖译. 北京：商务印书馆，1978

2. Andeen C, Fontanella J, Schuele D. Low-frequency dielectric constant of LiF，NaF，NaCl，NaBr, KCl, and KBr by the method of substitution. Phys Rev，B 2，5068-5073，1970

3. Basov N G. Semiconductor lasers. Nobel lecture，1964

4. Einstein A. The Quantum Theory of Radiation. Z Physik，18，121，1917

5. Gordon W. Der Comptoneffekt nach der Schrodingerschen Theorie. Z Physik，40，117，1926

6. Hall R N, Fenner G E, Kingsley J D, Carlson T J, Carlson R O. Coherent light emission from GaAs junctions. Phys Rev Lett，9，366-368，1962

7. Hass M. Temperature dependence of the infrared reflection spectrum of Sodium Chloride. Phys Rev，117，1497-1499，1960

8. Holonyak N，Bevacqua S F. Coherent (visible) light emission from $Ga(As_{1-x}P_x)$ junctions. Appl Phys Lett，1，82-83，1962

9. Klein O. Quantentheorie und fundimensionale Relativitaststheorie. Z Physik，37，895，1926

10. Komarov S A, Mironov V L, Romanov A N. Frequency Dispersion in Microwave for Complex Permittivity of Bound Water Stored in Soils and Wet Salts，Geoscience and Remote Sensing Symposium Proceedings. IEEE 1999 International，Vol 5，2643-2645，1999

11. Kronig R de L. Nature，133，211，1934

12. Landau L D, Liftshitz E M. Course of theoretical Physics，Vol8，Electrodynamics of Continuous Media. New York：Pergamon Press，1984

13. Schroedinger E. Quantisierung als Eigenwertproblem (Vierte Mitteilung). Ann Physik，81，134，1926

14. Seitz F. The modern theory of solids. New York，London：McGraw-Hill Book Co, Inc，1940

15. Townes C H. Production of coherent radiation by atoms and molecules. Nobel lecture,1964

16. Zener C. Remarkable optical properties of the alkali metals. Nature，132，968，1933

17. Photonic Materials and Devices. Kimerling L. Department of Materials Science and Engineering，MIT,City of Boston，USA. 15 May 2006.
    <http://ocw. mit. edu/OcwWeb/>

Materials-Science-and-Engineering/3-46Spring-2006/DownloadthisCourse/index. html>

18. Semiconductors on NSM. Physico-Technical Institute of the Russian Academy of Sciences, City of St Petersburg, Russia. 3 May 2006
    <http://www. ioffe. rssi. ru/SVA/NSM/nk/>

# 本章习题

1. 已知 KCl 晶体的摩尔体积为 $3.71\times10^{-5}$ $m^3$。在可见光频率,钾离子和氯离子的电子极化率分别为 1.48 和 3.29(单位为 $10^{-40}$ F·$m^2$)。(1)利用克劳修斯-莫索提关系,计算 KCl 晶体在可见光区域的介电常数 $\varepsilon_{opt}$;(2)在 $10^5$ V/m 的外加电场中,离子晶体正负电荷的位移大约为多少?

2. 图 8.6(b)中画出了计算的晶体硅中电子极化的第一个共振频率贡献的介电常数和折射率。若第二个共振峰出现的频率比第一个共振峰高 4/3 倍,根据洛伦兹光学模型计算并画出第二个共振峰贡献的介电常数、折射率的实部和虚部,并与图 8.6(a)中的实验结果比较。

3. 图 8.8(b)中已经给出了 NaCl 晶体在红外频段的反射率。根据式(8.21)中的离子位移极化率公式,代入光学支的两个长波频率 $\omega_j(0)=4.8$ THz 和 7.5 THz,根据洛伦兹光学模型计算反射率,并与实验比较。

4. (1)证明半径为 $a$ 的金属小球的极化率为 $a^3$。(2)若取 $a$ 为原子半径,据此说明原子极化率的数量级。(3)当浓度为 $n$ 的金属小球被镶嵌到介电常数为 $\varepsilon_0$ 的绝缘体中,而且浓度较低时($na^3\ll1$),证明复合材料的介电常数为 $\varepsilon_0+4\pi na^3$。这种方法已经被用到人造电介质的制备中。

5. 假设电容器的空腔中由两块平行板填充。一块为绝缘体,其介电常数为 $\varepsilon$,厚度为 $d$;另一块为金属,假设介电常数为零,电导率为 $\sigma$,厚度为 $ad$。证明这种电容器等价于填充厚度为 $(1+a)d$ 的均匀电介质,在频率 $\omega$ 下,其介电常数为

$$\varepsilon^* = \frac{\varepsilon(1+a)}{1+ia\varepsilon\omega/(4\pi\sigma)} \qquad (8.44)$$

6. 根据表 2.5 中给出的氨分子的电偶极矩,以及式(8.39),估算以氨分子为工作物质的微波激射器中的爱因斯坦系数 $B$ 的数量级。

7. 根据图 8.14(b)中宏龙雅克 GaAs-GaP 激光器发射的两条谱线的宽度,估算对应的两个跃迁时间。

# 索　引

## 基本物理量的国际单位制(SI)和高斯制(cgs)之间的转换

| 物理量 | 国际单位制 | 高斯制 | 单位换算关系 |
|---|---|---|---|
| 长度 $l$ | m (meter) | cm(centimeter) | $1\mathrm{m}=10^2\,\mathrm{cm},1\mathrm{in}=2.54\mathrm{cm}$ |
| 时间 $t$ | s (second) | s(second) | $1Hertz=\mathrm{s}^{-1}$ |
| 质量 $m$ | kg (kilogram) | g(gram) | $1\mathrm{kg}=10^3\,\mathrm{g},1\mathrm{pd}=453.6\mathrm{g}$ |
| 温度 $T$ | K (kelvin) | K(kelvin) | $1°\mathrm{F}=(5/9)\mathrm{K}$ |
| 电流 $I$ | A (ampere) | esa$[\mathrm{g}^{1/2}\,\mathrm{cm}^{3/2}/\mathrm{s}^2]$ | $1\mathrm{A}=3\times10^9\,\mathrm{esa}$ |
| 能量 $U$,$W$,$Q$ | $Joule[\mathrm{kg\ m}^2/\mathrm{s}^2]$ | erg$[\mathrm{g\ cm}^2/\mathrm{s}^2]$ | $1\mathrm{J}=10^7\,\mathrm{erg}$ |
| 力 $\boldsymbol{F}$ | $Newton[\mathrm{kg\ m}/\mathrm{s}^2]$ | dyne$[\mathrm{g\ cm}/\mathrm{s}^2]$ | $1\mathrm{N}=10^5\,\mathrm{dyne}$ |
| 电荷 $q$ | $Coulomb[\mathrm{As}]$ | esu$[\mathrm{g}^{1/2}\,\mathrm{cm}^{3/2}/\mathrm{s}]$ | $1\mathrm{C}=3\times10^9\,\mathrm{esu}$ |
| 电流密度 $\boldsymbol{j}$ | $\mathrm{A/m}^2[\mathrm{A/m}^2]$ | esa/cm$^2[\mathrm{g}^{1/2}/\mathrm{cm}^{1/2}/\mathrm{s}^2]$ | $1\mathrm{A/m}^2=3\times10^5\,\mathrm{esa/cm}^2$ |
| 电势 $V$,$\psi$ | $Volt[\mathrm{kg\ m}^2/\mathrm{s}^3/\mathrm{A}]$ | esv$[\mathrm{g}^{1/2}\,\mathrm{cm}^{1/2}/\mathrm{s}]$ | $1\mathrm{V}=\dfrac{1}{3}\times10^{-2}\,\mathrm{esv}$ |
| 电场强度 $\boldsymbol{E}$ | $\mathrm{V/m}[\mathrm{kg\ m}/\mathrm{s}^3/\mathrm{A}]$ | esv/cm$[\mathrm{g/cm}^{1/2}/\mathrm{s}]$ | $1\mathrm{V/m}=\dfrac{1}{3}\times10^{-4}\,\mathrm{esv/cm}$ |
| 电位移矢量 $\boldsymbol{D}$ | $\mathrm{C/m}^2[\mathrm{As/m}^2]$ | esu/cm$^2[\mathrm{g/cm}^{1/2}/\mathrm{s}]$ | $1\mathrm{C/m}^2=12\pi\times10^5\,\mathrm{esu/cm}^2$ |
| 电极化强度 $\boldsymbol{P}$ | $\mathrm{C/m}^2[\mathrm{As/m}^2]$ | esu/cm$^2[\mathrm{g/cm}^{1/2}/\mathrm{s}]$ | $1\mathrm{C/m}^2=3\times10^5\,\mathrm{esu/cm}^2$ |
| 磁通量 $\varPhi$ | $Weber[\mathrm{kg\ m}^2/\mathrm{s}^2/\mathrm{A}]$ | $Maxwell[\mathrm{g}^{1/2}\,\mathrm{cm}^{3/2}/\mathrm{s}]$ | $1\mathrm{Wb}=10^8\,Maxwell$ |
| 磁感应强度 $\boldsymbol{B}$ | $Tesla[\mathrm{kg/s}^2/\mathrm{A}]$ | $Gauss[\mathrm{g}^{1/2}/\mathrm{cm}^{1/2}/\mathrm{s}]$ | $1\mathrm{T}=10^4\,\mathrm{G}$ |
| 磁场强度 $\boldsymbol{H}$ | $\mathrm{A/m}[\mathrm{A/m}]$ | $Oersted[\mathrm{g}^{1/2}/\mathrm{cm}^{1/2}/\mathrm{s}]$ | $1\mathrm{A/m}=4\pi\times10^{-3}\,\mathrm{Oe}$ |
| 磁化强度 $\boldsymbol{M}$ | $\mathrm{A/m}[\mathrm{A/m}]$ | emu/cm$^3[\mathrm{g}^{1/2}/\mathrm{cm}^{1/2}/\mathrm{s}]$ | $1\mathrm{A/m}=10^{-3}\,\mathrm{emu/cm}^3$ |

## 基本物理常数(下列公式是以 cgs 单位书写)

| 物理常数 | 国际单位制(SI) | cgs 制和其他 |
|---|---|---|
| 普朗克常数 h | $6.62606896\times10^{-34}\,\mathrm{Js}$ | $6.62606896\times10^{-27}\,\mathrm{ergs}$ |
| 阿伏伽德罗常数 $N_\mathrm{A}$ | $6.02214179\times10^{23}\,/\mathrm{mol}$ | $6.02214179\times10^{23}\,/\mathrm{mol}$ |
| 真空光速 c | $299792458\mathrm{m/s}$ | $2.99792458\times10^{10}\,\mathrm{cm/s}$ |
| 质子质量 $m_\mathrm{p}$ | $1.672621637\times10^{-27}\,\mathrm{kg}$ | $1.672621637\times10^{-24}\,\mathrm{g}$ |
| 原子质量单位 $m_\mathrm{u}$ | $1.660538782\times10^{-27}\,\mathrm{kg}$ | $1.660538782\times10^{-24}\,\mathrm{g}$ |
| 玻耳兹曼常数 $k_\mathrm{B}$ | $1.3806504\times10^{-23}\,\mathrm{J/K}$ | $1.3806504\times10^{16}\,\mathrm{erg/K}$ |
| 电子质量 $m_\mathrm{e}$ | $9.10938215\times10^{-31}\,\mathrm{kg}$ | $9.10938215\times10^{-28}\,\mathrm{g}$ |
| 基本电荷 e | $1.602176487\times10^{-19}\,\mathrm{C}$ | $4.80320427\times10^{-10}\,\mathrm{esu}$ |
| 玻尔半径 $a_\mathrm{B}=\hbar^2/m_\mathrm{e}e^2$ | $0.52917720859\times10^{-10}\,\mathrm{m}$ | $0.52917720859\times10^{-8}\,\mathrm{cm}$ |
| 玻尔磁子 $\mu_\mathrm{B}=e\hbar/2m_\mathrm{e}c$ | $9.27400915\times10^{-24}\,\mathrm{J/T}$ | $5.7883817555\times10^{-5}\,\mathrm{eV/T}$ |
| 里德伯单位 $\mathrm{Ry}=2\pi^2me^4/h^2$ | $2.17987197\times10^{-18}\,\mathrm{J}$ | $13.60569193\mathrm{eV}$ |
| 理想气体常数 $R=N_\mathrm{A}k_\mathrm{B}$ | $8.314472\mathrm{J/mol/K}$ | $8.314472\times10^7\,\mathrm{erg/mol/K}$ |
| 磁通量子 $\varPhi_0=hc/2e$ | $2.067833667\times10^{-15}\,\mathrm{Wb}$ | $2.067833667\times10^{-7}\,\mathrm{M}$ |
| 核磁子 $\mu_\mathrm{n}=e\hbar/2m_\mathrm{n}c$ | $5.05078324\times10^{-27}\,\mathrm{J/T}$ | $3.15245123\times10^{-8}\,\mathrm{eV/T}$ |